Proceedings

Ein stetig steigender Fundus an Informationen ist heute notwendig, um die immer komplexer werdende Technik heutiger Kraftfahrzeuge zu verstehen. Funktionen, Arbeitsweise, Komponenten und Systeme entwickeln sich rasant. In immer schnelleren Zyklen verbreitet sich aktuelles Wissen gerade aus Konferenzen, Tagungen und Symposien in die Fachwelt. Den raschen Zugriff auf diese Informationen bietet diese Reihe Proceedings, die sich zur Aufgabe gestellt hat, das zum Verständnis topaktueller Technik rund um das Automobil erforderliche spezielle Wissen in der Systematik aus Konferenzen und Tagungen zusammen zu stellen und als Buch in Springer.com wie auch elektronisch in Springer Link und Springer Professional bereit zu stellen. Die Reihe wendet sich an Fahrzeug- und Motoreningenieure sowie Studierende, die aktuelles Fachwissen im Zusammenhang mit Fragestellungen ihres Arbeitsfeldes suchen. Professoren und Dozenten an Universitäten und Hochschulen mit Schwerpunkt Kraftfahrzeug- und Motorentechnik finden hier die Zusammenstellung von Veranstaltungen, die sie selber nicht besuchen konnten. Gutachtern, Forschern und Entwicklungsingenieuren in der Automobil- und Zulieferindustrie sowie Dienstleistern können die Proceedings wertvolle Antworten auf topaktuelle Fragen geben.

Today, a steadily growing store of information is called for in order to understand the increasingly complex technologies used in modern automobiles. Functions, modes of operation, components and systems are rapidly evolving, while at the same time the latest expertise is disseminated directly from conferences, congresses and symposia to the professional world in ever-faster cycles. This series of proceedings offers rapid access to this information, gathering the specific knowledge needed to keep up with cutting-edge advances in automotive technologies, employing the same systematic approach used at conferences and congresses and presenting it in print (available at Springer.com) and electronic (at Springer Link and Springer Professional) formats. The series addresses the needs of automotive engineers, motor design engineers and students looking for the latest expertise in connection with key questions in their field, while professors and instructors working in the areas of automotive and motor design engineering will also find summaries of industry events they weren't able to attend. The proceedings also offer valuable answers to the topical questions that concern assessors, researchers and developmental engineers in the automotive and supplier industry, as well as service providers.

Weitere Bände in der Reihe http://www.springer.com/series/13360

Johannes Liebl
(Hrsg.)

Ladungswechsel und Emissionierung 2018

Im Spannungsfeld von Luftqualität, Klimaschutz und Elektrifizierung 11. MTZ-Fachtagung

Springer Vieweg

Hrsg.
Johannes Liebl
Moosburg, Deutschland

ISSN 2198-7432 ISSN 2198-7440 (electronic)
Proceedings
ISBN 978-3-658-24983-0 ISBN 978-3-658-24984-7 (eBook)
https://doi.org/10.1007/978-3-658-24984-7

Die Deutsche Nationalbibliothek verzeichnet diese Publikation in der Deutschen Nationalbibliografie; detaillierte bibliografische Daten sind im Internet über http://dnb.d-nb.de abrufbar.

Springer Vieweg

Verantwortlich im Verlag: Markus Braun

Springer Vieweg ist ein Imprint der eingetragenen Gesellschaft Springer Fachmedien Wiesbaden GmbH und ist ein Teil von Springer Nature
Die Anschrift der Gesellschaft ist: Abraham-Lincoln-Str. 46, 65189 Wiesbaden, Germany

Vorwort

In den vergangenen Jahren haben die CO_2-Flottengrenzwerte die Auslegung des Ladungswechsels von Diesel- und Ottomotoren bestimmt. Seit September 2017 stellen WLTC und RDE zusätzlich verschärfte Anforderungen. Zur Erfüllung ist eine gesamthafte Betrachtung von Ladungswechsel und Abgasnachbehandlung nötig. Wir haben deshalb die Systemgrenze der etablierten MTZ-Tagung „Ladungswechsel im Verbrennungsmotor" um die Emissionierung erweitert.

Höhere Bordnetzspannungen ermöglichen neue Funktionalitäten. Elektrisch unterstützte vollvariable Ventiltrieb-Systeme, Lambda 1 im gesamten Betriebsbereich und SCR-Systeme haben einen besonderen Stellenwert. Um die Gesamtsystemoptimierung durch die wachsende Komplexität zu beherrschen, berichten die Referenten über neue Simulations- und Entwicklungsmethoden. Erstmals Thema sind Dauerbremseinrichtungen bei Nutzfahrzeugmotoren. Die Podiumsdiskussion zum Thema „Der Diesel in den Innenstädten – Anforderungen an den Antrieb der Zukunft" mit hochrangigen Vertretern aus Industrie und Politik ist ein Highlight und rundet den fachlichen Teil ab.

Die Tagung wird in diesem Jahr im Maritim Hotel Stuttgart stattfinden. Nutzen Sie die Gelegenheit, sich ausführlich über technische Neuerungen in Ihrem Fachbereich zu informieren. Neben den Pausen bietet auch der „Abend der Begegnungen" im MAHLE INSIDE am Ende des ersten Veranstaltungstages eine gute Gelegenheit zur Kontaktpflege in lockerer Atmosphäre.

Im Namen des Wissenschaftlichen Beirats lade ich Sie herzlich zur Teilnahme ein und freue mich auf neue Erkenntnisse und interessante Diskussionen.

Für den Wissenschaftlichen Beirat
Dr. Johannes Liebl
Herausgeber ATZ | MTZ | ATZelektronik

Inhaltsverzeichnis

Der BMW 4,0l-V8-Rennmotor der Jahre 2012 bis 2018 für die DTM

Ulrich J. M. Schulz(✉)

BMW AG, München, Deutschland
Ulrich.Schulz@bmw-motorsport.com

1 Einleitung

Die Ausrichtung des Engagements im Motorsport der Marke BMW ruht auf zwei Schwerpunkten.

Das ist zum einen der nachhaltige Motorsport, der „BMW i Motorsport". Hier steht der werksseitige Einstieg in die Formel E ab der Saison fünf 2018/2019 im Fokus.

Zum anderen gibt es die Aktivitäten im klassischen Motorsport, dem „BMW M Motorsport", aufteilbar auf zwei Pfeiler:

1. Das Angebot von renntauglichen Fahrzeugen und deren Förderung von Kundenteams in verschiedenen internationalen und nationalen Touren- und Sportwagenmeisterschaften, FIA-GT Wettbewerben oder Cup-Competitions.
2. Der direkt werkseitig betriebene bzw. unterstützte Rennsport z. B. in der FIA-WEC Serie, der amerikanischen IMSA oder der unmittelbare Support von herausragenden Einzelveranstaltungen.

In diesem Rahmen beteiligte BMW sich ab 2012 vorerst mit sechs, ab 2013 wechselnd mit acht oder sechs Fahrzeugen, eingesetzt von werksunterstützten Teams in der DTM (vormals: Deutschen Tourenwagen Masters) und konnte bereits im ersten Jahr Fahrer-, Team- und Herstellerwertung gewinnen.

Die DTM ist auch die Nachfolgeserie der Deutschen Tourenwagen-Meisterschaft, in der BMW in den achtziger und neunziger Jahren mit dem ersten BMW M3 erfolgreich teilnahm.

Bereits in dieser Zeit wurde dieser Wettbewerb durch das Engagement der drei deutschen Premiumhersteller BMW, Audi und Mercedes geprägt.

J. Liebl (Hrsg.): *Ladungswechsel und Emissionierung 2018,* Proceedings, S. 1–30, 2019.
https://doi.org/10.1007/978-3-658-24984-7_1

2 Grundsätzliches

2.1 Reglement

Ab dem Jahr 2012 galt in der DTM ein für das Fahrzeug grundlegend neues Regelwerk [1].

Das Auto baut auf einem für alle Hersteller gleichem Kohlefasermonocoque auf. Ebenso gibt es eine ganze Reihe weiterer Einheitsbauteile, die die Hersteller verwenden mussten. Ziel dieser Maßnahme war es zum einen, ein modernes, kompromissloses Rennfahrzeug sicherzustellen, zum anderen jedoch die sonst schnell ausufernden Kosten in Grenzen zu halten und so eine attraktive Rennserie langfristig sicherzustellen. Von dieser Reglementumstellung war jedoch der Motor nur in den Peripheriebauteilen betroffen. Motorseitig galten die gleichen Vorschriften wie 2010/2011.

Die in der Saison 2011 von Audi und Mercedes benutzten Motoren wurden in ihrem Entwicklungsstand „eingefroren". Bis dahin waren diese jedoch aber Jahr für Jahr kontinuierlich optimiert worden und wiesen so ein sehr hohes Niveau auf. Da BMW erst seit der Saison 2012 an der Meisterschaft teilnahm, durfte der Motor auch nur auf Basis des alten Reglements entwickelt werden. Verbunden damit war die Herausforderung „aus dem Stand" heraus ohne viele Entwicklungsschleifen in weniger als fünfzehn Monaten einen konkurrenzfähigen Motor für die nächsten Jahre zu entwickeln.

Ab dem 01.03.2012 wurde dann auch der Spezifikation dieses Aggregates homologiert und durfte nicht mehr verändert werden.

Ein Reglementänderung 2017 führte zu einigen Neubauteilen, die neu hinterlegt werden mussten [2].

Im Regelwerk war ein V8 Motor mit einem V-Winkel von 90° und maximal 4,0 l Hubraum festgelegt. Auch wieder mit dem Hintergrund, die Kosten durch die Entwicklung extrem leistungsfördernder und gewichtsreduzierender Maßnahmen und Materialien nicht zu sehr in die Höhe zu treiben, galten eine Reihe weiterer Eckpunkte.

Die Herausforderung war nun trotz dieser Randbedingungen einen Motor zu entwickeln, der möglichst an das theoretische Optimum heranging, sowohl was Leistung und Haltbarkeit betraf als auch in der Integration in das Fahrzeug (Tab. 1).

2.2 Ausgangsmotoren

In der angestrebten Leistungsklasse existieren bei BMW-Motorsport aus der Vergangenheit oder laufenden Rennserien Motoren, die zunächst auf eine eventuelle Verwendbarkeit als Basis für das neue Renntriebwerk geprüft wurden.

Tab. 1. Randbedingungen Motorreglement (Auszüge)

Prinzipielle Vorgaben
Otto-Vier-Takt V 8 90° Saugmotor
Block und Kopf getrennt, beides in Aluminium
Abtrieb am Motorende
Pleuel aus Stahl
Steuertrieb vorn am Motor
Kettentrieb oder Zahnriemen für die NW
Stahlschraubenfeder Ventilfeder:
Tassenstößel
Keine Ventiltriebvariabilität
Ventile in Stahl oder Titan
Keine Hohlventile
Keine Variabilität im Ansaug- und Abgassystem.
Öl-und Wasserpumpen mechanisch angetrieben
Max eine Einspritzdüse/Zylinder
Kein Direkteinspritzer
Abgassystem in Stahl- oder Nickel-Legierung
Schalldämpfer mit vorgeschriebenen Abmessungen
Zwei Katalysatoren nach Reglementvorgabe
Kein Hybridsystem

Wertvorgaben	
Hubraum:	max. 4000 cm³
Motorgewicht:	min 148 kg, davon:
Obermotor:	min. 60 kg (oberhalb KGH)
Zylinderabstand :	min. 102 mm
Bohrung	min. Ø93mm, konzentrisch.
Hauptlager	min. Ø63 mm
Pleuellager	Min. Ø47 mm
Hauptlagerbreite	min. 20 mm
Pleuellagerbreite	min. 18 mm
Pleuel	min. 450 g
Kolben/Ringe/Bolzen	min. 350 g
Kolbenbolzen	min. Ø19 mm
Kolbenringhöhe	min: 1,1 mm
Ventilanzahl	max. 4 Ventile je Zylinder
Ventilschaft:	min. Ø6 mm
Luftmengenbegrenzer	2 x Ø28 mm, je 3 mm lang (ab 2017: Ø29 mm)
Anzahl Luftsammler	max. 2
Gesamtvolumen Sammler	max. 70l
Kraftstoffdruck	max. 12 bar
Wandstärke Abgasanlage	min. 0.75mm

Zum Zeitpunkt 2010 beteiligte sich BMW an Langstreckenrennen mit dem BMW M3 GT. Dieses nach dem FIA GT2 Reglement aufgebaute Auto besaß mit dem P65 einen 4,0 l V8, basierend auf dem damaligen M3 Serientriebwerk S65 (Abb. 1 und 2).

Abb. 1. BMW S65 2006–2013

Abb. 2. BMW P60 2004

Dieser Motor wurde je nach Rennserie ebenfalls mit Luftbegrenzern (Restriktoren) in der Leistung beschränkt.

Allerdings war er mit einem Zylinderabstand von 98 mm, einer Bohrung von 92 mm, einer Nockenwellenverstellung (VANOS), 5 mm Ventilen und weiteren Merkmalen nicht für das Reglement der DTM geeignet.

Die andere Alternative war der im BMW M3 GTR eingesetzte P60 aus den Jahren 2001 bis 2005. Dieses Aggregat, seinerzeit sogar für einen Einsatz in der DTM geplant, befand sich zumindest mit den Eckwerten Hubraum 4,0 l, Zylinderabstand 104 mm, Bohrung 94 mm innerhalb des heutigen Reglements. Allerdings nutze er damit diese nicht konsequent aus, sodass kein optimales Paket geschnürt werden konnte, um der hohen Leistungsdichte des Wettbewerbs gerecht zu werden. Mit dem neuen Fahrzeug war darüber hinaus auch die Integration eines bestehenden Motors nur mit großen Abstrichen möglich.

Daher wurde beschlossen, einen speziell auf dem aktuellen Reglement basierenden neuen Rennmotor zu konstruieren.

2.3 Grundkonzept

Der neue DTM-Rennmotor erhielt die Bezeichnung P66 B40. Der Buchstabe P ist bei BMW den Rennmotoren, die erste Ziffer 6 traditionell den 8-Zylindern vorbehalten; B40 kennzeichnet einen längs eingebauten Benzinmotor mit 4,0 l Hubraum.

Wichtig war eine möglichste schlanke und kompakte Bauweise, um sich optimal in das Fahrzeugkonzept einzufügen.

Die Basisabmessungen wurden exakt aus den Reglementvorgaben übernommen, ein Zylinderabstand von 102 mm gewählt, der Bankversatz ergab sich über die minimal geforderte Pleuellagerbreite zu 18,7 mm.

Rennmotorentypisch für einen V8 ist der Motor mit einer ebenen Kurbelwelle ausgerüstet, die Zündfolge entspricht zwei versetzt angeordneten Vierzylindern.

Zwei einteilige, schmale Zylinderköpfe, ein Al-Guss Kurbelgehäuse und ein in einer Bronze-Legierung aus dem Vollem gefräster Ölsumpf, dessen Bauweise auch zur Erreichung des geforderten Motorgewichtes und eines möglichst niedrigen Schwerpunktes gewählt wurde, bilden das Grundgerüst.

Die Nockenwellen werden über zwei schmale Ketten angetrieben.

Ein im Kurbelgehäuse auf jeder Motorseite untergebrachtes kombiniertes Ketten-/Zahnrad stellt über ein auf der Kurbelwelle aufgebrachtes Zahnrad die Verbindung zu den Ketten dar. Links und rechts am Motor befinden sich die Nebenaggregate, Öl- und Wasserpumpen, die wiederum über Stirnräder angetrieben werden (Tab. 2).

Tab. 2. Motorbasiswerte P66 Stand 2012

Kenngröße	Einheit	P66
Hubraum	cm^3	3999
Zündfolge		1-5-3-7-4-8-2-6
Leistung	PS/U/min	Ca 480 / 7250
Drehmoment	Nm/U/min	Ca 500 / 5000
Luftmengenbegrenzer	mm	2x28
Gewicht	kg	148 kg
Zylinderabstand	mm	102
Bohrung	mm	93
Hub	mm	73,6
Hauptlagerdurchmesser	mm	63
Hublagerdurchmesser	mm	47
Pleuellänge	mm	131,3 mm
Ventilwinkel E/A	°	10,5/11,5
Ventildurchmesser E/A	mm	35,1/31,5

3 Konstruktion

3.1 Zylinderblock und Ölsumpf

Das dem Reglement entsprechend aus Aluminium gegossene Kurbelgehäuse wurde in der BMW Gießerei in Landshut in einem speziellen Sandgussverfahren hergestellt. Dieses Verfahren mit z. T. gedruckten Kernen war während des Engagements von BMW in der Formel 1 so weit entwickelt worden, dass lokal dünne Wandstärken ähnlich dem Feinguss bei deutlich höherer Gestaltungsfreiheit möglich sind. Als Material wurde – ebenso wie im Zylinderkopf – ein hochfestes G-AlSi7 mit anschließender Wärmebehandlung verwendet.

Die konstruktive Ausführung besteht aus einem Closed-Deck-Gehäuse in Bed-Plate Bauweise mit integrierten, zunächst bei BMW nickeldispersionsbeschichteten Laufbüchsen. Später wurde diese Beschichtung extern vergeben.

Im 90°V ist im Guss eine Wasserverteillleiste eingebettet, die jedem Zylinder die jeweilige Kühlmenge zuordnet, um eine gleichverteilte Querdurchströmung der einzeln umströmten Büchsen zu erreichen.

Umfangreiche Simulationsergebnisse stellten von Anfang an ein optimales Ergebnis sicher (Abb. 3 und 4).

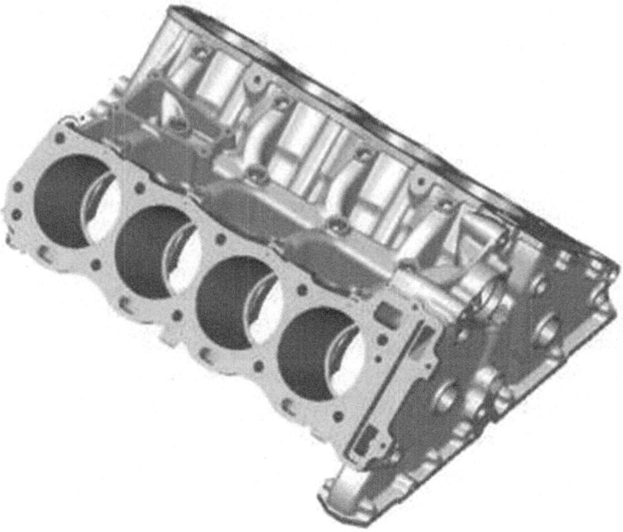

Abb. 3. Kurbelgehäuse

Abb. 4. Simulation Wassermantel KGH

Besonderen Wert wurde auf eine steife Ausführung der Hauptlagerstühle gelegt, die durch eine doppelte Verschraubung mit hochfesten M10 und M8 Stiftschrauben ausgeführt ist. Diese Stiftschrauben sind wie alle anderen höherbelasteten Schraubverbindungen und Muttern eigens angefertigte Bauteile.

Normverbindungselemente kamen am P66 aufgrund ihrer schwankenden Qualität kaum zum Einsatz.

Räder- und Kettentrieb befinden sich vorn in einem in den Motorblock integriertem Raum.

Durch die Integration in das Fahrzeug kommt dem Motor auch eine tragende Funktion zu, vor allem durch die Einbindung in das Crashkonzept des Fahrzeuges. Dazu waren im vorderen Bereich des Räderkastens durchgehende Gussaugen gesetzt, die die Fahrzeug-Crashstruktur aufnahmen (siehe auch später unter Fahrzeugintegration) (Abb. 5 und 6).

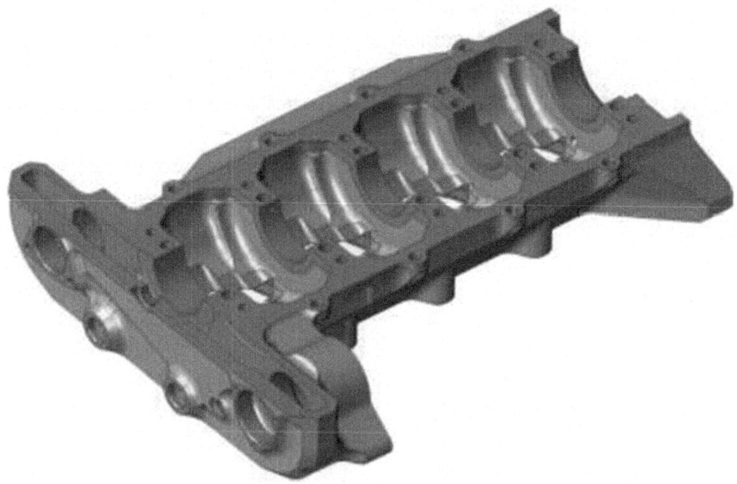

Abb. 5. Ölsumpf

Abb. 6. Ölsumpf mit Ölabsaugkanälen(offen)

Das Kurbelgehäuse wird im unteren Teil abgeschlossen von dem aus einer Bronzelegierung gefrästem Ölsumpf, der auch die Hauptlagerdeckel trägt. Das mit einer Dichte von 8,9 g/cm^3 sehr schwere Material wurde gewählt, um der im Reglement festgeschrieben Gewichtsanforderung von 148 kg Genüge leisten zu können und einen niedrigen Schwerpunkt zur erhalten. Gleichzeitig mussten sich von diesem Gewicht 88 kg im sogenannten Untermotor unterhalb der Zylinderkopfdichtung befinden. Vorteilhaft an der Bronze war auch die gute Bearbeitbarkeit im Zusammenbau mit Aluminium und eine Wärmedehnung, die nicht zu weit vom dem des Kurbelgehäuseoberteiles liegt.

Alle Kurbelkammern sind zur Vermeidung von Ventilationsverlusten voneinander getrennt. Nur durch kleine Druckausgleichbohrungen sind die Kurbelkammern miteinander verbunden, um eine gemeinsame Messung des Kurbelkammerdruckes zu ermöglichen. Die Ölentsorgung aus dem Sumpf erfolgt je Kurbelkammer über eine Absaugpumpe. Zu jeder führt ein in den Sumpf gefräster Kanal, der mit einem entsprechend ausgearbeitetem Deckel verschlossen wird.

Ebenso wurde Wert draufgelegt im Rädertrieb keine Panschverluste zu erzeugen.

Eine eigene Pumpe saugt daher diesen kompletten Bereich ab. Um zu vermeiden, dass die Stirnräder unnötiges Öl verdrängen oder fördern, sind diese von Abweisern umgeben, durch deren gezielte Öffnungen der Raum um die Räder zusätzlich ölfrei gehalten wurde (Abb. 7).

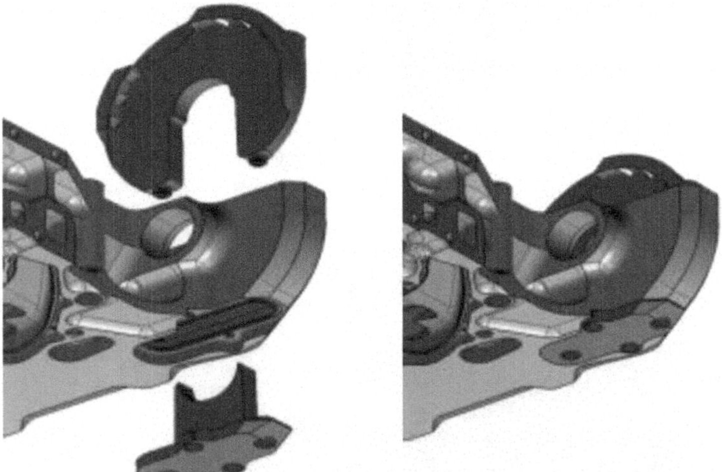

Abb. 7. Ölabweiser und Verdrängungskörper, Einbau- und montierte Situation

3.2 Zylinderkopf

Wie für das Kurbelgehäuse erfolgte der Modellbau und Guss des Al-Zylinderkopfes in der BMW-Gießerei in Landshut.

Besonders zu erwähnen ist die schlanke Bauweise. Die Ventilwinkel betragen zusammen 22°.

Dicht am Ventil ist das Drosselorgan in Form eines Drehschiebers integriert, um ein möglichst schnelles Ansprechverhalten des Motors zu erzielen (Abb. 8 und 9).

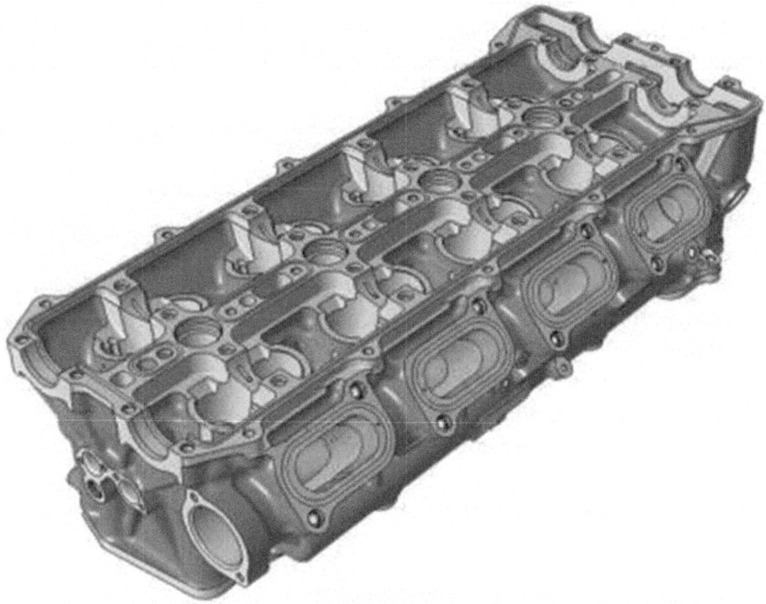

Abb. 8. Zylinderkopf

Abb. 9. Simulation Wassermanteldurchströmung im Zylinderkopf

Der Ketten- und Räderkasten vorn am Motor ist in geschlossener Form angegossen zur Erzielung einer geringen Baulänge des Motors bei dem gegebenen Zylinderabstand.

Vom Kurbelgehäuse aus wurde die Querstromkühlung übernommen, das Kühlwasser strömt ausschließlich über die Auslassseite jedes Zylinders in den Kopf ein, um diesen in einen Sammelkanal auf der Einlassseite zu verlassen.

Von dort wird das Kühlmittel ins Kurbelgehäuse zurückgeführt, zu einem gemeinsamen Kühlerausgang für die rechte und linke Seite.

Einlassseitig befindet sich nur eine kleine 2 mm Bohrung zwischen Block und Kopf, um eine saubere Entlüftung des Motors zu erreichen. Auf diese wurde beim gesamten Motor besonders geachtet, es befinden sich keine gefangenen Räume im Wassermantel, sodass dieser zum höchsten Punkt im Sammelkanal permanent entlüften kann.

Über dem Wassermantelkern ist ein Luftkern, der Wasser- und Ölseite voneinander trennt.

In diesem Ölmantel der einteilig ausgeführten Köpfe sind die Führungen für die 30 mm großen Tassenstößel und eine darin eingefräste Verdrehsicherung enthalten. Zwei Tieflochbohrungen versorgen die Nockenwellenlager mit Öl.

Die oberen Deckel der Nockenwellenlager wurden aus Kostengründen als separate Bauteile ausgeführt und nicht wie bei den Formel 1 Motoren als Bestandteil der Zylinderkopfhaube.

Das aus den Lagern abfließende Öl schmiert zugleich die Stößel, die über keine gesonderte Versorgung verfügen.

An eine weitere, größer dimensionierte und tiefer auf der Auslassseite positionierte Längsbohrung ist eine für beide Köpfe gemeinsame Saugpumpe angeschlossen, die das Öl wieder aufnimmt (Abb. 10).

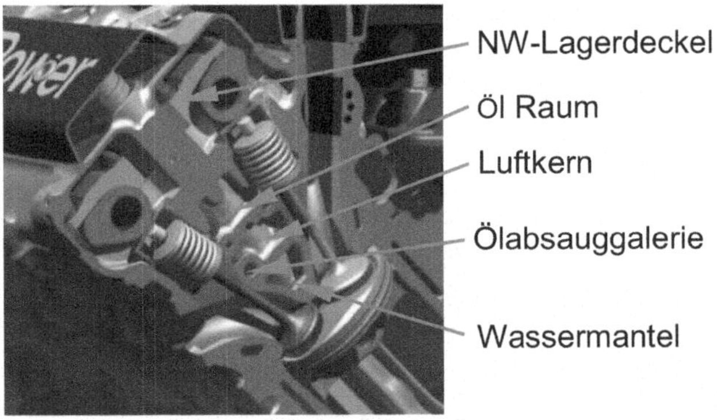

Abb. 10. Zylinderkopf-Aufbau

Die Nockenwellen werden nach der Kopfmontage montiert, da keine separate Komplettmontage möglich ist, angesichts der Notwendigkeit, die Zylinderkopfschraubenpfeifen zwischen den Zylindern in einem sehr steifen Umfeld zu positionieren, und da durch die schlanke Bauweise die Nockenwellen die Zylinderkopfmuttern verdecken.

Hochfeste Stehbolzen mit ausgeprägtem Dehnschaft und eigens gefertigte Muttern verbinden die beiden Kernbauteile des Motors.

Dazu werden diese bis Streckgrenzen angezogenen, um den hohen Innendrücken standzuhalten, die mit 120 bar schon die Werte aufgeladener Serienmotoren erreichen.

Eine mehrlagige Metallsicken-Zylinderkopfdichtung musste deswegen speziell für diesen Zweck entwickelt werden.

Die Zylinderkopfhauben, starr in den Fahrzeugverbund integriert, sind aus dem Vollen in hochfestem Aluminium gefräst, so konnte ihr Gewicht minimiert werden (Abb. 11).

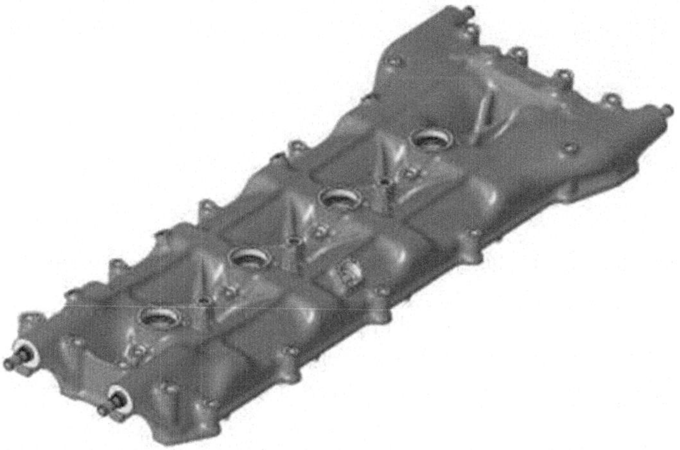

Abb. 11. Zylinderkopfhaube

3.3 Kurbeltrieb

Die vorgeschriebenen Grundabmessungen trieben zunächst das Gewicht der Kurbelwelle in die Höhe.

Mit Durchmessern von 63 mm für die Hauptlager und 47 mm für die Hublager verlangt das Reglement für einen solchen Motor ausgesprochen große Werte.

Zum Vergleich seien die dazu korrespondierenden Abmessungen des BMW-Formel 1 Motors aus 2008 mit 42 und 36 mm genannt [3].

Um dem daraus resultierenden relativ hohem Gewicht zu entgehen, wurde zum einen die aus der Formel 1 bereits bewährte Bauweise übernommen, bestehend aus separaten, angeschraubten Schwermetall-Gegengewichten, zum anderen eine groß dimensionierte Ölbohrung vorgesehen.

Aus Kostengründen zeilte man bei der aus einem hochfesten Vergütungsstahl bestehenden Welle jedoch das Innere der Hubzapfen nicht wie beim F1-Motor heraus, sondern optimierte lediglich die Lage und Größe der Bohrungen [3].

Der Ausgleich, der zur optimalen Ausnutzung des Gaswechsels eben ausgeführten Welle, wurde nach und nach durch Variationen der Gegengewichte unter Berücksichtigung der daraus entstehenden Belastungen reduziert (Abb. 12).

Diese Gegengewichte wurden aus einem gesinterten wolfram-basierten Material hergestellt. Im Reglement waren speziell zum Wuchten der Kurbelwelle die ansonsten für die meisten Anwendungen verbotenen Sinterwerkstoffe erlaubt [1].

Abb. 12. Kurbelwelle

Vorne tritt das Öl für die Versorgung der Pleuellager zentral in die Welle ein, abgedichtet von einer reibungsarmen magnetischen Dichtung.

Hier befindet sich auch die Wellenverzahnung, auf die das Kurbelwellenzahnrad für den Steuer- und Nebenaggregateantrieb aufgeschrumpft und zusätzlich verschraubt wird. Das Gewicht der Welle beträgt so nur 14 kg für das komplett montagebereite Bauteil.

Das Ende der Kurbelwelle wird von einem Flanschbild für die Verschraubung mit einem Kurbelwellenflansch gebildet. Bedingt durch die Trans-Axle Bauweise entfällt ein Schwungrad oder Kupplungsflansch am Motor.

Acht kurze, hochfeste Schrauben mit Dehnkopf verbinden die Welle mit dem Flansch, der den Motor mit einer einteiligen CFK-Gelenkwelle verbindet.

Um den Verbund sicher darzustellen, ist zwischen Flansch und Kurbelwelle eine reibwerterhöhende diamant-beschichtete Scheibe eingefügt.

Pleuel und Kolben waren ebenfalls von vielen Reglementbestimmungen betroffen, so z. B. ist das Mindestgewicht und der Werkstofftyp vorgeschrieben. Daher besteht das Pleuel aus einem hochfesten Stahl.

Die Trennfuge wurde verzahnt, mittlerweile Standard bei Hochleistungs-Rennmotoren, da diese hochfesten Stähle keinen geordneten Crackprozess erlauben und herkömmliche Paßbuchsenlösungen nicht ausreichend waren.

Bei der Verschraubung in M9 $\times$ 1 konnte auf den bestehenden Lagerbestand von alten Formel 1 Pleuel zurückgegriffen werden.

Das Pleuel ist zwecks des besseren Tragverhaltens symmetrisch ausgeführt, steifigkeits- und eigenschwingungsoptimiert.

Der Kolben ist entsprechend der Erfahrung der F1 Motoren ausgelegt und berechnet, das Gewicht auf dem vorgeschrieben Wert optimiert.

Der Kolbenbolzen ist als einteiliger, DLC-beschichteter Stahlbolzen reglementkonform mit einem Durchmesser von 19 mm ausgeführt. Bei der verbrennungsseitigen Entwicklung des Motors wurde Steuerzeit und Verdichtung beim Kolbendesign berücksichtigt und angepasst, vor allem um einen guten Brennraum trotz der für hohe Leistung sehr vorteilhaften hohen Verdichtung zu erreichen und einen klopffreien Betrieb zu erlangen (Abb. 13).

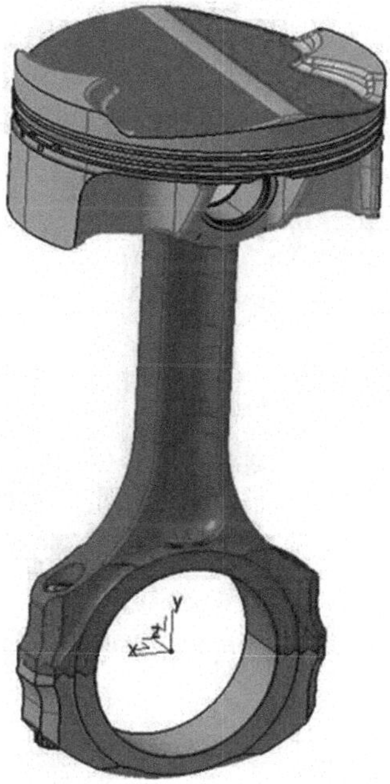

Abb. 13. Pleuel und Kolben

3.4 Ventiltrieb

Vollschaftventile, Stahlschraubenfedern und Tassenstößel waren für den Ventiltrieb als notwendige Bauteile in den Regeln Vorschrift.

Die Nockenwellen wurden aus einem hochfesten und anschließend nitrierten Vergütungsstahl hergestellt, um kleine Lagerdurchmesser und Grundkreise zu ermöglichen. Gebaute Ausführungen waren nicht zugelassen. Herstellung und anschließende Beschichtung erfolgte auf den BMW internen Vorserienfertigungsanlagen.

Zum Antrieb dient je Bank eine einfache, kurze Kette, die den Regeln entsprechend über die Trennebene Kopf/Block läuft. Die Verbindung zur Kurbelwelle bildet ein kombiniertes Zahnrad/Kettenrad, im geschlossenen Räderschacht des Kurbelgehäuses gelagert.

Spann-und Führungsschienen sind in Aluminium/Kunststoffverbund ausgeführt. Das Kettenrad wird mit einer zentralen Dehnschaftschraube an der Nockenwelle befestigt. Somit ist eine einfache Steuerzeiteneinstellung möglich.

Zur Unterstützung des Verbundes liegt zwischen Nockenwelle und Kettenrad wie beim Kurbelwellenflansch eine Scheibe mit reibwerterhöhen Diamantbeschichtung. Die direkt von den Nocken betätigten und verdrehgesicherten Stahltassenstößel wurden mit einer balligen Oberfläche ausgestattet, um deren Durchmesser zu minimieren. Für die aus den Restriktoren und dem Hubraum resultierende Leistungsdrehzahl von ca. 7250 U/min ist die geforderte Bohrung von min. 93 mm eigentlich zu groß (Abb. 14 und 15).

Abb. 14. Anordnung NW-Antrieb

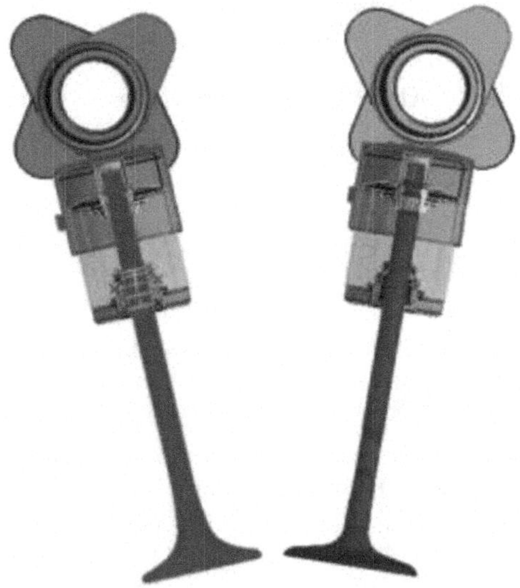

Abb. 15. Anordnung Ventiltrieb

Deshalb nutzen die Einlassventile den geometrischen Raum nicht voll aus und wurden zur Erreichung einer guten Gasdynamik kleiner als üblich gewählt.

Die Ventile mussten als Vollventile mit min. 6 mm Schaft dargestellt werden. Um sie dann möglichst leicht zu halten wurde der für diesen Anwendungsfall erlaubte Werkstoff Titan gewählt.

Die gesamt bewegten Massen betragen ca. 70 g, sodass die Federn auf eine relativ niedrige Maximalkraft von unter 600 N ausgelegt werden konnten, um die Reibung zu minimieren.

Das max. Antriebsmoment eines Zylinderkopfes reduziert sich so auf unter 1,5 Nm.

3.5 Öl System

Typisch für Rennmotoren, die sowohl einen tiefen Schwerpunkt und eine hohe Unempfindlichkeit gegenüber Quer- und Längs-beschleunigung aufweisen müssen, ist der P66 mit einem Trockensumpfsystem ausgestattet.

Zur Reduktion der Antriebsleistung der Pumpen wurde ein getrenntes Nieder- und Hochdruckölsystem realisiert.

Mit zwei bis drei bar fördert die als Zahnradpumpe ausgeführte Niederdruckpumpe das Öl durch den Kühler und Ölfilter.

Ein Teil des Ölstromes wird dann mit diesem Druck zur Versorgung der Haupt-, Hub- und Nockenwellenlager benutzt, ein anderer wird mit einer kleinen Hochdruckpumpe auf ca. 8–9 bar gebracht und nur zur Versorgung der Kolbenspritzdüsen verwendet (Abb. 16).

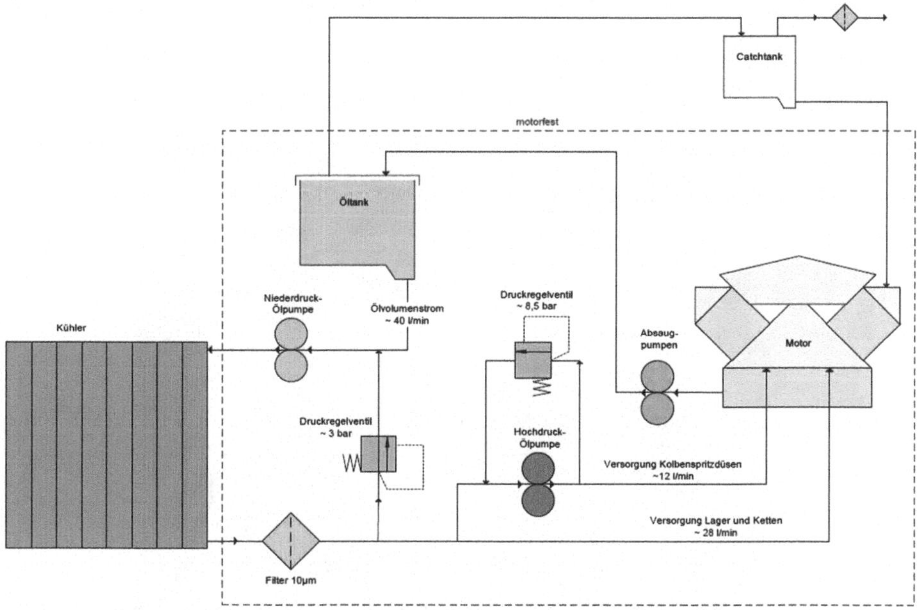

Abb. 16. Öl System

In Summe ergab sich so eine geringere Antriebsleistung als bei einem auf integral höheren Druckniveau laufenden gemeinsamen System.

Alle Pumpen wurden hinsichtlich Schluckvolumen des Motors für eine möglichst geringe Leistungsaufnahme optimiert.

Das Öl gelangt direkt aus den Absaugpumpen über einen Ölabscheider in den Tank, das Blowby aus dem Abscheider geht über einen Catchtank und einen Filter ins Freie. Eventuell im Catchtank anfallendes Restöl wird in die Zylinderköpfe zurückgesaugt. Das Pumpensystem ist modular aufgebaut, besteht neben den beiden Druckpumpen aus einzelnen Segmenten mit je einer Absaugpumpe für jede Kurbelkammer, einer für beide Zylinderköpfe und einer für die Absaugung des Rädertriebs. Insgesamt erreichen diese Pumpen einen Unterdruck im Motor von ca. 400 mbar.

3.6 Wassersystem

Genauso wie die Ölpumpen muss die Wasserpumpe mechanisch angetrieben werden. Beim Innenleben der Pumpe konnte auf vorhandene Komponenten zurückgegriffen werden, so auf das in Langstreckenrennen erprobte Lager- und Dichtungspaket vom P65-Motor des BMW Z4 GT3, welches wiederum direkt aus dem Serien M3 stammte. Das Laufrad wurde ebenfalls zunächst vom P65 entnommen, später aber durchsatzoptimiert und ebenfalls wie am GT3 Motor als Aluminium-RP-Teil gefertigt (Abb. 17 und 18).

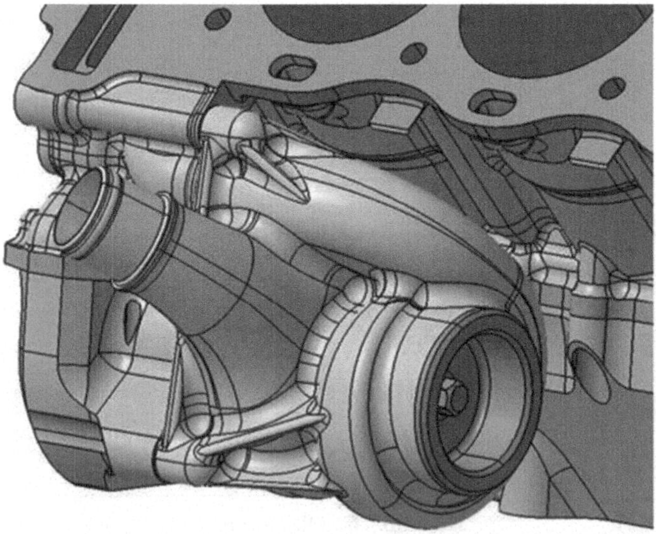

Abb. 17. Anordung Wasserpumpe

Nachdem es den Motor verlassen hat wird das Kühlwasser im Fahrzeug auf zwei Kühler aufgeteilt und anschließend über die Wasserpumpe in das Kurbelgehäuse gepumpt.

Abb. 18. RP-Wasserpumpenrad

4 Mechanik Erprobung

4.1 Reibungsminimierung

Um die mechanischen Verluste innerhalb des Motors von Anfang an gering zu halten, wurde die Optimierung in einer eigens eingerichteten Arbeitsgruppe verfolgt.

Bereits in der Grundkonzeption berücksichtigte man diesen Umfang im Wesentlichen. Einzelnen Maßnahmen, wie die Ölmengenreduktion und Öldruckbedarf, wurden bereits im Abschn. 3 „Konstruktion" geschildert.

Im Zuge der Entwicklung konnte die Nebenaggregateeffizienz erhöht werden, der Ventiltrieb nicht nur in Bezug auf Gaswechsel, sondern auch auf Antriebsleistung weiter verbessert (siehe Abschn. 3.3).

Die Lagerspiele schließlich sind auf ein Minimum eingestellt, im Mischreibungsbereich durch reibwertmindernde Schichten unterstützt, die so zu extrem geringen Öldurchsätzen führten. Die meiste Arbeit floss in die Kolbengruppe. Optimierung der Kolbenringspannungen und Spiele führten mit den oben genannten Maßnahmen am Ventiltrieb zu einem mechanischen Wirkungsgrad von ca. 94 %.

4.2 Haltbarkeit

Je Rennteam, d. h. für zwei Fahrzeuge, durften in der Saison 2012 drei Motoren eingesetzt werden, ab 2014 für 8 Fahrzeuge nunmehr nur 10 Motoren. Später wurde der straffrei erlaubte Motorenpool noch mehr eingeschränkt.

Damit wurde als Absicherungsziel eine Einsatzlaufzeit im Rennen von 6000 km und im Testbetrieb eine von 10.000 km festgelegt, die auf den volldynamischen Prüfständen von BMW-Motorsport abgenommen wurden.

Auf diese Art und Weise konnten kritische Bauteile wie das schon erwähnte Kurbelgehäuse, Drosselklappensteller oder Zylinderkopfdichtung analysiert und optimiert werden.

Da mit 10.000 km Laufzeit schon oft die Lastspielzahl für Dauerfestigkeit erreicht wird, konnten später mit der Erfahrung aus dem Renneinsatz die Laufzeitgrenzen erweitert und gerade für teure Schlüsselbauteile – wie Kurbelwelle oder Zahnradtrieb – die Verwendung kostenschonend auf zwei Saisons ausgeweitet werden.

Als Beispiel für die Herausforderungen bei solch einem Motor sei die Entwicklung der Laufbüchsen detaillierter erläutert:

4.2.1 Zylinderlaufbüchse. Trotz der versteifenden Closed-Deck-Bauweise zeigte sich das Gehäuse im Zuge der Leistungsentwicklung den inneren Belastungen nicht zufriedenstellend gewachsen und riss in der Zylinderbahn im Bereich des druckseitigen Kolbenhemdes entlang der Kolbenstruktur zum Wassermantel auf. Auch eine sukzessiv vorgenommene Erhöhung der mittleren Büchsenwandstärke von zunächst 3,5 auf bis zu 5,5 mm erreichte im Dauerlaufprofil nicht die geforderte Laufleistung (Abb. 19 und 20).

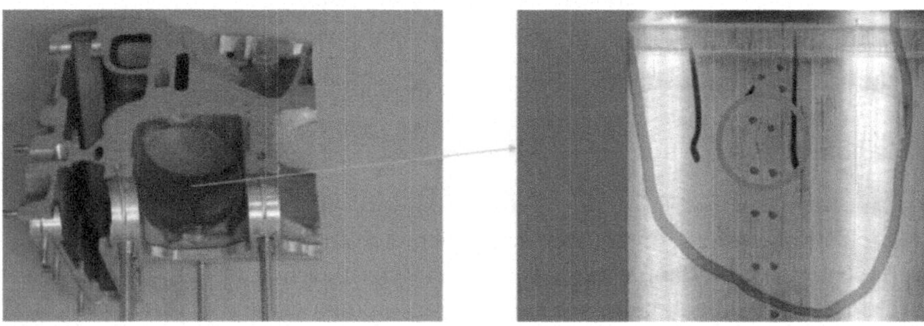

Abb. 19. KGH-Laufbüchsenrisse

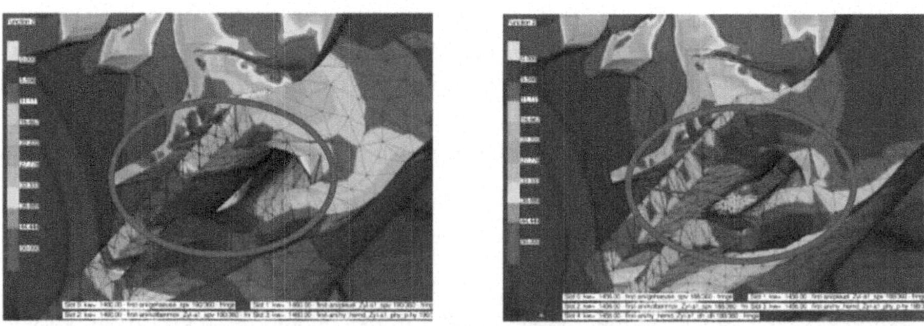

Abb. 20. FEM Ohne und mit Versteifungsmaßnahme

Eine genaue dynamische FEM-Simulation zeigte schließlich die Ursache, und Gegenmaßnahmen konnten konstruiert werden.

Ausgehend von der sehr steifen Kolbenseitenwand gab es zum Zeitpunkt des höchstens Gasdruckes auf der Kolbendruckseite Spannungsspitzen, die im Bereich 20 mm unterhalb der Deckfläche zu Längsrissen in der Kolbenlaufbahn führten.

Durch um den Zylinder in diesem Bereich verteilten Versteifungsrippen wurden diese Spannungen mit auf der Außenwand abgestützt und so die Belastung auf weniger als 50 % reduziert.

Im Sinne der verzahnten Zusammenarbeit wurden für diese Berechnungen auch die weitreichenden Ressourcen der Serienentwicklung bei BMW genutzt.

Ebenso war die schnelle Umsetzung der dann notwendigen Gussänderungen innerhalb der zeitlich stark limitierten Entwicklungsphase unter anderem durch die Inhouse-Fertigungen im Verbund der BMW Gießerei in Landshut und der internen Bearbeitung und Beschichtungstechnologiezentren von BMW-München ermöglicht.

Parallel simulierte man die Wirkung dieser Rippen auf den Wassermantel und konnte sie so zur Leitung des Kühlmittelstromes nutzen.

5 Gaswechsel

5.1 Brennraum und Verdichtung

Schon die Erfahrungen aus den BMW Formel 1 Motoren hatten die Bedeutung eines hohen Verdichtungsverhältnisses für den Wirkungsgrad gezeigt. Daher wurde beim P66 mit einem Epsilon von 14,5:1 begonnen (Abb. 21 und 22).

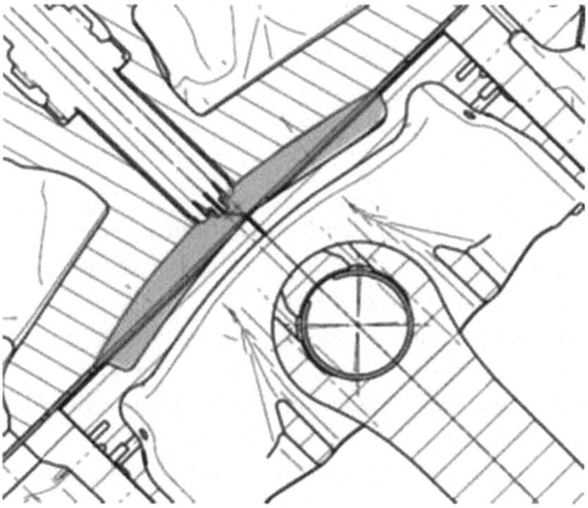

Abb. 21. Brennraumgestalt

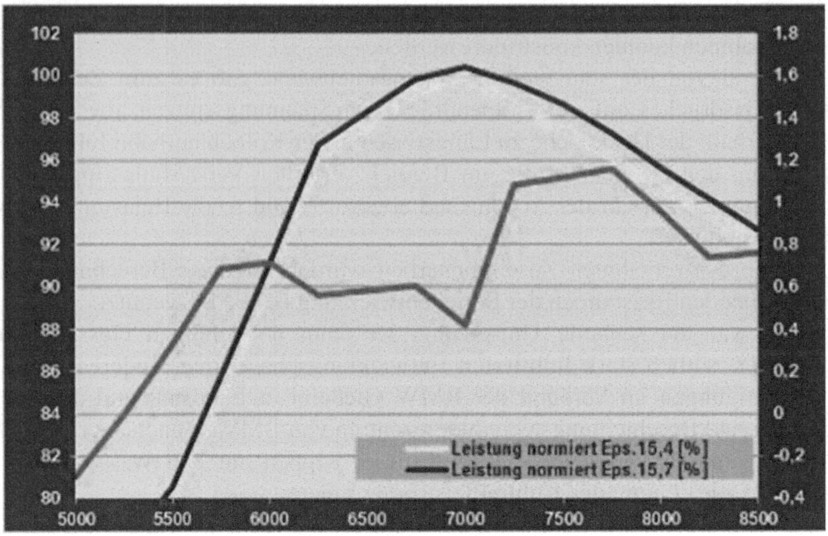

Abb. 22. rel. Leistungsdifferenzen

Bedingt durch das im Verhältnis zur Formel Eins längerem Hub-Bohrungsverhältnis ergaben sich jedoch Möglichkeiten diesen Wert zu steigern und auch den dann kleiner werdenden Brennraum noch verbrennungsoptimiert zu gestalten.

Das auf der Leistungsseite auch bei diesen relativ hohen Werten vorhandene Potenzial verdeutlicht der Vergleich der zwischenzeitlichen Entwicklungsstufen 15,4 vs. 15,7. Gerade im sehr wichtigen Drehzahlbereich über 6000 U/min ist eine Steigerung um ca. 1 % zu beobachten, die bei der extrem engen Leistungsdichte im DTM-Wettbewerb bereits Vorteile mit sich bringt.

In Kombination mit einem Kompromiss aus Füllungs- und Tumblekanal wurde so final ein Verdichtungsverhältnis von nahezu 16:1 realisiert.

5.2 Kanalentwicklung

Der über den Hubraum von 4 l und des Mindestbohrungsdurchmessers resultierende Hub fällt mit 73,6 mm recht kurz aus, die durchschnittliche Kolbengeschwindigkeit liegt dann bei lediglich 19,5 m/s (Abb. 23 und 24).

Um trotzdem eine entsprechende Gaswechseldynamik zu erhalten, fiel die Wahl auf relativ kleine Durchmesser der Ventile mit 35,1 mm Einlass und 31,5 mm Auslass.

Auf der Einlassseite wurden 12 Varianten konstruiert, simuliert und im Blasversuch verifiziert. Vier davon wurden dann motorisch erprobt.

Weiter fanden Variationen an Ventil- und Ventilsitzgeometrie statt, auch um das Rückströmen zu verhindern, da bei einem luftrestriktierten Motor der Fanggrad eine extrem hohe Wertigkeit hat.

Die Simulation all dieser Varianten erfolgte mit und ohne Kolbenbewegung. Analog wurde auch die Auslassseite entwickelt.

Abb. 23. Simulation E-Kanal

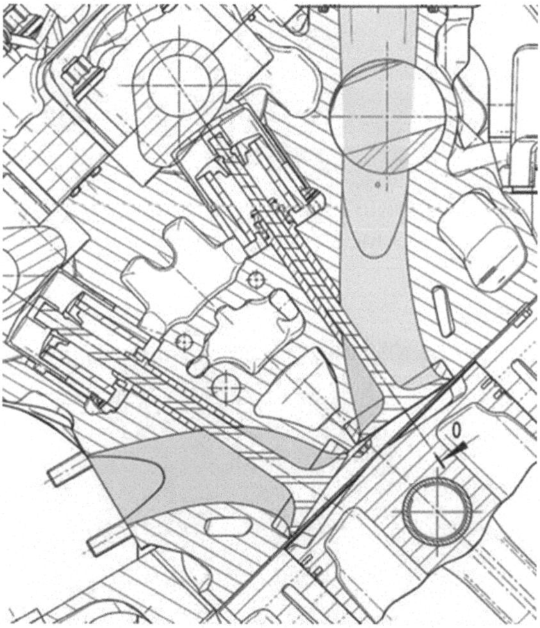

Abb. 24. Kanalkonfiguration

5.3 Ansauganlage Sammler-Trichter-Restriktor

Jegliche Variabilität, sei es an Volumina, Ansauglängen oder Resonatoren, war im Ansaugsystem verboten.

Ebenso war das Volumen des Luftsammlers im Regelwerk auf 70 l beschränkt. Daher wurde zunächst für die Baugruppe 1 eine größere Airbox konstruiert, deren Volumen und innere Formgebung mit Einlegeteilen verändert werden konnte.

Begleitend zur Simulation entstanden verschiedene Ansaugkonfigurationen in Baukasten und RP-Bauweise (Abb. 25 und 26).

Abb. 25. Versuchsairbox

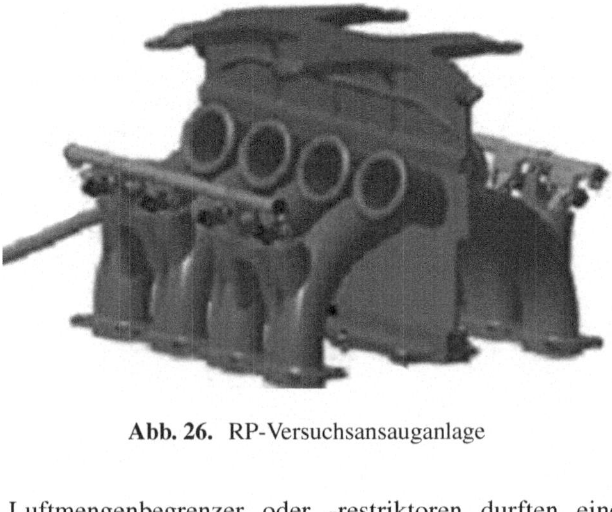

Abb. 26. RP-Versuchsansauganlage

Die zwei Luftmengenbegrenzer oder -restriktoren durften einen maximalen Durchmesser von nur 28 mm betragen, der über 3 mm zylindrisch geführt sein muss. Ab 2017 wurde dieser Wert auf 2 × 29 mm angehoben.

Solche Konstruktionen sind aus anderen Rennserien (Formel 3, IMSA, FIA-GT ...) bekannt. Durch die maximal mit Schallgeschwindigkeit durchströmende Luftmenge, ergibt sich so beim 28 mm Restriktor eine sinnvolle Leistungsdrehzahl ca. 7250 U/min. Um möglichst nah an die Schallgeschwindigkeit zu gelangen, wurden der jeweilige Einlauf und der hinter dem Restriktor liegende Diffusor zunächst virtuell simuliert und dann im Versuch in verschiedenen Ausführungen erprobt (Abb. 27).

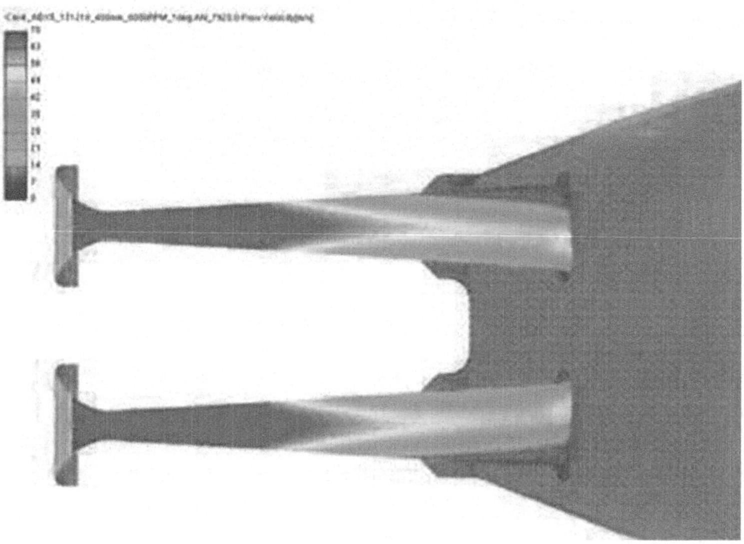

Abb. 27. Simulation Restriktorlösung

Zwar zeigten sich Einlaufkonfigurationen mit Leitschaufeln vorteilhaft hinsichtlich größerer Diffusor Winkel und entsprechenden Geschwindigkeits-/Verlustabbau, jedoch war im Rahmen des Entwicklungsprogrammes die Zeit zu knapp, sodass sich zuletzt ein klassischer Restriktor mit optimierter, aber einfacher Einlauftulpe mit möglichst langem Diffusor als praktikabelste Lösung darstellte (Abb. 28).

Vor dem Restriktor war auf eine möglichst verlustfreie Zuströmung zu achten, daher sind die Luftfilter hinter diesem untergebracht.

Neben dem Fernhalten von Verschmutzungspartikeln konnten die Filter bei möglichst kleinem Widerstand auch für eine gute Gleichverteilung der Verbrennungsluft auf die einzelnen Zylinder genutzt werden.

Zusätzlich zeigte sich im Zuge der Entwicklung vor allem im Fahrzeug eine hohe Anforderung an die Zuverlässigkeit. Die Luftgeschwindigkeit am Ende des Diffusors beträgt noch ca. 30 m/s, sodass der Filter Partikeln mit eben dieser Geschwindigkeit

Abb. 28. Versuchseinlauftulpe mit Leitschaufeln

standhalten musste. Diese Problematik zeigte sich vor allem bei geringen Fahrzeugabständen in der Hinterherfahrt (Abb. 29 und 30).

Im Vorfeld wurden dazu zunächst Versuche mit den 4 l GT Motoren gefahren, um damit der Simulation die notwendigen Randbedingungen zu liefern.

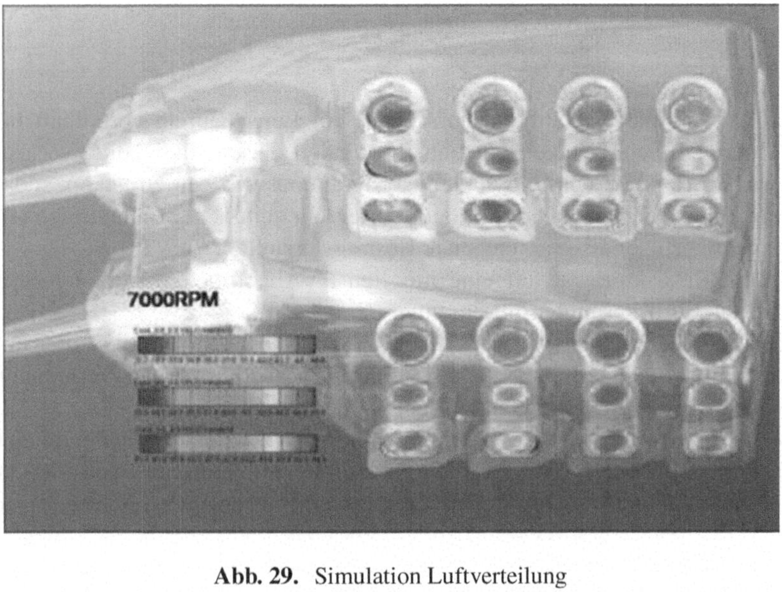

Abb. 29. Simulation Luftverteilung

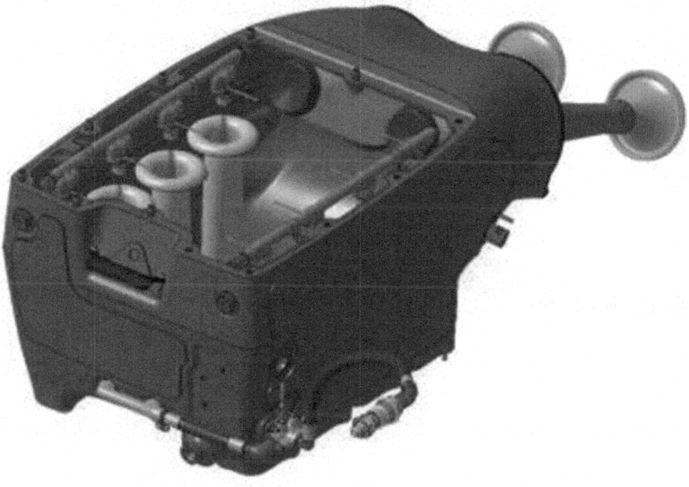

Abb. 30. Finale Sammler/Trichter-Konfiguration

Im Zuge der Kanal-, Steuerzeiten- und Nockenprofilentwicklung zeigten sich wieder die besonderen Anforderungen des luftmengenbegrenzten Motors, bis es zur letztendlich finalen Trichterdefinition und dem dann auf 70 l reduziertem Sammler kam.

Um zu prüfen, dass sich hinter den Restriktoren kein weiterer Luftzugang befindet, muss mit einer genormten Pumpe mit nur 35 l/min ein Unterdruck von 200 mbar im Sammler erreicht werden. Dazu ist der Motor so zu stellen, dass die Abdichtung zur Abgasseite entweder durch ein geschlossenes Einlass- oder Auslassventil sichergestellt ist. Dies war bei der Ermittlung der Nockenprofile und der einzustellenden Spreizungen zu beachten, denn mit einer solchen Prüfung sind die möglichen Steuerzeiten begrenzt (z. B. 300° mit 100° Spreizung ergibt beim V8 keine Position die dies gewährleistet).

Außerdem musste die gesamte Wirkkette auf der Ansaugseite sehr sorgfältig gedichtet werden.

5.4 Abgassystem

Auch die Abgasanlage darf keine veränderbaren Komponenten enthalten.

Daher wurde Länge und Ausführung, ebenso wie der Ansaugtrakt, auf den besten Kompromiss abgestimmt.

Die Anlage besteht aus Inconel 625, in einer Nominalwandstärke von 0,8 mm, da laut Reglement die Mindestwandstärke 0,75 mm nicht unterschritten werden darf.

In mehreren Schritten, parallel zur Entwicklung der Ansauganlage und Steuerzeiten, wurde die Abgasanlage sowohl in der Simulation, als auch im Versuch optimiert.

Beginnend zunächst mit einem Vier in Eins-Auspuff auf jeder Seite, zeigte sich diesem final eine Vier in Zwei in Eins Anlage, vor allem im Drehmomentverlauf, überlegen.

Die Geometrie des Schalldämpfers war vom Reglement vorgeschrieben.

An den Dämpfer anschließend ist der Katalysator verbaut. Dieser ist ein vom Deutschen Motorsportbund vorgegebener und festgelegter Motorsportkatalysator (Abb. 31).

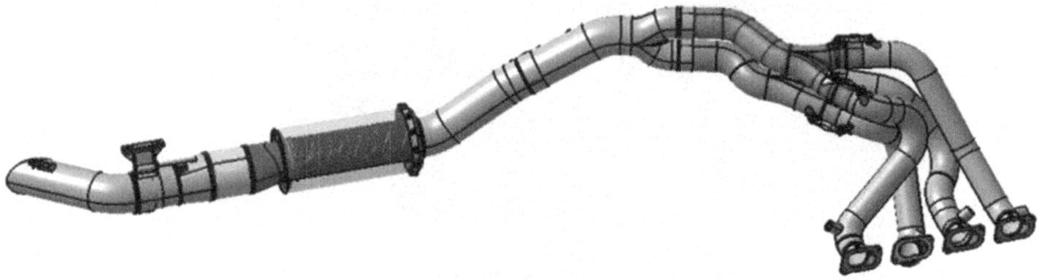

Abb. 31. Anordnung der Abgasanlage der rechten Fahrzeugseite

Das Endrohr selbst mündet in reglementierter Position auf jeder Seite des Fahrzeuges im hinteren Bereich der Türen.

In weitem Bereich ist der Auspuff direkt isoliert, vor allem im Bereich des CFK-Monocoques, da dieses nur begrenzte Temperaturen erträgt.

5.5 Gemisch Aufbereitung

Reglementbedingt ist Direkteinspritzung verboten, der Einspritzdruck muss sich unter 12 bar bewegen.

Dieser wird mit der im Fahrzeug befindlichen Förderpumpe erzeugt und über einen mechanischen Druckregler limitiert.

Auch die Position der Einspritzdüse im Saugrohr, für die ein Kompromiss aus Leistungs- und Fahrbarkeitsoptimum gefunden werden musste, wurde zunächst an den GT-Motoren erarbeitet und später am P66 optimiert.

Wie schon beim Kapitel Zylinderkopf beschrieben, besitzt der P66 anstelle von Drosselklappen in jedem Kopf eine Drehwalze, die den Ansaugkanal über einen elektrischen Aktuator betrieben verschließt bzw. öffnet.

Diese besteht aus hochfesten Kunststoff und ist in leichtgängigen Kugellagern gelagert.

Integrierte Rückholfedern sichern ein Schließen bei eventuellem Gestängebruch. Ein kleines, reiboptimiertes Getriebe ermöglicht eine symmetrische Betätigung.

Besonders zu beachten war, dass bis 2011 in der DTM keine elektrisch oder hydraulisch betätigten Drosselorgane eingesetzt werden durften, sondern diese direkt über Bowdenzug oder Gasgestänge vom Fahrerfuß zu betätigen waren.

Für das Jahr 2012 sollte dies nun zeitgemäß geändert werden, jedoch ein Einheitsbauteil für alle Hersteller werden.

Für die Baugruppe 1 des P66 wurde zunächst im Versuch ein Seriensteller mit integrierter Elektronik vom BMW M3 aus dem Jahr 2008 verwendet.

Da dieser aber nur bedingt mit der vorgeschriebene Einheits-ECU kommunizierte, akzeptierten weder der Hersteller der ECU noch die anderen Wettbewerber der DTM diese Lösung. Alternativ wurde ein älterer Typ aus dem BMW M5 der Jahre 1998 bis 2003 vorgeschlagen.

Zwar war die Integration in das Motorumfeld einfach zu gestalten, jedoch war dieser Steller den Anforderungen zunächst mechanisch kaum gewachsen und fiel bereits nach kurzer Laufzeit aus.

Erst nach mehrmaligen Optimierungsschleifen, die vor allem in der schwingungstechnischen Abkopplung stattfanden, konnte ein akzeptables Ergebnis erzielt werden (Abb. 32).

Abb. 32. Anordung Drehschieberanlage

5.6 Leistungsentwicklung

Wie beschrieben wurden parallel zu ersten Simulationsrechnungen erste Prinzipversuche mit dem im Hub/Bohrungsverhältnis ähnlichem P65 Motor durchgeführt, der bis 2012 im BMW M3 GT2 eingesetzt wurde.

Mit den flexiblen Versuchsairbox- und -trichterkonfigurationen wurde eine optimale Formgebung innerhalb der vom Reglement und vom Package gegebenen Grenzen erarbeitet, die auch zur Optimierung der Fahrbarkeit beitrug.

Da über die Luftrestriktoren der Steigerung der inneren Leistung Grenzen gesetzt sind, war die Minimierung der Reibungsverluste ebenso sehr wichtig.

Damit konnte die Maximalleistung im Zuge der Entwicklung zwischen erster Leistungsmessung BG 1 (A) und finalen Einsatzstand BG 2 (B) um 11 % in der Maximalleistung und bis zu 18 % in unteren Drehzahlbereichen über die Entwicklung der Verbrennung, der Abstimmung des Gaswechsels und der Optimierung der Reibleistung gesteigert werden.

Zu bemerken ist die auch so erzielte hohe Effizienz, mit einem relativen Verbrauch von ca. 225 g/KWh bei Volllast (Abb. 33).

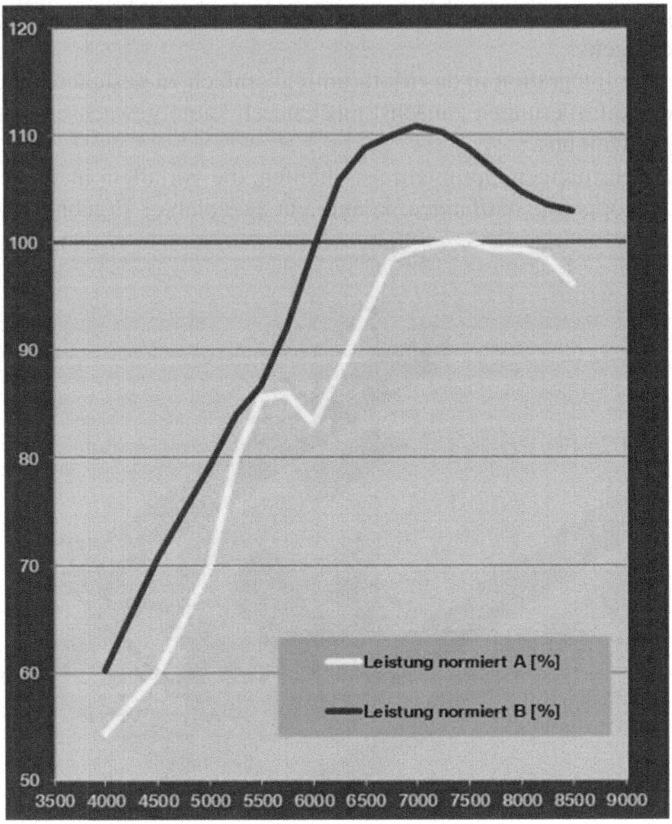

Abb. 33. relative Leistungskurven der Entwicklungsphasen BG 1 (A) auf BG 2 (B)

5.7 Leistungsmaßnahme 2017

Mit dem Einsatzjahr 2017 wurde die Restriktorgröße auf 29 mm angehoben, was einer Leistungserhöhung um 7 % bei einer etwas gesteigerten Drehzahl entsprach. Dazu wurden begleitend einige Änderungsmaßnahmen gestattet (Kanal- und Trichteranpassung), die in diesem Papier nicht beschrieben wurden, sich aber am Grundsatz an der Basisentwicklung orientierten.

6 Fahrzeugintegration und Entwicklungsplan

6.1 Fahrzeugintegration

Über zwei Befestigungsplatten und eine Quertraverse ist der Motor an das Einheitsmonocoque geschraubt.

Da der Motor auch eine ganze Saison halten muss, war ein schneller Wechsel eher nebensächlich, umso wichtiger die optimale Integration in das Fahrzeug.

Wichtig ist die verlustarme Zuströmung der Motorluft zu den Restriktoren. Seitliche Hilferahmen befestigen das Motorkreuz, das Teile der Radaufhängung und Lenkung trägt, am Motorblock und Zylinderkopf.

Die Zylinderkopfhauben steifen den Verbund aus, der Hilfsrahmen links und rechts unterstützt, engen aber den Bauraum für Abgasanlage und Nebenaggregate stark ein.

Eine vorgeschriebene einheitliche Carbon-Crash-Struktur nimmt bei einem Unfall einen Teil der Energie und leitet diese über das Motorgehäuse in das Monocoque weiter (Abb. 34).

Abb. 34. Motor im Fahrzeug installiert

6.2 Entwicklungszeitplan und Einsatzhistorie

Entwicklungsmeilensteine	
Nov 10	Start Entwurf und Konstruktion Baugruppe 1
Mai 11	Erster Prüfstandslauf
Jul 11	Erster Betrieb im Fahrzeug
August bis November 2011	Konstruktion Baugruppe 2
Dez 11	Baugruppe 2 am Prüfstand
Jan 11	Erster Betrieb Baugruppe 2 im Fahrzeug
01.03.2012	Homologation
13.04.2012	Verplombung der Einsatzmotoren
29.04.2012	Erster Renneinsatz
06.05.2012	Erste Pole-Position
07.05.2012	Erster Rennsieg
21.10.2012	Gewinn der Fahrer- ,Team- und Herstellerwertung 2012
2013 bis 2018	Zahlreiche weitere Einzelsiege, Fahrer-, Team- und Herstellermeisterschaften

Literatur

1. DTM Technisches Reglement 2012 – Deutscher Motor Sport Bund, Frankfurt
2. DTM Technisches Reglement 2017 – Deutscher Motor Sport Bund, Frankfurt
3. Theissen, M., Düsmann, M., Klietz, M., Hartman, J., Schulz, U.: 10 Jahre BMW F1 Motoren. In: 31. Int. Motorensymposium Wien, April 2010

Analyse der Komponentenanforderungen zum Erreichen des stöchiometrischen Verbrennungsluftverhältnisses eines High-Downsizing-Konzepts in allen Betriebsbereichen

Christian Vogler[1](✉), Mike Bassett[1], Jonathan Hall[1], James Taylor[1], Martin Berger[2], und Gerhard Zsiga[3]

[1] MAHLE Powertrain Ltd., Northampton, Vereinigtes Königreich
christian.vogler@gb.mahle.com
[2] MAHLE Powertrain GmbH, Rüsselsheim, Deutschland
[3] MAHLE Behr GmbH & Co. KG, Stuttgart, Deutschland

1 Einleitung

Aufgrund von Umweltbelangen und der Gefahr der globalen Erwärmung besteht seit langem der Wunsch, den Kraftstoffverbrauch und die CO_2-Emissionen von Fahrzeugen zu reduzieren. Das Downsizing von Ottomotoren hat sich bereits als Technologie etabliert, um dies zu erreichen [1–3]. Weitere Vorteile sind durch noch aggressiveres Downsizing möglich. Der Kompromiss zwischen erreichbarer CO_2-Reduzierung und der Fahrbarkeit des Fahrzeugs begrenzt jedoch den Grad des Downsizings.

In einer früheren Studie hat MAHLE Powertrain eine 48 V-Version eines elektrisch angetriebenen Verdichters (eSupercharger, eSC) in einen Downsizing-Motor integriert. Es wurde eine maximale Leistung von 192 kW erreicht (spezifische Leistung von 161 kW/l) [4]. Die Kombination von eSupercharger und einem Turbolader mit hohem Gasdurchsatz hat sich bewährt; der eSupercharger ermöglicht nachweislich einen kontinuierlichen Aufladebetrieb. Die hohe spezifische Leistung und der erreichte Mitteldruck ermöglichen eine Kraftstoffverbrauchsverbesserung durch ein hohes Maß an Downsizing [5].

Bei Leistungsdichten über 90 kW/l (rechter, oberer Bereich des Kennfeldes) wird das Gemisch mit Kraftstoff angefettet, um die Turbine des Laders vor überhöhten Abgastemperaturen zu schützen. Mit der Einführung von RDE-Tests (real driving emissions) hat sich der Motorbetriebsbereich, der in Abgastests untersucht wird, deutlich nach rechts und zur höheren Last hin verschoben, was die Verwendung von Kraftstoffanreicherung für den Komponentenschutz in der Zukunft mit hoher Wahrscheinlichkeit ausschließen wird [6, 7]. Eine frühere Studie, die eine Variante des MAHLE DI3-Motors mit niedrigerer Leistung (100 kW/L) verwendete, zeigte, dass die Einführung einer Abgasrückführung (AGR) die Notwendigkeit der Kraftstoffanfettung bei hohen Motorlasten vollständig eliminieren kann [8].

J. Liebl (Hrsg.): *Ladungswechsel und Emissionierung 2018,* Proceedings, S. 31–49, 2019.
https://doi.org/10.1007/978-3-658-24984-7_2

In der vorliegenden analytischen Studie werden die Anforderungen an das Aufladesystem untersucht, um das stöchiometrische Verbrennungsluftverhältnis mittels verschiedener Technologien (einschließlich AGR) über den gesamten Motorbetriebsbereich für die Variente des MAHLE DI3-Motors mit eSupercharger aufrechtzuerhalten.

2 MAHLE High-Downsizing-Konzept

Das Downsizing von Benzinmotoren ist eine zielführende Technologie zur Reduktion des CO_2-Austoßes von Fahrzeugen und ist der Prozess, bei dem der Motorbetriebspunkt durch Hubvolumenreduzierung in einen höheren, effizienteren Lastpunkt verschoben wird. Dadurch wird die Volllastleistung des ursprünglichen Motors durch Aufladung aufrechterhalten. Eine weitere Kraftstoffverbrauchsenkung ist durch ein höheres Maß an Downsizing möglich [9]. Mit steigender spezifischer Leistung steigen jedoch auch die technischen Herausforderungen, zu denen abnormale Verbrennung (Vorentflammung und Klopfen), Drehmoment und Ansprechverhalten bei niedrigen Drehzahlen sowie Motorlebensdauer gehören.

2.1 MAHLE Downsizing Konzeptmotor

Um die Anforderungen an moderne Downsizing-Motoren und deren Komponenten kontinuierlich zu erforschen, hat MAHLE einen 1,2-l-Konzeptmotor entwickelt. Abb. 1 zeigt die bisherigen Entwicklungsstufen. Ursprünglich stellte der MAHLE DI3-Motor eine 50 %-iges Downsizing eines Saugmotors mit 2,4 l Hubraum dar [10, 11]. Der resultierende Motor war ein direkteinspritzender Reihen-3-Zylinder-Turbomotor. Ausgestattet mit einem einstufigen Turbolader erreichte der Motor einen mittleren effektiven Mitteldruck (p_{me}) von 30 bar. Die Spitzenleistung des Motors betrug 120 kW (100 kW/l) ab 5000 1/min [11]. Die technischen Daten des ursprünglichen Derivats sind Tab. 1 zusammengefasst. Dieser Motor wurde in einem Mittelklasse-Demonstratorfahrzeug mit Stopp-Start-Funktion getestet. Das Fahrzeug erreichte einen Kraftstoffverbrauch von 5,8 l/100 km (CO_2-Emissionen von 135 g/km) im NEFZ [12].

Tab. 1. Technische Daten des MAHLE Downsizing 3-Zylinder (DI3) Motors

Parameter	Wert
Hubraum	1,2 l
Zylinderzahl	3 (Reihe)
Hub/Bohrung	73,9/83,0 mm
Verdichtungsverhältnis	9,3:1
Turbolader	BMTS

2.2 Weiteres Downsizing des Motors

In jüngerer Zeit hat MAHLE Powertrain die Möglichkeit untersucht, das Downsizing des Motors noch weiter zu steigern [4, 5]. Die hohe spezifische Leistung von 160 kW/l wurde durch den Einsatz eines größeren Turboladers erreicht, der sich bei der auf das Drehmoment und das Ansprechverhalten des Motors bei niedrigen Drehzahlen auswirkte. Ein eSupercharger wurde eingesetzt, um das transiente Ansprechverhalten und das niedrige Drehzahlmoment wieder herzustellen. Dabei handelt es sich um einen flüssigkeitsgekühlten elektischen Radialverdichter mit 48 V Spannungsversorgung. Er kann dauerhaft eine Leistung von 5,6 kW bereitstellen und hat eine Spitzenleistung von 9 kW. Eines der Hauptmerkmale ist die hohe Betriebsdrehzahl von 120.000 1/min, die der Hochgeschwindigkeits-Permanentmagnetmotor erreicht. Weitere Spezifikationen des 48 V eSuperchargers sind in Richards *et al.* [15] zusammengefasst.

Der eSupercharger befindet sich, wie in Abb. 2 schematisch dargestellt, stromaufwärts des Hauptverdichters. Um Ladedruck bei niedrigen Drehzahlen zur Verfügung zu stellen, wurde der eSupercharger für niedrige Massenströme optimiert. Bei höherer Motorleistung steht genügend Abgasenergie für den größeren Hauptturbolader zur Verfügung um Ladedruck bereitzustellen und der eSupercharger muss überbrückt werden. Es war notwendig, einen kleinen Zwischenkühler zwischen dem eSupercharger und dem Hauptturboladerkompressor zu installieren, um die zulässige Austrittstemperatur des Turboladerkompressors nicht zu überschreiten.

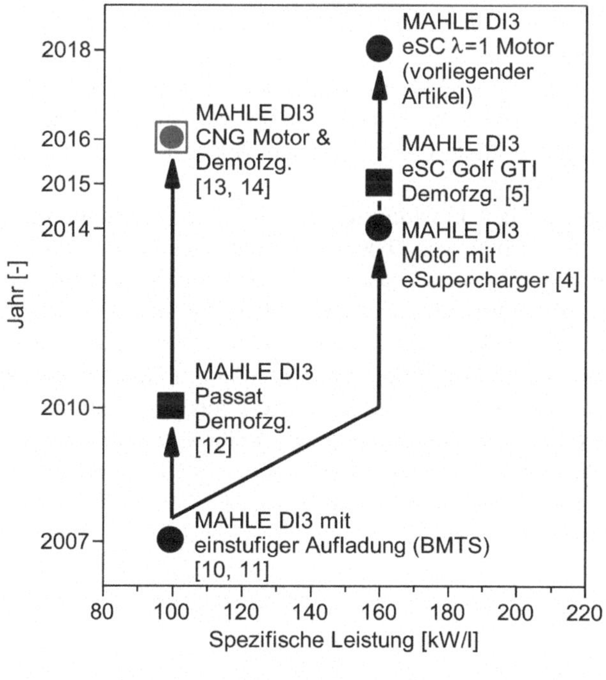

Abb. 1. Zeitschiene der MAHLE 1.2 L DI3 Motorentwicklung

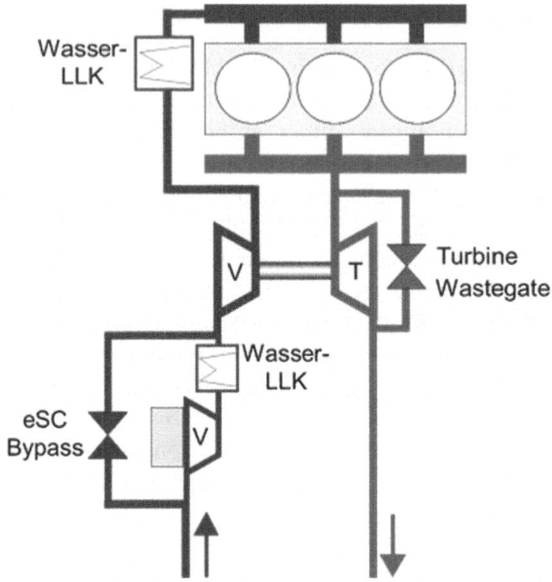

Abb. 2. Schema der ursprünglichen Motorkonfiguration mit eSupercharger [4, 5]

Abb. 3 zeigt den Mitteldruck, der vom MAHLE DI3-Motor mit eSupercharger erreicht wird. Zum Vergleich zeigt Abb. 3 auch den Mitteldruck desselben Motors ohne Nutzung des eSuperchargers, sowie der originalen Variante des Motors mit einstufiger Aufladung. Alle Tests wurden mit einer auf 40 °C geregelten Ladelufttemperatur durchgeführt. Der Motor erreicht einen Mitteldruck von 35 bar (1500 bis 4400 1/min) und eine spezifische Spitzenleistung von 161 kW/l. Diese Ergebnisse zeigen deutlich die signifikant gesteigerte Spitzenleistung der Variante mit eSupercharger (von 120 kW auf 193 kW).

Bei hohen spezifischen Leistungsniveaus arbeitet der Motor mit höherer Kraftstoffmenge, um die Turbine vor übermäßigen Abgastemperaturen zu schützen. Der Motor wurde auf eine Turbineneinlasstemperatur von 950 °C kalibriert. Das resultierende Lambda (Verbrennungsluftverhältnis relativ zu stöchiometrisch) ist in Abb. 4 gezeigt. Aus dem Vergleich mit Abb. 3 ist ersichtlich, dass die Lambda 1-Grenze bei einer Leistung von etwa 80 kW/l liegt und Lambda mit zunehmender Leistung bis zu einem Minimalwert von 0,75 bei maximaler Motorleistung abnimmt.

Der Motor wurde in einem Demonstrationsfahrzeug auf Basis eines sportlichen Kompaktklassefahrzeugs mit ähnlicher Leistung installiert und erzielte einen Kraftstoffverbrauchsvorteil von 15 % gegenüber dem zuvor installierten 2 l 4-Zylinder-Motor [5].

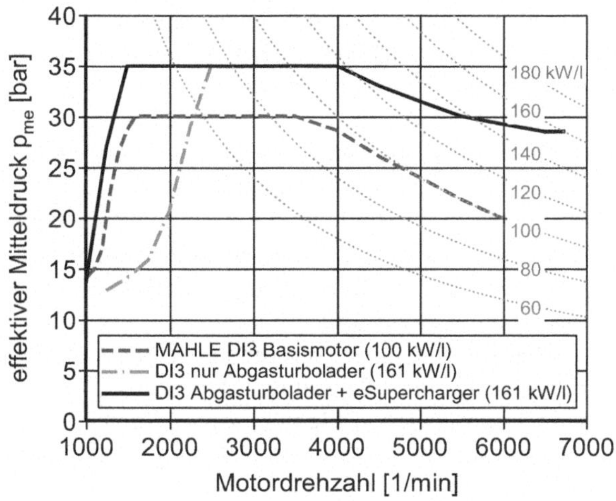

Abb. 3. Gemessener Mitteldruck des MAHLE Downsizing Motors mit der Kombination von eSupercharger und Turbolader

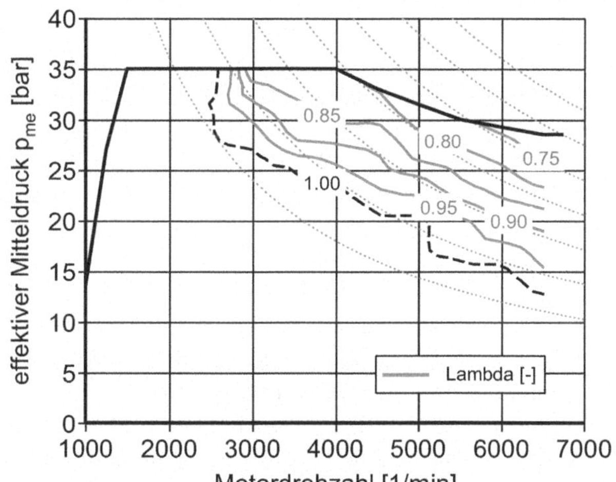

Abb. 4. Gemessenes stationäres Verbrennungsluftverhältnis

3 Methoden zum Erreichen des stöchiometrischen Luft-Kraftstoff-Verhältnisses bei Nennleistung

Ziel dieser Studie ist es, den gleichen Downsizinggrad wie in der vorherigen Entwicklungsstufe (spezifische Leistung >155 kW/l) zu erreichen, ohne dass eine Anfettung für den Komponentenschutz erforderlich ist. Der Komponentenschutz im Abgassystem kann durch mehrere Maßnahmen vermieden werden, die je nach Wirkungsweise in vier Gruppen eingeteilt werden können: Erstens, Erhöhung der maximalen Betriebstemperatur kritischer Bauteile; Zweitens, direkte Kühlung des Abgases; Drittens, eine Verringerung der Verbrennungstemperaturen; und schließlich viertens, eine Verringerung der Zylinderladungstemperatur zu Beginn des Kompressionshubs.

Die erste Gruppe umfasst Maßnahmen wie die Verwendung von Hochtemperaturwerkstoffen für das Turbinenrad und -gehäuse und die Verwendung von Gaswechselventilen, die höheren Temperaturen standhalten. Dies ermöglicht es, höhere Abgastemperaturen zuzulassen und somit die notwendige Anfettung zu reduzieren.

Das zweite Prinzip besteht darin, das Abgas direkt zu kühlen, bevor es temperaturbegrenzende Komponenten erreicht. Eine gängige Methode hierfür ist der Einsatz eines integrierten Abgaskrümmers (iAGK).

Die allgemeine Reduzierung der Verbrennungstemperaturen ist eine dritte Möglichkeit zur Vermeidung der Anfettung. Die Grundidee besteht darin, die Zylinderladung mit einem zusätzlichen Medium zu verdünnen, so die Verbrennungswärme auf eine höhere Gasmenge zu verteilen und die Gesamttemperatur zu senken. Es ist günstig, ein Medium mit einer hohen Wärmekapazität c_p zu verwenden. Bei typischen Verbrennungstemperaturen von 1000 °C unterscheiden sich die Wärmekapazitäten möglicher Inertgase beträchtlich. Benzin (Oktan) weist die höchste spezifische Wärmekapazität von 3,78 kJ/kg/K [16] auf und ist daher das beste Medium zur Abgaskühlung. Dies bedeutet, dass die Verwendung anderer Medien zu einem höheren Massenstrom des jeweiligen Mediums führen wird. Optionen hierfür sind Wasser mit 2,48 kJ/kg/K [16] und Abgas (hauptsächlich bestehend aus N_2 1,22 kJ/kg/K [16] und CO_2 1,29 kJ/kg/K [16]). Wasser erzielt etwa 65 % der Kühlleistung von Kraftstoff und Abgas etwa 35 %. Die thermodynamischen Eigenschaften dieser Medien beeinflussen die Auslegung möglicher Systeme wie Hoch- und Niederdruck-Abgasrückführung (HD-AGR und ND-AGR) sowie Wassereinspritzung stark.

Die letzte Methode zur Verringerung der Anfettung besteht in einer Temperaturverringerung zu Beginn der Kompression. Dies reduziert auch die Temperatur direkt während des Verbrennungsprozesses. Zusätzlich kann erwartet werden, dass das niedrigere Temperaturniveau die Klopfneigung reduziert, eine frühere Verbrennungsphase ermöglicht und daher die Abgastemperatur weiter senkt. Ein üblicher Ansatz hierfür ist der Betrieb im Miller-Zyklus [17, 18], welcher in diesem Artikel untersucht wird. Andere Methoden beinhalten Ladeluft-Unterkühlung [19].

Die Untersuchungen wurden im 0D/1D Ladungswechsel-Simulationstool GT-Power [20] durchgeführt. Das Basismodell des Motors mit eSupercharger wurde auf gemessene Testdaten in Bezug auf Drücke und Temperaturen kalibriert. Der Verbrennungsprozess wird mit einem semi-empirischen Ansatz modelliert, der Einflüsse des Luft-Kraftstoff-Verhältnisses und der Abgasrückführung berücksichtigt. Die Ergebnisse sind mit Testdaten korreliert, die sowohl von der originalen [8] als auch von der aufgeladenen Version [4] des Motors stammen. Außerdem wird ein Arrhenius-basiertes Klopfmodell verwendet. Die Auswirkungen von Änderungen des Luft-Kraftstoff-Verhältnisses, der AGR und der Verbrennungsparameter auf das Klopfen wurden gut kalibriert und erfasst. Während der Simulationen wurden die physikalischen Betriebsgrenzen des Aufladesystems eingehalten, insbesondere der Turbolader hat eine maximale Arbeitsdrehzahl von 185.000 1/min, eine maximale Verdichteraustrittstemperatur von 200 °C und eine maximale Turbineneintrittstemperatur von 950 °C. Ebenso hat der eSupercharger eine maximale Betriebsdrehzahl von 120.000 1/min und eine maximale Verdichteraustrittstemperatur von 200 °C.

3.1 Integrierter Abgaskrümmer und maximale Abgastemperaturen

In den vergangenen Jahren wurden integrierte Abgaskrümmer (iAGK) bei Motoren mit hoher spezifischer Leistungsdichte immer beliebter [17, 18, 21, 22]. Die Hauptidee in einem iAGK besteht darin, die tatsächliche Verrohrung des Abgaskrümmers in den Zylinderkopf zu verlegen, was dann eine Kühlung des Krümmers mit Motorkühlmittel innerhalb des Kopfes ermöglicht. Zusätzlich bieten iAGK reduzierten Platzbedarf und niedrigere Kosten. Neben diesen geometrischen Vorteilen bieten iAGK auch Vorteile für das Wärmemanagement des gesamten Antriebssystems durch Unterstützung eines schnelleren Motorwarmlaufs. Dies zeigt, dass iAGK nicht dafür ausgelegt sind, das Lambda = 1-Problem an sich zu lösen, aber sie bieten einen guten Ausgangspunkt mit Vorteilen für das gesamte Antriebssystem. Abb. 5 zeigt den Vergleich der Lambda = 1 Grenzlinie des Basismotors zu einer überarbeiteten Variante einschließlich eines iAGK. Mit zusätzlichen 9 kW iAGK-Kühlleistung ist eine Steigerung der spezifischen Motorleistung um bis zu 5 kW/l möglich. Die Lambda = 1-Betriebsgrenze kann mit einem iAGK bis auf 85 kW/l verschoben werden.

Basierend auf der iAGK-Variante können weitere Verbesserungen durch die weitere Erhöhung der Abgastemperaturen ermöglicht werden. Technologien und Materialien um die Turbine sicher bei Abgastemperaturen von bis zu 1050 °C betreiben zu können, stehen zur Verfügung [23]. Abb. 5 zeigt den Vorteil höherer Abgastemperaturen. 50 °C Temperaturanstieg im Abgas führen dabei zu einer Steigerung der spezifischen Motorleistung um ca. 20 kW/l.

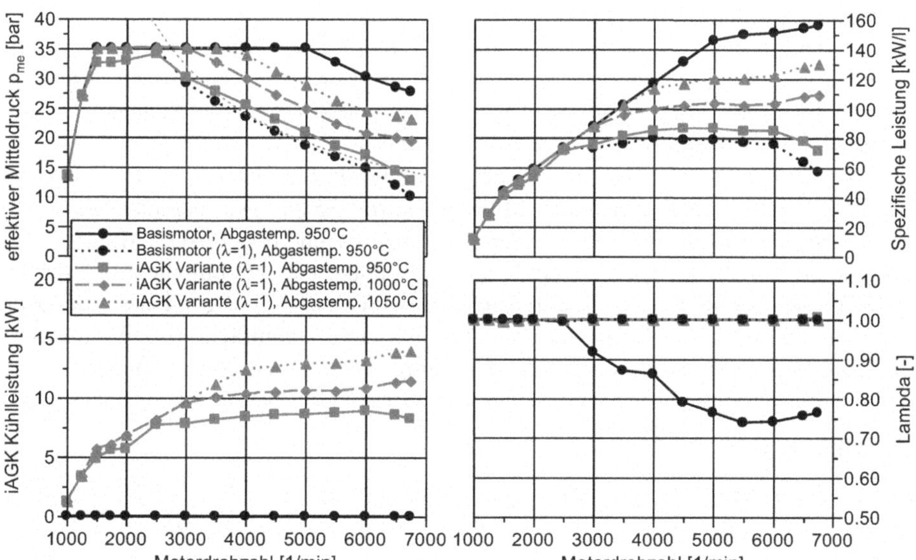

Abb. 5. Vergleich und Auswirkung von integriertem Abgaskrümmer und höheren Abgasaustrittstemperaturen

Solange die Komponenten des Abgassystems 1150 °C nicht standhalten, können die vorgestellten Maßnahmen die spezifische Sollleistung des Motors nicht wiederherstellen. Hervorzuheben ist, dass durch höhere Abgastemperaturen die Gaswechselventile im Zylinderkopf thermisch stärker beansprucht werden. Wenn die Turbine auf höhere Betriebstemperaturen ausgelegt wird, müssen auch die Gaswechselventile und Abgasnachbehandlungskomponenten berücksichtigt werden. Neue Technologien wie die nachfolgend diskutierten MAHLE EvoTherm®-Ventile unterstützen diese Bemühungen.

3.2 Externe Abgasrückführung (AGR)

Um das am besten geeignete AGR-System für ein Fahrzeug einem mit High-Downsizing-Motor auszuwählen, müssen Hoch- („HD") und Niederdruck- („ND") varianten bewertet werden. In einer früheren Studie wurde die ursprüngliche Variante des MAHLE-Downsizing-Motors mit einstufiger Aufladung mit ND- und HD-AGR-Kreisläufen ausgestattet und es wurden Tests durchgeführt, um die grundlegenden Vorteile jedes Systems zu verstehen [8, 24, 25]. Der Bereich hoher Motordrehzahl und -last ist üblicherweise nicht legislativen Fahrzyklen vertreten, jedoch ist er im realen Betrieb relevant. In diesem Bereich bietet die gekühlte AGR das Potenzial einer Verbesserung des Kraftstoffverbrauchs durch zwei Mechanismen. Das Vorhandensein von Abgas mit einer hohen spezifischen Wärmekapazität im Zylinder führt zu einer verringerten Abgastemperatur und einer Klopfunterdrückung, wodurch der Anfettungsbedarf begrenzt wird. Darüber hinaus führen ND- und HD-AGR-Systeme aufgrund von Entdrosselung und Klopfreduzierung zu einem Kraftstoffverbrauchsvorteil in legislativen Fahrzyklen von bis zu 2 %.

Eine detaillierte Simulationsstudie führte zum Ergebnis, dass nur die HD-AGR eine hohe spezifische Leistung von bis zu 155 kW/l erreicht [26]. Abb. 6 vergleicht die erreichbare Motorleistung mit verschiedenen Methoden zur Reduzierung der Anfettung des Basismotors (gemäß Abb. 2, Betrieb mit Anfettung gemäß Abb. 3). Das optimierte HD-AGR-System erreicht das angestrebte spezifische Leistungsziel von 155 kW/l und einen maximalen Mitteldruck von 35 bar. Wie bereits erwähnt, ist aufgrund der geringen Wärmekapazität des Abgases ein hoher AGR-Massenstrom erforderlich, um dieses Ziel zu erreichen. Das maximale Drehmoment im mittleren Geschwindigkeitsbereich ist aufgrund des begrenzten Druckgradienten, der zum Antreiben des AGR-Massenstroms verfügbar ist, leicht beeinträchtigt. Die maximale AGR-Rate beträgt 16 % und ersetzt die Anfettung von $\lambda = 0{,}76$ im Basismotor.

3.3 Miller-Zyklus

Der Betrieb im Miller-Zyklus wurde untersucht und ein Motorkonzept für maximale spezifische Leistung unter den gleichen Entwurfskriterien wie das Basissystem optimiert. Die Turbine wird so groß wie möglich gewählt, um Gegendruck und Pumparbeit zu reduzieren. Der Verdichter wurde auf den neuen Hochdruckbetriebsbereich angepasst und das gesamte Aufladesystem wurde so angepasst, dass es das Ladedruckregelungskonzept der früheren Studien bietet Der Ladedruck wird oberhalb von 3000 1/min ausschließlich vom Turbolader bereitgestellt. Unterhalb dieser Motordrehzahl wird der eSupercharger dazugeschaltet.

Abb. 6 zeigt das Ergebnis der Optimierung. Die maximal erreichbare spezifische Motorleistung beträgt 100 kW/l. Der Miller-Zyklus wird in diesem Fall durch frühes Einlassventilschließen realisiert, was den Ladedruckbedarf erhöht. Damit erhöht sich auch die Verdichterleistung. Der optimale Einlassschließwinkel wird durch die maximale Leistung definiert, die die Turbine bei geschlossenem oder fast geschlossenem Wastegate bereitstellen kann.

Aufgrund seines Wirkprinzips ist der Miller-Zyklus nicht für den Einsatz in Motoren mit hoher Leistungsdichte geeignet. Der obere Grenzwert der spezifischen Motorleistung für Lambda = 1 Betrieb scheint bei etwa 100 kW/l zu liegen.

3.4 Wassereinspritzung

Die Wassereinspritzung ist eine technisch interessante und effektive Maßnahme zur Senkung der Abgastemperatur. Diese Studie konzentrierte sich auf die Kanaleinspritzung des Wassers aufgrund der einfacheren und kostengünstigeren Implementierung im Vergleich zur direkten Wassereinspritzung [27]. Wie zuvor diskutiert, liefert Wasser eine höhere Kühlleistung im Zylinder als AGR. Neben dem Effekt der höheren Wärmekapazität hat es den zusätzlichen Vorteil, dass die Verdampfung des Wassers zusätzliche Kühlung bereitstellt, die die Temperatur zu Beginn der Kompression reduziert und den volumetrischen Wirkungsgrad erhöht. Dies führt zu einer früheren und effizienteren Verbrennungsschwerpunktlage, wie in Abb. 6 gezeigt.

Um die Auswirkungen der Wassereinspritzung basierend auf gemessenen Motordaten zu berücksichtigen, wurden die Ladungswechsel-, Verbrennungs- und Klopfmodelle innerhalb des GT-Power-Simulationsmodells angepasst. Die Wasserverdampfung wird unter Verwendung eines semi-empirischen Modells basierend auf dem Wasserdampfsättigungsdruck berechnet und zeigt eine gute Korrelation mit Motormessungen. Diese Analyse zeigt, dass ein signifikanter Anteil der Wasserverdampfung nicht zu einer Abkühlung der Zylindergase führt. Es wird angenommen, dass eine signifikante Wärmemenge für die Verdampfung aus den Einlasskanälen und den Zylinderwänden entnommen wird. Zusätzlich zeigte die Analyse, dass eine beträchtliche Wassermenge erst später im Kompressionshub aufgrund der erreichten Dampfsättigung in der Zylinderladung verdampft. Es ist wahrscheinlich, dass Wasser die Zylinderlaufbuchse hinunterläuft, sich im Kolbenspaltvolumen ansammelt und an den Kolbenringen vorbei in das Kurbelgehäuse läuft. Diese Theorie wird durch Messdaten gestützt, die bei aktiver Wassereinspritzung ein deutlich erhöhtes Blow-by zeigen.

Dennoch können alle Leistungsziele des Motors mit Wassereinspritzung erreicht werden (Abb. 6). Das Hauptproblem der Wassereinspritzung liegt in einem zuverlässigen Betrieb in einer Pkw-Anwendung. Ein wesentlicher Punkt ist der Wasserverbrauch. Eine detaillierte Fahrzyklus-Simulation des Motors in der genannten Zielanwendung zeigt, dass der Wasserverbrauch in relevanten legislativen Fahrzyklen (NEFZ, WLTC, US06, RDE) 0 l/100 km beträgt. Jedoch führt eine Hochgeschwindigkeitsfahrt mit 250 km/h zu einem Wasserverbrauch von 10 l/100 km. Wenn Steigungen mit höheren Geschwindigkeiten und voll beladenen Fahrzeug befahren werden, steigt der Wasserverbrauch auf bis zu 28 l/100 km. Ein voll beladenes Gespann kann bergauf zu noch höherem Wasserverbrauch führen. Diese weite Streuung des Wasserkonsums wirft mehrere Bedenken auf. In bestimmten Hochlast-Antriebsszenarien scheint eine reine Händlerbefüllung des Wassertanks aufgrund der Möglichkeit, den

Tank in einigen hundert Kilometern zu leeren, nicht ausreichend. Auf der anderen Seite kann das Wasser möglicherweise mehrere Monate im System verharren, was zu Wachstum von Bakterien führen kann, da das Wasser keine Zusätze enthalten kann. Wenn der Nutzer das System selbst nachfüllen muss, muss sichergestellt werden, dass Wasser ausreichender Reinheit benutzt wird und der Besitzer keinen Gesundheitsrisiken durch Bakterien ausgesetzt ist. Darüber hinaus benötigt das System sehr wahrscheinlich eine Heizung, um ein Einfrieren im Stand bei niedrigen Umgebungstemperaturen zu verhindern. Schließlich verursacht das Wasser, das wie vorher erwähnt ins Kurbelgehäuse eintritt, Ölverdünnung und Korrosion. Dies verringert schließlich die Haltbarkeit des gesamten Motors.

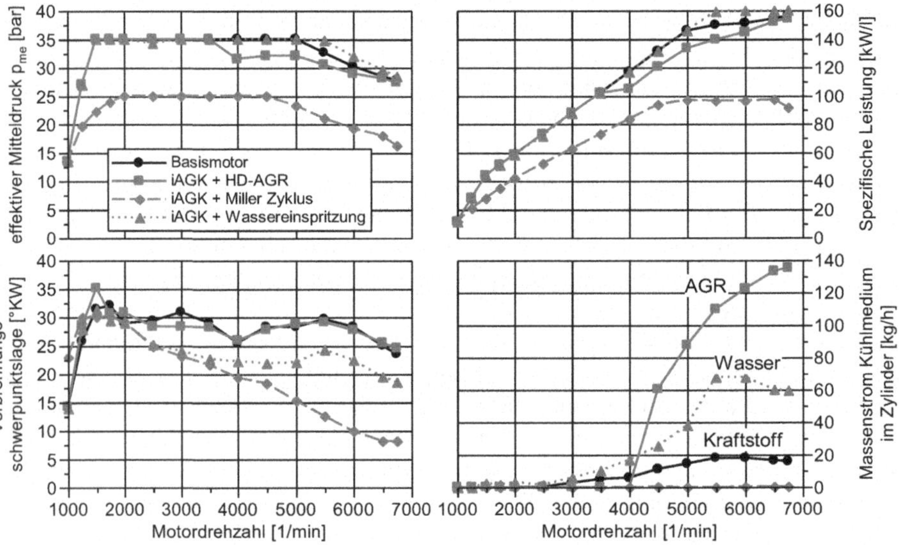

Abb. 6. Vergleich der erreichbaren Leistung mit verschiedenen Technologien für Lambda = 1 Betrieb

3.5 Auswahl geeigneter Methoden für zukünftige Motorkonzepte

Um die nachgewiesenen Kraftstoffverbrauchsvorteile durch Downsizing in den legislativen Fahrzyklen zu nutzen, muss ein Ansatz mit hoher spezifischer Leistung gewählt werden. Daher kann der Miller-Zyklus aufgrund der unzureichenden erreichbaren spezifischen Leistung nicht für dieses Motorkonzept verwendet werden. Vorteile hinsichtlich der Systemkomplexität und der Haltbarkeit aufgrund des Fehlens jeglicher zusätzlicher Hardware, wie eines AGR-Systems oder Wasserinjektoren, können diesen Nachteil nicht aufheben.

Das Erreichen der angestrebten spezifischen Leistung von 155 kW/l ist auch mit den verfügbaren Hochtemperaturkomponenten nicht möglich, da die maximale Abgastemperatur in diesem Fall 1150 °C erreichen müsste.

Wassereinspritzung zeigt ein sehr gutes thermodynamisches Verhalten und erreicht die Leistungsziele. Jedoch stellt der Betrieb des Systems eine große Herausforderung dar. Die größte Sorge ist, dass das Wasser während des Betriebes nicht im Fahrzeug produziert werden kann und daher je nach Fahrstil die Befüllung des Wassertanks notwendig ist. Problematisch ist hierbei die Sicherstellung der Wasserqualität im System sowie mögliche Gesundheitsrisiken für den Betreiber. Zusätzlich wird die Motorhaltbarkeit durch den hohen Wassergehalt im Schmiersystem verringert.

Daher wird angenommen, dass die HD-AGR-Lösung der attraktivste Ansatz ist. Klare Vorteile sind, dass das Kühlmedium im Zylinder immer im Fahrzeug zur Verfügung steht und dass die Sollleistung erreicht wird.

4 Bauteilanforderungen zum Erreichen des stöchiometrischen Verbrennungsluftverhältnisses bei Nennleistung

4.1 Aufladesystem

Das Aufladeystems für den 155 kW/l DI3 Motor ist in Abb. 7 gezeigt und ist Ergebnis einer detaillierten Optimierung [26]. Das System besteht aus iAGK, HD-AGR, kaskadierter Ladeluftkühlung und einem eSupercharger auf der Hochdruckseite. Diese Anordnung stellt sicher, dass die Hauptdrossel- und Bypassventile in den heißen Verdichteraustrittsgasen nicht überhitzen. Darüber hinaus ist der Niedertemperatur-(„NT")-Ladeluftkühler so positioniert, dass das wahrscheinlich gebildete Kondensat bei hohen AGR-Raten nicht im Ansaugsystem ansammelt. Es ist so ausgelegt, dass jegliches Kondensat zu den Einlassventilen und in den Zylinder fließt. Schon im Basismotor sind die ausgewählte Hauptturbine und der Verdichter deutlich größer als in herkömmliche 1,2 l-Motoren. Um einen Eindruck von der Verdichterdimensionierung zu geben, zeigt Abb. 8 die Verdichterkennfeldbereiche für einen herkömmlichen 1,2 l 3-Zylinder-Motor mit einstufiger Aufladung. Im Vergleich dazu kann der Verdichter, der in dieser Studie untersuchten 155 kW/l Variante, bis zu 1,5-mal mehr Massenstrom liefern. Der Kennfeldbereich des eSuperchargers ist viel kleiner. Es ist anzumerken, dass die Anordnung auf der Hochdruckseite den eSupercharger mit bereits unter Druck stehender Luft versorgt und so den maximalen Massenstrom erhöht. Daher kann er bis zu 3000 1/min Motordrehzahl zum Ladedruckaufbau beitragen.

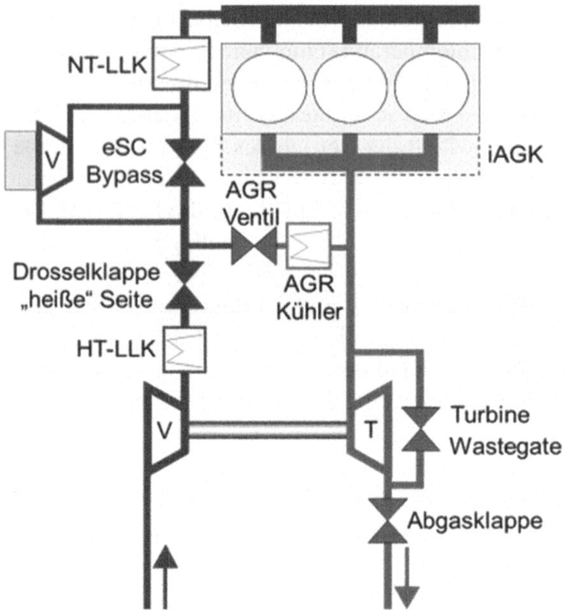

Abb. 7. Schema des Motors mit eSupercharger und HD AGR für maximale Systemleistung

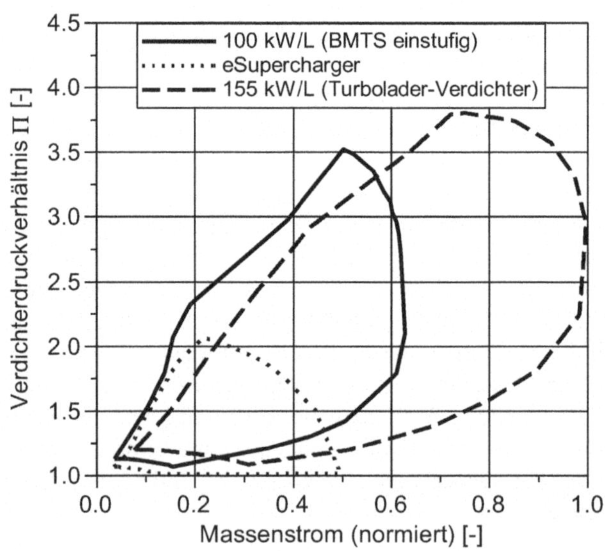

Abb. 8. Vergleich von Verdichterkennfelders für die Variante mit eSupercharger und mit einstufiger Aufladung

4.2 Ladeluft- und AGR-Kühler

4.2.1 Hochtemperatur – Ladeluft – Vorkühler. Als Vorkühler und an den Hochtemperatur-(„HT“)-Kreislauf angeschlossen bietet das bewährte MAHLE Rohrbündel iLLK System als add-on Kühler ideale Voraussetzungen im Hinblick auf eine motorfeste Montage. Durch das Baukastensystem bietet sich eine große Variabilität in den Abmessungen, wodurch sich im gegebenen Bauraum eine optimale Kühlleistung in Verbindung mit geringen Druckverlusten darstellen lässt. Für besonders siedekritische Anwendungen steht außerdem ein neu entwickelter kühlmittelseitiger Turbulator zur Verfügung, welcher das Kühlmittel insbesondere an die siedekritischen Bereiche leitet. Dadurch lässt sich im dargestellten Anwendungsfall eine thermodynamisch günstigere Gegenstromführung des Kühlmittels umsetzen, welche gegenüber einer ansonsten notwendigen Gleichstromführung eine wesentlich höhere spezifische Leistung ermöglicht.EGR.

4.2.2 Abgaskühler. Ein wesentliches Merkmal der neuen MAHLE Abgaskühlergeneration ist die Verrippung auf der Gasseite. Im Vergleich zur bisherigen Generation, welche lediglich winglettierte Oberflächen auf der Gasseite aufweist, lassen sich hier deutlich höhere spezifische Leistungen erzielen. So beträgt der benötigte Bauraum um die Kühlleistung von ca. 40 kW abzuführen gerade einmal 1,1 dm^3. Ebenfalls bieten die schrägverzahnten Rippen auf der Gasseite, welche sich durch einen variablen Anstellwinkel ideal auf die Anforderungen hinsichtlich Druckverlust und Temperaturreduktion anpassen lassen, besonders gute Foulingeigenschaften. Im Vergleich zum Wettbewerb lässt sich bei normierter Leistung entweder ein bis zu 20 % kleinerer Bauraum bei identischem Druckverlust, oder ein auf weniger als die Hälfte reduzierter gasseitiger Druckverlust bei identischem Bauraum erzielen (Abb. 9).

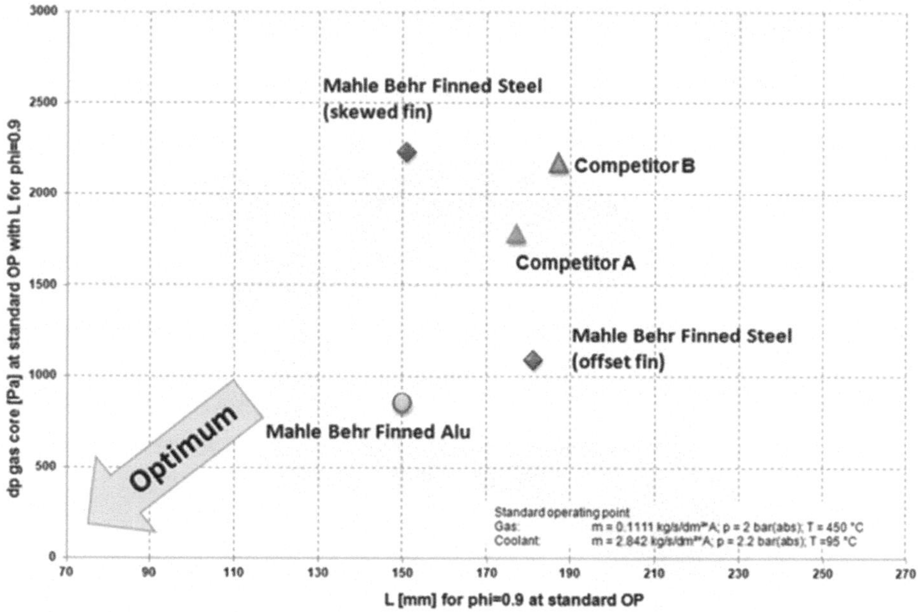

Abb. 9. Vergleich Leistung und Druckverlust MAHLE Abgaskühler

Um den besonders hohen thermischen Anforderungen mit Gaseintrittstemperaturen bis zu 950 °C gerecht zu werden, wird für besonders hohe Thermowechselfestigkeit ein ferritischer Edelstahl eingesetzt.

Durch den Aufbau als Rohrbündeldesign lassen sich die Abmessungen in Verbindung mit dem Baukastenprinzip in jeder der drei Dimensionen in kleinen Schritten variieren, sodass sich eine besonders gute Adaption auf die jeweiligen Kundenbauräume erzielen lässt.

4.2.3 Niedertemperatur-Ladeluftkühler (saugrohrintegriert). Die neue Generation von saugrohrintegrierten Ladeluftkühlern von MAHLE ermöglicht durch die Integration des Gehäuses in den Ladeluftkühler eine deutlich bessere Ausnutzung des zur Verfügung stehenden Bauraums. Dies ermöglicht eine höhere Leistung bei geringerem Druckverlust, sowie gleichzeitig bis zu 20 % geringerem Gesamtgewicht des Ansaugmoduls. Abb. 10 zeigt die bessere Ausnutzung des Bauraums exemplarisch anhand einer Schnittdarstellung durch ein Ansaugmodul.

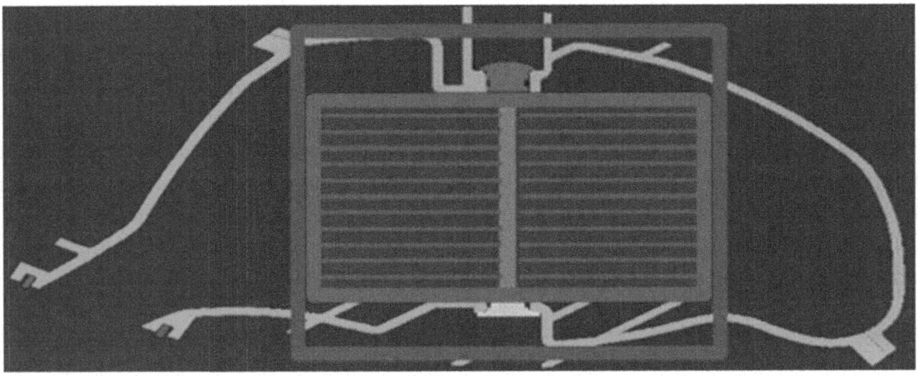

Abb. 10. Bessere Ausnutzung des Bauraums der neuen Generation

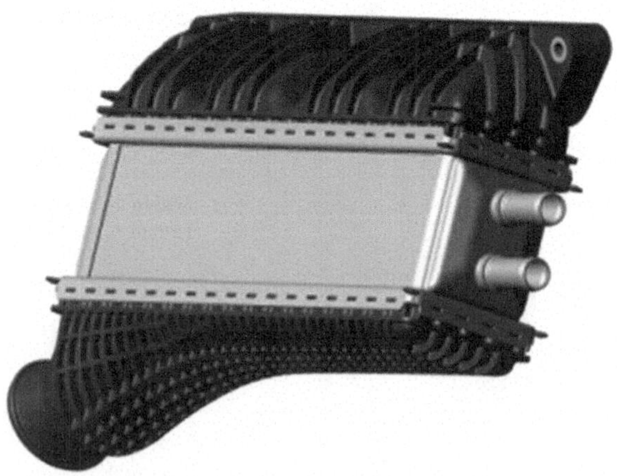

Abb. 11. Ansaugmodul mit saugrohrintegriertem Ladeluftkühler

Im Vergleich zum Vorgänger (rot) lässt sich im selben Bauraum nun eine deutlich größere Wärmeübertragermatrix unterbringen (blau). Der Wegfall des Kunststoffgehäuses inklusive der für die Druckstabilität notwendigen Verrippungen spart nicht nur Gewicht ein, sondern reduziert gleichzeitig die Komplexität und schließt zudem ungewollte Bypassströmungen aus. So lässt sich im Anwendungsfall nach erfolgter CFD Optimierung des Eintrittsdiffusors eine Abweichung der Eintrittstemperatur vom Mittelwert von ±0,4 K auf die Zylinder erzielen. Abb. 11 zeigt ein Ansaugmodul mit saugrohrintegriertem Ladeluftkühler.

Eine weitere Anforderung an die Aluminiumkomponenten, welche insbesondere bei Abgasrückführung zu berücksichtigen ist, stellt das Korrosionsverhalten unter Einfluss von in der Regel saurem Kondensat dar.

MAHLE setzt hier auf ein dediziertes Materialkonzept, welches sich durch sorgfältig aufeinander abgestimmte Materialzusammensetzungen auszeichnet. Durch entsprechende Potenzialunterschiede in der Elektronegativität zwischen dem Materialkern und der Materialoberfläche lässt sich so unkontrollierte Pittingkorrosion in an der Oberfläche stattfindende Muldenkorrosion umwandeln (Abb. 12).

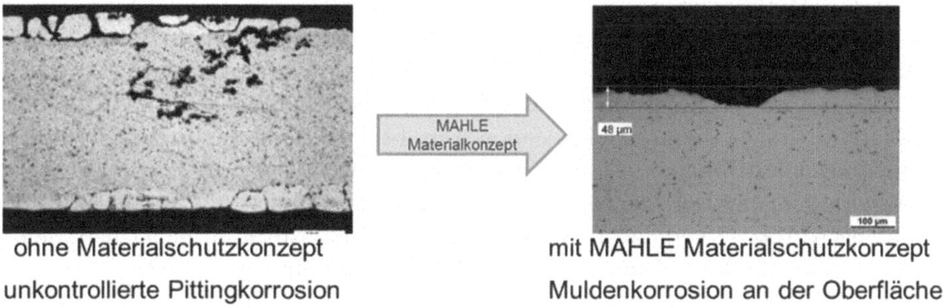

Abb. 12. MAHLE Materialschutzkonzept

4.3 EvoTherm® Ladungswechselventile

Das MAHLE EvoTherm® Ventil [28] besitzt einen zusätzlichen Hohlraum im Ventilkopf, der einen verbesserten Wärmestrom durch das Natrium im Ventilschaft ermöglicht. Dadurch wird die Ventiltemperatur um 20–50 K gesenkt. Damit sind EvoTherm® Ventile bestens für $\lambda = 1$ Konzepte und Konzepte mit gesteigerten Abgastemperaturen ($T_3 = 980$ °C–1050 °C) geeignet. Die verbesserte Kühlung führt zu einer Senkung der Brennraumwandtermperaturen, was sich ebenfalls vorteilhaft auf das Klopfverhalten des Motors auswirkt und so eine effizientere Verbrennung mit früherem Verbrennungsschwerpunkt ermöglicht. Des Weiteren wird durch die Temperaturreduktion der mögliche Einsatzbereich des austenitischen Stahls X50 gegenüber Nickel-basierten Stählen erweitert und so Kosten gesenkt (Abb. 13).

Die Hauptanwendung dieser Technologie sind die Auslassventile, wobei eine Anwendung auf der Einlassseite auch denkbar ist, wenn sich der Klopfort dort befindet.

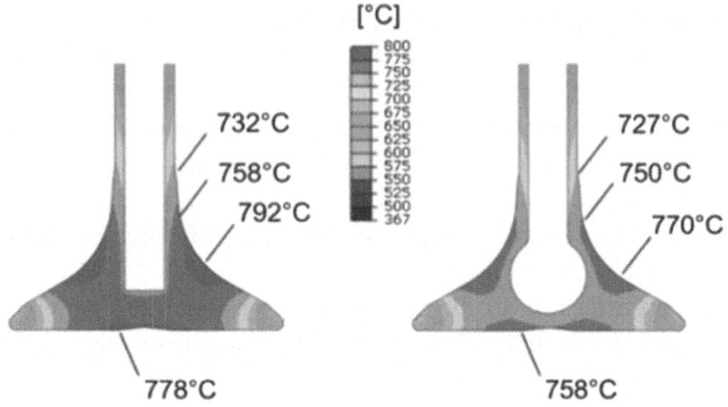

Abb. 13. Vergleich der Temperaturverteilung eines gewöhnlichen Auslassventils (links) mit einem EvoTherm® Ventil

4.4 Kühlsystem und Wärmemanagement

Die für die Motorvariante mit iAGK erforderliche HD AGR-Kühlleistung beträgt 35 kW. Dies führt zu einer erheblichen Erhöhung der thermischen Belastung des HT-Kühlkreislaufs und damit des HT-Kühlers. Auch die vorgeschlagene Anordnung der Ladeluftkühler ändert die thermische Belastung der HT- und NT-Kreisläufe. Eine detaillierte Übersicht dieser Effekte sind in Abb. 14 dargestellt, die die Kühlleistungsanforderungen des Basismotors mit eSupercharger (Betrieb mit Anfettung nach Abb. 4 und Motorschema nach Abb. 2) mit der in dieser Studie entwickelten Variante (Motorschema nach Abb. 7) vergleicht. Es ist jeweils der Volllastbetriebspunkt dargestellt. Der Kühlbedarf für das gesamte System wird deutlich erhöht.

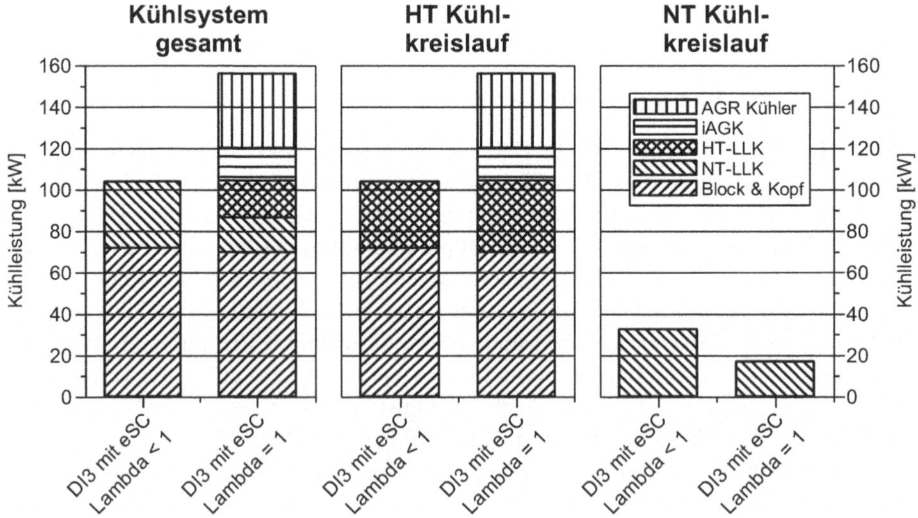

Abb. 14. Vergleich der Systemkühlleistungsanforderungen bei maximaler Motorleistung

Das vorgeschlagene Konzept erreicht eine notwendige Kühlleistung von 156 kW und hat einen um 50 % höheren Gesamtkühlbedarf als der Basismotor. Die thermische Belastung im NT-Kreislauf reduziert sich auf 17 kW und somit die Hälfte des Basiswerts Das bedeutet eine erhebliche Einsparung, da die Abfuhr von Wärme aus dem NT-Kreislauf mit einem Temperaturniveau von etwa 50 °C wesentlich schwieriger ist als die Wärmeabfuhr im HT-Kreislauf.

5 Zusammenfassung

Verschiedene Verfahren zur Vermeidung von Anfettung einschließlich AGR, Miller-Zyklus und Wassereinspritzung wurden unter dem Gesichtspunkt untersucht eine hohe spezifische Leistung von 155 kW/l beizubehalten. Es wurde festgestellt, dass HD-AGR die am besten geeignete Lösung für diese Anwendung ist.

Im Rahmen dieser analytischen Studie wurden ebenfalls die Komponentenanforderungen zur Aufrechterhaltung von Lambda = 1 über den gesamten Motorbetriebsbereich für die Variante des MAHLE DI3-Motors mit eSupercharger untersucht. Herausforderungen durch den Einsatz der HD-AGR können mit innovativen Design- und Materialkonzepten im Kühler selbst überwunden werden. Im NT-Ladeluftkühler führt ein hoher Grad an funktionaler Integration zu einer deutlichen Reduzierung des Bauraums. Bedenken wegen höherer Bauteiltemperaturen der Auslassventile aufgrund der Verwendung eines iAGK können durch die MAHLE EvoTherm® Technologie überwunden werden. Die Verwendung von AGR-Kühler, iAGK und HT-Ladeluftkühler wird die thermische Belastung des HT-Kühlkreislaufs gegenüber der Basis verdoppeln, während sich die thermische Belastung im NT-Kühlkreislauf halbiert.

Das in dieser Studie vorgestellte Motorkonzept zeigt, wie im Lambda 1-Betrieb eine hohe spezifische Motorleistung erreicht werden kann. Dies sichert den signifikanten Kraftstoffverbrauch des Downsizing von 15 % auch für zukünftige Fahrzeugantriebe, die den neuen RDE-Vorschriften entsprechen. Darüber hinaus kann der AGR-Kreislauf durch Teillast-Entdrosselung und Klopfreduzierung zusätzliche Kraftstoffeinsparungen von bis zu 2 % ermöglichen.

Literatur

1. Fraser, N., Blaxill, H., Lumsden, G., Bassett, M.: Challenges for increased efficiency through gasoline engine downsizing. SAE Int. J. Engines **2**(1), 991–1008 (2009)
2. Bandel, W., Fraidl, G., Kapus, P., Sikinger, H., et al.: The turbocharged GDI engine: boosted synergies for high fuel economy plus ultra-low emission. SAE technical paper 2006-01-1266 (2006). https://doi.org/10.4271/2006-01-1266
3. Atkins, M., Koch, C.: A well-to-wheel comparison of several powertrain technologies. SAE technical paper 2003-01-0081 (2003). https://doi.org/10.4271/2003-01-0081
4. Bassett, M., Hall, J., Hibberd, B., Borman, S., et al.: Heavily downsized gasoline demonstrator. SAE Int. J. Engines **9**(2), 729–738 (2016). https://doi.org/10.4271/2016-01-0663
5. Bassett, M., Hall, J., Cains, T., Underwood, M., et al.: Dynamic downsizing gasoline demonstrator. SAE Int. J. Engines **10**(3), 884–891 (2017). https://doi.org/10.4271/2017-01-0646

6. Hayes, J.: Department for Transport, Explanatory Memorandum on European Union Legislation, 23 January 2017. http://europeanmemoranda.cabinetoffice.gov.uk/files/2017/01/170118_-_Real_Driving_Emissions_(1).pdf. Zugegriffen: 12. Febr. 2018
7. C: 352 final, Guidance on the evaluation of Auxiliary Emission Strategies and the presence of Defeat Devices with regard to the application of Regulation (EC) No. 715/2007 on type approval of motor vehicles with respect to emissions from light passenger and commercial vehicles (Euro 5 and Euro 6), European Commission, Brussels, 26 January 2017. https://www.greens-efa.eu/files/doc/docs/e1d4fd81911a47c76fcbd4458d6bfdd5.pdf. Zugegriffen: 12. Febr. 2018
8. Mahr, B., Taylor, J., Bassett, M.: Kraftstoffverbrauchsvorteile im realen Fahrbetrieb durch Abgasrückführung bei modernen Downsizing-Motoren. In: 7. MTZ-Fachtagung, Der Antrieb von morgen (2012)
9. Wirth, M.: Ford's EcoBoost Technology: A Central Element of a Sustainable CO_2 and Fuel Economy Strategy with Affordable Products, Automotive Summit, Brussels, 9.–10. November 2010
10. Hancock, D., Fraser, N., Jeremy, M., Sykes, R., et al.: A new 3 cylinder 1.2l advanced downsizing technology demonstrator engine. SAE technical paper 2008-01-0611 (2008). https://doi.org/10.4271/2008-01-0611
11. Lumsden, G., OudeNijeweme, D., Fraser, N., Blaxill, H.: Development of a turbocharged direct injection downsizing demonstrator engine. SAE Int. J. Engines **2**(1), 1420–1432 (2009). https://doi.org/10.4271/2009-01-1503
12. Korte, V., Rueckauf, J., Harms, K, Miersch, J., et al.: Das MAHLE-Bosch Downsizing Demonstrator Fahrzeug. In: 19. Aachener Kolloquium Fahrzeug- und Motorentechnik (2010)
13. Hall, J., Bassett, M., Hibberd, B., Streng, S.: Heavily downsized demonstrator engine optimised for CNG operation. SAE Int. J. Engines **9**(4), 2250–2261 (2016). https://doi.org/10.4271/2016-01-2363
14. Hall, J., Hibberd, B., Streng, S., Bassett, M.: Compressed-natural-gas optimized downsized demonstrator engine. Proc. Inst. Mech. Eng., Part D: J. Automobile Eng. (2017). https://doi.org/10.1177/0954407017707552
15. Richards, B., Gray, K., Tran, H., Andah, A., et al.: A high-performance electric supercharger to improve low-end torque and transient response in a heavily downsized engine, I.Mech.E. In: 12th International Conference on Turbochargers and Turbocharging, London, 17.–18. May 2016
16. Linstrom, P., Mallard, W.: NIST Chemistry WebBook, NIST Standard Reference Database Number 69. National Institute of Standards and Technology, Gaithersburg. https://doi.org/10.18434/T4D303. Zugegriffen: 6. Sept. 2018
17. Budack, R., Kuhn, M., Wurms, R., Heiduk, T.: Optimierung der ottomotorischen Prozessführung am Beispiel des neuen Audi 2,0l TFSI. In: 24. Aachener Kolloquium Fahrzeug und Motorentechnik (2015)
18. Demmelbauer-Ebner, W., Middendorf, H., Birkigt, A., Ganzer, M., Hagelstein, D., Persigehl, K.: EA211 TSI®evo – Die neuen 4-Zylinder Ottomotoren von Volkswagen. In: 25. Aachener Kolloquium Fahrzeug und Motorentechnik (2016)
19. Fraser, N., Reynolds, I., Miller, J., Wieske, P., et al.: Charge air subcooling for improved transient response, I.Mech.E. In: VTMS12, Nottingham, 10.–13. May 2015
20. GT-POWER Engine Simulation Software. https://www.gtisoft.com/gt-suite-applications/propulsion-systems/gt-power-engine-simulation-software/. Zugegriffen: 6. Sept. 2018
21. Ernst, R., Friedfeldt, R., Lamb, S., Lloyd-Thomas, D. Phlips, P., Russell, R., Zenner, T.: Der neue 3 Zyl. 1,0l Benzinmotor mit Direkt-einspritzung und Turboaufladung von Ford. In: 20. Aachener Kolloquium Fahrzeug und Motorentechnik (2011)

22. Alt, M., Damen, M., Noe, A., Groeniger, J., Strehl, D., Wagner, J., O'Daniel, G., Peralta, N.: The new turbocharged three-cylinder engine with gasoline direct injection for opel ADAM. In: 22. Aachener Kolloquium Fahrzeug und Motorentechnik (2013)
23. Matsumoto, K., Tojo, M., Jinnai, Y., Hayashi, N., Ibaraki, S.: Development of compact and high-performance turbocharger for 1,050 °C exhaust gas. Mitsubishi Heavy Ind. Tech. Rev. **45**(3), 1–5 (2008)
24. Cairns, A., Blaxill, H., Irlam, G.: Exhaust gas recirculation for improved part and full load fuel economy in a turbocharged gasoline engine. SAE technical paper 2006-01-0047 (2006). https://doi.org/10.4271/2006-01-0047
25. Cairns, A., Fraser, N., Blaxill, H.: Pre versus post compressor supply of cooled EGR for full load fuel economy in turbocharged gasoline engine. SAE technical paper 2008-01-0425 (2008). https://doi.org/10.4271/2008-01-0425
26. Bassett, M., Vogler, C., Hall, J., Taylor, J., Cooper, A., Reader, S., Gray, K., Wall, R.: Analysis of the hardware requirements for a heavily downsized gasoline engine capable of whole map lambda 1 operation. SAE technical paper 2018-01-0975 (2018). https://doi.org/10.4271/2018-01-0975
27. Pauer, T., Frohnmaier, M., Walther, J., Schenk, P., Hettinger, A., Kampmann, S.: Optimierung von Ottomotoren durch Wasser-Einspritzung. In: 37. Internationales Wiener Motorensymposium (2016)
28. Luven, C., Puck, A.: Optimiertes Hohlventil zur verbesserten Kühlung von Einlass- und Auslassventilen. In: 5. VDI-Fachtagung Ventiltrieb und Zylinderkopf, Würzburg, 27.–28. November 2012

Lambda = 1 im gesamten Motorkennfeld

Technische Lösungen für hochaufgeladene Ottomotoren

Björn Franzke(✉), Philipp Adomeit, Fabian Hoppe,
und Bastian Morcinkowski

FEV Europe GmbH, Neuenhofstraße 181, 52078 Aachen, Deutschland
franzke@fev.com

1 Einleitung

Zusätzlich zur Einführung des höherlastigen WLTC Fahrzyklus zielen die zukünftigen Abgasnormen in Europa (Euro 6d) und China (China 6b) auf eine Limitierung des Schadstoff- und Partikelausstoßes im Realbetrieb des Fahrzeugs (RDE). Technische Lösungen wie die Integration von Ottopartikelfiltern und großvolumigen Katalysatoren sowie die gezielte Optimierung der Brennverfahren bilden dabei wesentliche Bausteine zur Einhaltung der Grenzwerte. Obwohl RDE-Konformitätsfaktoren (CF) derzeit eine zulässige Überschreitung der Zyklusgrenzwerte für NO_x- und Partikel-Emissionen vorsehen, stellt die Diversität der realen Fahrprofile und ihre Sensitivität auf den Emissionsausstoß eine enorme Herausforderung dar. Eine erste Absenkung dieser Faktoren von der Stufe Euro 6d-TEMP nach Euro 6d ist bereits vom Gesetzgeber beschlossen. Neben einer weiteren Reduktion wird auch die Einführung eines zusätzlichen Konformitätsfaktors für CO-Emissionen im Hinblick auf die Euro 7 Gesetzgebung erwartet. In diesem Fall ist die Gemischanfettung aus Bauteilschutzgründen für die Mehrzahl der Motorkonzepte nicht länger realisierbar und es besteht die Forderung nach stöchiometrischem Motorbetrieb im gesamten Kennfeld.

In aufgeladenen Ottomotoren ist die maximal zulässige Abgastemperatur am Turbineneintritt in Abhängigkeit des materialspezifischen Temperaturlimits begrenzt. Eine Steigerung der spezifischen Leistung kann über den Weg des unterstöchiometrischen Motorbetriebs erzielt werden, infolgedessen jedoch die CO-Rohemissionen stark ansteigen und aufgrund fehlenden Sauerstoffs keine Konvertierung im Katalysator erfolgen kann. Die Forderung nach stöchiometrischem Betrieb steht somit im Konflikt mit konsequentem Downsizing, zumal eine Ausdehnung von Kühlmaßnahmen jenseits des integrierten Abgaskrümmers durch die Limitierung der fahrzeugseitigen Wärmeabfuhr begrenzt ist.

Eine vielversprechende Möglichkeit zur Kombination hoher spezifischer Leistungen und stöchiometrischem Motorbetrieb stellt die Wassereinspritzung dar [1–6]. Die hohe Verdampfungsenthalpie des flüssigen Wassers ermöglicht eine signifikante Abkühlung des Luft-Kraftstoffgemisches, infolgedessen die Gastemperatur im Unverbrannten signifikant abnimmt und zu einer geringeren Klopfneigung führt.

J. Liebl (Hrsg.): *Ladungswechsel und Emissionierung 2018*, Proceedings, S. 50–72, 2019.
https://doi.org/10.1007/978-3-658-24984-7_3

Dementsprechend lassen sich frühere Verbrennungsschwerpunktlagen bzw. eine Anhebung des Verdichtungsverhältnisses realisieren. Beide Maßnahmen resultieren in einer Steigerung des inneren Wirkungsgrads. Als weitere Konsequenz nimmt die Abgastemperatur ab und die Grenze des stöchiometrischen Motorbetriebs wird in Richtung höherer Leistung verschoben.

In diesem Beitrag soll der Einfluss der Wassereinspritzung auf die Lambda = 1 Leistungsgrenzen sowohl im Fall der Direkt- wie auch Kanaleinspritzung am Beispiel von 3- und 4-Zylinder – Ottomotoren aufgezeigt werden. Grundlagenuntersuchungen am Einzylinder sowie in der 3D Brennraumströmungssimulation bilden dabei die Basis bzgl. Aufbau und Kalibration eines geeigneten Wassereinspritzungsmodells für die 1D Motorprozessrechnung. Mit den implementierten Modellen werden anschließend Simulationen zur Bestimmung der Lambda = 1 Betriebsgrenze in Abhängigkeit verschiedener Temperaturgrenzwerte am Turbineneintritt durchgeführt.

2 Grundlagen der Wassereinspritzung

2.1 Wirkprinzip

Vorteile für die Verwendung von Wasser als Fluid zur Kühlung des Luft-Kraftstoffgemischs im Verbrennungsmotor ergeben sich neben der hohen Verfügbarkeit und Umweltverträglichkeit vor allem durch seine hohe Verdampfungsenthalpie, welche bei 25 °C etwa um den Faktor 5,5 bis 6 über der von Kraftstoff liegt. Die hohe Verdampfungsenthalpie führt zu einer deutlichen Temperaturabsenkung mit dem Ziel, die Klopfneigung zu reduzieren. Gleichzeitig hat Wasser eine höhere Wärmekapazität als Luft. Diese liegt auch über der eines stöchiometrischen Luft-Kraftstoffgemisches. Daraus resultiert ein Einfluss auf den theoretischen Wirkungsgrad des Gleichraumprozesses über den Isentropenexponenten, siehe Abb. 1. Bei einer Temperatur von 25 °C ergibt sich bei Zugabe der gleichen Masse an Wasser wie Kraftstoff (Wasser/Kraftstoff-Verhältnis = 100 %) eine Absenkung des Isentropenexponenten von 0,23 %. Mit steigender Temperatur verkleinert sich der Unterschied weiter aufgrund der geringen Abhängigkeit der Wärmekapazität von Wasser und liegt bei 400 °C nur noch bei 0,10 %. Aufgrund der Kühlung bei Verdunstung des Wassers ergibt sich zusätzlich ein gegenläufiger Effekt durch die Temperaturabsenkung. Bei einem Wasser/Kraftstoff-Verhältnis von 100 % ist eine Temperaturabsenkung von 20 °C bei einer Gastemperatur von 25 °C notwendig, um die gleichen Isentropenexponenten zu erhalten. Bei 400 °C Gastemperatur sinkt die notwendige Temperaturdifferenz auf 10 °C. Um den Einfluss der Verdampfungsenthalpie und der Wärmekapazität auf die Kompressionsendtemperatur zu bewerten, wurden unter idealisierten Randbedingungen isentrope Kompressionen unter Vernachlässigung und unter Berücksichtigung der Verdunstungskühlung gerechnet, siehe Abb. 1. Daraus ist ersichtlich, dass der Einfluss der Temperaturabsenkung durch die Wärmekapazität des Wassers vernachlässigbar ist. Dagegen kommt es bei der idealisierten Verdunstung des Wassers im unteren Totpunkt (UT) bei einem Wasser/Kraftstoff-Verhältnis von 10 % im oberen Totpunkt (OT) zu einer Temperaturabsenkung von ca. 20 °C.

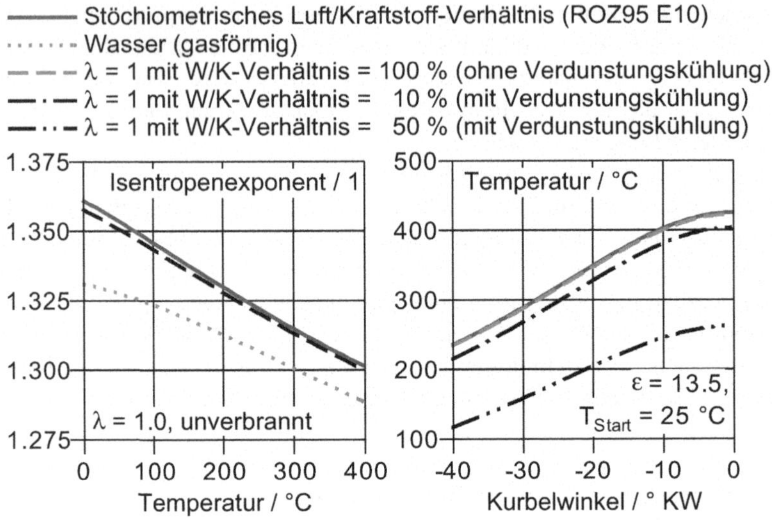

Abb. 1. Einfluss der Wassereinspritzung auf den Isentropenexponenten und die Gemischtemperatur [7–11]

Da die Temperaturabsenkung durch die Wassereinspritzung maßgeblich auf der Verdunstungskühlung beruht, hat die Gemischbildung des direkt eingespritzten Wassers einen entscheidenden Einfluss auf die erzielbare Absenkung der Gemischtemperatur. Aus der theoretischen Betrachtung und experimentellen Sprühstrahluntersuchungen ist ersichtlich, dass die physikalischen Eigenschaften von Wasser zu erschwerten Bedingungen für den Strahlzerfall und die Verdunstung des eingespritzten Wassers im Vergleich zu konventionellem Kraftstoff sowie Ethanol führen [12–14].

Bei der Betrachtung des Einflusses der Wassereinspritzung auf die Verbrennung konnten die folgenden Erkenntnisse gewonnen werden. Die verringerte Klopfneigung bei der Wassereinspritzung ist aufgrund der starken Abhängigkeit der Zündverzugszeit von der Temperatur in erster Linie auf die Absenkung der Gemischtemperatur zurückzuführen. Gleichzeitig kommt es durch die Hemmung der Kettenverzweigungsreaktionen im Hochtemperaturbereich zu einem weiteren Anstieg der Zündverzugszeiten bei der Wassereinspritzung [15]. Dies gilt auch für den Einfluss auf die laminare Brenngeschwindigkeit, die eine deutliche Abhängigkeit von der Temperatur und zusätzlich eine Abnahme durch die Verdünnung zeigt [16, 17].

2.2 Exemplarische Prüfstandsergebnisse am Einzylinder

Die folgenden Untersuchungen wurden im Rahmen von thermodynamischen Messungen am FEV Einzylinderforschungsmotor durchgeführt. Dieser verfügt zur Wassereinspritzung sowohl über einen seitlichen 5-Loch DI-Injektor als auch über die Möglichkeit der Kanaleinspritzung; das Verdichtungsverhältnis lässt sich durch Austausch der Kolben in einem weiten Bereich variieren (Tab. 1).

Tab. 1. Kenndaten des Einzylindermotors

Bohrung	mm	75
Hub	mm	90,5
Hubraum	ccm^3	400
Verdichtung	–	9,0–14,7
Ventile	–	4
Einlasskanal	–	High-Tumble
Auslasseventlänge	° KW (1 mm Hub)	186
Einlasseventlänge	° KW (1 mm Hub)	230

Die nachfolgenden Balkendiagramme (Abb. 2) zeigen in verschiedenen Lastpunkten die Wirksamkeit der direkten Wassereinspritzung (WDI) in Kombination mit hoher Verdichtung. Bei einem konstanten Einspritzbeginn von 130° vor ZOT sinkt das Wasser/Kraftstoff-Verhältnis unter Einhaltung von Stabilitätskriterien mit steigender Motordrehzahl. Ursächlich hierfür ist das verkürzte Zeitfensters zur Einspritzung und Gemischbildung. In den weiteren Diagrammen ist die Abweichung der jeweiligen Größen zur Messung ohne Wassereinspritzung dargestellt.

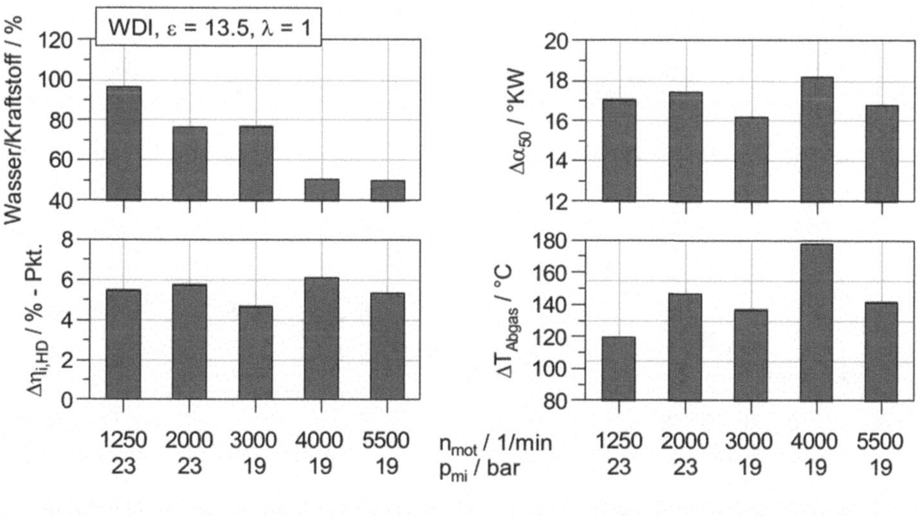

Abb. 2. Einfluss der direkten Wassereinspritzung im Vergleich zum Betrieb ohne Wassereinspritzung

Mit direkter Wassereinspritzung lässt sich eine Frühverschiebung der Verbrennungsschwerpunktlage $\Delta\alpha_{50}$ von bis zu 18° KW und eine damit verbundenen Steigerung des inneren Wirkungsrades des Hochdruckprozesses $\Delta\eta_{i,HD}$ um 6 Prozentpunkte realisieren. Die signifikante Reduktion der Abgastemperatur um bis zu 180 °C resultiert aus einer Kombination aus Wirkungsgradsteigerung und abgesenkter Verdichtungsendtemperatur.

Im Weiteren ist in Abb. 3 eine Variation des Wasser/Kraftstoff-Verhältnisses bei konstanter Last und Drehzahl dargestellt. Das hohe Verdichtungsverhältnis führt zu späten Verbrennungsschwerpunktlagen bei fehlender Wassereinspritzung bedingt durch die hohe Klopfneigung. Jedoch kann mit zunehmender Wassermenge die Schwerpunktlage in Richtung wirkungsgradoptimaler Lage verschoben werden, da die Gemischabkühlung der Klopfneigung entgegenwirkt. Die erforderliche Frühverstellung des Zündwinkels geht jedoch über die Winkeländerung der Schwerpunktlage hinaus, da mit wachsendem Wasseranteil der Brennverzug (BD 0–10) spürbar zunimmt. Grund hierfür ist eine Reduktion der laminaren Flammengeschwindigkeit in Folge der abgesenkten Gemischtemperaturen. Dieser Effekt führt auch zu einem Anstieg der Brenndauer 10–90, welcher jedoch in diesem Fall durch günstigere Turbulenzrandbedingungen bedingt durch die Frühverstellung der Zündung kompensiert wird. Somit erweist sich die Brenndauer 10–90 über dem Wasseranteil als nahezu konstant.

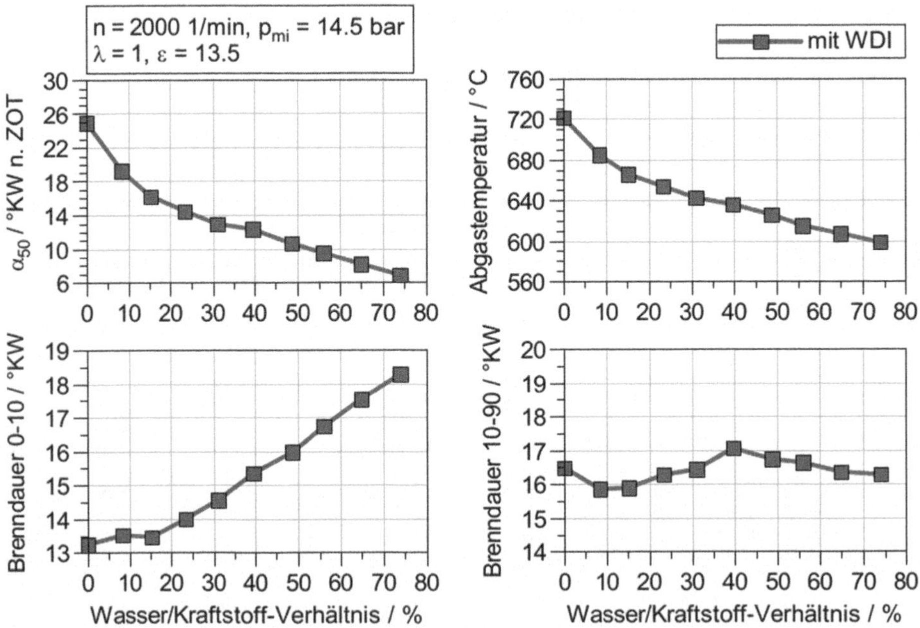

Abb. 3. Variation der direkt eingespritzten Wassermenge bei konst. Last und Drehzahl

Mit Blick auf den Gesamtsystemaufwand und die Injektorverfügbarkeit stellt die Wassereinspritzung in den Einlasskanal eine attraktive Alternative zur Direkteinspritzung dar. In Abb. 4 ist eine Zündwinkelvariation bei konstanter Last und Drehzahl ohne Wassereinspritzung und mit einem Wasser/Kraftstoff-Verhältnis von 30 % gegenübergestellt. Die reduzierte Klopfneigung auf der einen Seite sowie die abgesenkte Abgastemperatur auf der anderen Seite erlauben den Betrieb in einem deutlich weiteren Zündwinkelbereich im Fall der Wassereinspritzung. Für einen identischen Zündwinkel ergeben sich bzgl. des Brennverzugs 0–10 eine Zunahme von ca. 1,5° KW und für die Brenndauer 10–90 ein Anstieg um ca. 2,0° KW.

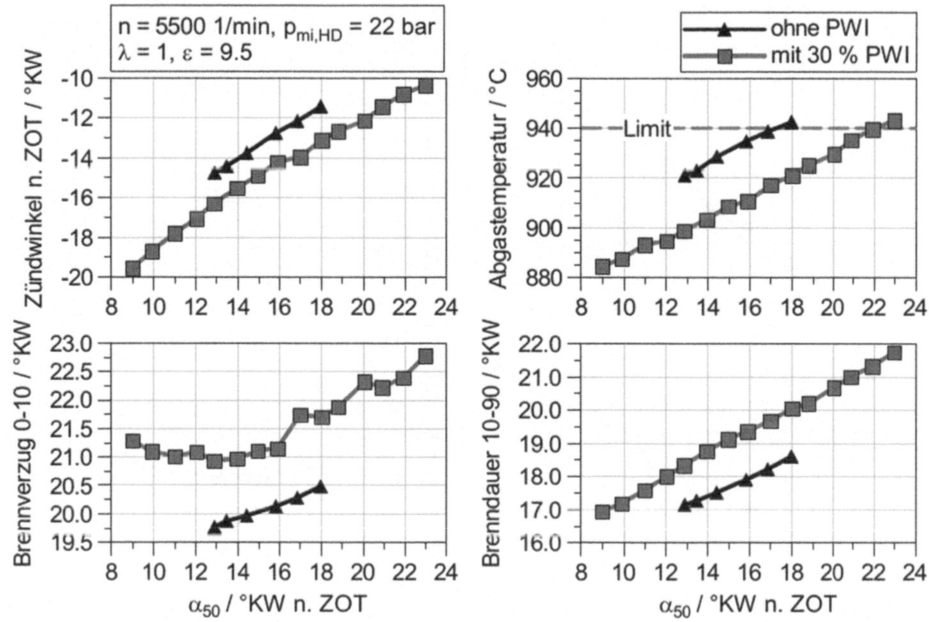

Abb. 4. Variation des Zündwinkels ohne und mit Wasser-Kanaleinspritzung

Die Abb. 5 zeigt eine Lastvariation bei 5500 1/min in der Gegenüberstellung mit und ohne Wasser-Kanaleinspritzung. Dabei sind eingespritzte Wassermenge bzw. die Gemischanfettung jeweils auf ein Abgastemperaturlimit von 930 °C eingeregelt. Den Diagrammen ist zu entnehmen, dass bei einer niedrigen Verdichtung von 9,5 mit Wassereinspritzung ein stabiler Motorbetrieb (COV < 3 %) mit Lambda = 1 bis zu einer Last von $p_{mi,HD} = 32$ bar möglich ist. Dabei bleibt der Zündwinkel trotz späterer Schwerpunktlagen näherungsweise konstant, was aus der bereits erwähnten Zunahme von Brennverzug und Brenndauer in Folge der Gemischabkühlung resultiert. Insbesondere die Zunahme des Brennverzugs bzw. dessen Standardabweichung ist als Quelle für die wachsenden Schwankungen des indizierten Mitteldrucks mit erhöhter Einspritzmenge zu nennen. Dagegen erfordert im Fall fehlender Wassereinspritzung die klopfbedingte Spätverstellung der Zündung mit steigender Last eine erhebliche Anfettung, welche eine stabilisierende Wirkung auf die zyklischen Schwankungen ausübt.

Die abweichenden Randbedingungen des Einzylinders hinsichtlich Ladungswechsel, Aufladesystem, Abgastemperaturmessung und Kühlung sind in Bezug auf die darstellbaren spez. Leistungsgrenzen zu berücksichtigen. Aus diesem Grund ist ein einfacher Übertrag auf Mehrzylinderkonzepte nicht zulässig, sondern bedarf einer gesonderten Untersuchung.

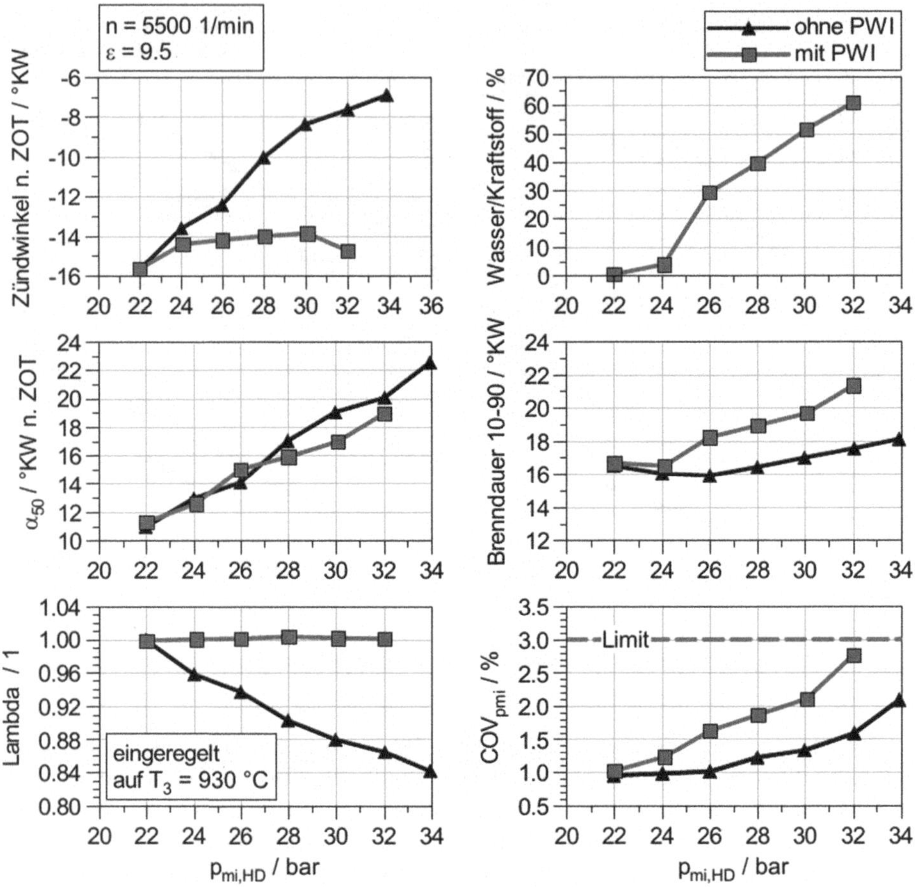

Abb. 5. Variation des Zündwinkels ohne und mit Wasser-Kanaleinspritzung

3 3D CFD Untersuchungen und 1D Modellbildung

3.1 Ergebnisse der 3D CFD Simulation

Die Simulation der 3D Brennraumströmung in Kombination mit einer Einspritzung von Kraftstoff und Wasser ist ein wesentlicher Bestandteil zur Analyse und Visualisierung der Gemischbildung und des Verdampfungsverhaltens. Dazu sind in dem CFD-Code StarCD die FEV-eigenen Einspritzmodelle für den Primär- und Sekundärzerfall des eingespritzten Kraftstoffs und Wassers sowie Modelle zur Abbildung der Wand-Tropfen-Interaktion implementiert.

Direkteinspritzung. Der Einzylinderforschungsmotor ist mit einem seitlichen 5-Loch Injektor und einem 250 bar Einspritzsystem ausgestattet. Dabei ist die räumliche Verteilung des Wassers bzw. der Temperatur im Brennraum zum Zündzeitpunkt von besonderem Interesse und dementsprechend in Abb. 6 dargestellt.

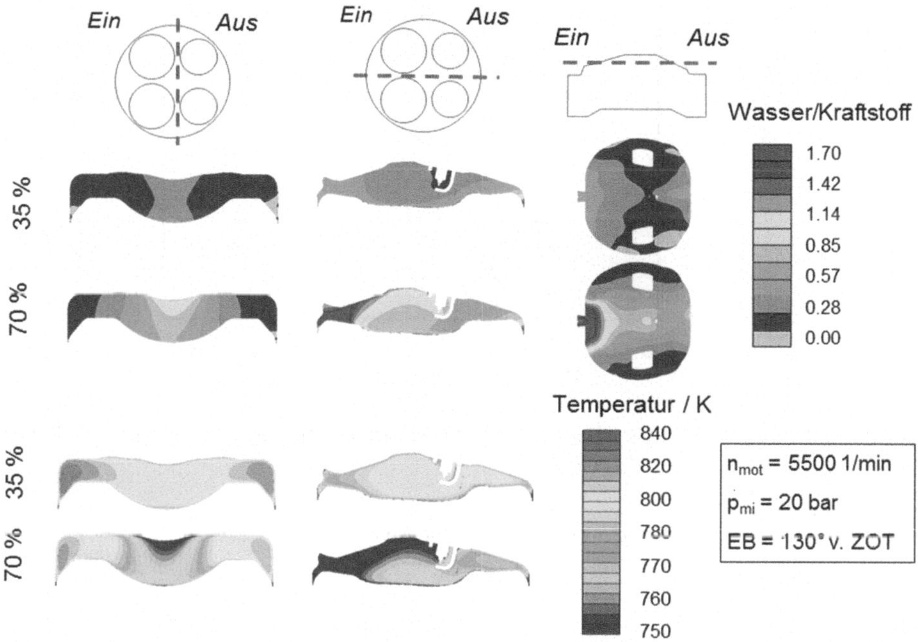

Abb. 6. 3D Ergebnisse der Wasserdirekteinspritzung bei 5500 1/min für 35 % und 70 % Wasser/Kraftstoff-Verhältnis zum Zeitpunkt 10° KW vor ZOT

Die Stoffeigenschaften des Wassers führen im Vergleich zum Kraftstoff zu größeren Tropfengrößen, welche in Kombination mit der hohen Verdampfungsenthalpie mit steigendem Wasser/Kraftstoff-Verhältnis (WKV) eine homogene Gemischbildung erschweren. Dies ist anhand eines Vergleichs zwischen 35 % und 70 % WKV gut zu erkennen. Die Schichtung der Wasseranteils nimmt im Fall von 70 % WKV deutlich zu und korreliert mit der Temperaturverteilung im Brennraum. Insbesondere Randzonen des Brennraums verfügen über einen geringen Wasseranteil bzw. eine höhere Endgastemperatur, woraus abzuleiten ist, dass die mittlere Gastemperatur für die Beschreibung des Klopfverhaltens nur eingeschränkt repräsentativ sein kann.

Als Ergänzung ist die Verteilung in Form eines Histogramms des Wasser/Kraftstoff-Verhältnisses in Abb. 7 dargestellt. Damit bestätigt sich die grafische Analyse hinsichtlich einer signifikanten Zunahme der Inhomogenität mit steigendem Wasser/ Kraftstoff – Verhältnis.

Kanaleinspritzung. Zusätzlich zur Betrachtung der allgemeinen Gemisch- und Wandfilmbildung wird der Einfluss des Abstandes des Injektors im Einlasskanal zum Einlassventil untersucht. Dazu wurde das CFD Modell mit drei Varianten im Abstand von 30, 60 und 90 mm aufgebaut. In der Abb. 8 ist der Wandfilm der drei Varianten zum Zeitpunkt 90° KW vor ZOT dargestellt, wobei die Wassereinspritzung saugsynchron erfolgt ist.

Mit vergrößerter Distanz zum Einlassventil erhöht sich die Kanaloberfläche, welche mit einem Wandfilm benetzt wird. Im Umkehrschluss gelangt ein geringerer Anteil an flüssigen Wassers mit der Strömung in den Brennraum, infolgedessen die Wirksamkeit in Bezug auf die Gemischabkühlung gemindert wird. Abb. 9 zeigt den Anteil der Wasserwandfilmmasse in Bezug auf die gesamte eingespritzte Masse.

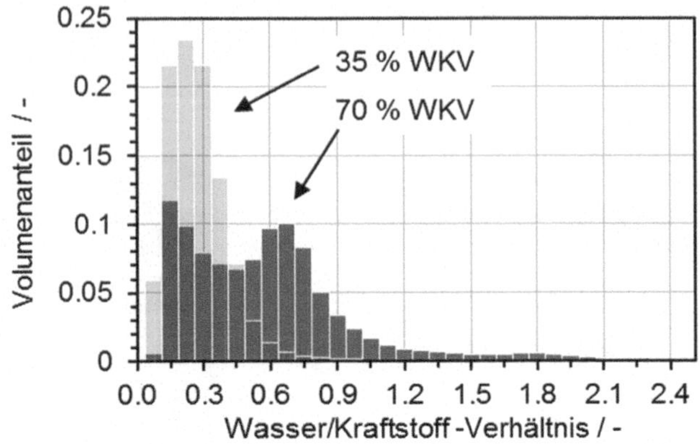

Abb. 7. Verteilung des Wasser/Kraftstoff – Verhältnisses im Brennraum zum Zeitpunkt 10° KW vor ZOT für 35 % und 70 % WKV

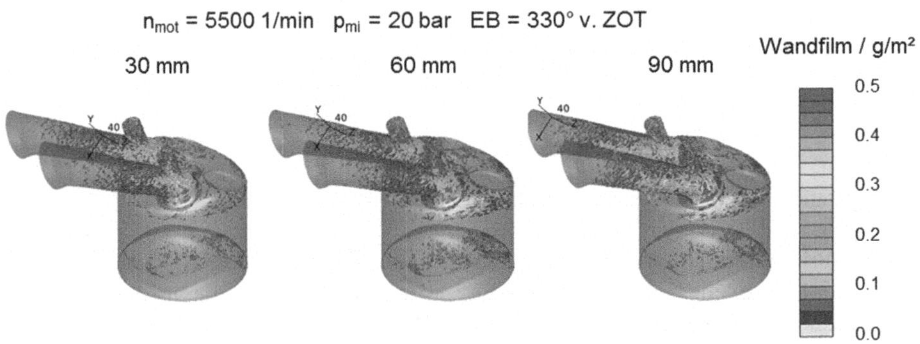

Abb. 8. Wasserwandfilm zum Zeitpunkt 90° KW vor ZOT bei 5500 1/min

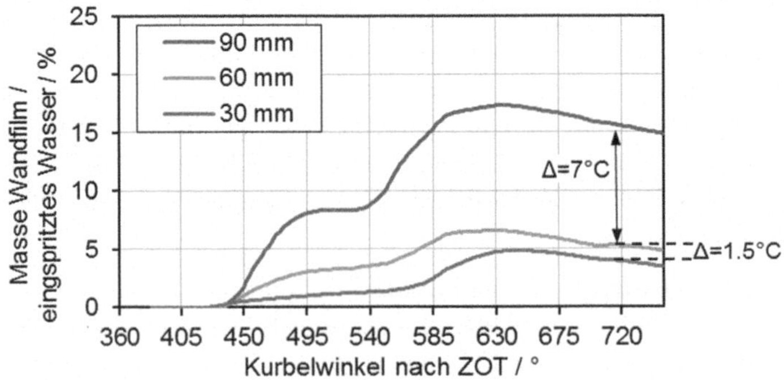

Abb. 9. Verlauf des integralen Wasserwandfilms für verschiedene Injektorpositionen und deren Einfluss auf die Endgastemperatur am Verdichtungsende

Dabei wird ersichtlich, dass der Zuwachs des Wandfilms von 90 mm zu 60 mm wesentlich markanter ausfällt als im Vergleich von 60 mm zu 30 mm Injektorabstand. Ferner ergibt sich eine um 7 °C höhere Brennraumgastemperatur am Verdichtungsende im Fall des 90 mm Abstands; dagegen fällt der zusätzliche Vorteil von 1,5 °C für den verkürzten Abstand von 30 mm gering aus.

Abschließend sei der Blick auf die Verteilung des Wassers bzw. der Temperatur im Brennraum am Verdichtungsende (10° KW vor ZOT) in Abb. 10 gerichtet. Die äußere Gemischbildung resultiert in einer deutlich homogeneren Verteilung des Wassers im Brennraum als im Fall der Direkteinspritzung. Analog ist auch das Temperaturfeld signifikant homogener. Der Einfluss der Injektorposition auf die Schichtung ist dagegen als gering zu bewerten.

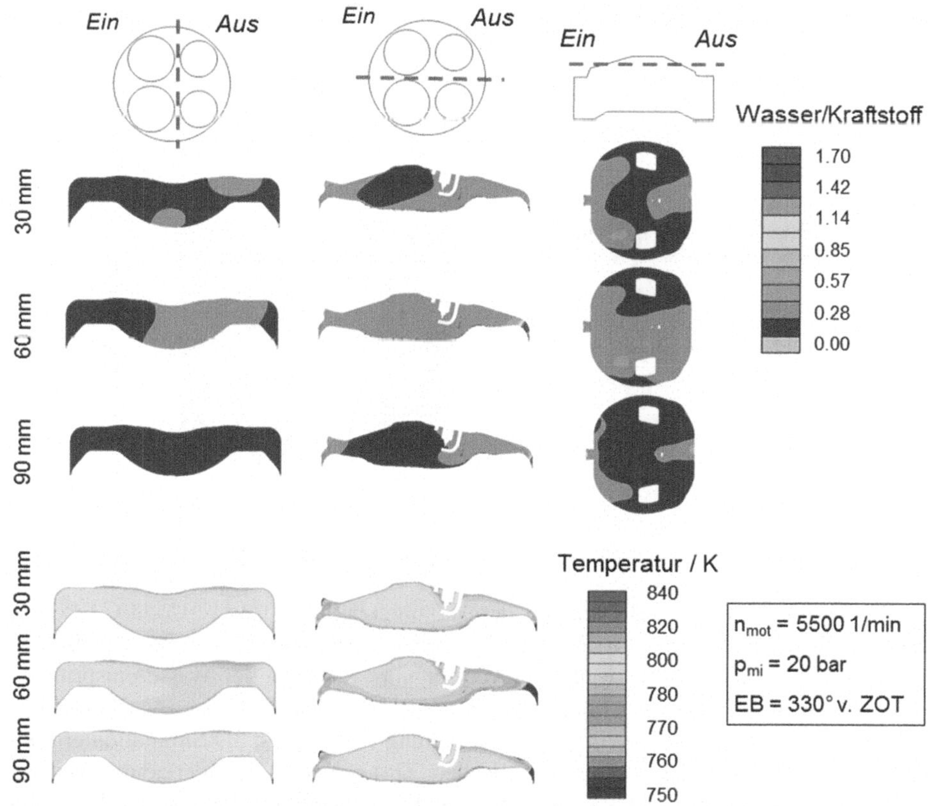

Abb. 10. 3D Darstellung der Wasserkanaleinspritzung bei 5500 1/min für 40 % Wasser/Kraftstoff-Verhältnis zum Zeitpunkt 10° KW vor ZOT

Für die Untersuchungen an den Mehrzylindermotoren wird für die Kanaleinspritzung eine Injektorposition von 60 mm gewählt. Die Begründung liegt darin, dass die konstruktiven Mehraufwände zur Realisierung einer extrem nahen Injektorposition nicht im sinnvollen Verhältnis zum geringen Vorteil hinsichtlich der Gemischabkühlung, die in Abb. 9 vergleichend dargestellt ist, stehen.

3.2 Modellierung in der 1D Motorprozessrechnung

Zur Bestimmung spezifischer Leistungsgrenzen in der 1D Motorprozessrechnung sind sowohl für Direkt- wie auch Kanaleinspritzung geeignete Modelle zur Beschreibung des Einflusses der Wassereinspritzung auf den thermodynamischen Zustand im Brennraum zu entwickeln. Als Grundlage dienen die Daten der 3D CFD Simulationen der Gemischbildung und Brennrauminnenströmung sowie die thermodynamische Untersuchungen am Einzylinderforschungsmotor gemäß der Abb. 11.

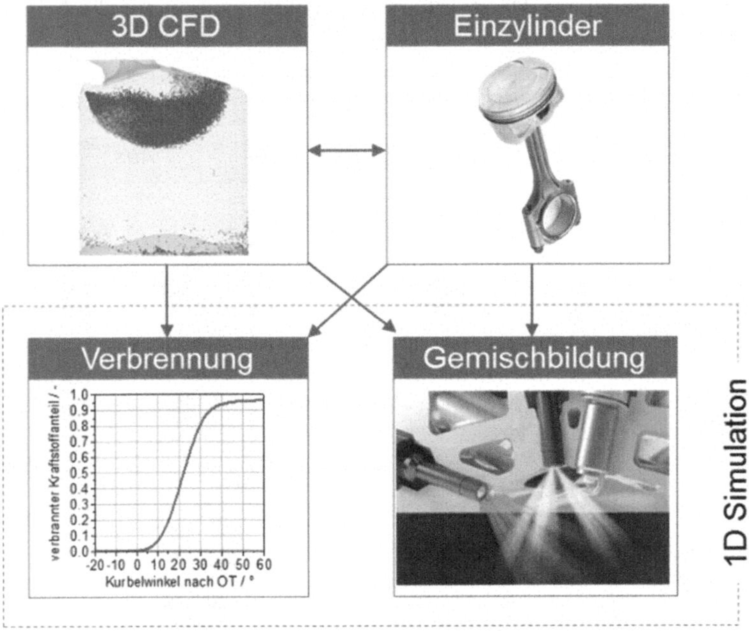

Abb. 11. Die Modellbildung der Wassereinspritzung für die 1D Simulation

Die 1D Simulationen erfolgen mit dem kommerziellen Software-Code GT-Power. Die Modelle der Basisvarianten des 3- und 4-Zylinders sind anhand von Prüfstandsdaten abgeglichen. Jegliche Einflüsse auf die Verbrennung in Folge der Wassereinspritzung bzw. Variation des Turboladers können mit dem FEV eigenen prädiktiven Verbrennungsmodell abgebildet werden. Die innovative Kopplung von 1D und 3D Simulation ermöglicht es, Änderungen des thermodynamischen Zustands der Zylinderladung und ihr Einfluss auf Brennverzug und Brenndauer direkt zu berücksichtigen [18]. Alternativ lässt sich folgende Korrelation der Brenndauer 10–90 als Funktion des Wasser/Kraftstoff-Verhältnisses gemäß der Abb. 12 aus einer Analyse der Prüfstandsdaten ableiten.

Darüber hinaus verfügen die Modelle über verfeinerte Modellierungsansätze bzgl. des Wandwärmeübergangs im Abgassystem stromaufwärts der Turbine sowie zur Abbildung der der Messcharakteristik eines Thermoelements [19, 20]. Beide Maßnahmen zielen auf eine Anhebung der Ergebnisgüte hinsichtlich der Vorhersage des Temperaturmesswertes am Turbineneintritt, welcher als Referenz zur Gemischanfettung herangezogen wird.

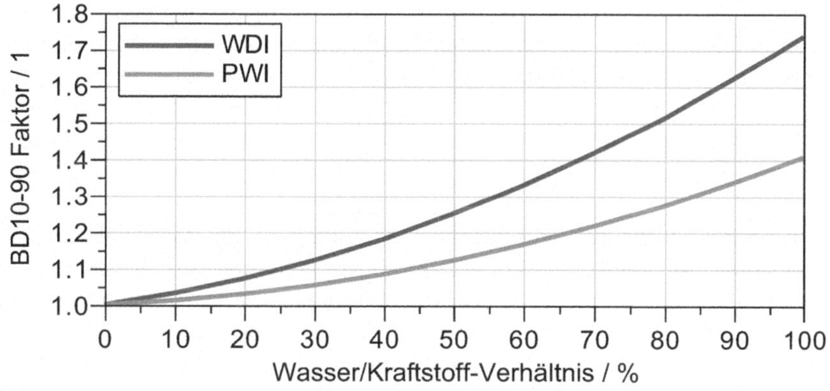

Abb. 12. Zunahme der Brenndauer 10–90 in Abhängigkeit des Wasser/Kraftstoff-Verhältnisses für Wasserdirekt- und Kanaleinspritzung

Mit Blick auf die Modellierung der Wassereinspritzung gilt es sowohl für Direkt- als auch Kanaleinspritzung die Gemischabkühlung korrekt zu erfassen. Der unvermeidbare Kontakt zwischen den Wassertropfen und den heißen Oberflächen von Kanal, Kolben, Brennraum und Einlassventil mindert dabei die theoretisch mögliche Gemischabkühlung signifikant. Aus diesem Grund ist bei der Parametrisierung der Einspritzmodele zusätzlich ein Abgleich in Bezug auf das Klopfverhalten von entscheidender Bedeutung. Ergebnisse aus 3D CFD Simulationen können dafür unterstützend genutzt werden. Abb. 13 zeigt den Anteil der Verdampfungsenthalpie für den Fall der Wasserdirekteinspritzung, welcher nicht aus dem Fluid, sondern aus den Wänden entnommen wird. Es ist zu erkennen, dass hohe Einspritzmengen und niedrige Innenzylinderströmungsgeschwindigkeiten den Wandkontakt der Wassertropfen begünstigen.

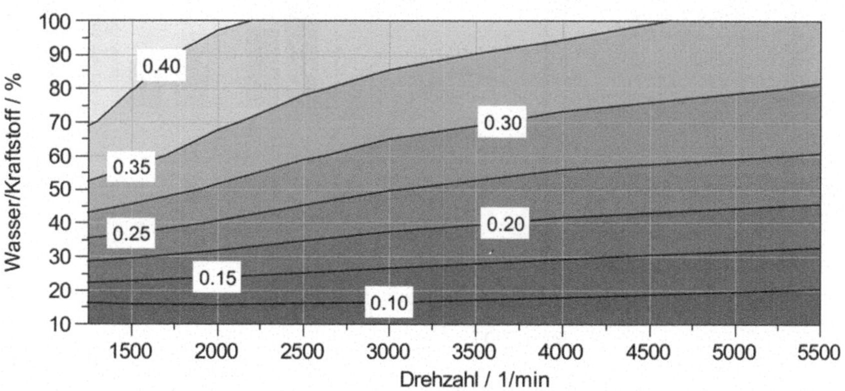

Abb. 13. Anteil der aus den Wänden entnommenen Verdampfungsenthalpie

In diesem Zusammenhang ist zu berücksichtigen, dass mit den dargestellten Werten primär ein kongruentes Klopfverhalten beschrieben wird und der Quereinfluss der 3D Temperaturschichtung inkludiert ist. Der reale Anteil der entnommenen Wärmemenge aus den Wänden ist wie auch die mittlere Gastemperatur leicht niedriger; das Modell berücksichtigt jedoch den Endgaszustand in den klopfkritischen Zonen des Brennraums, in denen schichtungsbedingt höhere Endgastemperaturen vorliegen (vgl. Abb. 6).

Nachfolgend ist für den geschleppten Motorbetrieb ein Vergleich der in der 1D Simulation berechneten mittleren Zylindertemperatur am Verdichtungsende in Abb. 14 dargestellt. Zusätzlich ist der Wirkungsgrad der Gemischabkühlung zum Zeitpunkt 10° KW v. ZOT ausgewertet. Der Wirkungsgrad ist in diesem Kontext als Quotient aus tatsächlicher Temperaturdifferenz zur theoretisch möglichen Temperaturdifferenz im Grenzfall vollständiger Verdampfung des eingespritzten Wasser im unteren Totpunkt mit anschließender polytroper Verdichtung definiert:

$$\eta = \frac{\Delta T_{berechnet}}{\Delta T_{theoretisch}} \tag{1}$$

$$\Delta T_{berechnet} = [T_{ohne\ Wasser} - T_{mit\ Wasser}]_{t=-10^\circ} \tag{2}$$

$$\Delta T_{theoretisch} = \left[\frac{m_{Wasser} \cdot \Delta \mathrm{h}}{c_V}\right] \cdot \left(\frac{V_{UT}}{V_{t=-10^\circ}}\right)^{n-1} \tag{3}$$

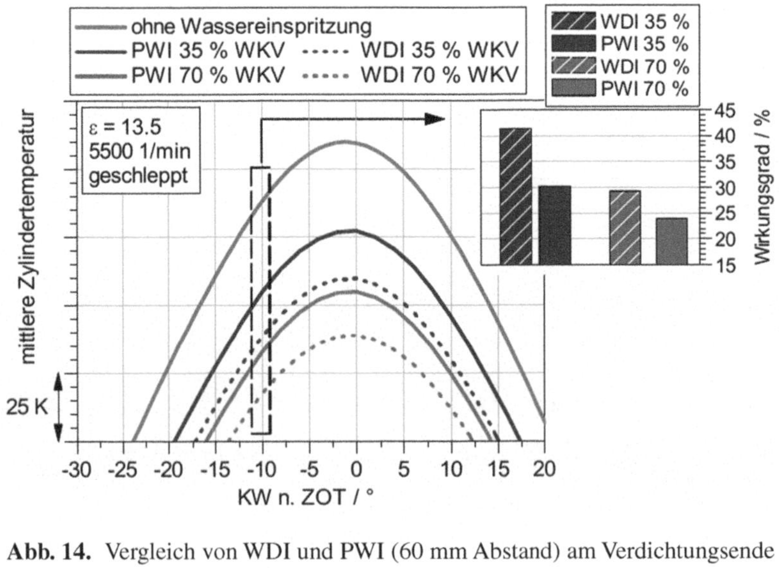

Abb. 14. Vergleich von WDI und PWI (60 mm Abstand) am Verdichtungsende

Die direkte Einspritzung nach Schließen der Einlassventile zeigt dabei ein höheres Potenzial hinsichtlich Gemischabkühlung als die Kanaleinspritzung mit Einspritzbeginn im Bereich des oberen Totpunkts des Ladungswechsels. Die anteilige Entnahme der Verdampfungsenthalpie aus den Oberflächen von Kanalwänden und Einlassventil sowie Wandfilmbildung mindert dabei die Abkühlung des Fluids signifikant. Aus den vorangegangenen 3D CFD Untersuchungen ist bekannt, dass die Wirksamkeit der Kanaleinspritzung von der Position des Injektors abhängig ist. Der hier gewählte Abstand von 60 mm stellt einen zielführenden Kompromiss aus konstruktiver Umsetzung und wirksamer Gemischabkühlung dar. Auch im Fall einer weiteren Minimierung des Abstands lässt sich keine vergleichbare Wirksamkeit wie mit der Direkteinspritzung erzielen.

4 Versuchsträger und Randbedingungen

Als Versuchsträger dienen ein 3- und ein 4-Zylinder Turbo-DI Ottomotor, welche jeweils in ihrer Basis mit Wastegate-Turboladern ausgerüstet sind. Zusätzlich wird mit Fokus auf eine hohe spez. Leistung eine 4-Zylinder Variante mit einem elektrisch unterstützen Wastegate-Turbolader (eTC) betrachtet. Die Turbine kann dadurch mit einer größeren Durchsatzcharakteristik ausgelegt werden, sodass ein abgesenktes Druckniveau stromaufwärts der Turbine in einer Reduzierung von Ladungswechselverlusten sowie der Abgastemperatur resultiert und bereits als eine Maßnahme zur Erhöhung der Lambda = 1 Fähigkeit anzusehen ist.

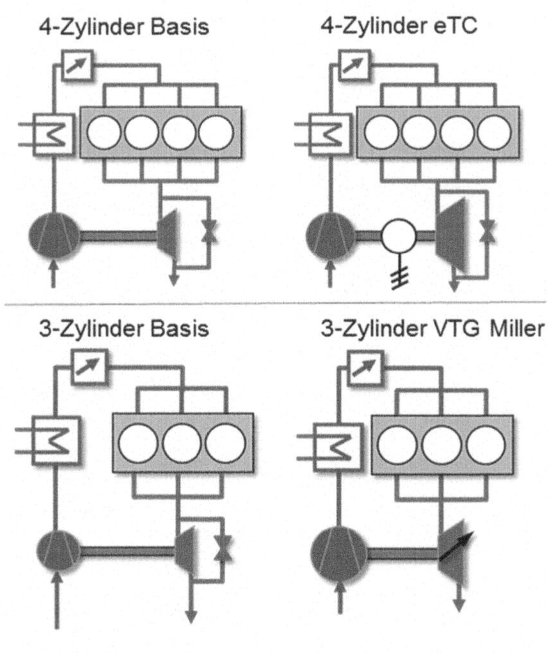

Abb. 15. Schemata der untersuchten Motorvarianten

Frühere Untersuchungen haben zudem gezeigt, dass sich am 3-Zylindermotor die Kombination von VTG-Turbinentechnologie mit kurzer Einlasseventlänge (Miller) und angehobener Verdichtung günstig auf Wirkungsgrad und Abgastemperatur auswirkt [21]. Daher wird für den 3-Zylinder zudem eine entsprechende Miller-VTG betrachtet. Die zugehörigen Motorschemata sind in Abb. 15 dargestellt bzw. die technische Kenndaten in Tab. 2 aufgelistet.

Tab. 2. Kenndaten der Mehrzylindermotoren

		4-Zyl Basis	4-Zyl eTC	3-Zyl Basis	3-Zyl VTG
Hubraum	l	2,0	2,0	1,5	1,5
Hub/Bohrung	–	1,12	1,12	1,15	1,15
Zylinder	–	4	4	3	3
Verdichtung	–	9,5	9,5	10,0	11,4
Ventile	–	4	4	4	4
Turbolader	–	Wastegate	eTC	Wastegate	VTG
Auslassevent	° KW (1 mm)	178/203	178/203	198	198
Einlassevent	° KW (1 mm)	190	190	188	150

Die Ergebnisse der Untersuchungen sind im Kontext der gewählten Randbedingungen zu bewerten. Wesentliche Parameter sind in der nachfolgenden Tab. 3 zusammengefasst. Die Motordrehzahl für den Nennleistungspunkt ist auf 5500 1/min fixiert.

Tab. 3. Randbedingungen der Untersuchungen n_{mot} = 5500 1/min

		4-Zyl Basis	4-Zyl eTC	3-Zyl Basis	3-Zyl VTG
Max. Druck vor Turbine (abs.)	mbar	3800	3800	3800	3800
Druck nach Turbine (abs.)	mbar	1700	1700	1500	1500
Max. Ladedruck (abs.)	mbar	2800	3100	2900	3400
Temperaturlimit Verdichteraustritt	°C	205	205	205	205
Einspritzdruck WDI	bar	250	250	250	250
Einspritzdruck PWI	bar	8	8	8	8
LLK Austrittstemperatur (Nennleistung)	°C	45	45	45	45
Injektorabstand zum Einlassventil PWI	mm	60	60	60	60
Injektorposition WDI	–	Seitlich	Seitlich	Seitlich	Seitlich
Lochanzahl WDI Injektor	–	5	5	5	5
Max. Drehzahl unteres Eckdrehmoment	1/min	≤2000	≤2000	≤2000	≤2000
Kraftstoff	–	ROZ 95	ROZ 95	ROZ 95	ROZ 95

Zur Sicherstellung einer stabilen Verbrennung wird das Wasser/Kraftstoff-Verhältnis auf 50 % limitiert. Ferner erfolgt eine Skalierung der Abgasturbolader der Basis-varianten, um den gestiegenen Massendurchsätzen in Folge der Leistungssteigerung mit Wassereinspritzung gerecht zu werden. Die Skalierung erfolgt mit dem FEV-eigenen „TC Tools" Werkzeug, das Änderungen der Wirkungsgradcharakteristik bei Veränderung der Laufradgrößen mitberücksichtigt. Als Randbedingung der Skalierung ist gesetzt, dass die Lader nur maximal so vergrößert werden dürfen, dass das untere Eckdrehmoment weiterhin unterhalb einer Motordrehzahl von 2000 1/min anliegt.

5 Ergebnisse zu Grenzwerten der spez. Leistung für $\lambda = 1$

Die nachfolgenden Grenzwerte der spez. Leistung für stöchiometrischen Motorbetrieb stammen aus den 1D Motorprozessrechnungen mit den entwickelten Wassereinspritzungsmodellen unter Berücksichtig verschiedener Betriebsgrenzen, wie sie in Tab. 3 aufgeführt sind. Das Wasser/Kraftstoff-Verhältnis beträgt stets 50 %.

3-Zylinder. Die Leistungsgrenzen ohne Wassereinspritzung sowie mit Kanal- und Direkteinspritzung sind in Abb. 16 in Abhängigkeit verschiedener Grenzwerte für die Turbineneintrittstemperatur T_3 dargestellt. Des Weiteren ist im unteren Bereich des Diagramms eine Informationen vorzufinden, welcher Parameter keine weitere Steigerung der Leistung zulässt. Die Delta-Angaben beziehen sich jeweils auf die gleiche Motorkonfiguration ohne Wassereinspritzung.

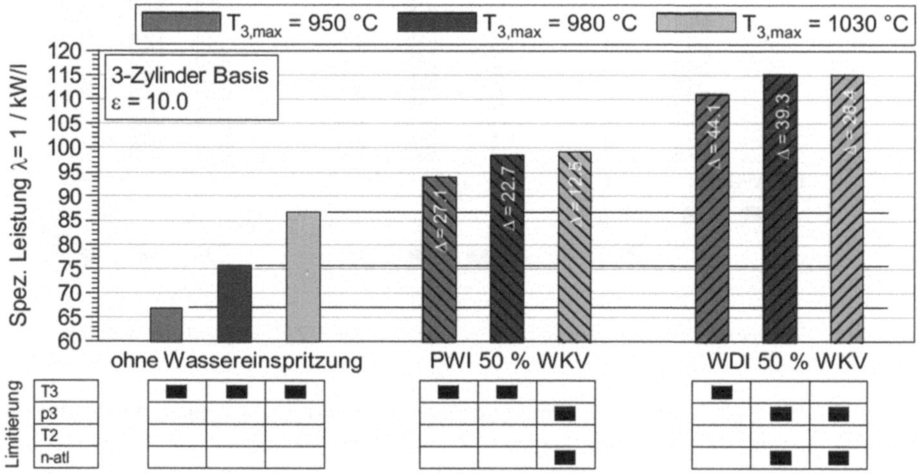

Abb. 16. Spezifische Leistungsgrenzen für λ = 1 Betrieb der 3-Zylinder Basisvariante

Ohne Wassereinspritzung ist jeweils die Abgastemperatur am Turbineneintritt für die darstellbare Leistung ausschlaggebend. Der Betrieb mit Kanaleinspritzung (PWI)

ermöglicht eine signifikante Steigerung der Leistung für die maximale Turbineneintrittstemperatur $T_{3,max} = 950$ und 980 °C auf 94 bzw. 98 kW/l. Bei einer weiteren Anhebung der Abgastemperaturgrenze wird die darstellbare Leistung auf 99 kW/l begrenzt, da die Drehzahl- und Druckgrenze des Turboladers erreicht wird. Eine zusätzliche Vergrößerung des Laders würde zu einer unerwünschten Anhebung der Motordrehzahl des unteren Eckdrehmoments führen.

Bei Anwendung der Wasserdirekteinspritzung lassen sich erhebliche Steigerungen der spez. Leistung realisieren. So können auch mit niedrigerem T_3-Limit spez. Leistungen von 110 kW/l erreichen. Als maximale spez. Leistung sind 115 kW/l erzielbar, wobei oberhalb des T_3-Limits von 950 °C ebenfalls die Drehzahl- und Druckgrenze des Turboladers für die Limitierung verantwortlich ist. Die durch die stärkere Klopfminderung bedingte höhere Wirksamkeit der Direkteinspritzung steht dabei im Einklang mit den vorangegangen Erkenntnissen aus Messung und Simulation.

Die Untersuchungsergebnisse der VTG/Miller-Variante des 3-Zylinders sind in der Abb. 17 dargestellt. Im Betrieb ohne Wassereinspritzung können bereits hohe spez. Leistungen im Bereich 81–94 kW/l erzielt werden. Dies resultiert aus der gezielten Auslegung des Verdichters zur Darstellung hoher Druckverhältnisse, welche zusammen mit einem verkürzten Einlassevent zur Wirkungsgradsteigerung beiträgt.

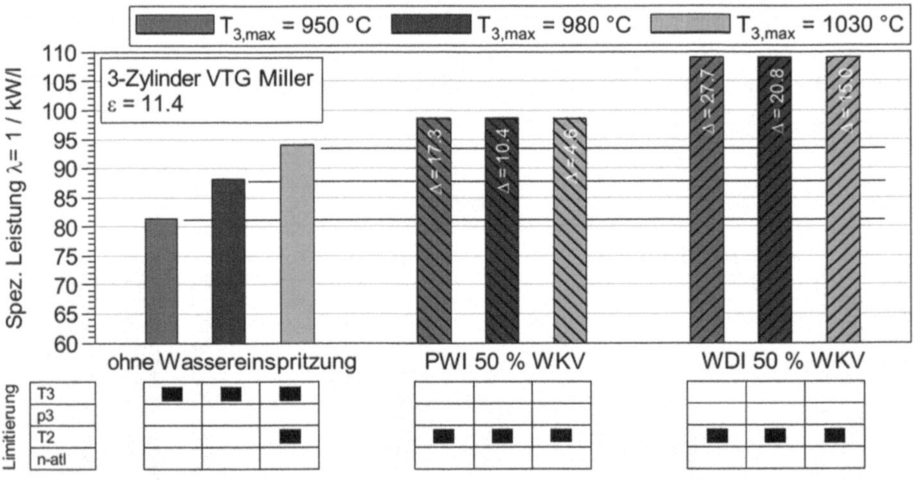

Abb. 17. Spez. Leistungsgrenzen für $\lambda = 1$ Betrieb der 3-Zyl. VTG/Miller-Variante

Sowohl für Kanal- als auch Direkteinspritzung wirkt nicht länger die Turbineneintrittstemperatur als leistungsbegrenzend, sondern vielmehr die Verdichteraustrittstemperatur T_2 aufgrund der hohen Ladedrücke zur Kompensation des kurzen Einlass-events. Aus diesem Grund ist die spez. Leistung mit Wassereinspritzung für PWI auf ca. 99 kW/l und für WDI auf 109 kW/l beschränkt. Die Unterschiede resultieren somit einzig aus dem höheren inneren Wirkungsgrad in Folge der stärkeren Klopfminderung der Direkteinspritzung. Eine weitere Anhebung der Leistung ist prinzipiell nur durch eine Erhöhung des Luftaufwands anhand einer vergrößerten Einlasseventlänge möglich, was beispielsweise durch eine Einlassseitige Ventilhubumschaltung realisiert werden kann.

4-Zylinder: Analog zum 3-Zylinder erfolgen die Untersuchungen mit 50 % Wasser/Kraftstoff-Verhältnis an den 4-Zylinder Varianten, deren Ergebnisse für den Basis-Motor in der Abb. 18 dargestellt sind. Auch hier ermöglicht die Kanaleinspritzung eine signifikante Leistungssteigerung, welche durch das jeweilige T_3-Limit begrenzt wird. Im Fall des Grenzwertes von 1030 °C wird bei 104 kW/l zusätzlich das max. zulässige Druckniveau am Turbineneintritt erreicht.

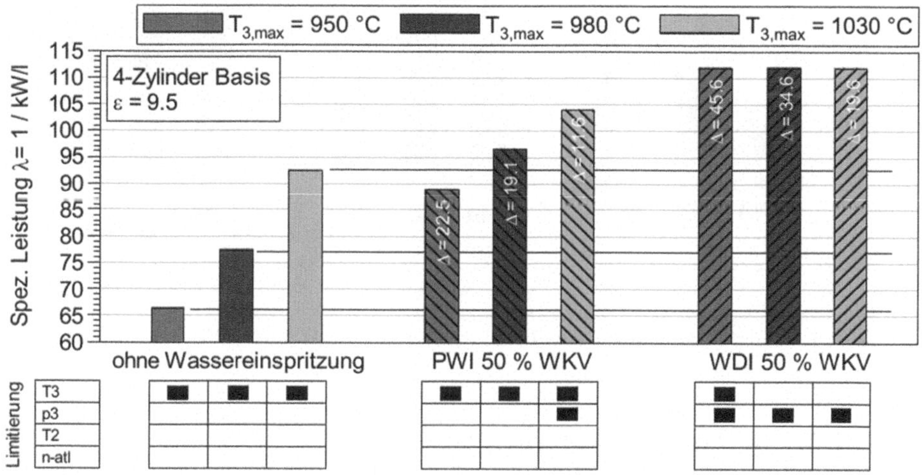

Abb. 18. Spez. Leistungsgrenzen für λ = 1 Betrieb der 4-Zylinder Basisvariante

Für den Fall der Direkteinspritzung liegt die Leistungsgrenze unabhängig von der Abgastemperatur bei 112 kW/l. Ursächlich hierfür ist das gleichzeitige Erreichen des T_3-Limits von 950 °C und des Druckgrenzwertes p_3. Folglich existier kein zusätzliches Potenzial durch eine höhere Temperaturverträglichkeit des Turboladers.

Die 4-Zylinder Variante mit elektrisch unterstütztem Turbolader verfügt aufgrund der vergrößerten Turbine über besonders günstige Vorrausetzungen zur Darstellung hoher spezifischer Leistungen. Aus Abb. 19 ist zu entnehmen, das bereits ohne Wassereinspritzung eine um ca. 10 kW/l höhere Leistung im Vergleich zur Basisvariante erzielen werden kann. Infolgedessen fallen die absoluten Steigerungen im Fall der Kanaleinspritzung geringer aus. Es sind jedoch bereits mit einem T_3-Limit von 980 °C mehr als 100 kW/l darstellbar und für 1030 °C beträgt die Leistungsgrenze 110 kW/l. Die große Durchsatzcharakteristik des Laders wirkt sich dabei positiv auf die Einhaltung der Betriebsgrenzen bzgl. Druck am Turbineneintritt und Verdichteraustrittstemperatur aus.

Eine weitere signifikante Leistungssteigerung ermöglicht die Direkteinspritzung, mit der eine Leistung von 124 kW/l bei einer T_3-Grenze von 950 °C erreicht werden kann. Für eine höhere Abgastemperaturverträglichkeit wird bereits vor Erreichen der

980 °C die p_3-Grenze von 3,8 bar übertroffen. Dadurch wird die maximale spez. Leistung auf 131 kW/l beschränkt. Ergänzend ist zu erwähnen, dass in diesem Betriebspunkt der Ladedruck nur noch geringfügig unterhalb des Grenzwerts von 3,1 bar liegt.

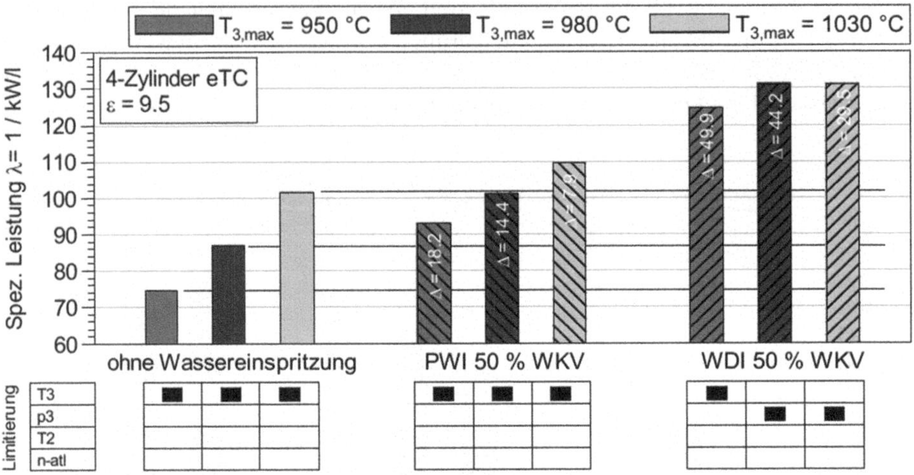

Abb. 19. Spez. Leistungsgrenzen für λ = 1 Betrieb der 4-Zylinder Variante mit eTC

6 Zusammenfassung und Ausblick

Die Wassereinspritzung verfügt über ein erhebliches Potenzial zur Steigerung der spezifischen Leistung bei stöchiometrischem Motorbetrieb (Lambda = 1). Sowohl die Direkt- als auch Kanaleinspritzung nutzen dabei den Effekt der Gemischabkühlung in Folge der hohen Verdampfungsenthalpie des Wassers zur Minderung der Klopfneigung, wodurch mit einem erhöhten Aufladegrad bei gleicher Verbrennungsschwerpunktlage höhere Mitteldrücke erzielt werden können.

In diesem Beitrag werden unter Verwendung von Messdaten eines Einzylinderforschungsmotors sowie mittels Daten aus der 3D Simulation der Brennraumströmung geeignete Wassereinspritzungsmodelle für die 1D Motorprozessrechnung entwickelt. Innerhalb dieser Modelle wird zwischen Direkt- und Kanaleinspritzung differenziert. Die 3D CFD Ergebnisse zeigen für die Direkteinspritzung eine deutlich höhere Schichtung von Wasseranteil und Gastemperatur im Bereich des Zündzeitpunkt als für die Kanaleinspritzung. Die Inhomogenität nimmt dabei mit steigendem Wasser/Kraftstoff-Verhältnis zu. Gleichzeitig liegt die mittlere Gastemperatur am Verdichtungsende im Fall der Direkteinspritzung deutlich unterhalb jener mit Kanaleinspritzung, da ein höherer Anteil der Verdampfungsenthalpie dem Fluid entnommen wird und somit ein grundsätzlicher Vorteil hinsichtlich der Minderung der Klopfneigung vorliegt.

Mit den entwickelten Wassereinspritzungsmodellen werden Untersuchungen an einem turboaufgeladenen 3-Zylinder und einem 4-Zylinder Ottomotor durchgeführt. Neben den konventionellen Varianten mit Wastegate-Turboladern existiert für den

3-Zylinder eine Miller-Variante mit VTG-Lader und für den 4-Zylinder eine Variante mit einem elektrisch unterstützen Turbolader. Letztgenannte Technologie ermöglicht eine Anhebung der Turbinendurchsatzcharakteristik ohne Nachteile im Bereich des unteren Eckdrehmoments, wodurch höhere Motorleistungen zu realisieren sind. Die materialabhängige Limitierung der Turbineneintrittstemperatur fixiert oftmals die darstellbare Leistung des Motors unter stöchiometrischen Bedingungen, weshalb diese als zusätzlicher Variationsparameter eingeführt wird. Des Weiteren sind die weiteren Randbedingungen im Hinblick auf die Entwicklung aktueller Serienanwendungen gewählt worden.

Unter Anwendung der Wassereinspritzung lassen sich hohe Leistungssteigerungen im Vergleich zu den Basisvarianten ohne Wassereinspritzung realisieren, wobei sich stets mit Direkteinspritzung höhere spez. Leistungen als mit Kanaleinspritzung erzielen lassen. Die jeweiligen Werte der spez. Leistungsgrenzen sind in den Tab. 4 und 5 zusammengefasst:

Tab. 4. Zusammenfassung der spez. Leistungsgrenzen mit Wasserkanaleinspritzung in kW/l für stöchiometrischen Motorbetrieb

	3-Zyl. Basis	3-Zyl. Miller	4-Zyl. Basis	4-Zyl. eTC
$T_{3,max}$ = 950 °C	94	98	89	93
$T_{3,max}$ = 980 °C	98	98	97	101
$T_{3,max}$ = 1030 °C	99	98	104	109

Tab. 5. Zusammenfassung der spez. Leistungsgrenzen mit Wasserdirekteinspritzung in kW/l für stöchiometrischen Motorbetrieb

	3-Zyl. Basis	3-Zyl. Miller	4-Zyl. Basis	4-Zyl. eTC
$T_{3,max}$ = 950 °C	111	109	112	124
$T_{3,max}$ = 980 °C	115	109	112	131
$T_{3,max}$ = 1030 °C	115	109	112	131

In Folge der stark klopfmindernden Wirkung der Wassereinspritzung ist nicht zwingend länger die Abgastemperatur die relevante Betriebsgrenze zur Leistungsbeschränkung. Insbesondere für die Wasserdirekteinspritzung und die 3-Zylinder Miller-Variante überwiegen mitunter andere Betriebsgrenzen des Turboladers wie die Verdichteraustrittstemperatur bzw. der Druck vor Turbine. In diesem Fall erfolgt keine weitere Zunahme der Leistung bei Anhebung des Abgastemperaturlimits.

Abschließend sei noch der Blick auf den Wasserverbrauch im Fahrzeugbetrieb anhand der Abb. 20 gerichtet. Untersuchungen und Messungen am FEV Demonstratorfahrzeug mit Wasserkanaleinspritzung haben gezeigt, dass sowohl im NEFZ als auch im WLTP Fahrzyklus kein Lastniveau erreicht wird, bei dem mit Wassereinspritzung gefahren wird. Folglich liegt kein Wasserverbrauch vor. Erst durch einen höherlastigen Betrieb des Motors, wie er in einem dynamisch gefahrenen RDE-Zyklus bzw. dem ADAC Autobahnfahrzyklus vorzufinden ist, werden temporär Betriebspunkte mit Wassereinspritzung erreicht. Jedoch bleibt der Wasserverbrauch deutlich unterhalb von 1 l/100 km. Auf Basis dieser Ergebnisse sind die zu erwartende Häufigkeit des Nachfüllens und die damit verbundenen Zusatzaufwände für den Fahrer bereits für einen 10 l Tank als gering zu bewerten. Zeitgleich sind Technologien zur Wasserrückgewinnung aus Kondensat ein Bestandteil aktueller Forschung. Diese Ansätze verfolgen den Fahrer gänzlich von der Wasserbetankung zu entbinden und können die Verbreitung und Akzeptanz der Technologie der Wassereinspritzung in Serienanwendungen begünstigen.

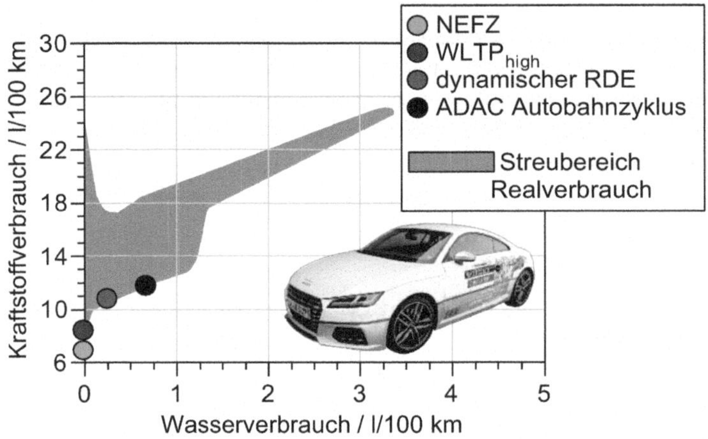

Abb. 20. Verhältnis von Kraftstoff- zu Wasserverbrauch am FEV Demonstrator-Fahrzeug

Danksagung. Die Autoren danken den Herren Dipl.-Ing. Christopher Kupiek und M.Sc. Karthik Kannan für Ihre Unterstützung in der Durchführung der 3D und1D Simulationen.

Abkürzungs

α_{50}	Verbrennungsschwerpunktlage
Δ	Differenz
ε	Verdichtungsverhältnis
η	Wirkungsgrad
ATL	Abgasturbolader
BD	Brenndauer
CFD	Computational Fluid Dynamics
COV	Variationskoeffizient
c_v	Spez. Wärmekapazität bei konstantem Volumen
EB	Einspritzbeginn
eTC	Elektrisch unterstützter Turbolader
h	Spez. Verdampfungsenthalpie
HD	Hochdruckprozess

KW	Kurbelwinkel
n	Polytropenexponent
n_{mot}	Motordrehzahl
m	Masse
p	Druck
p_3	Druck am Turbineneintritt
p_{mi}	Indizierter Mitteldruck
PWI	Wasserkanaleinspritzung
OT	Oberer Totpunkt
RDE	Real Driving Emissions
T	Temperatur
T_2	Temperatur am Verdichteraustritt
T_3	Temperatur am Turbineneintritt
UT	Unterer Totpunkt
V	Volumen
VTG	Variable Turbinengeometrie
WDI	Wasserdirekteinspritzung
WKV	Wasser/Kraftstoff – Verhältnis
ZOT	Oberer Totpunkt des Hochdruckprozesses

Literatur

1. Durst, B., Unterweger, G., Reulein, C., et al.: Leistungssteigerung von Ottomotoren durch verschiedene Wassereinspritzungskonzepte. In: 8. MTZ-Fachtagung Ladungswechsel im Verbrennungsmotor (2015)
2. Scharf, J., Uhlmann, T., Balazs, A., et al.: Gezielte Wirkungsgradoptimierung des Ottomotorkennfelds. MTZ **77**(6), 36–41 (2016)
3. Pauer, T., Frohnmaier, M., Walther, J., et al.: Optimierung von Ottomotoren durch Wassereinspritzung. In: 37. Internationales Wiener Motorensymposium (2016)
4. Durst, B., Landerl, C., Poggel, J., et al.: BMW Wassereinspritzung: Erste Erfahrungen und künftige Potenziale. In: 38. Internationales Wiener Motorensymposium (2017)
5. Hoppe, F., Thewes, M., Seibel, J., et al.: Evaluation of the potential of water injection for gasoline engines. SAE Int. J. Engines **10**(5), 2500–2512 (2017)
6. Hermann, I., Glahn, C., Kluin, M., et al.: Water injection for gasoline engines – Quo Vadis? In: International Conference on Knocking in Gasoline Engines (2017)
7. NASA: NASA Technical Memorandum 4513 – Coefficients for calculating thermodynamic and transport properties of individual species (1993)
8. NASA (Hrsg.): NASA Thermo Build – NASA Glenn thermodynamic database (2010)
9. National Institute of Standards and Technology (NIST): NIST Chemistry WebBook, NIST Standard Reference Database Number 69 (2015)
10. Yaws, C.L.: Thermophysical Properties of Chemicals and Hydrocarbons: Andrew. Norwich, NY (2008)
11. Heywood, J.B.: Internal Combustion Engine Fundamentals. McGraw-Hill, New York (1988)
12. Ohnesorge, W.V.: Die Bildung von Tropfen an Düsen und die Auflösung flüssiger Strahlen, Z. angew. Math. Mech. **16**(6), 355–358 (1936)

13. Baumgarten, C.: Mixture Formation in Internal Combustion Engines. Springer, Heidelberg (2006)
14. Hoppe, F.: Einfluss der direkten Wassereinspritzung auf die ottomotorische Verbrennung, Dissertation. Rheinisch-Westfälische Technischen Hochschule Aachen, Aachen (2018)
15. Sabia, P., Lubrano Lavadera, M., Giudicianni, P., et al.: CO_2 and H_2O effect on propane auto-ignition delay times under mild combustion operative conditions. Combust. Flame **162**(3), 533–543 (2015)
16. Endouard, C., Halter, F., Chauveau, C., et al.: Effects of CO_2, H_2O, and exhaust gas recirculation dilution on laminar burning velocities and markstein lengths of iso-octane/air mixtures. Combust. Sci. Technol. **1884–5**, 516–528 (2016)
17. Galmiche, B., Halter, F., Foucher, F.: Effects of high pressure, high temperature and dilution on laminar burning velocities and Markstein lengths of iso-octane/air mixtures. Combust. Flame **159**(11), 3286–3299 (2012)
18. Franzke, B., Morcinkowski, B., Adomeit, P., Hoppe, P., Esposito, S.: Potenziale der 1D/3D-Kopplung in der Brennverfahrensentwicklung. In: 11. MTZ Ladungswechselkonferenz, Stuttgart (2017)
19. Franzke, B., Pischinger, S., Adomeit, A., et al.: A sectoral approach to modelling wall heat transfer in exhaust ports and manifolds for turbocharged gasoline engines. Technical paper 2016-01-0202. SAE World Congress, Detroit (2016)
20. Franzke, B., Adomeit, P., Uhlmann, T., Scharf, J., Pischinger, S.: An extended calculation approach of exhaust thermocouple temperatures in one-dimensional gas exchange simulation for turbocharged gasoline direct-injection engines. Int. J. Engine Res. **19**(4), 449–460 (2018)
21. Franzke, B., Schlosshauer, S., Lückmann, D., Thewes, M.: Variable Turbinengeometrie – ein zusätzlicher Freiheitsgrad zur Reduzierung der CO_2-Emissionen. MTZ (2017)

Potenziale einer Hochlast-AGR bei Pkw-Dieselmotoren

Peter Eilts(✉) und Marcel Müller

TU Braunschweig, Braunschweig, Deutschland
p.eilts@tu-braunschweig.de

1 Einleitung

Aufgrund der von der Europäischen Union festgelegten Grenzwerte für den Emissionsausstoß von Pkw-Verbrennungsmotoren liegt der Fokus des Entwicklungsprozesses auf der Reduzierung der gesetzlich limitierten Schadstoffemissionen, ohne dabei durch die getroffenen Maßnahmen den Kraftstoffverbrauch zu erhöhen. Verschiedene Studien (z. B. [1]) zeigen, dass der Dieselmotor einen großen Beitrag an den hohen innerstädtischen NO_2-Werten hat. Die Ursache dafür liegt unter anderem an dem Homologationsverfahren und der daraus resultierenden Motorapplikation. Der Neue Europäische Fahrzyklus (NEFZ) ist ein synthetischer Fahrzyklus, der keine großen Anforderungen an heutige Verbrennungsmotoren stellt. Aufgrund dessen konzentrierte sich die Entwicklung und Optimierung auf einen kleinen Kennfeldbereich (siehe Abb. 1), in dem auch die Abgasrückführung (AGR) für die Reduzierung der NO_x-Emissionen eingesetzt wurde. Im restlichen Kennfeldbereich wurde auf die AGR verzichtet, da diese negative Auswirkungen auf den Kraftstoffverbrauch hat und speziell im Low-End-Torque (LET)-Bereich des Motors das Drehmoment bzw. die Leistung verringert. Diesen Tatbestand bestätigen mehrere Untersuchungen (u. a. [2]), bei denen gezeigt wird, dass der Emissionsaustoß bei älteren Fahrzeugen im realen Fahrbetrieb wesentlich höher ist als der im NEFZ auf dem Rollenprüfstand.

Mit der Einführung der Worldwide harmonized Light vehicles Test Procedure (WLTP) im September 2017 gelten andere Randbedingungen für die Homologation bzw. Typprüfung. Der NEFZ wurde durch den WLTC ersetzt, welcher deutlich dynamischer ist und eine höhere Durchschnittsgeschwindigkeit aufweist. Zudem wird für die Bewertung der Schadstoffemissionen ein RDE-Zyklus (RDE – Real Driving Emissions) herangezogen, bei dem das Fahrzeug im realen Straßenverkehr eine Strecke mit Stadt-, Land- und Autobahnanteil zurücklegt. Die Emissionen werden mittels PEMS-Messtechnik (Portable Emission Measurement System) gemessen.

Für die Motorenentwicklung hat dies zur Folge, dass das gesamte Motorkennfeld „homologationsrelevant" wird. Es ist zu erwarten, dass speziell die AGR für die NO_X-Reduzierung in weiten Kennfeldbereichen bis hin zur Volllast ausgeweitet wird (siehe Abb. 1). Für eine gleichbleibende Drehmomentcharakteristik (Volllastkurve)

J. Liebl (Hrsg.): *Ladungswechsel und Emissionierung 2018,* Proceedings, S. 73–84, 2019.
https://doi.org/10.1007/978-3-658-24984-7_4

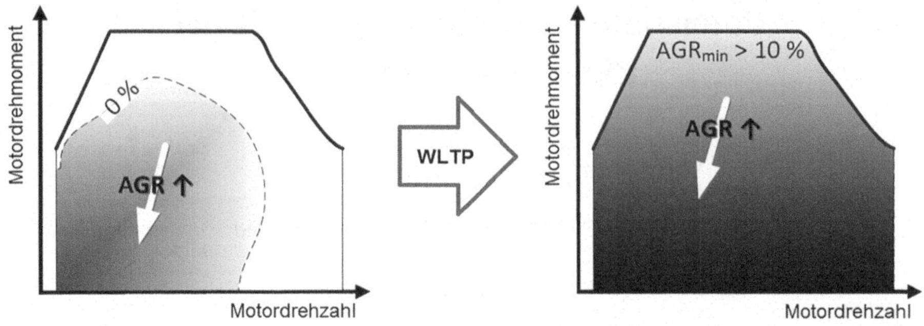

Abb. 1. AGR-Rate im stationären Motorkennfeld (bisher (links) und zukünftig (rechts)) nach [5]

muss der Ladedruck angehoben werden, um die gleiche Frischluftmenge und ein konstantes Luftverhältnis zu realisieren. Diese Ladedruckanhebung ist allerdings durch ein gegebenes Aufladesystem nur beschränkt realisierbar.

In [3] wird ein Motorkonzept mit einer kennfeldweiten AGR-Strategie vorgestellt. Dabei wird bis hin zur Volllast eine AGR über eine Mehrwege-AGR realisiert. Diese besteht aus einer gekühlten HD-AGR und einer gekühlten ND-AGR-Strecke. Bei diesem Motorkonzept ein einstufiges Aufladesystem zum Einsatz, womit immerhin ein maximales Drehmoment von 400 Nm erreicht werden kann.

1.1 Zielstellung

Ausgehend von den Anforderungen einer Volllast-AGR werden die Auswirkungen dieser auf den motorischen Betrieb herausgearbeitet. Es wird aufgezeigt, welche Grenzen schon allein durch den Motor und den Motorbetrieb gegeben sind, bevor gezeigt wird, wie ein zweistufiges Aufladesystem dazu genutzt werden könnte, diese Ladedruckanhebungen darzustellen.

2 Prüfstandskonfiguration und Simulationsmodell

2.1 Versuchsträger und Prüfstandsaufbau

Als Versuchsträger am Motorenprüfstand mit variabler Luftstrecke dient der Grundmotor eines direkteinspritzenden Vier-Zylinder-Dieselmotors ohne Aufladesystem und Abgasnachbehandlung. Der Motor ist abgeleitet von einem Serienmotor mit zweistufiger Abgasturboaufladung und hat die charakteristischen Kenngrößen nach Tab. 1.

Der Motor besitzt ein Common-Rail-Einspritzsystem mit Piezo-Injektoren, welches von einem frei programmierbaren Steuergerät angesteuert wird. Dieses erlaubt es alle Parameter, die die Einspritzung betreffen, unabhängig voneinander und in weiten Grenzen einzustellen. Gleichzeitig fungiert dieses System als Indiziersystem mit thermodynamischer Auswertung der Zylinderdrucksignale aller vier Zylinder. Somit ist ein zylinderdruckbasiertes Motormanagement möglich, das die Schwerpunktlage und den indizierten Mitteldruck der einzelnen Zylinder regelt.

Tab. 1. Motorkenngrößen

Anzahl der Zylinder [-]	4
Hubraum [cm³]	1968
Bohrung/Hub [mm]	81/95,5
Verdichtungsverhältnis [-]	14,8
Nennleistung (Serienmotor)	176 kW bei 4000 U/min
Max. Drehmoment (Serienmotor)	500 Nm bei 1750–2500 U/min

Die gesamte Luftstrecke (mit Ausnahme der Hochdruck(HD)-AGR-Strecke, die durch den Zylinderkopf des Motors führt) wurde frischluftseitig bis zum Zylinderkopf und abgasseitig ab dem Zylinderkopf durch eine variable Luftstrecke am Prüfstand ersetzt (siehe Abb. 2).

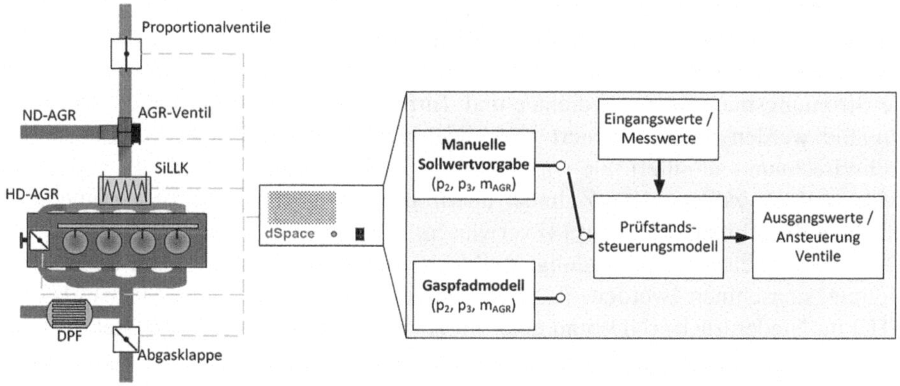

Abb. 2. Zusammenhang zwischen Modellierung und Prüfstandsstellparametern

Gespeist wird diese Luftstrecke von zwei großen Schraubenverdichtern, die bei einem Druck von 8 bar einen maximalen Luftmassenstrom von 1200 kg/h bereitstellen können. Anfangs der Luftstrecke regeln mehrere Ventile den Eingangsdruck, der in der Regel zwischen 5 und 6 bar liegt, um trotz einiger Druckverluste in der Ansaugstrecke einen hohen Ladedruck zur Verfügung stellen zu können. Für die Regelung einer konstanten Gastemperatur vor den Einlassventilen stehen eine Heizung mit 10 kW und der saugrohrintegrierte Ladeluftkühler (SiLLK) zur Verfügung. Mit der Heizung und dem SiLLK lässt sich ein breites Temperaturspektrum betriebspunkt- und umgebungsunabhängig für die Ansaugluft vor den Einlassventilen einregeln.

Der Ladedruck und somit auch der Luftmassenstrom sowie der Abgasdruck und der AGR-Massenstrom lassen sich unabhängig voneinander über Klappen und Ventile in der Luftstrecke steuern bzw. regeln. Als Steuerungssystem wird ein modulares Rapid-Prototyping-System der Firma dSpace eingesetzt. Dieses besteht aus einem Prozessorboard und unterschiedlichen Ein- und Ausgangskarten. Auf dem Prozessorboard laufen Modelle in Echtzeit, welche es erlauben, auch den Gaspfad inklusive Aufladesystem zu simulieren (siehe Abb. 2). Die Ergebnisse der Modellierung (Lade- und Abgasdruck sowie AGR-Massenstrom) können über Steuerungsmodelle direkt am Motorprüfstand umgesetzt werden. Auf der anderen Seite besteht die Möglichkeit, manuelle Sollwertvorgaben für diese Parameter vorzugeben. Dies geschieht betriebspunktunabhängig.

2.2 Modellierung eines zweistufigen Aufladesystems

Das Gaspfadmodell wird dazu genutzt, verschiedene Aufladesysteme an einem Motor mittels HiL-Simulation zu untersuchen. Das Modell ist ein 0-D-Simulationsmodell basierend auf der Füll- und Entleermethode. Diese Methode erlaubt es, mit dem Rapid-Prototyping-System in Echtzeit zu rechnen, sodass die Ergebnisse als Sollwertvorgabe für den Prüfstand genutzt werden können. Aufgebaut ist das Modell aus einer Folge von Behältern und Drosseln (siehe Abb. 3). In den Behältern werden die Zustandsgrößen Druck, Temperatur und Luftverhältnis berechnet. In den zwischen den Behältern befindlichen Drosseln werden Massen- und Enthalpieströme berechnet. Die Strömungsmaschinen Verdichter und Turbine fungieren hier ähnlich wie Drosseln. Sie werden kennfeldbasiert abgebildet. Der Motor wird über eine Ladungswechselrechnung simuliert. Sie wird für einen Zylinder gerechnet und die Ergebnisse werden auf die weiteren drei Zylinder übertragen. Für eine genaue Beschreibung der einzelnen Berechnungen sei auf [4] verwiesen.

Für die zweistufige Aufladung ergibt sich ein Modellaufbau nach Abb. 3. Die Strömungsmaschinen werden in Reihe angeordnet, sodass ein Abgasturbolader (ATL) im Niederdruck- (ND) und einer im Hochdruckbereich (HD) arbeitet. Bei dem HD-ATL handelt es sich um einen VTG-Lader, der ein Druckverhältnis bis zu 2,5 bar aufbauen kann. abgas- und frischluftseitig ist dieser mit jeweils einem Wastegate ausgestattet. Die ND-Stufe des ATL kann ein Druckverhältnis bis zu 3,8 bar liefern und besitzt ein Wastegate, welches zur Vermeidung von Überdrehzahl und zu hohem Ladedruck dient. In einem Drehzahlbereich von etwa 2500 U/min bis 3500 U/min wird zwischen dem zweistufigen Betrieb (unterer Drehzahlbereich) und dem einstufigen Betrieb (nur ND-ATL bei hohen Drehzahlen) umgeschaltet. Im zweistufigen Betrieb geschieht die Regelung des Ladedrucks über die VTG der HD-Turbine. Im Umschaltbereich kann der Ladedruck durch das Abgas-Wastegate der HD-Stufe geregelt werden und im einstufigen Betrieb über das Abgas-Wastegate der ND-Stufe.

Für die Modellvalidierung werden Daten vom Serienmotor herangezogen. In Abb. 4 ist für den Betriebspunkt bei 2000 U/min und 25 bar ein Vergleich der Gaspfadzustände zwischen dem Gaspfadmodell und den Messdaten vom Serienmotor dargestellt. Zum einen sind die Drücke im Gaspfad dargestellt, welche eine gute Übereinstimmung zeigen. Daraus lässt sich ableiten, dass auch die Druckverhältnisse über die Strömungsmaschinen gut abgebildet werden. Zusätzlich sind die gemessenen

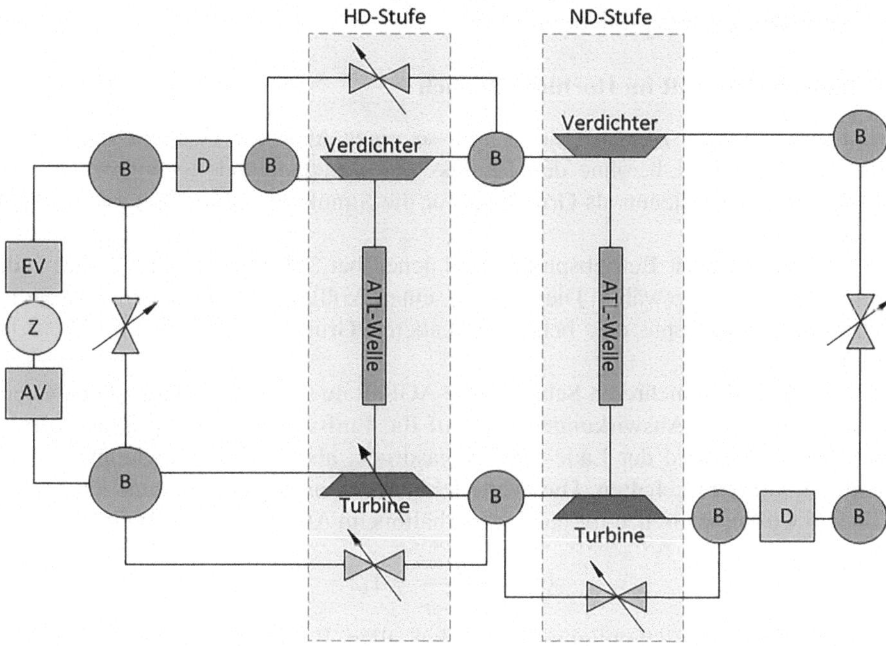

Abb. 3. Simulationsmodell der zweistufigen Aufladung

und modellierten Temperaturen im Gaspfad dargestellt. Ausgehend von einer geregelten Eingangs- und Ladelufttemperaur werden auch die modellierten Temperaturen im Abgasstrang mit hinreichender Genauigkeit dargestellt. Das Enthalpiegefälle über die jeweiligen Turbinen wird also so gut abgebildet, dass mit diesem Modell weitergehende Untersuchungen angestellt werden können.

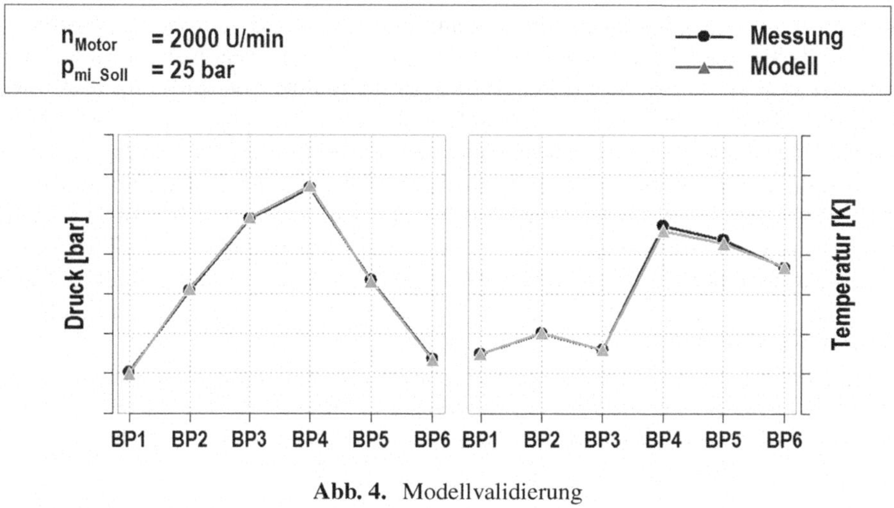

Abb. 4. Modellvalidierung

3 Ergebnisse und Diskussion

3.1 Einfluss der AGR im Hochlast-Bereich

Im Folgenden sollen zunächst die Einflüsse einer AGR im Hochlast-Bereich im gesteuerten Betrieb, d. h. ohne den Einfluss eines Auflademodells, aufgezeigt werden. Diese Versuche dienen als Grundlage für die Simulationen mit dem zweistufigen Aufladesystem.

Als repräsentativer Betriebspunkt wird jener bei 2000 U/min und 25 bar indiziertem Mitteldruck gewählt. Dieser stellt einen Volllast-Betriebspunkt verwandter 2,0l-Dieselmotorkonzepte dar, beim verwendeten Grundmotor immerhin 75 % der Volllast.

Zunächst wird in mehreren Schritten die AGR-Rate um 5 % erhöht und analysiert, welche quantitativen Auswirkungen dies auf die Emissionen und den Kraftstoffverbrauch hat. Dabei wird der Lade- und Abgasdruck, also auch der Ladungswechselmitteldruck konstant gehalten. Die Werte lehnen sich an die des seriennahen Motors an. Zudem wird eine Grenze für das Luftverhältnis im Abgas, als sog. Rußgrenze auf

$$\lambda = \frac{m_L}{m_B \cdot L_{st}} = 1{,}2 \tag{1}$$

festgelegt. Die Einspritzkonfiguration ist bei allen Betriebspunkten auf eine Voreinspritzung und die geregelte Haupteinspritzung begrenzt. Die Verbrennungsschwerpunktlage und auch der Raildruck werden in dieser Variation nicht verändert. Dargestellt und ausgewertet sind die Ergebnisse bezogen auf die indizierte Leistung des Motors, da der indizierte Mitteldruck die Regelgröße ist.

Die Ergebnisse in Abb. 5 zeigen die erwarteten Verläufe, die sich bei einer AGR-Erhöhung einstellen. Die Maßnahme, AGR zur Reduzierung der NO_X-Rohemissionen des Motors zu nutzen, spiegelt sich auch hier wider. Insgesamt wird bei einer AGR-Rate von 25 % eine Reduzierung der NO_X-Emissionen um 92 % (8 g/kWh) erzielt. Negative Aspekte sind die erwartete Zunahme der Rußemissionen (+0,82 g/kWh) und der Anstieg des Kraftstoffverbrauchs um rund 6 %. Durch die Begrenzung der maximalen Einspritzung an der Rußgrenze von = 1,2 wird das maximal darstellbare Drehmoment und somit die Leistung begrenzt. In diesem Fall verringert sich die indizierte Leistung bei einer AGR-Rate von 25 % um 9 kW, was einem effektiven Drehmoment von ungefähr 38 Nm entspricht. Bis zu einer AGR-Rate von 15 % kann in diesem Betriebspunkt die Leistung gehalten werden.

In Bezug auf das Brennverfahren besteht ein großes Potenzial, die Emissionen und den Kraftstoffverbrauch im Vergleich zu dem dargestellten Punkt in Abb. 5 zu optimieren. Durch eine Anpassung der Verbrennungsschwerpunktlage, des Raildrucks und der Einführung einer Nacheinspritzung, die gezielt die Rußemissionen in einer Nachverbrennung reduziert, kann der Ruß-NO_X und der b_i-NO_X-Trade-Off deutlich verbessert werden (Abb. 6).

Bei einer maximalen NO_X-Reduzierung und einer AGR-Rate von 25 % verringern sich die Rußemissionen aufgrund des höheren Raildrucks und der Nacheinspritzung um 84 % (0,7 g/kWh). Gleichzeitig kann auch der Kraftstoffverbrauch um 2,5 %

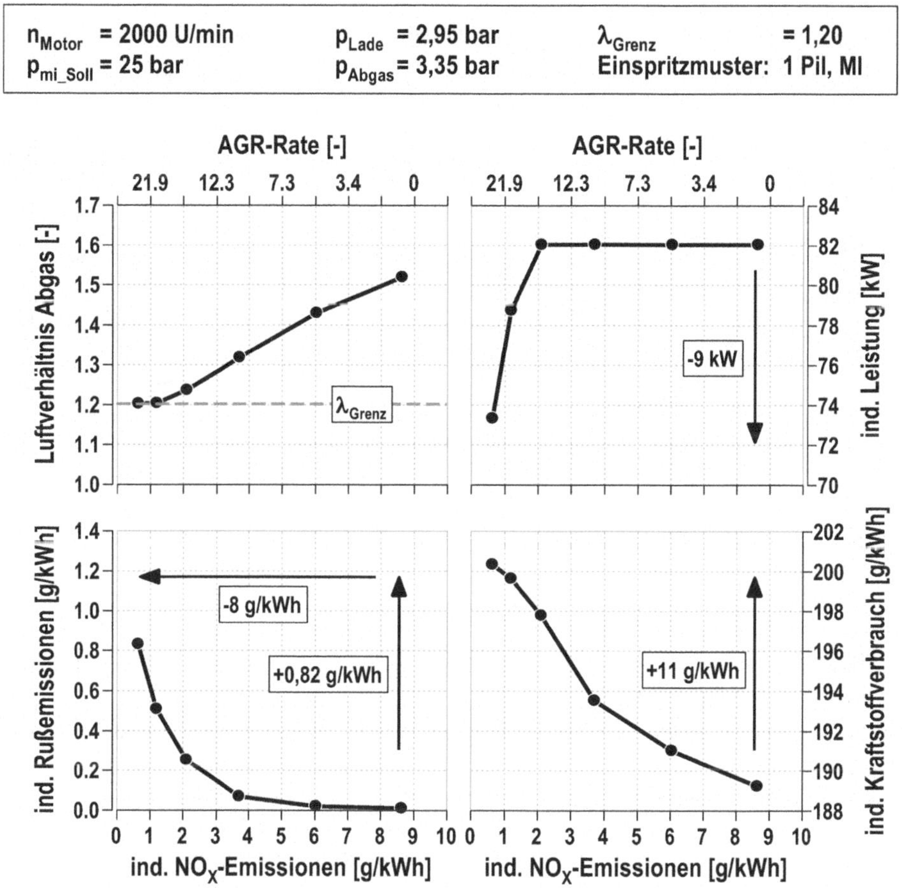

Abb. 5. Referenz-AGR-Variation im Hochlast-Betriebspunkt

reduziert werden. Es zeigt sich, dass die nachteiligen Effekte, die eine AGR mit sich bringt, durch eine weitere Optimierung des Brennverfahrens zum Teil kompensiert werden können.

3.2 Ladedruckanhebung

Um den Leistungsverlust durch die Begrenzung der maximalen Einspritzmenge an der Rußgrenze zu vermeiden, muss dem Motor für die Verbrennung einer definierten Kraftstoffmasse nach Gl. 1 mehr Luftmasse zu Verfügung gestellt werden. Eine Massenerhöhung bei gleichem Volumen ist demzufolge nur durch eine Erhöhung der Dichte zu realisieren. Die Anhebung der Dichte erfolgt nach

$$\rho = \frac{m}{V} = \frac{p}{R \cdot T} \tag{2}$$

bei einer konstanten Temperatur durch eine Druckerhöhung.

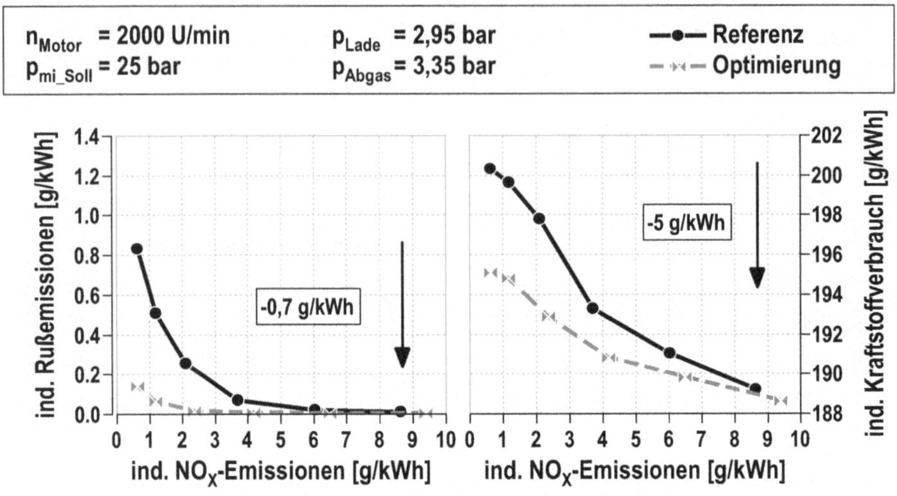

Abb. 6. Optimierung des Brennverfahrens bei gleichzeitiger AGR-Zuführung im Hochlast-Bereich

Diese Ladedruckanhebung wird zunächst unabhängig von einem Aufladesystem am Prüfstand mit der variablen Luftstrecke realisiert. Bei diesen Versuchen wird das Spülgefälle über den Motor, also die Differenz zwischen Abgasdruck und Ladedruck konstant gehalten.

Die Ergebnisse in Abb. 7 zeigen zum einen die Ladedruckerhöhung an der Rußgrenze, sodass bei einem definierten Luftverhältnis von = 1,2 die Leistung konstant gehalten werden kann. Zum anderen ist eine Ladedruckerhöhung dargestellt, die es notwendig macht, die AGR-Rate bis auf 25 % zu erhöhen und ein konstantes Luftverhältnis im Abgas darzustellen. Um allein die Leistung konstant halten zu können ist eine Ladedruckerhöhung um 0,37 bar auf 3,27 bar notwendig, relativ betrachtet ist das eine Erhöhung um 12,5 %. Besteht die Bestrebung, das Luftverhältnis im Abgas konstant zu halten, ist mit der AGR gleichzeitig die Frischluftmasse zu erhöhen. Für eine maximale AGR-Rate von 25 % muss der Ladedruck im Vergleich zu der Referenz um 0,69 bar angehoben werden, was eine Erhöhung um knapp 24 % bedeutet.

Darüber hinaus ist in Abb. 7 der maximale Zylinderdruck dargestellt. Dieser stellt in den Bereichen der Volllast eine weitere Grenze der Ladedruckerhöhung dar. Durch die Ladedruckerhöhung befindet sich mehr Masse im Zylinder, die eine Verdichtung erfährt. Die Folge ist ein steigender Verdichtungsenddruck (vereinfacht) nach Gl. 2. Bei konstanter Verbrennungsschwerpunktlage und annähernd gleicher, umgesetzter Kraftstoffmasse steigt auch der Verbrennungsspitzendruck an. Die Bauteilbeanspruchung ist dementsprechend höher.

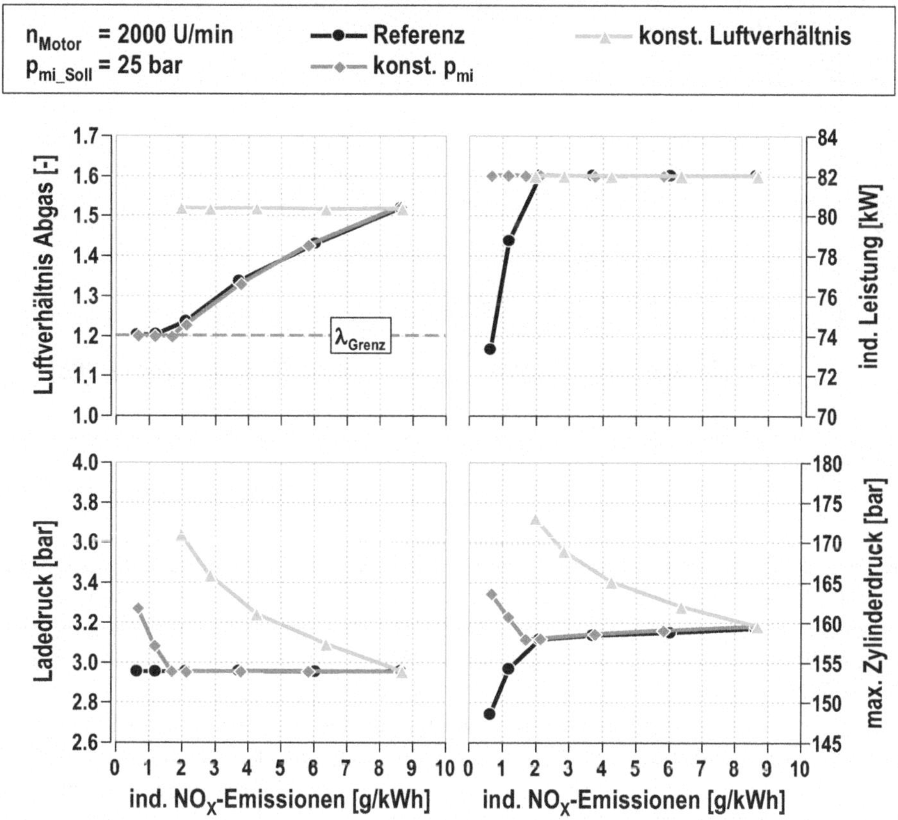

Abb. 7. Ladedruckerhöhung im AGR-Betrieb

3.3 Darstellung der Ladedruckerhöhung mit einem zweistufigen Aufladesystem

Inwiefern eine solche Ladedruckerhöhung mit einem zweistufigen Aufladesystem zu realisieren ist und welche Auswirkungen diese auf das Aufladesystem hat, wird folgend dargestellt.

Mit dem in Abschn. 2.2 dargestellten Simulationsmodell wird diese AGR-Variation mit Ladedruckanhebung erneut durchgeführt. Dabei wird darauf eingegangen, inwiefern sich das Abgasgegendruckverhalten ändert und wie sich die Betriebspunkte in den jeweiligen Kennfeldern der Strömungsmaschinen ändern.

Durch die Ladedruckanhebung und somit auch Druckverhältnissteigerung über die Strömungsmaschinen und den sich dadurch einstellenden größeren Luftmassenstrom verschieben sich die Betriebspunkte in den Verdichter- und Turbinenkennfeldern. Die wesentliche Ladedruckerhöhung wird über die HD-Stufe realisiert. Im HD-Verdichterkennfeld ist dies deutlich erkennbar (siehe Abb. 8 links).

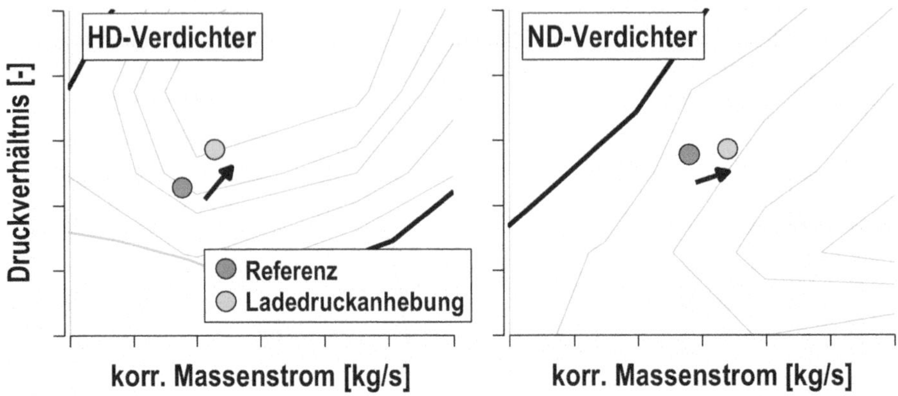

Abb. 8. Verschiebung der Betriebspunkte in den Verdichterkennfeldern durch die Ladedruckanhebung

Die Betriebspunktverschiebung im ND-Verdichterkennfeld resultiert hauptsächlich aus der Massenstromsteigerung (Abb. 8 rechts). In beiden Verdichterstufen ist eine Wirkungsgradsteigerung zu erkennen. Der HD-Verdichter verschiebt sich in Richtung des Wirkungsgradoptimums und der ND-Verdichter entfernt sich weiter von der Pumpgrenze.

Eine Wirkungsgradsteigerung der Verdichter hat positive Auswirkungen auf den Gesamtwirkungsgrad der ATL und somit auch auf den Ladungswechsel des Motors. Dies wird allerdings durch die Steigerung des Abgasgegendrucks aufgrund des geringeren effektiveren Turbinenquerschnitts der HD-Stufe ab einer Ladedruckerhöhung von 0,2 bar überkompensiert. Der Abgasgegendruck steigt mit der Verstellung der VTG schneller an, als Ladedruck aufgebaut werden kann. Das negative Spülgefälle über den Motor steigt an, wodurch sich auch die Ladungswechselverluste vergrößern und den Gesamtwirkungsgrad des Motors in diesem Betriebspunkt sinken lassen.

In Abb. 9 sind die Ergebnisse in Bezug auf die sich einstellenden Ladungswechselverluste bzw. die Auswirkungen auf den ATL dargestellt.

Es ist zu erwarten, dass durch eine weitere Ladedruckanhebung die Differenz zwischen Abgasdruck und Ladedruck immer größer wird. Durch den sinkenden Wirkungsgrad im Ladungswechsel steigt auch der Kraftstoffverbrauch an.

Mit einer Ladedruckerhöhung auf 3,2 bar ist eine Realisierung einer AGR-Rate von 15 % bei gleichem Luftverhältnis im Abgas möglich. Dadurch können die NO_X-Rohemissionen um 65 % gesenkt werden. Es gibt keine Leistungseinbußen, der spezifische Kraftstoffverbrauch steigt nicht an und der Anstieg der Rußemissionen kann mithilfe einer angepassten Einspritzstrategie verhindert werden.

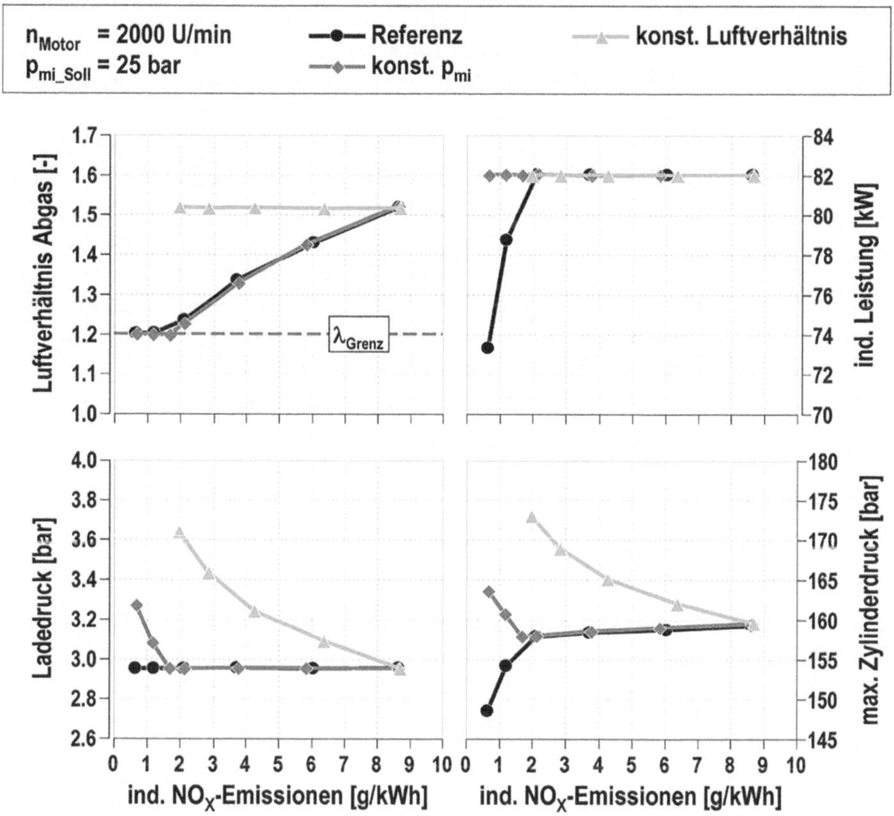

Abb. 9. Auswirkungen der Ladedruckanhebung auf das zweistufige Aufladesystem

4 Zusammenfassung und Ausblick

Die Zielstellung der vorgestellten Untersuchungen war es, in einem Hochlast-Betriebspunkt eines Pkw-Dieselmotors die Effekte der AGR darzustellen und zu analysieren, inwiefern eine Ladedruckanhebung durch ein zweistufiges Aufladesystem zu realisieren ist. Schon eine geringe AGR-Rate von 5 % hat den positiven Effekt, dass die NO_X-Emissionen innermotorisch um knapp 30 % reduziert werden. Im Weiteren sind Reduzierungen bis zu 93 % realisiert worden, wobei in diesen Betriebspunkten einige Nachteile hinsichtlich der Rußemissionen und des Kraftstoffverbrauchs zum Tragen gekommen sind.

Ausgehend vom Referenzpunkt wurde das Brennverfahren mit geeigneten Maßnahmen wie der Anpassung der Verbrennungsschwerpunktlage und des Raildrucks, sowie einer Nacheinspritzung optimiert, wodurch im AGR-Betrieb Rußemissionen und Kraftstoffverbrauch gesenkt werden konnten.

Der Leistungsverlust wurde mittels einer Ladedruckanhebung kompensiert. Es wurde quantitativ aufgezeigt, welche Ladedrücke erforderlich sind und was für Auswirkungen diese Erhöhung auf den Motorbetrieb und das zweistufige Aufladesystem hat. Die Wirkungsgradsteigerung aufgrund der Betriebspunktverschiebung in den Verdichterkennfeldern wird dadurch überkompensiert, dass die Ladedrucksteigerung aus der Schließung der VTG resultiert, wodurch der Abgasgegendruck und damit die Ladungswechselverluste ansteigen. Mit einer Ladedruckanhebung durch das zweistufige Aufladesystem ist es möglich, eine Reduktion der NO_X-Emissionen um 65 % zu realisieren, ohne dabei die Nachteile durch die AGR hinnehmen zu müssen.

Im Weiteren kann das dargestellte Tool (Prüfstand, modelliertes Aufladesystem) dazu verwendet werden, weitere Aufladesysteme im Hinblick auf das Zusammenspiel der AGR und der Ladedruckerhöhung zu untersuchen. Dabei rücken mehrstufige Aufladesysteme mit elektrischer Unterstützung immer weiter in den Vordergrund.

Literatur

1. Minkos, A.: Luftqualität 2015 – Vorläufige Auswertung. Umweltbundesamt, Dessau-Roßlau (2016)
2. Walter, R.: RDE – Der reale Fahrbestrieb auf einem hochdynamischen Motorenprüfstand. MTZ (2015)
3. Eder, D.T.: OM 654 – Start einer neuen Motorenfamilie bei Mercedes Benz. MTZ **77**(3), 62–69 (2016)
4. Köhler, I.: Nachbildung von Aufladesystemen am Pkw-Dieselmotor. Berichte aus dem ivb, Braunschweig (2015)
5. Walter, R.: Der Spirallader am Dieselmotor – Spontanes Drehmoment-Responseverhalten unter RDE-Anforderungen. In: Aufladetechnische Konferenz, Dresden (2016)

Echtzeit-Simulation für RDE-System – Entwicklung und Kalibrierung

Johann Krammer(✉)

AVL List GmbH, Graz, Österreich
johann.krammer@avl.com

Schlüsselwörter: Themenkreis: Emissionierung/Abgasnachbehandlung · Otto- und Dieselmotoren I Innovative Abgasnachbehandlungskonzepte

1 Einleitung

Die Zertifizierung von Personenkraftwagen basiert derzeit auf konkret definierten und reproduzierbaren Testzyklen wie zum Beispiel auf dem NEFZ. Diese werden nun kontinuierlich durch den WLTC (Worldwide Harmonized Light Duty Vehicles Testzyklus) ersetzt. Diese Tests werden auf Dynamometerprüfständen durchgeführt, wobei die Testbedingungen in sehr engen Bereichen festgelegt sind, zum Beispiel zusätzlich zu den Konditionen für Temperatur, Druck und Feuchtigkeit während des Tests ist auch der zu verwendende Kraftstoff standardisiert. Diese Testzyklen decken nur limitierte Bereiche von Geschwindigkeit und Last im Motorkennfeld ab. Durch die Einführung der „Real Driving Emissions (RDE)“ – Gesetzgebung will man der Optimierung von Fahrzeugen für einen begrenzten Betriebsbereich entgegenwirken.

RDE beinhaltet zusätzlich zum Rollentest noch eine Straßenfahrt zur Registrierung des Fahrzeugs. Verglichen zu den Rollentests umfassen diese Fahrten wesentlich breitere Umweltbedingungen, z. B. werden Temperaturen bis zu −7 °C und Höhen bis zu 1300 m berücksichtigt. Der Fahrzyklus muss Stadt-, Land- und Autobahnanteile und eine Anzahl von zusätzlichen Beschränkungen im Hinblick auf die maximal zulässige Geschwindigkeit und Fahrdynamik berücksichtigen. Eine Straßenfahrt ist grundsätzlich zufällig, muss aber das gesamte Motorkennfeld abdecken.

RDE ist eine große Herausforderung für den Fahrzeugentwicklungsprozess. Es ist schon aus Kostengründen nicht realistisch, ganze Entwicklungsprüffelder zum Beispiel mit der Fähigkeit von Höhentests zu erweitern. Es ist auch nicht denkbar, die komplette Entwicklung direkt in das Fahrzeug zu verlagern, da die Ergebnisse hier zufällig zustande kommen, das heißt Tests auf der Straße sind nicht reproduzierbar. RDE bedeutet Zufälligkeit, Zufälligkeit bedeutet Statistik. Es werden also viele Tests benötigt, dies erfordert einen verstärkten Einsatz der Simulation im Entwicklungsprozess. Diese Arbeit stellt eine neuartige Methodik vor, die es ermöglicht, jene Bereiche im Motorkennfeld zu identifizieren, die überproportional zu den NO_x-Emissionen beitragen.

J. Liebl (Hrsg.): *Ladungswechsel und Emissionierung 2018*, Proceedings, S. 85–95, 2019.
https://doi.org/10.1007/978-3-658-24984-7_5

2 Modell

Das Gesamtfahrzeugmodell kann als ein multidisziplinäres, multiphysikalisches System beschrieben werden, das aus verschiedenen physikalischen Modelldomänen besteht.

Der Bereich der Motorthermodynamik beschreibt den Gaspfad, Verbrennung und Schadstoffbildung im Zylinder und die Abgasnachbehandlung.

Die Domäne Antriebsstrang umfasst das mechanische System und die Energieübertragung von der Motorkurbelwelle zu den Rädern.

Das Domäne Kühlsystem beschreibt die Wärmeübertragung in inkompressiblen Wasser- und Ölkreisläufen.

Die Domäne Elektrik beinhaltet die Umwandlung von mechanischer in elektrische Energie und deren Transport und Lagerung.

Der Domänenmodell-Controller beschreibt grundlegende Steuerungsfunktionen.

Die Domäne Fahraufgabe fasst das Fahrmanöver, die Fahrdistanz und das Fahrermodell zusammen.

Abb. 1 zeigt die Modelltopologie eines Pkw-Modells mit konventionellem Antriebsstrang und aufgeladenem 4-Zylinder-Dieselmotor. Das Modell wird mithilfe von Bibliothekskomponenten erstellt, welche miteinander verbunden werden können. Die einzelnen Komponenten stellen Basismodelle dar, die je nach Anwendung weiter konfiguriert und parametriert werden können. Das gesamte Modell wurde mit AVL CRUISE™ M erstellt, und die Abgasnachbehandlung mit AVL BOOST™ modelliert.

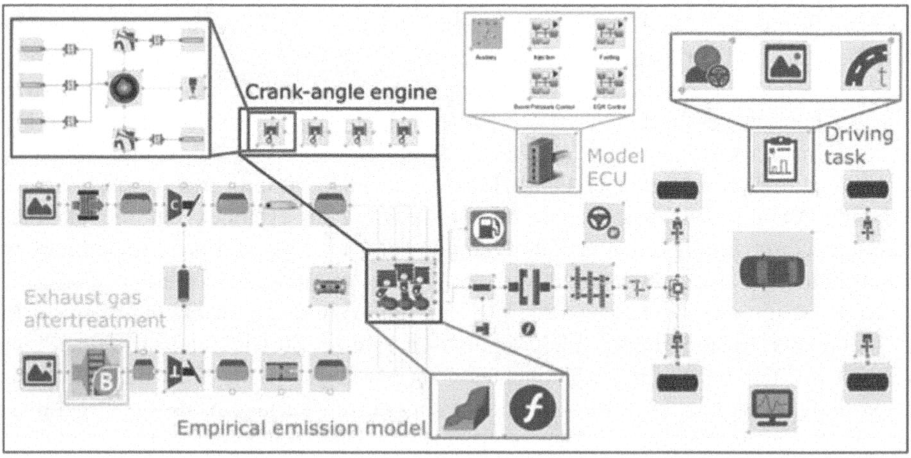

Abb. 1. Fahrzeugmodellgesamtmodell bestehend aus Motor-Thermodynamik (linke Hälfte) und mechanischem Antriebsstrang (rechte Hälfte)

2.1 Fahrzeug und Antriebsstrang

Das Fahrzeugmodell in Abb. 1 beschreibt ein vorderradangetriebenes Fahrzeug mit einem Gewicht von 1300 kg. Der Antriebsstrang besteht aus einem 6-Gang-Schaltgetriebe, Kupplung, Übersetzungen, Differential, Bremsen und Rädern. Die verwendeten Komponentenmodelle [1] werden mit Werten aus Herstellerdatenblättern parametrisiert, oder mit Erfahrungswerte spezifiziert.

Laut Pfau et al. [2] Der Antriebsstrang kann als mechanisches Mehrkörpersystem mit überwiegend rotatorischen Freiheitsgraden dargestellt werden. Das sich ergebende System gewöhnlicher Differenzialgleichungen wird dynamisch durch geeignete Reduktion des Freiheitsgrads in starr verbundenen Körpern aufgebaut, abhängig davon, ob die Kupplung geschlossen oder offen ist. Die Erkennung von Schaltpunkten und ihre effiziente numerische Behandlung sind unerlässlich, um Echtzeit-Berechnungszeiten sicherzustellen.

2.2 Motor

Das Motormodell in Abb. 1 zeigt einen 2,0 L Vierzylinder-Dieselmotor mit Turbolader, externer gekühlter Abgasrückführung (AGR) und Abgasnachbehandlung. Der Luftweg besteht aus einer Verbindung von sogenannten Transfer- und Speicherkomponenten (Abb. 2). Zu letzteren gehören nulldimensionale Behälter einschließlich Zylinder und auch eindimensionale Rohre. Diese Komponenten beschreiben den jeweiligen transienten thermodynamischen Zustand über die Erhaltungsgleichungen für Masse, Energie und Gaszusammensetzung. Die Transferkomponenten wie Drossel, Kompressor, Ventil, Turbine, Kühler, … berechnen die Massenströme basierend auf den anliegenden Drücken. Die verschiedenen Komponenten werden auf Basis von Geometriedaten oder Spezifikationen der Hersteller parametriert. Eine Feinabstimmung des Modells mit Messdaten erfolgt über teilautomatisierte Einstellverfahren bis hin zur Anbindung an generische Optimierungswerkzeuge.

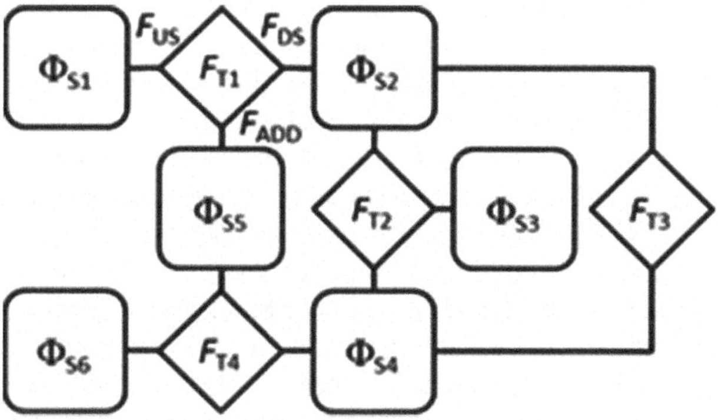

Abb. 2. Bond-Graph-Modell der Motorluftwegmodellierung unter Verwendung von Speicherelementen (□) und Transferelementen (◊)

Das Zylindermodell verwendet eine kurbelwinkelaufgelöste echtzeitfähigen Ansatz für die Beschreibung des Ladungswechsels und der Hochdruckphase, Zahn und Isermann, [3] und Wurzenberger et al. [4]. Diese Modellierungstiefe berücksichtigt den Einfluss verschiedener Ventilsteuerungsstrategien auf die Zylinderfüllung und erfasst auch Druckpulsationen im Luftpfad und deren Einfluss auf Turbinenwirkungsgrad oder Abgasrückführung. Die kurbelwinkelaufgelöste Thermodynamik des Zylinders ermöglicht auch die Verwendung klassischer 0D-Verbrennungsmodelle, wie sie in der Literatur seit vielen Jahren diskutiert und entwickelt wurden, D'Errico et al. [5], Siano und Bozza [6], Sjeric et al. [7]. Im vorliegenden Modell wird das für direkt einspritzende Dieselmotoren entwickelte MCC (Mixture Conrolled Combustion) Modell verwendet, Chmela und Orthaber [8], Pötsch [9]. Das Modell reagiert auf die verschiedenen Pilot-, Haupt- und Nacheinspritzungen. Die Einspritzrate ergibt sich aus einer simultanen echtzeitfähigen Einspritzsystem-Simulation. Letzteres ist wesentlich, um das Streckenmodell mit Aktuator Signalen (i. e. Ventil Bestromung) zu versehen, gleich wie es zwischen der ECU und der realen Hardware ausgetauscht wird. Die Berechnung der Schadstoffbildung im Zylinder basiert auf einem thermodynamischen 2-Zonen-Modell für NO_x auf dem semi-empirischen Zeldovich-Mechanismus. Für Kohlemonoxid, Kohlenwasserstoffe und Ruß werden empirisch Modelle und Kennfelder verwendet.

Das Motormodell kann als transientes 0D/1D Füll- und Entleermodell charakterisiert werden (Merker et al. [10]). Die Lösung von Masse- Energie- und Spezieserhaltungsgleichungen führt über ein System von gekoppelten gewöhnlichen Differenzialgleichungen. Die Echtzeitfähigkeit des Modells, Katrašnik und Wurzenberger [11], wird unter anderem dadurch erreicht, dass Zylinder und Luftpfad jeweils getrennt optimale Integrationsschrittweiten verwenden und erhaltungsgrößenkonservativ gekoppelt werden.

2.3 Abgasnachbehandlung

Die Abgasnachbehandlungskomponente in Abb. 1 stellt eine Art „Platzhalter" in der thermodynamischen Domäne des Motors dar. Um die komplexen Modellierungsanforderungen moderner Abgasnachbehandlungssysteme zu erfüllen, wird diese Komponente (siehe Abb. 3) zur Modellierung und Parametrisierung in mehrere Ebenen unterteilt. Auf höchster Ebene werden die Harnstoffdosierung (Netzwerk von Basiskomponenten) und das Abgasnachbehandlungssystem in die Berechnung der Motorthermodynamik einbezogen. Eine Stufe tiefer besteht das Abgasnachbehandlungssystem aus Rohren, einem Dieseloxidationskatalysator, einem Partikelfilter und einem SCR-Katalysator mit Ammoniak-Slip-Katalysator. Diese frei konfigurierbare Abgasanlage wird nach Auswahl von exportierbaren Parametern und Ein- und Ausgangskanälen als FMU (Functional Mockup Unit) exportiert und in das Motormodell geladen und verbunden. Die Verbindung zur thermodynamischen Seite erfolgt über eine generische Transferkomponente. Diese Methodik bietet eine Reihe von Vorteilen. Teilmodelle können individuell vorbereitet werden und Modell-FMUs können problemlos in andere Betriebsumgebungen integriert werden. Eine Besonderheit der hier verwendeten Kupplung ist, dass die Berechnung der Motorthermodynamik und Abgasnachbehandlung mit einzelnen Integrationszeitschritten in einer Multiraten Co-Simulation durchgeführt werden kann.

Eine besondere Herausforderung bei der Modellierung von Abgasnachbehandlungssystemen ist die Beschreibung der verschiedenen chemischen Reaktionen (heterogen katalytisch, nicht katalytisch, mit und ohne Oberflächenakkumulation etc.) sowie des Stoff- und Wärmetransfers. Die Verwendung von semi-empirischen globalen Reaktionsmechanismen hat sich seit vielen Jahren als praktikabler Ansatz etabliert. Globale chemische Modelle müssen bei der Parametrisierung und

Formulierung mit Hilfe von Messdaten an das jeweilige System angepasst werden. Zu diesem Zweck wird in der vorliegenden Arbeit eine grafisch geführtes Reaktionsmodellierungsinterface verwendet. Die erforderlichen Reaktionsmechanismen sind darin willkürlich formuliert und anschließend, nach automatischer Codegenerierung, zusammengestellt. Der Kompilierungsschritt ermöglicht eine kompakte Modellübertragung sowie einen konfigurierbaren Know-how-Schutz des Modells.

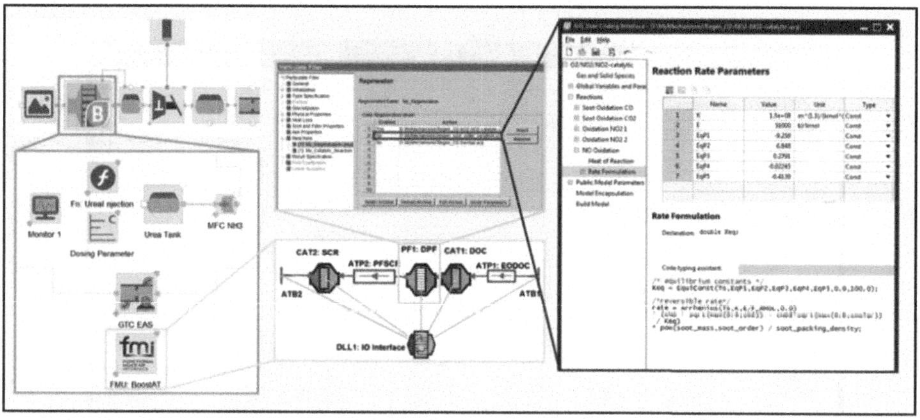

Abb. 3. Abgasnachbehandlungsmodell – Ebenen der Modellierung und Parametrisierung

2.4 Regelung

Wie in Abb. 1 dargestellt, wird neben dem physikalischen Streckenmodell ein Modell der Motorsteuereinheit für die Office-Simulation benötigt. Zu diesem Zweck werden Basiskomponenten wie Kennfelder, C-Code Funktionen und PID-Regler in stark vereinfachter Weise kombiniert, um den Ladedruck, die Abgasrückführung und den Einspritzzeitpunkt für verschiedene Motorbetriebspunkte in teilweise geschlossenen und offenen Regelkreisen zu steuern. Sensor Werte wie Luftmassenstrom, Motordrehzahl werden vom Streckenmodell abgegriffen und Aktuator Werte werden auf Turbine, Abgasrückführungsdrosselklappe und Zylindereinspritzsystem gesendet. Ein wesentlicher Input der Motorsteuerung ist das gewünschte Drehmoment, das vom Fahrermodell kommt.

Das vereinfachte Fahrermodell besteht aus PID-Reglern, die Soll- und Ist-Geschwindigkeit vergleichen, erweitert um Modelle für die Routenvorschau. Der Gangwechsel ist abhängig von vorgegebenen Motordrehzahlgrenzen. Synchron mit dem Gangwechsel sorgt das Fahrermodell für das Öffnen und Schließen der Kupplung.

2.5 Fahrzyklus

Die Arbeit vergleicht die Ergebnisse von einem NEFZ Fahrzyklus mit einem von Real RDE Zyklus. Die RDE-Zyklen können auch mit Hilfe von virtuellen RDE-Routengenerator erstellt werden (Abb. 4). Die Erzeugung von virtuellen Routen muss auf die RDE-Kernidee ausgerichtet sein, die mit der Zufälligkeit des Fahrzyklus selbst verknüpft ist, und gleichzeitig RDE-konforme Zyklen gemäß der RDE-Gesetzgebung erstellt. Für die durchgeführte Arbeit wurden Routen in Form eines Geschwindigkeits- und eines Höhenprofils benötigt, unterteilt in die drei Hauptregime, den städtischen, den ländlichen und den Autobahnbetrieb. Das Testen oder die Simulation mit einer höheren Anzahl von RDE-Routen bietet einen besseren Überblick über die Lösungsrobustheit in Bezug auf RDE-Ziele, wodurch eine maßgeschneiderte Lösung für eine spezifische Fahrroute vermieden wird.

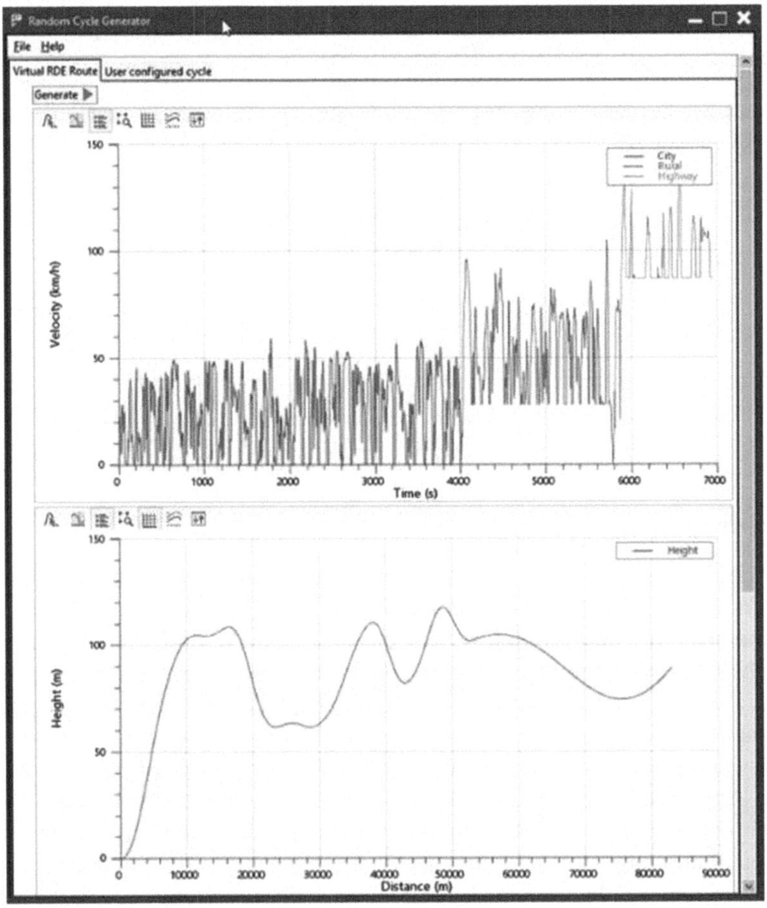

Abb. 4. Virtueller RDE-Routengenerator

3 Simulationsergebnisse

Ziel der hier vorgestellten Arbeit ist es, den Einfluss unterschiedlicher Fahrzyklen auf Motor- und Fahrzeugemissionen zu vergleichen. Das oben dargestellte Modell wurde mit zwei verschiedenen Fahrzyklen (NEFZ and RDE) simuliert, und alle thermodynamischen und mechanischen Zustände und Flüsse berechnet. Im folgenden

Abschnitt werden einige ausgewählte Ergebnisse kurz vorgestellt. Das Gesamtmodell ist eine konzeptionelle Kombination von jeweils für sich abgestimmten Teilmodellen. Die verwendeten einfachen Steuergerätefunktionen können nicht mit einer realen Steuereinheit verglichen werden. Der Wert der Konzeptsimulation liegt im Vergleich zwischen verschiedenen Fahrsituationen im einfachen Zugang, um den Einfluss von Hardware- oder Softwarevarianten zu untersuchen.

3.1 Konzeptstudie im Office

Die Studie wurde für einen klassischen NEFZ- und einen RDE-Zyklus durchgeführt, Abb. 5. Vergleicht man den realen Fahrzyklus mit dem NEFZ-Profil, so kann man sehen, dass ersterer mit durchschnittlich ähnlichen Geschwindigkeiten gefahren wird, jedoch dynamischer beim Beschleunigen und Bremsen agiert.

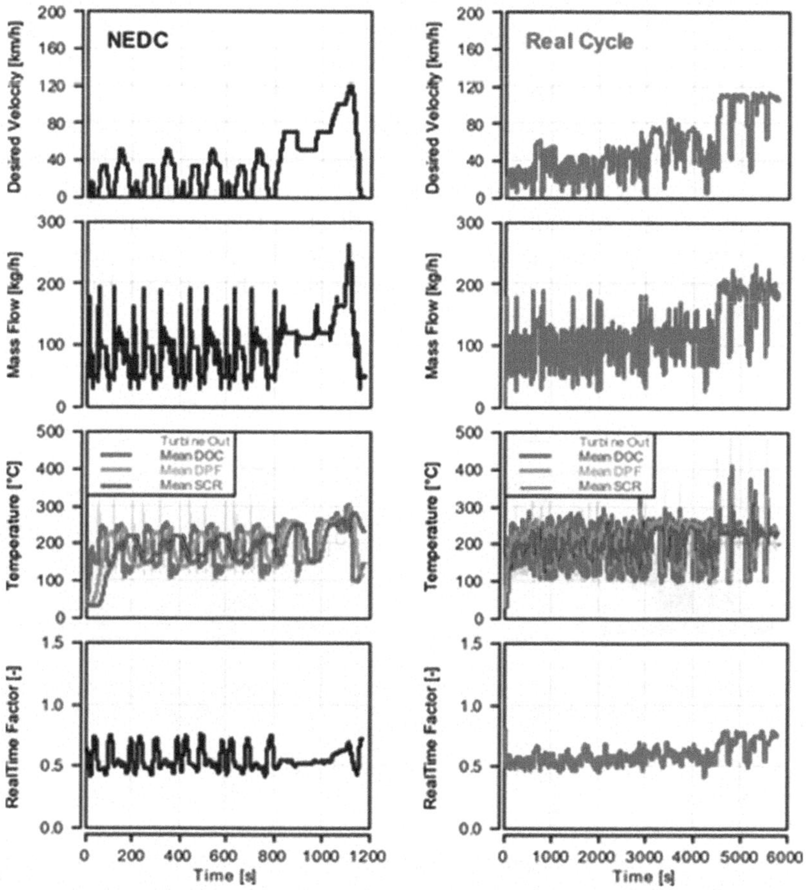

Abb. 5. Abgasmassenstrom und mittlere Temperaturen von Abgasnachbehandlungskomponenten

Abb. 5 zeigt auch den transienten Verlauf des Motorabgasmassenstroms und der Abgastemperatur. Neben der Turbinenaustrittstemperatur sind auch die Durchschnittstemperaturen von Oxidationskatalysator, Rußfilter und SCR-Katalysator aufgetragen. Für beide Fahrzyklen, deutlicher für den NEFZ, kann eine Korrelation zwischen Fahrgeschwindigkeit und Abgasmassenstrom und dessen Temperatur erkennen.

Massenstromspitzen zu Beginn der NEFZ-Beschleunigungsphasen können durch ein unvollkommenes, zu dynamisch parametrisiertes Fahrmodell erklärt werden. Die höheren Motorlastpunkte der RDE gegenüber dem NEFZ sind auch an den durchschnittlich höheren Abgasmassenströmen und Temperaturen zu erklären. Die unterschiedliche Dynamik der Abgastemperatur im Vergleich zu den drei Abgasnachbehandlungskomponenten erklärt sich durch die wesentlich höhere thermische Trägheit der Komponenten.

Der Echtzeitfaktor der beiden Simulationen ist als zusätzliches Ergebnis in Abb. 5 aufgetragen. Dies ist die erforderliche Simulationszeit zum Berechnen einer physikalischen Zeitspanne mit einem Berechnungszeitschritt von einer Millisekunde. Die Ergebnisse zeigen, dass beide Fahraufgaben schneller als Echtzeit simulieren. Die Messungen wurden am Standard-PC durchgeführt und sind daher als Richtlinie im Vergleich zu einem Echtzeit-Betriebssystem zu interpretieren.

Abb. 6 vergleicht die Motorlastpunkte (BMEP) im Kennfeld für Last und Drehzahl für die beiden Fahraufgaben, die ISO-Linien zeigen die Motorleistung. Die Lastpunkte ergeben sich zum einen aus der Signalkaskade beginnend mit der vorgegebenen Sollgeschwindigkeit (siehe Abb. 5), dem Fahrmodell über das Steuerungsmodell bis zur Ansteuerung der Einspritzmenge und Einspritzdauer. Die Motordrehzahl ergibt sich dagegen aus dem Gleichgewicht von Motormoment, Fahrwiderstand und mechanischen Verlusten im Antriebsstrang.

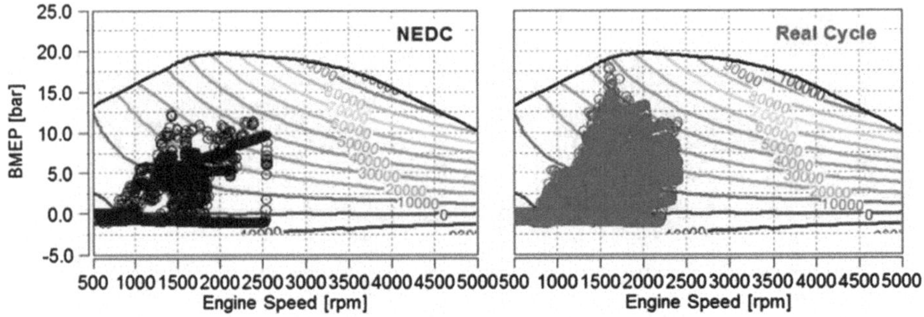

Abb. 6. Motorlastpunktverteilung

Der Vergleich der Motorlastpunktverteilungen zeigt, dass sich der Motor im NEFZ und auch im RDE-Zyklus in einem ähnlichen Drehzahlbereich befindet und dass im RDE-Zyklus höhere Lastpunkte angefahren werden. Die scheinbare Geschwindigkeitsbegrenzung ergibt sich aus den Schaltvorgaben des Fahrermodells. Höhere Geschwindigkeit und Lastbereich würden erreicht, wenn mit wesentlich höheren

Geschwindigkeiten gefahren wird (>130 km/h). Neben der vorgegebenen Zielgeschwindigkeit und der damit verbundenen Beschleunigungsanforderung spielt auch die Parametrierung des Fahrermodells eine wesentliche Rolle.

Die Verteilung von Motoremissionen (Engine Out) und Fahrzeugemissionen (Tailpipe) ist in Abb. 7 gezeigt. Die berechneten Punkte der spezifischen NO_x Masse sind gegen die Motordrehzahl aufgetragen. Gegenüber der klassischen Darstellung der kumulierten Motor- und Fahrzeugemissionen bietet dieses Ergebnis eine einfachere Vergleichbarkeit, da die verwendeten Geschwindigkeitsprofile per se nicht vergleichbar sind, jedoch die darin enthaltenen Geschwindigkeiten und Motorlastpunkte. Ähnlich zur Motorlastverteilung (Abb. 6) erkennt man, dass für den NEFZ niedrigere Motor- und Fahrzeugemissionen berechnet wurden als für den RDE-Zyklus. Die Punktekolonnen bei unterschiedlichen Geschwindigkeiten ergeben sich aufgrund der sich wiederholenden Geschwindigkeitsphasen in den beiden Fahrzyklen. Die Fahrzeugemissionen betragen maximal etwa 3 g/km bis 5 g/km und sind im NEFZ ebenfalls niedriger als im RDE-Zyklus. Beide Fahrer haben eine breite Verteilung der NO_x Emissionen über die Fahrgeschwindigkeit.

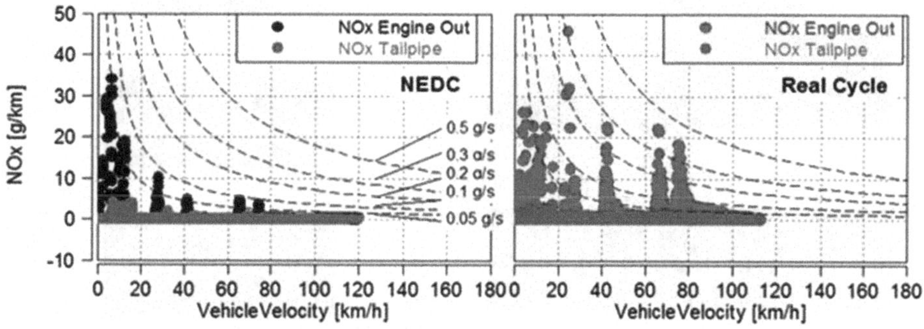

Abb. 7. NO_x Emissionsverteilung über Fahrgeschwindigkeit für verschiedene Fahrzyklen

Es fällt auf, dass die Maxima der spezifischen Motor-NO_x-Masse mit höherer Fahrgeschwindigkeit abnehmen. Dies lässt sich zum größten Teil durch die Art der Darstellung erklären, wobei 1/km über km zwangsläufig zu einer hyperbolischen Kurve mit konstantem absoluten Emissionsmassenstrom führt. Die für den RDE berechneten Fahrzeugemissionen haben bis zu Geschwindigkeiten von rund 40 km/h vergleichbare Werte zum NEFZ und sind darüber zwei- bis dreimal so hoch. Dies deutet, trotz der höheren Abgastemperaturen, auf einem zu klein dimensionierten Abgasnachbehandlungssystem hin.

3.2 HiL Simulation

Das in der Konzeptsimulation verwendete Gesamtfahrzeugmodell wurde in einem zweiten Schritt auf eine HiL-Umgebung gebracht und auf seine HiL-Tauglichkeit hinsichtlich der Rechenzeit überprüft. Das verwendete HiL System war VeriStand

2013 SP1 von National Instruments, wobei besonderes Augenmerk auf die Fähigkeit gelegt wurde, mehrere Simulationsprozesse parallel laufen zu lassen. Zu diesem Zweck wurde das Motor-Thermodynamikmodell inklusive Fahrzeug- und Fahrermodell sowie das Abgasnachbehandlungsmodell jeweils für sich in VeriStand geladen. Das Motormodell wird mit einem Integrationszeitschritt von 1 ms und das Abgasnachbehandlungsmodell mit einer Sekunde gerechnet. Die Modelle sind über Motorabgasmassenstrom, Temperatur und Gaszusammensetzung von Motor zu Abgasnachbehandlung verbunden und über Druckverlust von der Abgasnachbehandlung zum Motor.

Abb. 8 zeigt als Beispiel einige Ergebnisse für die zweite Hälfte des NEFZ. Das Modell wurde unter NI VeriStand auf zwei verschiedenen Betriebssystemen unter Windows und auf dem Echtzeitbetriebssystem PharLap ausgeführt. In beiden Fällen konnte das gesamte Fahrzeugmodell ohne Echtzeitverletzung ausgeführt werden.

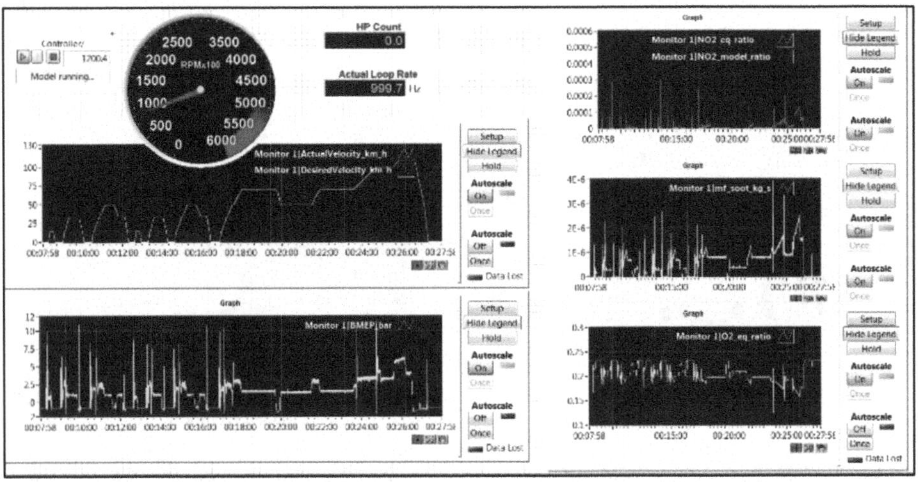

Abb. 8. Bildschirmabzug von VeriStand Ausführumgebung

4 Zusammenfassung

Die RDE-Zertifizierung wird schrittweise durch die Gesetzgebung mit dem Ziel eingeführt, das reale Fahrverhalten in der Zulassung der Fahrzeuge besser widerzuspiegeln. Dies bringt wesentliche Aspekte für die Entwicklung von Fahrzeugen mit sich. Der Zertifizierungstest ist zufällig und daher nicht wiederholbar, somit kann er nicht 1:1 in Prüfstands Umgebung übertragen werden. Diese Arbeit präsentiert einen modellbasierten Ansatz, um die Zufälligkeit von RDE früh am Schreibtisch oder auf dem HiL-Prüfstand zu simulieren.

Ausschlaggebend für den Erfolg ist eine hohe Modellierungstiefe des Simulationsmodells unter der Voraussetzung von echtzeitfähige Simulationsgeschwindigkeiten. Die vorgestellte Arbeit gibt ein Beispiel, wie ein thermodynamisches Motormodell mit Abgasnachbehandlungssystem in Verbindung mit einem Fahrzeug- und

Fahrermodell in Echtzeit simuliert werden kann. Ein kurbelwinkelaufgelöstes Zylindermodell gewährleistet einen hohen Detaillierungsgrad bei der Beschreibung des Ladungswechsels, der Verbrennung und der Schadstoffbildung. Das Abgasnachbehandlungsmodell ermöglicht es, katalytische Echtzeitkonversionsreaktionen in ihrer typischen Komplexität und Rechenintensität mittels geeigneter numerischer Methoden zu berechnen.

Literatur

1. Users Guide AVL CRUISE M v2017.1, AVL, 2017.1
2. Pfau, R.U., Schaden, T.: Real-time simulation of extended vehicle drivetrain dynamics, multibody dynamics. Comput. Methods Appl. Sci. **23**,195–214 (2011)
3. Zahn, S., Isermann, R.: Development of a crank angle based engine model for realtime simulation. In: Kahrstedt, J. (Hrsg.) Engine Process Simulation and Supercharging II, S. 255–279. Haus der Technik, Aachen (2007)
4. Wurzenberger, J.C., Heinzle, R., Schuemie, A., Katrasnik, T.: Crank-angle resolved real-time engine simulation – integrated simulation tool chain from office to testbed. SAE technical paper 2009-01-0589 (2009)
5. D'Errico, G., Ferrari, G., Onorati, A., Cerri, T.: Modeling the pollutant emissions from a S.I. engine. SAE technical paper 2002-01-0006 (2002). https://doi.org/10.4271/2002-01-0006
6. Siano, D., Bozza, F.: Combustion noise prediction in a small diesel engine finalized to the optimization of the fuel injection strategy. SAE technical paper 2009-01-2077 (2009)
7. Sjeric, M., Kozarac, D., Taritas I.: Experimentally supported modeling of cycle-to-cycle variations of si engine using cycle-simulation model. SAE technical paper 2014-01-1069 (2014)
8. Chmela, F., Orthaber, G.: Rate of heat release prediction for direct injection diesel engines based on purely mixing controlled combustion. SAE technical paper 1999-01-0186 (1999)
9. Pötsch, C.: Crank-angle resolved modeling of fuel injection and mixing controlled combustion for RT application. In: Steady and Transient Operation. SAE technical paper 2014-01-1095, 2014
10. Merker, G.P., Schwarz, C., Teichmann, R. (Hrsg.): Grundlagen Verbrennungsmotoren, Funktionsweise, Simulation. Messtechnik, Springer (2012)
11. Katrašnik, T., Wurzenberger, J.C.: Development of advanced conventional and hybrid powertrains by mechanistic system level simulations. In: Transport Research Arena – Europe 2012, TRA Conference, Athens, Greece, April 23–26 2012 (Procedia: social & behavioral sciences, Bd. 48), Bd. 48, S. 3371–3388. TRA, Athens (2012

Kompaktes Harnstoff-Filtermodul für SCR-Systeme

Mischa Winter(✉)

Heavy Duty & Industrial, MANN+HUMMEL GmbH, Speyer, Deutschland
Mischa.winter@mann-hummel.com

1 Motivation

Die aktuell gültigen Emissionsnormen sowie die für den PKW-Bereich neu eingeführten, realistischeren Messverfahren WLTC (Worldwide harmonized Light vehicles Test Procedure) und RDE (Real Driving Emissions) stellen die Hersteller von Diesel- und Ottomotoren vor die Herausforderung, den Ausstoß von Stickstoffoxiden weiter zu reduzieren. Damit verbunden steigen auch die Anforderungen an die SCR-Systeme (Selective Catalytic Reduction), welche einen zentralen Beitrag zur Reduktion von Stickstoffoxiden leisten. Durch das dosierte Einspritzen einer Harnstoff-Wasser-Lösung (Urea) vor den SCR-Katalysator werden Stickstoffoxide in umweltneutralen Stickstoff und Wasser katalysiert.

Jedoch kommen besonders in staubreichen Anwendungsgebieten die am Markt verfügbaren SCR-Systeme an ihre Grenzen, die Gründe hierfür sind vielfältig: die Betankung findet aus Großgebinden in stärker verschmutzter Umgebung statt, die SCR Tanks werden nicht ausreichend be- und entlüftet oder beim Tankvorgang wird Schmutz eingetragen. In Kombination mit steigenden Einspritzdrücken und zunehmender Sensitivität der Dosier- bzw. Förderpumpen ist ein Einsatz von angemessenen Filtrationslösungen erforderlich, um einen robusten und prozesssicheren Betrieb des SCR-Systems zu gewährleisten und unerwartete Ausfälle zu vermeiden. Denn bei einem Ausfall des SCR-Systems entsprechen die Emissionswerte nicht mehr den gesetzlichen Vorgaben, die Folgen reichen von einer Leistungsreduzierung bis hin zu einer Anlasssperre des Motors.

2 Filtration in SCR-Systemen

SCR-Dosiereinheiten sind je nach Bauart mit einem Feinfilter ausgerüstet, welcher entweder druckseitig zwischen Pumpe und Einspritzdüse oder saugseitig zwischen Tank und Pumpe appliziert ist. In Automobil- und Nutzfahrzeugapplikationen werden Filter überwiegend auf der Druckseite appliziert, mit dem Vorteil, dass die Einspritzdüse optimal vor Abrasion geschützt ist und der Filter durch höher zulässige

J. Liebl (Hrsg.): *Ladungswechsel und Emissionierung 2018,* Proceedings, S. 96–103, 2019.
https://doi.org/10.1007/978-3-658-24984-7_6

Differenzdrücke eine erhöhte Standzeit aufweist. Ein Schutz der Pumpe ist hierbei jedoch nur durch einen im Tank applizierten, offenmaschigen Ansaugfilter gewährleistet.

Zum Schutz der hochsensiblen SCR-Systeme ist bei Applikationen mit hohem Urea-Verschmutzungsgrad jedoch eine saugseitige Applikation des Feinfilters erforderlich. Dieser kann innerhalb der SCR-Dosiereinheit, aber auch vorgelagert in der Ansaugleitung als autarkes, optional nachrüstbares Filtermodul integriert werden. Die größte Herausforderung für die saugseitige Applikation ist eine kontinuierliche und kontrollierte Luftabfuhr über den Filter. Die Urea-Filtration stellt Entwickler zudem vor weitere Anforderungen wie Materialkompatibilität, mechanische Stabilität beim Gefrieren, Thermomanagement und effizienter Partikelabscheidung bei langen Wechselintervallen. Die MANN+HUMMEL GmbH hat sich diesem Thema angenommen und besonders für staubreiche Anwendungsgebiete, in denen ein robuster und prozesssicherer Betrieb des SCR-Systems notwendig ist, ein kompaktes Harnstoff-Filtermodul, Abb. 1, entwickelt.

Abb. 1. MANN+HUMMEL Harnstoff-Filtermodul. (© MANN+HUMMEL)

2.1 Aufbau Filtermodul und -element

Das Harnstoff-Filtermodul, Abb. 1, ist zweiteilig konzipiert. Der obere Teil, das Filtergehäuse, ist mit einem massiven Befestigungsflansch ausgeführt, der einen sicheren Betrieb auch unter starken Erschütterungen und Vibrationen gewährleistet.

Von oben ist zentrisch ein kühlwasserdurchströmter Wärmetauscher, Abb. 2, oder ein durch einen Bimetall-Schalter geregelter PTC-Heizer in 12 V oder 24 V Ausführung verbaut. Der Urea Ein- und Ausgang ist durch verschiedengroße SAE Schnellverschlüsse verwechslungssicher ausgeführt und ermöglicht den Einsatz des Harnstoff-Filtermoduls bis zu Volumenströmen von 120 l/h. Ein Deckel mit integrierter Ablassschraube dient als Verschluss. Um eine saubere Wartung zu gewährleisten wird vor dem Elementwechsel zunächst die Verschlussschraube am Modul geöffnet und Urea abgelassen. Danach kann das Filterelement einfach und schnell getauscht werden: mit Öffnen des Deckels, an den das Filterelement mittels Schnapphaken eingerastet ist, kann dieses entnommen werden. Oberhalb und unterhalb des Filterelements befinden sich Kompensationskörper, die beim Filterwechsel direkt mit ausgetauscht werden.

Für die Filtration stehen speziell entwickelte und auf Urea abgestimmte Filtermedien zur Verfügung, welche wahlweise aus Zellulose- oder vollsynthetischen Fasern bestehen. Sie sind in verschiedenen Abscheidegraden und Staubaufnahmekapazitäten verfügbar, um je nach Anwendung und SCR-System eine optimal aufeinander abgestimmte Filtrationskette zu gewährleisten. Am höchsten Punkt des Filterelements befindet sich eine Entlüftungsmembran, auf die im Laufe dieses

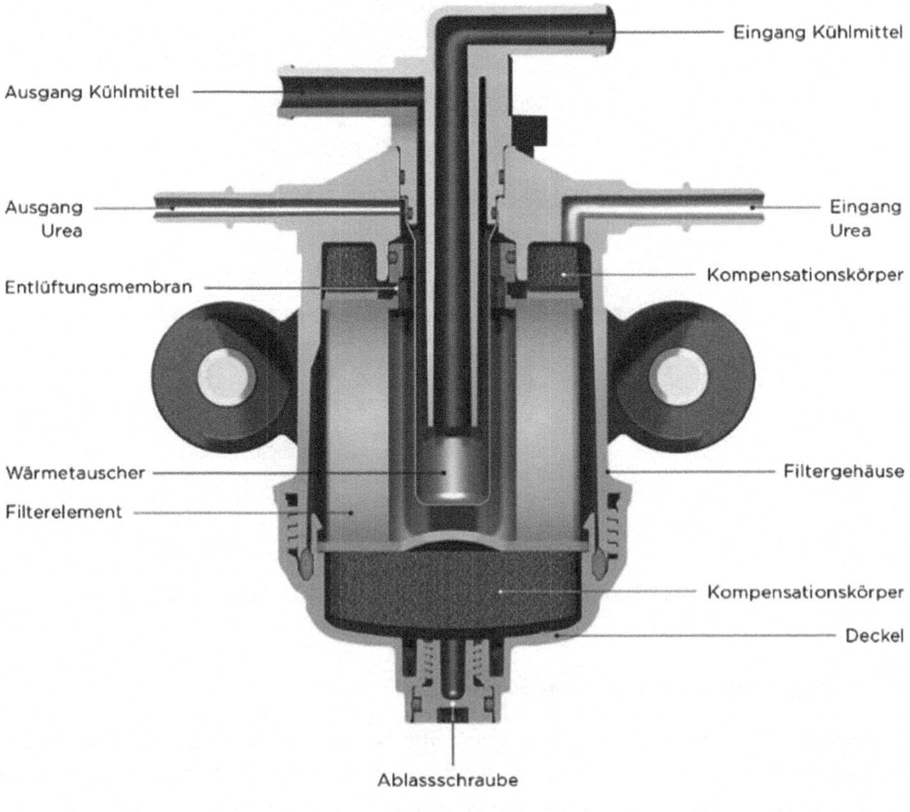

Abb. 2. MANN+HUMMEL Harnstoff-Filtermodul im Schnitt. (© MANN+HUMMEL)

Artikels noch näher eingegangen wird. Sämtliche verwendete Materialien sind beständig gegen Urea und gewährleisten einen prozesssicheren Betrieb des Harnstoff-Filtermoduls.

2.2 Thermomanagement und Schutz des SCR Dosiersystems

Urea ist eine 32,5-prozentige Harnstoff-Wasser-Lösung. Es ähnelt den Eigenschaften von Wasser, insbesondere beim Gefrierpunkt von −11 °C und einem Ausdehnvolumen von 7 bis 8 %. Das Ausdehnen dieses inkompressiblen Mediums kann im SCR-System erheblichen Schaden anrichten und es verursacht in steifen, geschlossenen Systemen, wie beispielsweise dem Harnstoff-Filtermodul, Spannungen, welche die Streckgrenze der verwendeten Materialien überschreiten und dieses zum Bersten bringen. Das Harnstoff-Filtermodul von MANN+HUMMEL ist vor Beschädigungen durch gefrierendes Urea durch patentierte Kompensationskörper geschützt und sorgt damit für eine sichere Funktion des SCR Systems. Die Kompensationskörper reduzieren das Urea-Volumen auf ein Minimum und kompensieren durch Einschlüsse von kompressiblem Gas die beim Einfrieren entstehenden Spannungen. Diese liegen somit nominal unterhalb der Streckgrenze der verwendeten Materialien. Einfriersimulationen sowie Validierungen bezüglich des Wachstums der Eisfronten sowie der Keimpunkte ermöglichen eine optimale räumliche Platzierung der Kompensationskörper.

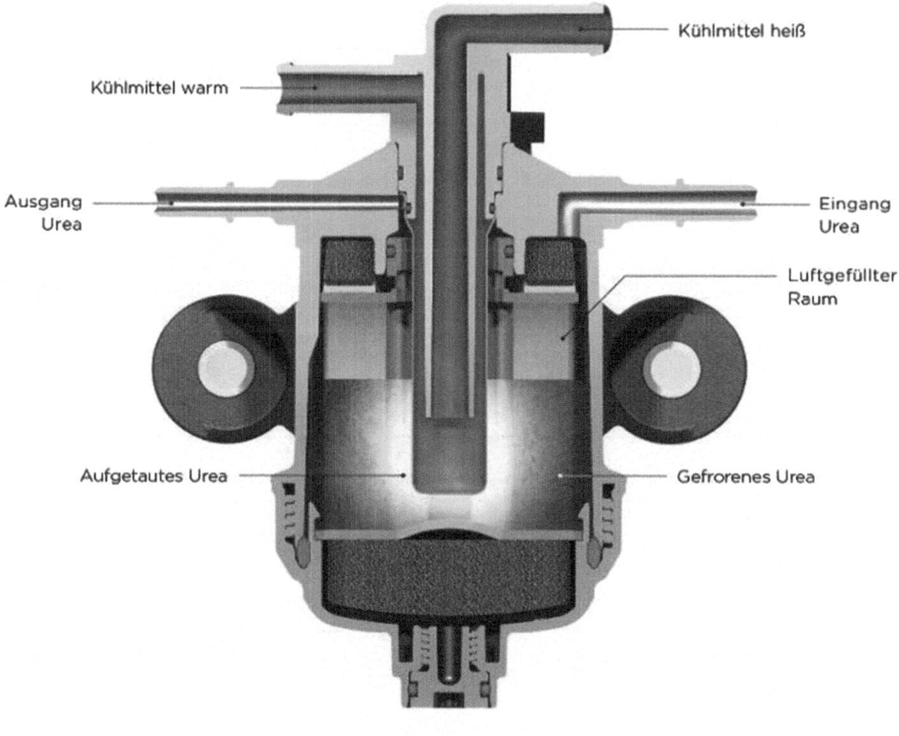

Abb. 3. Thermomanagement. (© MANN+HUMMEL)

Gemäß der aktuell gültigen Abgasnormen muss das SCR-System innerhalb eines definierten Zeitraums nach Starten des Motors betriebsbereit sein. Dies schließt das Harnstoff-Filtermodul im befüllten, gefroren Zustand mit ein. Um das Urea in die Flüssigkeitsphase zu überführen, werden elektrische oder hydraulische Heizer eingesetzt. Zu beachten ist hierbei die Ausgasungstemperatur von Urea. Ist diese überschritten, bildet sich Ammoniak, dessen aggressive Eigenschaften zu einer Beschädigung der Kontaktmaterialien führen. Der elektrische PTC-Heizer wird über einen Bimetall-Schalter geregelt und erlaubt einen bedarfsgerechten und energieeffizienten Betrieb.

Der hydraulische Heizer, Abb. 3, ist mit Kühlwasser durchströmt und überträgt die Wärme über einen Edelstahlmantel auf das Urea. Beide Heizertypen unterscheiden sich in ihrer Auftaucharakteristik, Abb. 4.

Der elektrische Heizer erwärmt das Urea im Filtergehäuse innerhalb kurzer Zeit. Die Zieltemperatur, welche sich unterhalb der Ausgasungstemperatur befindet, wird kurzzeitig geringfügig überschritten, jedoch durch die PTC Charakteristik geregelt. Der hydraulische Heizer wird je nach vorliegenden Kühlwasservolumenströmen und -temperaturen mit einem Bypass ausgeführt, um ein tendenziell stärkeres Überschreiten der Zieltemperatur in den Bereich der Ausgasungstemperatur zu vermeiden. Durch die geringe Kühlwassertemperatur beim Starten des Motors ist die Auftauzeit des Filtergehäuses mit hydraulischem Heizer, verglichen mit der des elektrischen Heizers, dessen maximale Leistung mit Start des Motors abgegeben wird, als länger zu bewerten. Je nach Ausführungsart der Maschine eignen sich PTC-Heizer oder hydraulische Heizer besser.

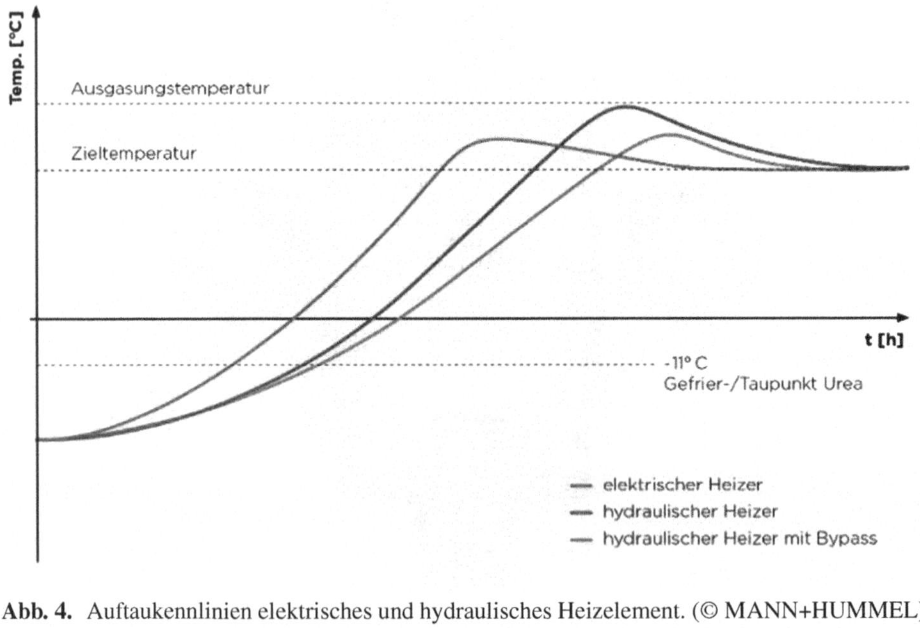

Abb. 4. Auftaukennlinien elektrisches und hydraulisches Heizelement. (© MANN+HUMMEL)

2.3 Luftabfuhr in saugseitigen Filtersystemen

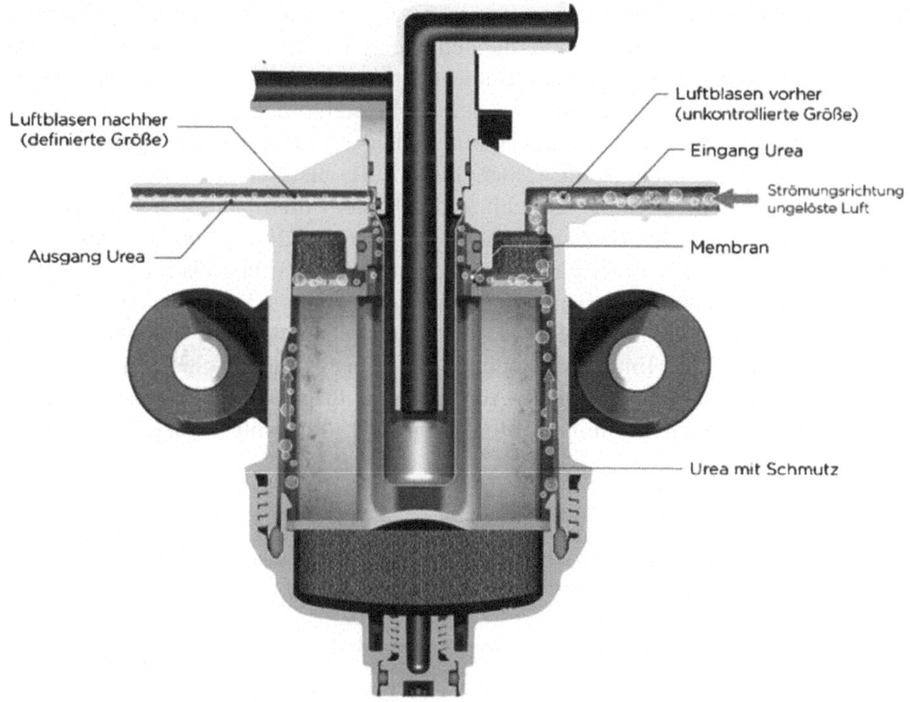

Abb. 5. Luftabfuhr innerhalb des Harnstoff-Filtermoduls. (© MANN+HUMMEL)

Die saugseitige Applikation des Harnstoff-Filtermoduls bringt zusätzliche Herausforderungen mit sich. Der vorherrschende Unterdruck verursacht ein Ausgasen der Luft im Urea. Zusätzlich gelangt im Betrieb unregelmäßig ungelöste Luft in das SCR-System, die sich im Filtergehäuse auf der Schmutzseite des Filters sammelt. Die hohe Oberflächenspannung von Urea verhindert, dass Luft durch das mit Urea gesättigte Filtermedium abgeführt wird:

$$\Delta p_{Urea} \ll \Delta p_{Luft} \tag{1}$$

Folglich sinkt der Flüssigkeitsspiegel im Filtergehäuse und die Luft wird vermehrt auf der Schmutzseite des Filters angesammelt. Als Konsequenz wird zunehmend weniger Filterfläche durchströmt. Sobald durch das Absinken des Urea-Füllstands ein ausreichend großer Differenzdruck der angesammelten Luft entsteht, bricht diese unkontrolliert durch das Filtermedium. Die großvolumigen Luftdurchbrüche werden über die zunehmend sensitiven Förderpumpen transportiert und führen zu einem signifikanten Abfall des Einspritzdrucks unterhalb des kritischen Systemdrucks p_{krit}, Abb. 7. Die Folge ist eine an die ECU kommunizierte Fehlermeldung bis hin zu einem Ausfall des SCR-Systems. Um dessen entgegen zu wirken sind unregelmäßige, großvolumige Luftdurchbrüche zu vermeiden und eine konstante, kleinvolumige Luftabfuhr zu realisieren. Eine patentierte Entlüftungsmembran ermöglicht die kontinuierliche Abfuhr der Luft und sorgt für einen stabilen Systemdruck, Abb. 5.

Entlüftungsmembran und Filtermedium bilden ein Differenzdruckgleichgewicht aus. Dieses Gleichgewicht stellt sicher, dass Luft ausschließlich durch die Entlüftungsmembran und Urea ausschließlich durch das Filtermedium strömt. Bedingt durch die hohe Urea-Oberflächenspannung ist der zur Durchströmung des Filtermediums erforderliche Differenzdruck für Urea deutlich geringer als für Luft, Abb. 6. An der Entlüftungsmembran liegt ein genau umgekehrtes Verhalten vor: Bedingt durch einen über dem zulässigen Service-Differenzdruck des Filterelements liegenden Wassereintrittsdruck der Entlüftungsmembran p_{WIP}, ist es ausgeschlossen, dass Urea in die Entlüftungsmembran eindringt, Abb. 6. Die hydrophobe Oberfläche verhindert ein Anheften von Urea und somit ein Blockieren der Luftdurchtrittsfläche.

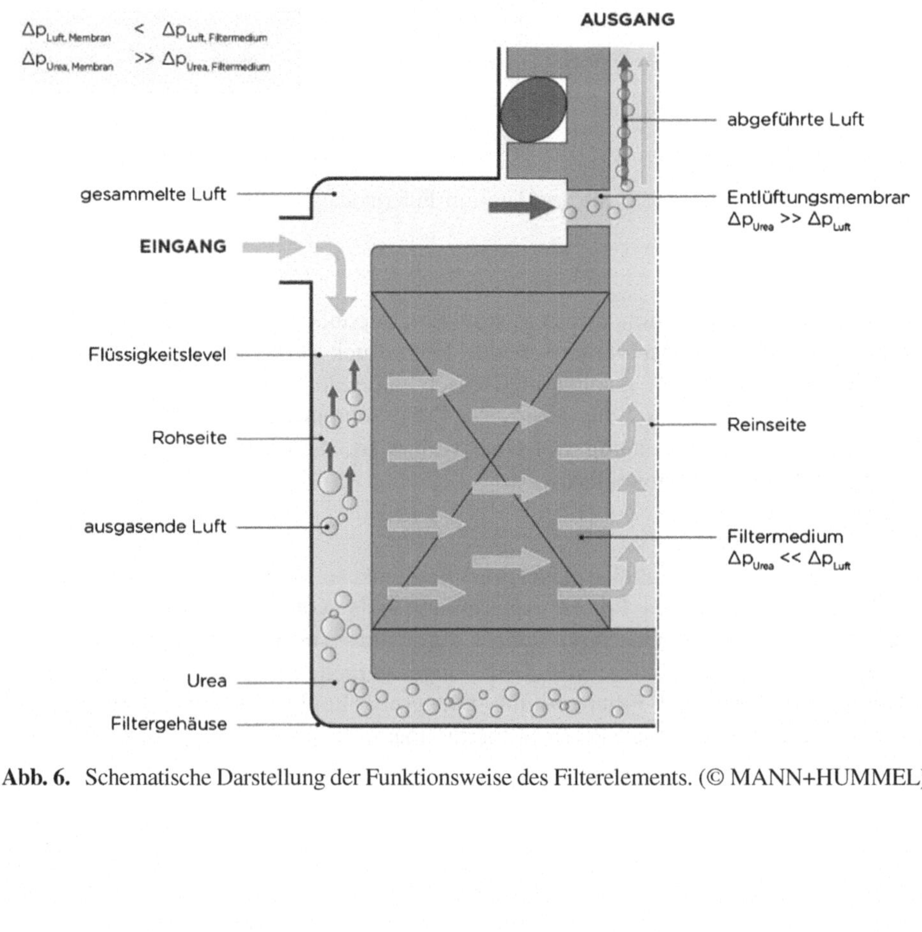

Abb. 6. Schematische Darstellung der Funktionsweise des Filterelements. (© MANN+HUMMEL)

Der Aufbau der Entlüftungsmembran wird abhängig von der Luftsensibilität und Charakteristik des SCR-Systems kundenspezifisch gewählt. Maßgebend hierfür ist der kritische Systemdruck p_{krit} (minimaler Betriebsdruck des SCR-Systems), welcher zu einer Fehlermeldung an die ECU führt, Abb. 7. Die maximal zulässige Blasengröße und -frequenz wird über Dicke, Luftdurchsatzmenge, Porengröße, Beschichtungsart sowie den Wassereintrittsdruck der Entlüftungsmembran eingestellt. Diese applikationsindividuelle Ausführung der Entlüftungsmembran ermöglicht einen robusten, prozesssicheren Betrieb über die gesamte Lebensdauer des Filterelements.

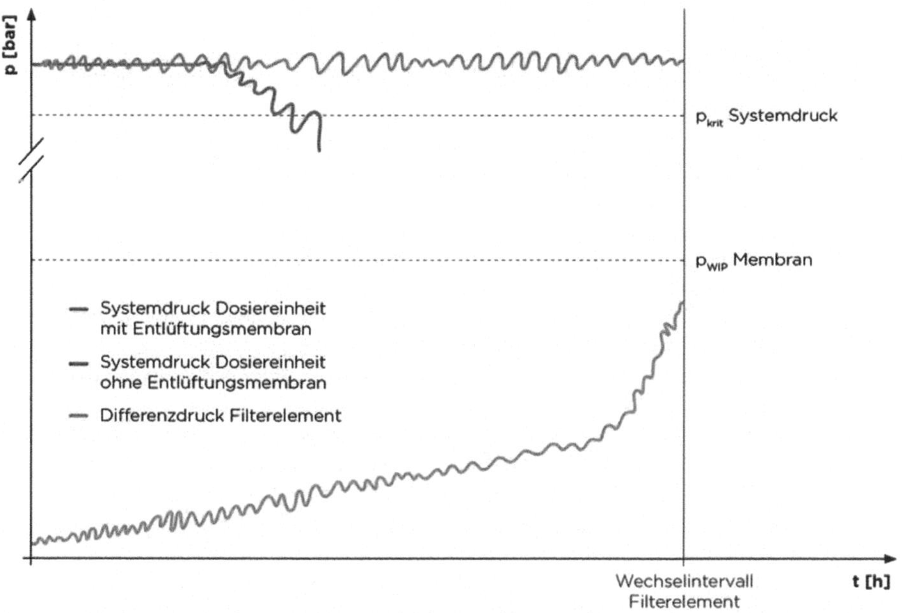

Abb. 7. System- und Differenzdruckverlauf bei steigender Betriebszeit. (© MANN+HUMMEL)

OME – Diesel-Blends für niedrigere Well-to-Wheel-CO_2-Emissionen in Pkw-Motoren

Oliver Kastner(✉), G. Avolio, F. Graf, O. Maiwald, G. Rösel, und T. Swigon

Continental Automotive GmbH, Frankfurt, Deutschland
oliver.kastner@continental-corporation.com

Zusammenfassung. Synthetische Kraftstoffe, nachhaltig aus Sonnenergie hergestellt, werden zurzeit vielfältig diskutiert. Bei einer Well-to-Wheel CO_2 Bilanzierung (WtW-CO_2) ergeben sich hier keine oder nur sehr geringe CO_2 Emissionen, da nur das im Herstellungsprozess chemisch gebundene CO_2 bei der Nutzung in Verbrennungsmotoren wieder freigesetzt wird.

Neben nachhaltig hergestellten, paraffinischen, und damit dem fossilen Benzin- oder Dieselkraftstoff sehr ähnlichen Kraftstoffen, sind hier auch stark sauerstoffhaltige Kraftstoffe zu nennen. Für selbstzündenden Motoren ist Oxymethylenether (OME) ein vielversprechender Kraftstoff [1].

OME zeichnet sich durch eine hervorragende Verbrennung mit niedrigsten, zum Teil unter der Messbarkeitsgrenze befindlichen Rußemissionen aus. Der thermische Wirkungsgrad ist meist im gleichen Bereich oder besser als bei der Nutzung von Dieselkraftstoff.

Für eine erfolgreiche Einführung eines nachhaltigen, synthetischen Kraftstoffs, sind neben der Verwendung auch die Produktion und der Vertrieb des Kraftstoffs zu betrachten. Zurzeit sind keine ausreichenden nachhaltigen Produktionskapazitäten der oben genannten Kraftstoffe vorhanden, sodass nicht davon ausgegangen werden kann, dass in absehbarer Zeit reine Kraftstoffe zur Anwendung kommen. Daher ist ein sogenanntes *Blendszenario* zielführender, bei dem abhängig von der Verfügbarkeit diese nachhaltigen, synthetischen Kraftstoffe dem fossilen Kraftstoff beigemengt wird.

Bei der Einführung eines neuen Kraftstoffs, auch bei der Verblendung mit bereits vorhandenem fossilen Kraftstoff, ist immer zu klären, in wieweit es zu Konsequenzen auf das gesamte Motor- und Fahrzeugsystem kommt. Grundsätzlich können aufgrund der unterschiedlichen physikalischen und chemischen Eigenschaften des Kraftstoffs Kompatibilitätsprobleme mit Materialien und auch Veränderungen des Brennverfahrens und der Schadstoffemissionsbildung auftreten. Dieses muss bewertet werden und führt zu möglichen Änderungen an Hardware, Software und Kalibrationen.

In der vorliegenden Arbeit wurde ein EU6d Dieselmotor mit einem OME – Diesel Blends (OME Anteil = 15 % (m/m)) im *Worldwide harmonized Light-duty vehicles Test Cycle* (WLTC) bewertet. In sämtlichen Versuchen ist die gesamte Motorhardware gleich geblieben. Zunächst wurde die Dieselmotorkalibration übernommen, danach wurde mit geringfügigen Anpassungen

J. Liebl (Hrsg.): *Ladungswechsel und Emissionierung 2018,* Proceedings, S. 104–115, 2019.
https://doi.org/10.1007/978-3-658-24984-7_7

des Kraftstoff- und Luftpfades die Kalibration für den OME15 % Kraftstoff angepasst.

Es zeigte sich, dass ohne Anpassung der Kalibration die Rußemissionen signifikant gesunken sind aber gleichzeitig die NO_x Emissionen gestiegen sind. Nach der Anpassung der Kalibration wurden die NO_x Emissionen wieder auf das ursprüngliche Dieselniveau reduziert. Die Rußemissionen stiegen mit dieser Anpassung, befanden sich allerdings immer noch deutlich unter denen des Dieselniveaus. Unter Berücksichtigung einer WtW Berechnung ergibt sich eine CO_2 Reduktion von ca. 12 % im Vergleich zu Dieselkraftstoff.

1 Einleitung und Ziel der Arbeit

Das ratifizierte Pariser Klimaabkommen fordert eine signifikante Reduzierung sämtlicher Treibhausgase (Green House Gas Emission = GHG). Die anthropogenen CO_2 Emissionen sind hier als Hauptverursacher zu nennen. Um diese Ziele zu erreichen sind in allen Industriesektoren starke Anstrengungen notwendig. Insbesondere im Transportsektor sind erhebliche CO_2 Reduktionen zu leisten. Dies geht aus Abb. 1 hervor, hier ist der prinzipielle Verlauf der GHG Emissionen von 28 EU Staaten dargestellt. Es ist zu erkennen, dass der Transportsektor einen enormen Nachholbedarf hat.

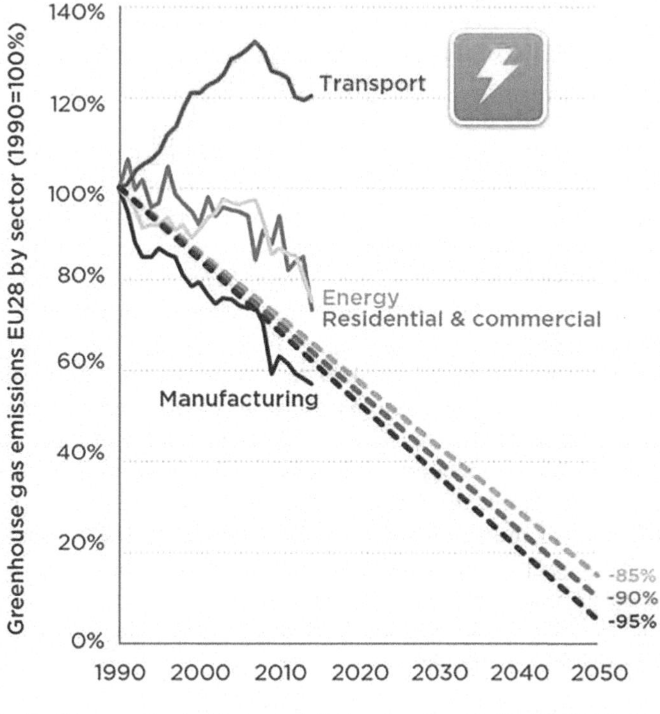

Abb. 1. Treibhausgasemissionen nach Industriesektoren für die EU28 Staaten [2]

Synthetische, nachhaltig produzierte Kraftstoffe, können einen wichtigen Beitrag zur Reduktion der CO_2 Emissionen im Transportsektor leisten. Basierend auf nachhaltiger elektrischer Energie, können über die Wasserhydrolyse zur Wasserstofferzeugung und unter Zuhilfenahme einer geeigneten CO_2 Quelle (z. B. Abgase aus CO_2 intensiven Industrieprozessen, Atmosphäre) verschiedene synthetische Kraftstoffe hergestellt werden. Hier sind (als unvollständige Liste) Mischungen paraffinischer Kraftstoffe, Methan, Methanol, Butanol, Dimethylcarbonat und Methylformiat, für Benzinbrennverfahren und ebenfalls Paraffinmischungen, Oxymethylenether verschiedenster Kettenlänge (C_2H_6O bis $C_6H_{14}O_5$) und Oktanol für Dieselbrennverfahren zu nennen.

Synthetisch hergestellte, paraffinische Kraftstoffe können als synthetische Kraftstoffe erster Generation bezeichnet werden, da diese chemisch sehr ähnlich zu den fossilen Kraftstoffen eine nahezu unbegrenzte Mischbarkeit erlauben. Aufgrund der sehr ähnlichen physikalischen und chemischen Eigenschaften ist es möglich diese prinzipiell sofort und auch rückwärtskompatibel in Umlauf zu bringen und in aktuellen Motoren zu verfeuern. Verbrauchs- und Emissionsverhalten sind sehr ähnlich zu den fossilen Kraftstoffen. Zudem besteht ein große chemische Ähnlichkeit (wenn nicht Gleichheit) zu den biologisch erzeugten Kraftstoffen. Als Beispiel kann hier der über die Fischer-Tropsch Methode hergestellte synthetische Diesel (GTL, FT-Diesel, …) und das über biologische Prozesse hergestellte Hydrierte Pflanzenöl (HVO) genannt werden.

Oxymethylenether (OMEs) bestehen ausschließlich aus C1-Molekülen und gehören nicht zu den paraffinischen Kraftstoffen, d. h. sie weisen keine Kohlenstoff – Kohlenstoff Bindung auf, zwischen den Kohlenstoffatomen befinden sich jeweils Sauerstoffatome. Der Sauerstoffanteil im Molekül kann bis zu 50 % betragen. Diese nicht-paraffinischen Kraftstoffe kann man als zweite Generation von synthetischen Kraftstoffen bezeichnen, da diese aufgrund ihrer Unterschiede zu den fossilen Kraftstoffen, wahrscheinlich eine zumindest teilweise Anpassung des Verbrennungsmotors an diese Kraftstoffe erfordert. Der große Vorteil dieser Kraftstoffe ist die saubere, nahezu rußfreie Verbrennung [3, 4], die auf die fehlende Kohlenstoff – Kohlenstoff Bindung zurückgeführt wird. Allerdings führt das Fehlen dieser C-C Bindung im OME Molekül auch zu einer erheblichen Verringerung des chemisch gebundenen Energieinhaltes. Damit steht bei OME pro Masseneinheit nur ca. 50 % der Energie des Diesels zur Verfügung.

Aufgrund dieser beiden unterschiedlichen Eigenschaften wäre für die effiziente und robuste Anwendung von reinem OME in einem Verbrennungsmotor eine komplette Neuauslegung des Motors notwendig. Damit könnten dann bei einer entsprechenden Verfügbarkeit auch nur Fahrzeuge mit einem „OME-Motor" diesen Kraftstoff nutzen und damit zur GHG Reduktion beitragen. Die Verwendung des OME Kraftstoffes als Blend in Diesel ermöglicht hingegen, bei entsprechender Verfügbarkeit des Kraftstoffes, eine nahezu flächendeckende Einführung, wenn sichergestellt ist, das eine Dieselmotor mit dem OME-Diesel Blend betrieben werden kann. Damit wäre eine deutlich stärkere Marktdurchdringung und damit auch schneller ein signifikanter GHG Effekt zu erzielen.

Ziel der vorliegenden Arbeit war, den Nutzen und den Aufwand einer möglichen Einführung eines OME15 % Kraftstoffs (Mischung aus 15 % OME und 85 % Dieselkraftstoff) zu bewerten. Kann ein EU6d Dieselmotor mit OME15 % Kraftstoff ohne Hardwareänderungen betrieben werden? Ist eine Emissionsgleichheit (oder besser) zum Diesel möglich, und welcher Wirkungsgrad stellt sich ein? Kann eine dieselgleiche Leistung ohne Hardwareänderungen erreicht werden?

2 Vorgehensweise

Nach grundlegenden Untersuchungen an einem Einzylindermotor, wurden zunächst Messungen mit einem EU6d Dieselfahrzeug ohne Hardware- und Kalbrationsanpassungen vorgenommen. Diese Ergebnisse wurden in [5, 6] bereits diskutiert. Es zeigte sich ein Rußminderungspotenzial, aber auch die Notwendigkeit einer Anpassung der Kalibration für den neuen Kraftstoff OME15 %.

In der aktuellen Arbeit wurde am Motorprüfstand versucht, mit möglichst minimalen Eingriffen in die Kalibration, die NO_x- und Rußemissionen auf maximal das Dieselniveau zu bringen. Der Wirkungsgrad, d. h. die Energieausnutzung sollte ebenfalls die des Dieselkraftstoffs entsprechen.

3 Ergebnisse und Analyse

Im ersten Unterkapitel wird zusammenfassend auf die Einzylinderergebnisse eingegangen. Im Anschluss erfolgt eine detaillierte Diskussion der Arbeiten und Ergebnisse am EU6d Mehrzylindermotor. Hier werden die Kalibrationsänderungen und die WLTC Messungen besprochen.

3.1 Messungen am Einzylindermotor

Die Basis des Einzylindermotors ist eine EU5 Dieselmotor. Dieser wurde mit einem für EU6 Emissionslimits erfüllenden Continental Einspritzsystem PCRs5 ausgerüstet. Es wurden AGR Variationen in 2 Teillastpunkte mit drei verschiedenen Kraftstoffen durchgeführt. Die verwendeten Kraftstoffe waren:

1. Dieselkraftstoff nach EN590 mit einer EU6d fähigen Düse
2. OME100 %: Oxymethylenether bestehend aus einer Mischung von OMEs mit einer Kettenlängen von 3, 4 und 5 (OME3, OME4, OME5). Es wurde eine angepasste Düse mit in etwa doppeltem hydraulischem Durchfluss als für Dieselkraftstoff verwendet.
3. OME15 %: Mischung aus 85 % (m/m) Diesel und 15 % (m/m) OME100 %. Es wurde die gleiche Düse, wie für Dieselkraftstoff verwendet.

Der Ladedruck, der Verbrennungsschwerpunkt, der Raildruck und auch das Einspritzmuster wurden für alle Kraftstoffe gleich gelassen. Die Motorlast (IMEP) wurde durch Anpassung der Haupteinspritzmenge justiert.

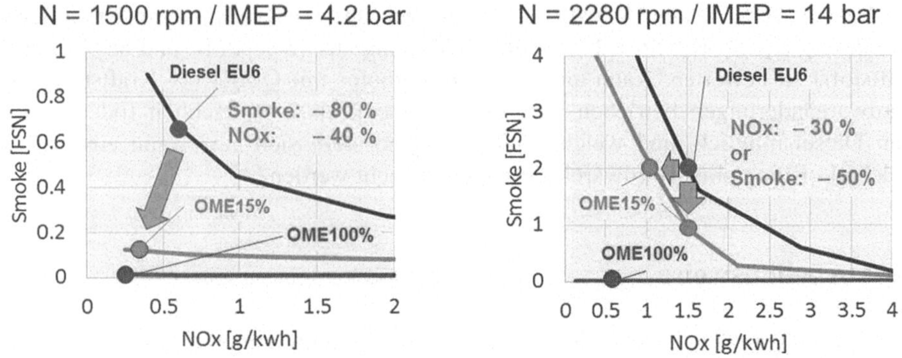

Abb. 2. Ruß – NO_x Trade-Off von 2 Teillastpunkten gefahren mit Diesel, OME100 % und einer OME15 % (15 % (m/m) OME + 85 % (m/m) Diesel)

In beiden Teillastpunkten ergeben sich für Dieselkraftstoff die bekannten Ruß-NO_x Trade-offs, wie sie in Abb. 2 dargestellt sind. Mit sinkenden NO_x Emissionen steigen die Rußemissionen an. Dieses Verhalten zeigt sich nicht bei der Verwendung von OME100 % Kraftstoff. Obwohl eine deutlich größere Düse mit damit einhergehenden schlechteren Zerstäubungseigenschaften verwendet wurde, sind die Rußemissionen stets unterhalb der Messgenauigkeitsgrenze. Selbst wenn die NO_x Werte auf für Dieselkraftstoff nicht erreichbaren kleinen Werte gesetzt werden, ist kein Ruß detektierbar. Bei der Verwendung von OME15 % ist das Verhalten tendenziell gleich für beide Teillastpunkte, aber der absoluten Effekt unterschiedlich. Im kleinen Teillastpunkt (N = 1500 rpm/IMEP = 4,2 bar) sind die Rußemissionen ähnlich denen des OME100 % Kraftstoff, währenddessen diese im höheren Teillastpunkt (N = 2280 rpm/IMEP = 14 bar) dem Dieselkraftstoff ähnlich sind. Dies ist auf die Dauer der mischungslimitierten Verbrennung (Diffusion Limited Combustion) zurückzuführen. Da diese im zweiten Lastpunkt (2280/14) deutlich länger andauert als im ersten, scheint hier der Dieselanteil dominant für die Gemischbildung und damit auch für die Rußemissionen zu sein. Im ersten Lastpunkt (N = 1500 rpm/IMEP = 4,2 bar) findet quasi nur vorgemischte Verbrennung statt. Hier ist der OME Anteil dominant für die Rußemission. Es scheint der lokale Sauerstoffanteil, der durch den grundsätzlich höheren Lambdawert in Lastpunkt 1 im Vergleich zum Lastpunkt 2, und auch durch das Mitführen von Sauerstoff im OME Molekül bereits für OME15 % zu sehr geringen Rußemissionen zu führen.

Ein Rußreduktionspotenzial lässt sich somit klar an den Einzylindermotormessungen erkennen. Diese wurden im nächsten Schritt mit einer Anpassung der Kalibration für OME15 % auf einem Vollmotor übertragen.

3.2 Messungen an einem EU6d Mehrzylindermotor

Bereits in [5] wurden Mehrzylindermotormessungen mit verschiedenen OME – Dieselmischungen auf EU6b und EU6d Motoren ohne Kalibrationsanpassungen vorgestellt. Es ergaben sich aufgrund der unterschiedlichen Heizwerte der Kraftstoffe unterschiedlich starke Verschiebungen innerhalb verschiedener Kalibrationskennfelder.

Dies führte letztlich zu stark reduzierten Rußemissionen, aber auch zu einem Anstieg der NO_x Emissionen um bis zu 50 %.

Daher ist eine Anpassung der Kalibration an den verwendeten Kraftstoff notwendig. Eine Abschätzung der Anpassung erfolgt nun im ersten Abschnitt, danach wird auf die WLTC Messungen mit den verschiedenen Kraftstoffen eingegangen. Im letzten Teil werden die Ergebnisse aus der Nennleistungsmessung beschrieben.

Für die vorliegende Arbeit wurde ein State-of-the-Art EU6b Motor (2.0 L, 4-Zylinder) mit dem Continental Einspritzsystem PCRs5 ausgerüstet und zusammen mit einer Neuauslegung des Abgasnachbehandlungssystems mit Komponenten von Continental auf EU6d-temp Niveau kalibriert. Messungen belegen ein robust niedriges NO_x Emissionsverhalten (<60 mg/km) unter WLTC, RDE und RDE-City Cycle Bedingungen [5, 6].

3.2.1 Kalibrationsanpassung für OME15 %. Der bereits beschriebene Motor wurde auf einem Motorprüfstand für OME15 % Kraftstoff auf EU6d Emissionsniveau kalibriert. Ziel der Kalibrationsarbeit war die NO_x-Emissionen am Motoraustritt auf das Niveau des Dieselkraftstoffs zu bringen und dabei möglichst geringe Änderungen am Datensatz vorzunehmen.

Die Abb. 3 fasst sämtliche Kalibrationsänderungen zusammen. Die Abbildungen a) und b) zeigen die Änderungen am Luftpfad, die Tabelle in Abb. 3 zeigt die Änderungen am Kraftstoffpfad. Der erste Schritt war eine Anpassung der eingespritzten Kraftstoffmasse für ein gegebenes Drehmoment aufgrund des geringeren Heizwerts des Kraftstoffs, Abb. 3, Tabelle, erste Zeile. Danach wurden gleichzeitig die O_2-Konzentration und die Frischluftmasse so angepasst, dass die NO_x Emissionen in den Stationärpunkten wieder denen des Dieselkraftstoffes entsprach. Dies wurde durch eine Anpassung des Ladedrucks und der AGR Rate erreicht. Die Abb. 3a und b zeigen die Histogramme der Änderungen der gezeigten Parameter über alle angepassten Verbrennungsmodi. Es wird deutlich, dass die Änderungen im Mittel gering sind.

Im letzten Schritt wurden noch die Vor- und Nacheinspritzungen sowie die Verbrennungslage verändert, um gleiches Verbrennungsgeräusch zu erhalten.

Neben diesen hier gezeigten Änderungen wurden keine weiteren vorgenommen. Auch die Kalibration des Abgasnachbehandlungssystems war identisch zu der des Dieselkraftstoffs.

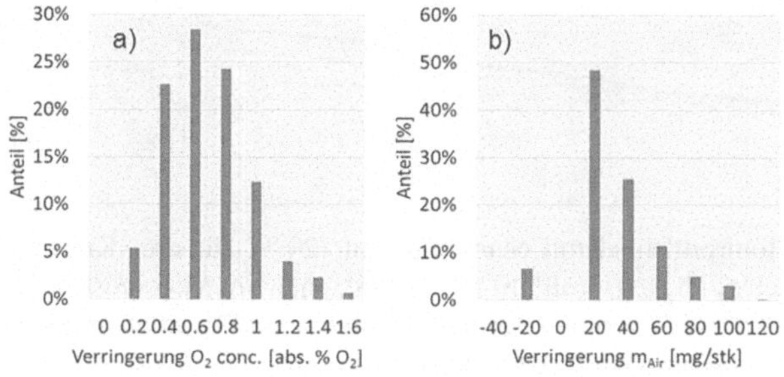

Parameter	Bereich
mF_main [mg/stk]	Korrekturfaktor aus Heizwertverhältnis beider Kraftstoffe
mf_Pilot [mg/stk]	0 … +1.2 mg/stk
mF_Post [mg/stk]	0 … +1.3 mg/stk
SOI_Main [°crk]	-0.5 … +0.7 °crk

Abb. 3. Übersicht der Kalibrationsänderungen für OME15 % (Basis Diesel EU6d Kalibration), summiert über alle Verbrennungsmodi. a) Verringerung der O_2 Konzentration in abs. % O_2. b) Verringerung der Luftmasse in mg/stk. Die Tabelle zeigt die veränderten Parameter des Kraftstoffpfades und deren Änderungen. Alle weiteren Kalibrationsgrößen blieben unverändert

3.3 WLTC Vermessung mit Diesel und OME15 %

Um den über stationäre Kennfeldanpassung erhaltenen Datensatz für OME15 % zu testen, sind am Motorprüfstand WLTC Tests mit verschiedenen Kraftstoff – Kalibrationskombinationen gefahren worden. Als Basistest wurde Dieselkraftstoff mit der Dieselkalibration vermessen. Danach wurde OME15 %, einmal mit der Dieselkalibration und dann mit der OME15 % Kalibration vermessen.

Die Abb. 4 zeigt in a) den vorgegebenen WLTC Geschwindigkeitsverlauf und in b) und c) die zeitlichen Verläufe der NO_x und Ruß-Emissionen am Motoraustritt. Sämtliche Werte sind bezogen auf den Dieselkraftstoff dargestellt.

Ändert man nur den Kraftstoff von Diesel auf OME15 % und verwendet dieselbe (Diesel-) Kalibration, so erhöhen sich die NO_x Emissionen, gleichzeitig sinken die Rußemissionen stark. Dies ist zum einen auf den geringeren Heizwert des OME15 % im Vergleich zum Diesel zurückzuführen. Dies führt zu einer starken Verschiebung des Soll- zum Ist-Drehmoments und damit zu einer Verschiebung im Wesentlichen der Luftpfadkalibration zu höheren Lasten hin. Damit sinkt die AGR Rate, die NO_x Emissionen steigen und die Rußemissionen sinken. Neben diesem Heizwerteffekt, führt auch die schnellere Zündung des OME15 % zu einer Frühverschiebung der Verbrennung, was wiederum mit einem Anstieg der NO_x Emissionen einhergeht.

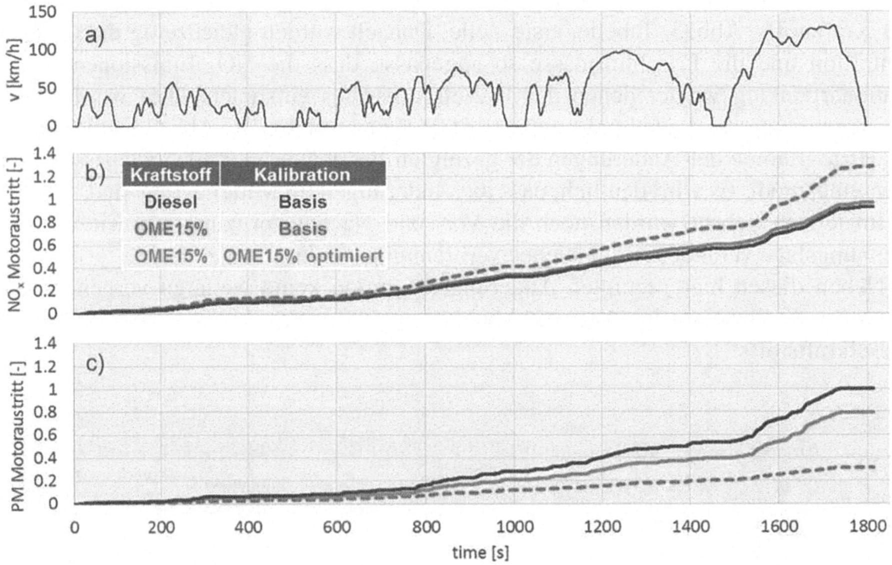

Abb. 4. WLTC Messungen am Motorprüfstand mit Starttemperatur 20 °C für drei Kraftstoff/ Kalibrationskombinationen, a) Geschwindigkeitsprofil, b) NO_x Emissionen am Motoraustritt (vor Abgasnachbehandlung) und c) Partikelemissionen vor Partikelfilter. NO_x- und Partikelemissionen sind auf den Endwert der Dieselmessung bezogen (Farbig online)

Mit angepasster Kalibration (orange Kurve) ist der zeitliche Verlauf der NO_x Emissionen (Motoraustritt) für OME15 % Kraftstoff nahezu identisch mit dem für Dieselkraftstoff. Gerade in der zweiten Hälfte des WLTCs (ab ca. 800 s), also tendenziell bei höheren Motorlasten, sind die Partikelemissionen für OME15 % (orange Kurve) deutlich geringer als für Diesel.

In den Abb. 5 und 6 sind die Gesamtergebnisse der WLTC Tests zusammengefasst. Abb. 5 zeigt die NO_x Emissionen in a) am Motoraustritt und b) nach der Abgasnachbehandlung; c) zeigt die Partikelemissionen vor DPF.

Die Abb. 6 zeigt den volumetrischen Kraftstoffverbrauch, den Energieverbrauch und die WtW-CO_2 Emissionen unter der Annahme, dass das im Kraftstoff verwendete OME regenerativ hergestellt wurde. Sämtliche Kurven sind wiederum bezogen auf den Dieselfall dargestellt. Der Erhöhung des volumetrischen Kraftstoffverbrauchs ist im Wesentlichen auf den geringeren Heizwert des OMEs im Vergleich zum Dieselkraftstoff zurückzuführen.

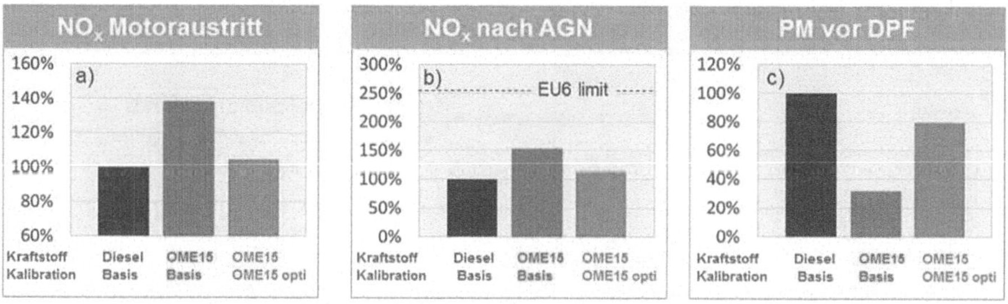

Abb. 5. WLTC Ergebnisse für drei Kraftstoff/Kalibrationskombinationen. Die NO_x- und Partikelemissionen (PM) sind auf den Endwert der Dieselmessung bezogen

Berechnet man mit den jeweiligen Heizwerten die aufgebrachte chemische Energie des verwendeten Kraftstoffs, so erhält man die Ergebnisse aus Abb. 6b). Die eingesetzten Energiemengen sind für den Dieselkraftstoff geringer als für die beiden OME15 % Testfälle. Für OME15 % Kraftstoff mit Dieselkalibration liegt der Energieeinsatz um ca. 2 % höher, für OME15 % mit OME15 % Kalibration um ca. 3 % höher. Dies bedeutet, dass der mittlere Wirkungsgrad der Umsetzung der chemisch gebundenen Energie für die OME15 % Fälle nicht den des mittleren Diesel Wirkungsgrades erreicht.

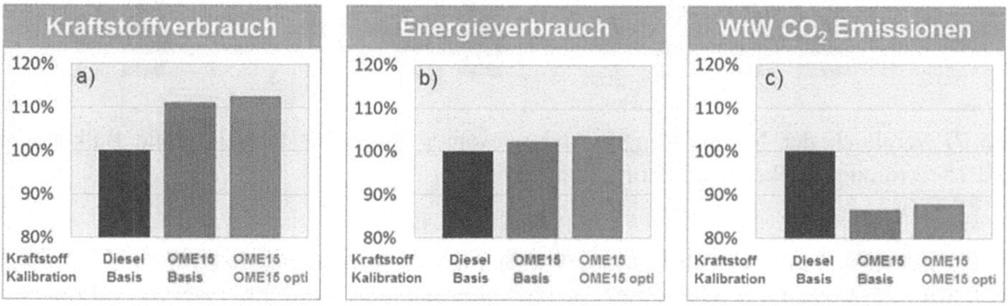

Abb. 6. WLTC Ergebnisse für drei Kraftstoff/Kalibrationskombinationen. Die Werte sind jeweils auf die Endwert der Dieselmessung bezogen. Die WtW-CO_2-Emissionen sind unter der Annahme berechnet, dass das im Kraftstoff enthaltene OME nachhaltig, mit regenerativ produziertem Strom erzeugt wurde

Hier ist allerdings nochmals zu wiederholen, dass die gesamte Motorhardware natürlich für Dieselkraftstoff ausgelegt ist und nur eine geringe, im vorhergehenden Kapitel beschriebene Kalibrationsänderung vorgenommen wurde. Unter diesen Randbedingungen ist eine relative Verschlechterung von 2–3 % im Wirkungsgrad ein sehr gutes Ergebnis.

Bei einer WtW-CO_2 Betrachtung ergibt sich damit eine signifikante Reduktion der CO_2 Emissionen um ca. 13 % und 11,5 % für die genannten Fälle mit OME15 % Kraftstoff.

3.4 Nennleistung mit Diesel und OME15 %

Bei einer Motordrehzahl von 4000 rpm wurde mit beiden Kraftstoffen, mit gleichem Einspritzsystem eine effektive Leistung von 120 kW erzielt, Abb. 7a. Der Ladedruck, Teilabbildung c) und der Einspritzdruck (nicht dargestellt) wurden für beide Kraftstoffe konstant gehalten.

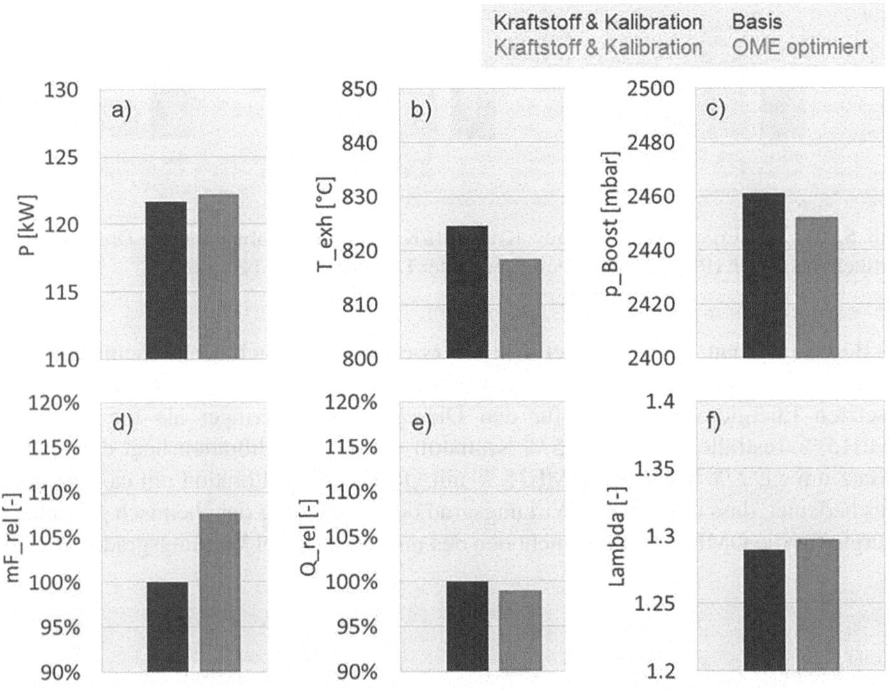

Abb. 7. Vergleich der Nennleistungen und relevanter Daten für Diesel (graue Balken) und OME15 % (orange Balken) Kraftstoffe (Farbig online)

Aufgrund des geringeren Heizwertes ist für die gleiche Leistung mehr OME15 % Kraftstoff einzuspritzen, die eingespritzte chemisch gebundene Energie erhöht sich allerdings nicht. Beides geht aus den Abb. 7d und e hervor, hier sind die genannten Werte bezogen auf den Dieselwert aufgetragen. Die Erhöhung der Kraftstoffmasse ist auch aus Abb. 8 ersichtlich. Hier sind die Ansteuerung und der Heizverlauf der Verbrennung beider Kraftstoffe bei einer Leistung 120 kW dargestellt. Die Ansteuerung der Haupteinspritzung ist für OME15 % etwas länger, was zu der angesprochenen Erhöhung der eingespritzten Masse führt.

Obwohl die Einspritzdauer länger und die Kraftstoffmasse für OME15 % größer sind, hat sich aber aufgrund des für OME bekannten schnelleren Brennendes eine etwas geringere Abgastemperatur eingestellt. Dies ist auch aus dem Heizverlauf der Abb. 8 zu erkennen. Der geringere Heizwert des OME15 % Kraftstoffs im Vergleich zum Dieselkraftstoff spiegelt sich in der maximalen Heizverlaufsrate wieder (bei ca. 5–8°crk).

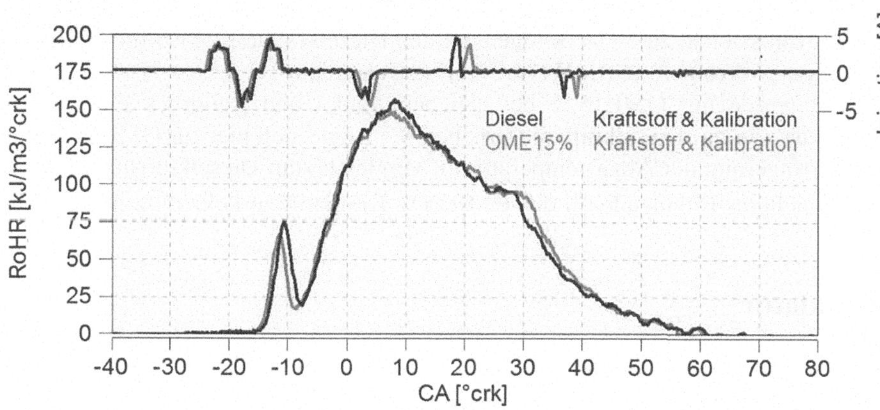

Abb. 8. Ansteuerung und Heizverlauf (RoHR) als Funktion des Kurbelwinkels (CA) für Diesel (schwarz) und OME15 % (orange) Kraftstoff (Farbig online)

4 Zusammenfassung

Oxymethylenether (OME) hat das Potenzial ein attraktiver klimaneutraler Kraftstoff für Verbrennungsmotoren zu werden. Neben den noch offenen Fragestellungen der Produktionskapazitäten, Vertrieb des Kraftstoff und Anrechnung der CO_2 Emissionsfreiheit, wurde in der vorliegenden Arbeit die Anwendung von OME als Blend mit Diesel Kraftstoff untersucht. Die Kalibration eines 2,0 L, 4-Zylinder EU6d Motor wurde für OME15 % so angepasst, dass ohne Hardwareänderungen unter WLTC und RDE Bedingungen gleiche oder geringere NO_x Emissionen am Motoraustritt auftreten. Hierzu wurden Änderungen am Luft- und Kraftstoffpfad vorgenommen. Die Art der Änderungen ist in sämtlichen Verbrennungsmodi sehr ähnlich, sodass in Summe ein geringer Aufwand für die Neuabstimmung auf den Kraftstoff OME15 % vorzunehmen war.

Das für Dieselkraftstoff ausgelegte Abgasnachbehandlungssystem wurde ebenfalls unverändert und ohne Kalibrationsanpassung vom Dieselkraftstoff auf den OME15 % Kraftstoff übernommen.

Die Rußemissionen sanken für OME15 % im Vergleich zu Dieselkraftstoff um ca. 20 %. Die Molekülstruktur des OMEs unterstützt die rußfreie Verbrennung; damit führt eine 15 % Zumischung des OME zu Diesel schon zu einer deutlichen Verringerung der Rußemissionen.

Der volumetrische Kraftstoffverbrauch steigt für OME15 %, da der Heizwert des OME ca. 50 % der des Diesels beträgt. Daher muss für die gleiche Energiemenge, mehr Kraftstoffmasse und –volumen eingespritzt werden. Die aufgewandte Energiemenge bei der Anwendung von OME15 % entspricht aber nahezu der für Dieselkraftstoff. Im WLTC ist eine relative Verringerung des Wirkungsgrades um ca. 3 % zu beobachten. Trotz dieser geringer Verschlechterung ergeben sich unter der Annahme einer WtW-CO_2 Emissionsfreiheit des im Blend vorhandenen OMEs, die Gesamt WtW CO_2 Emissionen zu 88 % bezogen auf den Dieselkraftstoff. Also für OME15 % Kraftstoff eine Verringerung der WtW CO_2 Emissionen um 12 %.

Zuletzt wurde mit OME15 % bei gleichem Lade- und Raildruck eine gleiche Nennleistung wie mit Dieselkraftstoff erhalten. Es zeigte sich hier für OME15 % eine leichte Verringerung der Abgastemperatur im Vergleich zum Dieselkraftstoff. Dies ist auf ein schnelleres Brennende für den OME15 % Kraftstoff zurückzuführen.

Nomenklatur

AGN	Abgasnachbehandlungssystem
CO_2	Kohlendioxid
DPF	Dieselpartikelfilter
GHG	Treibhausgasemissionen
FT	Fischer Tropsch Verfahren zur Herstellung paraffinischer Kraftstoffe
GtL	Gas to Liquid (flüssiger Kraftstoff aus Gasen hergestellt)
HVO	Hydrogenated Vegetable Oil (Hydriertes Pflanzenöl)
IMEP	Indicated Mean Effective Pressure (effektiver Mitteldruck)
N	Motordrehzahl
NO_x	Stickstoffoxid und -dioxid
mAir	Luftmasse pro Arbeitsspiel
mF_Main	Einspritzmasse der Haupteinspritzung pro Arbeitsspiel
mF_Pilot	Einspritzmasse der Piloteinspritzung pro Arbeitsspiel
mF_Post	Einspritzmasse der Posteinspritzung pro Arbeitsspiel
OME	Oxymethylenether
OME15 %	15 % (m/m) Oxymethylenether gemischt mit 85 % (m/m) Diesel
OME100 %	100 % Oxymethylenether
Q_rel	Relative Energieeintrag (bezogen auf den Dieselkraftstoff)
RDE	Real Driving Cycle
SOI_Main	Einspritzbeginn der Haupteinspritzung
WLTC	Worldwide harmonized Light-duty vehicles Test Cycle
WtW	Well-to-Wheel

Literatur

1. Maus, W., Jacob, E.: Synthetische Kraftstoffe – OME1: Ein potenziell nachhaltige hergestellter Dieselkraftstoff. In: Internationales Wiener Motorensymposium, Bd. 35, S. 325–347 (2014)
2. EC (2016). Statistical Pocketbook 2016. European Commission (EC). https://ec.europa.eu/transport/facts-fundings/statistics/pocketbook-2016_lv
3. Lumpp B., Rothe D., Pastötter, C., Lämmermann R., Jacob E.: Oxymethylene ethers as diesel fuel additives of the future. MTZ, März 2011
4. Gaukel, K., Pélerin, D., Härtl, M., Wachtmeister, G., Burger, J., Maus, W., Jacob, E.: The fuel OME2: an example to pave the way to emission-neutral vehicles with internal combustion engine. In: 37th International Vienna Motor Symposium, Vienna (2016)
5. Kastner, O., Avolio, G., Brück, R., Grimm, J., Maiwald, O., Rösel, G.: Optimised diesel hybrid powertrain and control to minimize CO_2 and NO_x emissions. In: Diesel Powertrain 3.0, Ludwigsburg, Germany (2017)
6. Avolio, G., Brück, R., Grimm, J., Kastner, O., Maiwald, O., Rösel, G.: CWtL (Carbon and Water to Liquid) fuels and electrification: enablers for reduction of well-to-wheel CO_2 and NO_x emissions. In: 30th Edition International Conference and Exhibition, SIA Powertrain, Rouen, France (2018)

Patentanalyse von Hybridsystemen im Pkw mit Auswirkung auf den Ladungswechsel

Niklas Haverkamp[1](✉) und Wilhelm Hannibal[2]

[1] TU Braunschweig, Braunschweig, Deutschland
post@pathav.de
[2] FH Südwestfalen, Iserlohn, Deutschland

Zusammenfassung. Auf dem Gebiet der hybriden Antriebstechnik werden die unterschiedlichen Hybridisierungskonzepte vorgestellt und erläutert, wie die Leistungen eines Verbrennungsmotors und eines Elektromotors zum Antreiben eines Fahrzeuges kombiniert werden können. Um Trends und Schwerpunkte der Industrie auf dem Gebiet der hybriden Antriebstechnik aufzuzeigen, wurden 3215 europäische Patentanmeldungen gesichtet und bezüglich der offenbarten Konzepte ausgewertet. Um die daraus ableitbaren Aussagen besser verstehen zu können, werden Hintergründe zu üblichen Anmeldestrategien geliefert. Im Besonderen werden Schutzrechtsanmeldungen aus Deutschland und Japan als die beiden anmeldestärksten Länder auf dem Gebiet der hybriden Antriebstechnik genauer untersucht. Inwieweit aus den Patentanmeldungen für die hybriden Verbrennungsmotorenkonzepte Ableitungen für den Ladungswechsel des Verbrennungsmotors getroffen werden können, soll diskutiert werden.

Abstract. In the field of hybrid drive technologies, the different hybridization concepts are presented. It is explained how the performance of an internal combustion engine and an electric motor for driving a vehicle can be combined. In order to highlight industrial trends and focal points in hybrid drive technology, 3215 European patent applications have been reviewed and evaluated in view of the disclosed concepts. For a better understanding of statements that can be derived from the analysis, background information on standard application strategies is provided. Patent applications from Germany and Japan as the two big countries in the field of hybrid drive technology are examined more closely. It will be discussed, to what extent the analyzed patent applications can be used to draw consequences for the charge cycle of the internal combustion engine.

1 Einleitung

Der Einsatz des Verbrennungsmotors in der Antriebstechnik von Personenkraftwagen wird mit der zunehmenden Elektrifizierung des Antriebs vielschichtiger. Im Zuge der Hybridisierung sind Antriebskonzepte entwickelt worden, die in ihrer Variationsanzahl zum Teil kaum zu überschauen sind. Aktuelle Studien zeigen auf, dass im Jahre 2050 noch mehr als 65 % der Antriebstechniken Hybridantriebe sind [1], d. h.

J. Liebl (Hrsg.): *Ladungswechsel und Emissionierung 2018*, Proceedings, S. 116–137, 2019.
https://doi.org/10.1007/978-3-658-24984-7_8

neben dem Einsatz des Verbrennungsmotors kommt ein elektrischer Antrieb zum Einsatz. Inwieweit die Reichweite des dann vorhandenen elektrischen Antriebs konzipiert wird, ist stark von den Herstellkosten und der eingesetzten Technologie des Gesamtantriebs bzw. der Fahrzeugklasse abhängig. Als zusätzliche Unsicherheit für die Weiterentwicklung sinnvoller marktgerechter Systeme stellt sich die große Variation der möglichen Technologien dar.

Parallel entwickelt sich der Verbrennungsmotor für einen konventionellen Antrieb zu einem High-Tech-Aggregat. Alle technisch möglichen Register werden gezogen, um diesen Motor effizienter und schadstoffärmer zu gestalten. Den Ladungswechsel und die Emissionierung mit den hierfür benötigten Komponenten gilt es weiter zu optimieren, um sich dieser Zielsetzung zu stellen. Inwieweit ein derartig ausgestatteter Verbrennungsmotor auch in der hybriden Antriebstechnik zum Einsatz kommt, ist fraglich, da die Herstellkosten des daraus resultierenden Gesamtkonzeptes aufgrund des zusätzlichen Aufwands für den elektrischen Antrieb vom Kunden zu tragen sind. Für den Einsatz in der Großserie der Personenkraftwagen sind Antriebslösungen gefragt, die einen Kompromiss aus vertretbaren Herstellkosten und dem Mehraufwand der Neuentwicklung darstellen.

Für den Automobilhersteller und Zulieferer ist es schwierig, aus der Vielzahl der Konzepte die für den Markt sinnvollen Lösungen auszuwählen. Ferner stellt sich die Frage, ob für den Weltmarkt nicht auch unterschiedliche Antriebslösungen bereitgestellt werden müssen. Hilfreich zur Beantwortung dieser Fragestellungen ist ein detaillierter Blick auf die Innovationen, die in der Industrie getätigt werden. Um dies zu ermöglichen, können eingereichte Patentanmeldungen eine Hilfestellung leisten. Ferner ist eine während der Entwicklung der Hybridantriebe aktualisierte mitlaufende Patentanalyse durchaus sinnvoll, wenn, wie von den Analysten prognostiziert, hybride Antriebe noch im Jahr 2050 den oben genannten hohen Stellenwert haben.

Im Rahmen eines Forschungsvorhabens wird untersucht, ob es im Bereich der hybriden Antriebskonzepte Trends und Innovationsschwerpunkte gibt. Diese Fragestellung wird durch ein intensives Studium von Patentanmeldungen versucht zu beantworten. Zu bewerten, inwieweit sich das Umfeld des Ladungswechsels von Verbrennungsmotoren mit seinen Komponenten bei der fortschreitenden Hybridisierung mitändern wird, stellt dabei eine zusätzliche Herausforderung dar.

2 Definition und Struktur von Hybridfahrzeugen

Die UNO standardisierte 2003: „Ein Hybridfahrzeug ist durch den Einsatz von mindestens zwei verschiedenen Energiewandlern, sowie zwei verschiedenen Energiespeichersystemen zu Traktionszwecken definiert“ [2]. Ein Hybridfahrzeug vereint somit zwei verschiedene Antriebssysteme, also: eine Kombination eines Verbrennungsmotors, eines Elektromotors, einer Brennstoffzelle, eines Schwungrads, eines Hydrauliksystems, etc. Eine etwas konkretere Aussage liefert die durch Patentämter erstellte International Patent Classification (kurz: IPC), mit der alle technischen Gegenstände – und auch jede eingereichte Patentanmeldung – in eine hierarchische Struktur eingruppiert werden. Die Definition der für die hybriden Antriebsstränge relevanten Klasse (B60K 6/00) lautet: „Eine Anordnung oder ein Einbau mehrerer unterschiedlicher Antriebsmaschinen zum wechselweisen oder gemeinsamen Antrieb,

z. B. Hybrid-Antriebssysteme mit E-Maschinen und Brennkraftmaschinen mit innerer Verbrennung“ [3, 4].

Beide Definitionen lassen bei genauerer Betrachtung eine Vielzahl unterschiedlicher Ausgestaltungen der einzelnen Antriebsstränge im Detail zu. Um die Kombinationsmöglichkeiten fassen zu können, können diese z. B. nach dem Hybridisierungsgrad, dem Wirkprinzip oder den möglichen Betriebszuständen strukturiert werden [2, 5, 6]. Die vorgenannten Untersuchungsaspekte beziehen sich dabei auf Merkmale, die aus verschiedenen hybriden Topologien resultieren. Um das hybride Umfeld an der Wurzel zu fassen, erscheint es daher sinnvoll, diese Topologien zu strukturieren. Es wird postuliert, dass bis zu einem gewissen Grad weitere Strukturen, die wie die vorgenannten andere Aspekte in den Vordergrund stellen, aus dieser Topologiestruktur abgeleitet werden können.

In dieser Struktur lassen sich drei Grundformen unterscheiden: der Parallel-Hybrid, der Seriell-Hybrid und der leistungsverzweigende Hybrid (siehe auch Abb. 1) [2].

Beim Parallel-Hybrid können Wärmekraftmaschine und Elektromotor das Fahrzeug gleichermaßen unmittelbar antreiben. Diese Hybridisierungsform erscheint zunächst in der Umsetzung als die einfachste Form, wenn viele Komponenten im Antriebsstrang und die prinzipielle, bestehende Topologie erhalten bleiben sollen, da

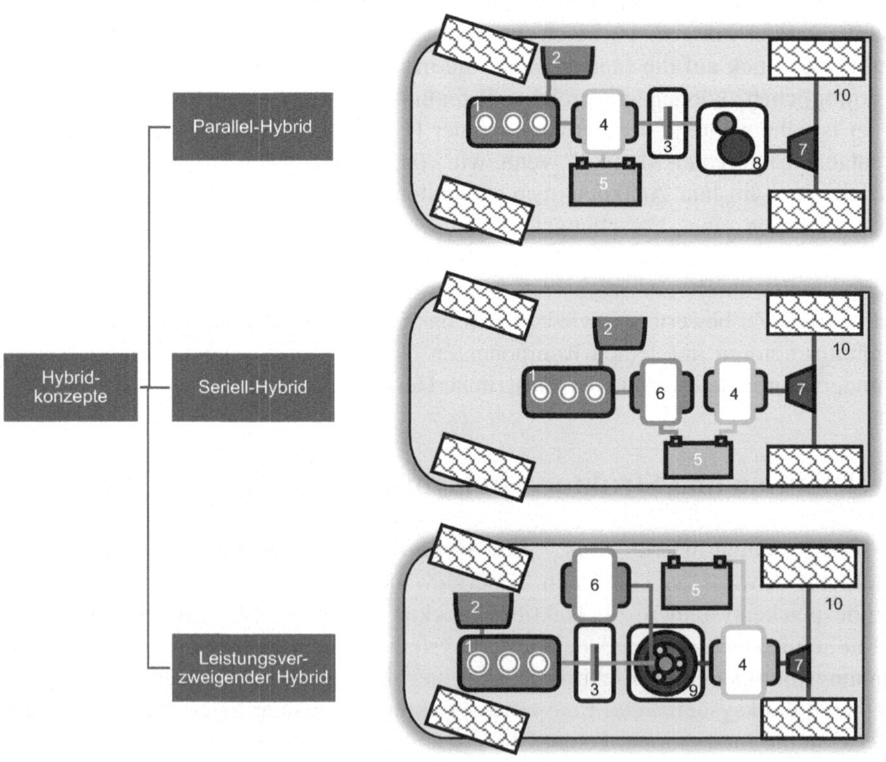

Abb. 1. Gliederung der Hybride; 1: Verbrennungsmotor, 2: Brennstofftank, 3: Kupplung, 4: Elektromotor, 5: Batterie, 6: Generator, 7: Differenzial, 8: Hauptgetriebe, 9: leistungsverzweigendes Getriebe, 10: Räder

der Verbrennungsmotor weiterhin im Vordergrund steht. Auch das Fahrerlebnis – das eng mit der Marktannahme zusammenhängt – unterscheidet sich kaum von einem konventionellen Antrieb mit einem Verbrennungsmotor. Durch die Hybridisierung können vielmehr mit einer größeren Beschleunigung und einem leicht verringerten Kraftstoffverbrauch zusätzliche Vorteile erzielt werden.

Unterschiedliche Einbindungskonzepte des Elektromotors in den Antriebsstrang können den Parallel-Hybrid in weitere Stufen unterteilen. Zunächst kann zwischen den Leistungseinspeisepunkten des Elektromotors unterschieden werden: Nach, im oder vor dem Hauptgetriebe oder auf einer eigenständigen Achse. Im letzten Fall wirken die Antriebsmaschinen auf unterschiedliche Achsen des Fahrzeugs (Vorder-/Hinterachse) und sind so „über die Straße" miteinander verbunden. Eine solche Hybridisierungsform wird auch Axle-Split oder P4-Hybrid genannt [2]. Eine Anordnung, bei der der Elektromotor nach dem Hauptgetriebe angeordnet ist, wird typischerweise als P3-Hybrid bezeichnet [2]. Dabei kann der Elektromotor vor dem Differenzial oder auch in Form von Radnabenmotoren eingesetzt werden. Ist der Elektromotor dagegen im Hauptgetriebe angeordnet, wird das Hauptgetriebe in einen Teil vor und einen Teil nach dem Elektromotor geteilt. Hierbei kann das Hauptgetriebe in diesen beiden Teilen unterschiedlich ausgelegt werden.

Die Topologie, bei der der Elektromotor vor dem Hauptgetriebe angeordnet ist, kann mit Blick auf die Anordnung des Verbrennungsmotors und des Elektromotors in weitere Unterkonzepte unterteilt werden: Beide Antriebsmaschinen können entweder eine gemeinsame oder zwei unterschiedliche Wellen antreiben und an das nachgelagerte Hauptgetriebe übertragen. Nachfolgend werden diese beiden Topologien 1-Wellen- und 2-Wellen-Konzept genannt. Eine weitere Unterscheidungsmöglichkeit besteht in der Verschaltung des Verbrennungsmotors und des Elektromotors [2]: Bei einem P1-Hybrid sind der Verbrennungsmotor und der Elektromotor fest miteinander verbunden. Nach diesem Verbund schließt sich eine Kupplung an, die die Antriebseinheit von dem Hauptgetriebe trennt. Ein P2-Hybrid zeichnet sich im Gegensatz dazu durch die kupplungstechnische Abkoppelbarkeit des Verbrennungsmotors von dem Elektromotor aus, wobei der Elektromotor konstant mit dem restlichen Antriebsstrang (Hauptgetriebe/Räder) verbunden ist. Eine Mischung zwischen diesen beiden Hybridarten ist der P1-2-Hybrid: Hierbei ist der Elektromotor zum einen von dem Verbrennungsmotor als auch von dem folgenden Hauptgetriebe über Kupplungen trennbar.

Alle genannten Hybridformen haben Vor- und Nachteile. Während bei einer Anordnung des Elektromotors vor dem Hauptgetriebe (P1, P1-2, P2) ein schlechter Wirkungsgrad beim Rekuperieren, also: dem Rückgewinnen von Energie während eines Bremsvorganges erreicht wird, gelingt ein Hoher beim Wandeln von chemischer in elektrische Energie, also: der Verbrennungsmotor lädt die Batterie über den Elektromotor auf [7]. Umgekehrt verhält es sich bei einem P3-Hybrid oder einem Axle-Split. Daher müssen in Abhängigkeit von der gewählten Topologie die einzelnen Komponenten unterschiedlich ausgelegt werden, wodurch unterschiedliche Problemkreise und Optimierungsfelder entstehen.

Der Seriell-Hybrid zeichnet sich im Gegensatz zum Parallel-Hybrid durch eine sequentielle Leistungsübertragung aus: Durch den Verbrennungsmotor wird ein Generator angetrieben, mit dessen erzeugter elektrischer Energie – ggf. unter Zwischenschaltung einer Batterie – der Elektromotor beaufschlagt wird, der die

Antriebsräder des Fahrzeugs entweder mittelbar über ein zusätzliches Getriebe, oder unmittelbar als Radnabenmotor antreibt [2]. Diese Hybridisierungsform weist bereits viele Aspekte einer rein elektrischen Antriebsweise auf [6]. Ein typisches Beispiel ist der sogenannte Range-Extender, bei dem die mögliche Leistungsabgabe des Elektromotors größer ist als die des Verbrennungsmotors. Der Verbrennungsmotor dient bei diesem Konzept zusammen mit dem Kraftstofftank vielmehr einer Auslagerung von Reichweitenkapazitäten. Das Pendant dieser Leistungsverteilung ist ein Verbrennungsmotor, der zusammen mit einem Generator konstant elektrische Energie für einen ein Fahrzeug antreibenden Elektromotor bereitstellt. Eine Batterie kann hier als zusätzlicher Puffer dienen.

Bezüglich des Seriell-Hybrid lässt sich mit Blick auf die mehrfache Energieumwandlung die Frage nach dem Wirkungsgrad stellen, welche sich mit dem geplanten Einsatzszenario beantworten lässt: Ist ein Szenario mit einem häufigen Anfahren vorherzusehen, kann der Gesamtwirkungsgrad dieses Typs durchaus besser sein, als bei einem Parallel-Hybrid, da der Verbrennungsmotor konstant in seinem optimalen Betriebspunkt betrieben werden kann. Darüber hinaus ist bei einem Seriell-Hybrid die Leistungsverteilung innerhalb des Fahrzeugs vereinfacht: Ein Kabel kann wesentlich einfacher und flexibler verlegt werden als eine mechanische Welle. Nicht zuletzt spielen zusätzliche Aggregate – insbesondere bei Nutzfahrzeugen – eine Rolle.

Der leistungsverzweigende Hybrid ist eine Mischung aus Parallel- und Seriell-Hybrid. Kennzeichen ist, dass Leistung entlang des Antriebsstranges über einen elektrischen und einen mechanischen Pfad übertragen wird [2]. In diese Gruppe können die Parallel-Seriell-Hybride, als auch die 1-Mode- und 2-Mode-Hybride einsortiert werden. Ein Parallel-Seriell-Hybrid ist vom Grundaufbau ein Seriell-Hybrid, wobei der von dem Verbrennungsmotor angetriebene Generator nicht nur elektrisch, sondern zusätzlich mechanisch über eine Kupplung an den Elektromotor angeschlossen ist. Die Leistungen des Elektromotors und des Verbrennungsmotors können somit bei Bedarf über die aufgebrachten Momente addiert werden. Dem gegenüber steht der Mode-Hybrid (typischerweise auch als leistungsverzweigender Hybrid angesprochen [2]) mit einem 1-Mode- oder einem 2-Mode-Getriebe. Bei diesem sind an einem Planetengetriebe der Verbrennungsmotor, ein Generator sowie eine die Räder eines Fahrzeuges antreibende Abtriebswelle angeschlossen, wobei die Abtriebswelle zusätzlich von einem Elektromotor angetrieben wird. Prinzipiell wird der Verbrennungsmotor mit einer konstanten Drehzahl betrieben. Je nachdem, mit welcher elektrischen Last der Generator beaufschlagt wird, wird aus dem Planetengetriebe entsprechend Leistung abgezweigt und steht dem Abtrieb nicht mehr zur Verfügung. Diese Energie kann beispielsweise in eine Batterie zwischengespeichert und später an den Elektromotor weitergegeben werden. So kann über eine Variation der an dem Generator anliegenden Last ein stufenloses Getriebe bereitgestellt werden, mit dem die Fahrzeugräder angetrieben werden. Als Strukturmerkmal des 1-Mode-Hybrids kann unterschieden werden, an welchem Teil des Planetengetriebes die unterschiedlichen Komponenten angeschlossen sind. Prinzipiell ähnlich ist der 2-Mode-Hybrid aufgebaut. Er unterscheidet sich von dem 1-Mode-Hybrid dadurch, dass zwei Planetengetriebe hintereinander geschaltet sind [2, 7].

Der 1-Mode und 2-Mode Hybrid bedarf eines vollständig neuen Verständnisses seitens des Fahrers. Typischerweise wird ein solcher Hybrid mit einer konstanten Drehzahl des Verbrennungsmotors betrieben, was zu einem ungewohnten Fahrgeräusch, mithin einem ungewohntem Fahrerlebnis führen kann. Auch ist in der Literatur zu lesen, dass diese Form von Hybrid als problematisch, weil gegenüber Störungen anfällig angesehen wird [2].

Die vorstehend dargestellte Strukturierung ist die Basis für die weiter unten dargestellte Analyse der unterschiedlichen Entwicklungskonzepte.

3 Schutzrechtsgesetzgebung und Anmeldestrategien

Technische Neuerungen werden regelmäßig zum Patent angemeldet. Grundsatz ist hierbei, dass im Tausch für die Veröffentlichung einer neuen und erfinderischen Lehre auf diese ein zeitlich begrenztes Ausschließlichkeitsrecht gewährt wird. Aus diesem Grundsatz sind etliche Gesetze abgeleitet, die ein umfassendes Regelwerk bereitstellen, um diesen Tausch für alle Beteiligten gerecht zu gestalten. Hierzu gehören bei weitem nicht nur der Gang einer Anmeldung und formale Prüfungen, sondern vielmehr die inhaltlichen Aspekte. Hier lautet stets der Richtsatz, dass ein ausführbarer Erfindungsgedanke im Anmeldezeitpunkt im ganzen Umfang bekannt und veröffentlicht sein muss, sodass Anmeldungen einen hohen Grad an Vollständigkeit aufweisen und nicht nur eine bloße Idee darstellen. Gleichzeitig muss die Erfindung neu und erfinderisch sein, also: es wird geprüft, ob die vermeintlich neue Lehre im Stand der Technik bereits identisch existierte oder ob sie zumindest einem auf dem jeweiligen Gebiet tätigen Fachmann nahegelegen hätte. Dies ist der Grund, warum Patentanmeldungen meist zu einem frühen Entwicklungszeitpunkt eingereicht werden: Es soll vermieden werden, dass Mitbewerber oder andere Unternehmen in Kenntnis der Erfindung gelangen und anschließend selbst ein Schutzrecht einreichen. Als weiteres Kriterium ist für den unter Schutz zu stellenden Gegenstand beschreibenden Anspruchssatz die sogenannte Einheitlichkeit zu nennen, die fordert, dass für ein Schutzrecht nur ein einziger Gegenstand bzw. nur damit eng verbundene Gegenstände beansprucht werden dürfen [8].

Dieses eng normierte Regelwerk bildet für jedermann geltende Schranken. Dies begründet, weshalb Schutzrechte bei einer vergleichenden Technologieanalyse äußerst wertvoll sind: zum einen möchte und kann jedermann seine Erfindung offenbaren und versuchen zu schützen, sodass die Beschreibungen neuer Technologien an einem Ort gebündelt verwaltet werden. Etwaige Restriktionen, die auf eine Person zurückzuführen sind, sind dabei nicht vorhanden. Zum anderen wird durch eine strenge Auslegung der Regeln eine etwaige Unschärfe vermieden. Dies wird von etlichen Kontrollinstanzen (Anmelder, Anwälte, Patentämter, beobachtende Dritte) überwacht. Überdies ist durch bibliografische Daten – das Anmeldedatum, der Anmelder, Erfinder, zusätzliche Landesangaben, etc. – als auch veröffentlichte Recherchenberichte eine tief gehende Auswertung möglich [9].

Innerhalb dieses Regelwerkes gibt es unterschiedliche Strategien, um zu einem Schutzrecht zu gelangen. Dabei ist eine Maximierung des Schutzbereiches sowie der geografischen Ausschlusswirkung bei gleichzeitiger Minimierung der Kosten wünschenswert. Hierzu sind unter anderem verschiedene überstaatliche Abkommen ins Leben gerufen worden, u. a. das Pariser Verbandsübereinkommen (kurz: PVÜ). Mithilfe dieses Abkommens wird es einem Anmelder ermöglicht, die gleiche Erfindung unter Wahrung des ursprünglich zuerkannten Anmeldedatums, welches für die Bewertung des Standes der Technik von Relevanz ist, in einem anderen Mitgliedsland oder -organisation innerhalb von 12 Monaten erneut einzureichen [10]. Für eine effiziente Nutzung dieses Abkommens stellen Patentämter für eine Erstanmeldung innerhalb der 12-Monatsfrist ein erstes Prüfungsergebnis zusammen. Mithilfe dieses Ergebnisses wird es dem Anmelder ermöglicht, seine weiteren Erfolgschancen abzuwägen. So kann bei einem negativen Prüfungsergebnis zwischen Kosten und Wichtigkeit eines Projektes abgewogen werden, ob eine Weiterverfolgung auch in anderen Ländern sinnvoll erscheint. Dieses Verhalten stellt daher einen Vorfilter dar, der Anmeldungen, die Gegenstände beschreiben, die im Unternehmen als unwichtig angesehen werden, herausfiltert. Nachfolgend soll diese Anmeldestrategie als „Prioritätseffekt" angesprochen werden.

Als regionale Patentbehörde ist insbesondere das Europäische Patentamt (kurz: EPA) zu nennen. Vor diesem kann in einer ersten Phase ein Schutzrecht im Zuge eines vollständigen Erteilungsverfahrens erwirkt und in einer zweiten dieses Schutzrecht in 44 Staaten in nationales Recht umgewandelt werden. Dies umfasst die EU-Mitgliedsstaaten, sowie weitere, der EU geografisch zuzuordnende Staaten wie die Schweiz/Lichtenstein, die Türkei, Marokko, etc. [11]. Diese Möglichkeit der weiten territorialen Erstreckung ist mit gewissen Kosten verbunden. Die Amtsgebühren sind über einen typischen Fortgang einer Anmeldung in etwa 10 Mal so hoch wie bei einem nationalen, beispielsweise deutschen Patent. Dennoch wird das System im großen Stil angenommen: Jährlich gehen in etwa 300.000 Patentanmeldungen beim EPA ein, Tendenz steigend [12]. Die Erfahrung zeigt, dass in allen „wichtigen" Projekten versucht wird, ein europäisches Schutzrecht zu erwirken.

Im Rahmen der durchgeführten Analyse werden sich diese Vorteile zu Nutze gemacht: Die engen Rahmenregelungen der einzureichenden Anmeldung, der definierte Anmeldezeitpunkt, die Sicherheit, dass eine Anmeldung nur auf einen Gegenstand gerichtet ist, der „Prioritätseffekt", der Wunsch nach einer Kostenminimierung bei gleichzeitigem kostenintensiven Verfahren vor dem Europäischen Patentamt und nicht zuletzt auch die hervorragende Organisation und Verfügbarkeit der Patentdaten auf den Servern des Europäischen Patentamtes.

4 Methodik und Durchführung der Schutzrechtsanalyse

Für die vorliegende Analyse wurde zunächst eine Datenbank aufgebaut, die alle beim Europäischen Patentamt hinterlegten Schriften, die in der Klasse B60K 6/20 (hybride Fahrzeuge, wobei zumindest ein Elektromotor beteiligt ist) umfasst. Anschließend wurden diese Schriften zu 3215 Anmeldeverfahren zusammengefasst und in die zuvor vorgestellte Struktur einsortiert. Die Auswertung der Schriften basierte insbesondere auf einer Sichtung der Zeichnungen, da eingereichte Zeichnungen häufig im Einklang mit der ganz konkreten, von dem Anmelder genutzten Ausgestaltung stehen. Nicht selten liegen in Patentschriften ganze Zusammenbauzeichnungen vor, anhand derer recht genau erkannt werden kann, welche Topologie der Anmelder verfolgt.

Um die Player auf dem Gebiet der Patente für Hybride zu ermitteln, können die beim Europäischen Patentamt eingereichten Anmeldungen zunächst in Bezug auf das Land einer in Anspruch genommenen Priorität gemäß des PVÜ-Abkommens (s. o.) ausgewertet werden. Abb. 2 zeigt die Verteilung der 3215 in der aufgebauten Datenbank vorhandenen Anmeldungen über die Anmeldejahre bezüglich der Prioritätsländer, wobei nach den vier anmeldestärksten Ländern – Japan (1213 Anmeldungen), Deutschland (558 Anmeldungen), Frankreich (206 Anmeldungen) und den USA (306 Anmeldungen) – im Detail unterschieden wird. Alle anderen Länder, aus denen eine Priorität in Anspruch genommen worden ist, sind unter „Rest" zusammengefasst. Des Weiteren ist insbesondere ab 2009 eine größere Anzahl an Anmeldungen eingereicht worden, die keine Priorität in Anspruch genommen hatten. Bei einer genaueren Auswertung kann man erkennen, dass ab 2008 66 % dieser Anmeldungen von Toyota anhängig gemacht worden sind. Damit können diese Anmeldungen zumindest zum Teil Japan zugerechnet werden. Auf den vorstehend genannten „Prioritätseffekt" ist hier jedoch anscheinend verzichtet worden.

Zu erkennen ist deutlich, dass die Anmeldezahlen in den letzten 20 Jahren stetig gewachsen sind. Ein verstärktes Interesse der Industrie auf dem Gebiet der hybriden Antriebstechnik ist damit bereits gezeigt. Auffallend sind die beiden Peaks 2007/2008 sowie 2011, auf deren Hintergründe sich allerdings nur schwer schließen lässt. Prinzipiell wird im Patentwesen immer wieder beobachtet, dass in Zeiten von Rezessionen und politischem Umschwung deutlich mehr Erfindungen getätigt werden, als in Zeiten, in denen Produktionszahlen hoch sind. Dies wird häufig mit einem Mehr an Zeit und Gestaltungsfreiheit in den einzelnen Unternehmen begründet, gegebenenfalls auch mit einer erhöhten Motivation der Mitarbeiter. Im Vorliegenden könnte dies zum einen 2007/2008 die Weltwirtschaftskrise, ausgelöst durch den Bankrott der „Lehman Brothers" sein. Tatsächlich ist der große Peak 2008 (Prioritätsdatum 2007 bis 2008) in den USA auf die Firmen GM, Daimler, Chrysler und BMW zurückzuführen, die in jenem Jahr etliche Anmeldungen auf dem Bereich der Hybriden tätigten unter Beanspruchung einer Priorität aus den USA. Jedoch auch in den anderen Ländern, insbesondere auch in Japan, ist ein Anstieg der Anmeldezahlen zu verzeichnen. Zum anderen geht der zweite Peak 2011/2012 – das Jahr des Super-GAUs in Fukushima zusammen mit dem Startschuss der Energiewende in Deutschland – auf eine hohe Zahl japanischer Anmeldungen zurück. Gegebenenfalls kann dieser zweite Peak daher durch einen politischen Impuls erklärt werden. Ob jedoch tatsächlich ein Zusammenhang zwischen diesen Ereignissen und den erhöhten Anmeldezahlen besteht, kann im Rahmen dieser Arbeit nicht geklärt werden; der Hinweis, dass zwischen wirtschaftlichen und politischen Großereignissen und dem Anmeldeverhalten von Unternehmen eine Wechselwirkung bestehen kann, soll hier ausreichen.

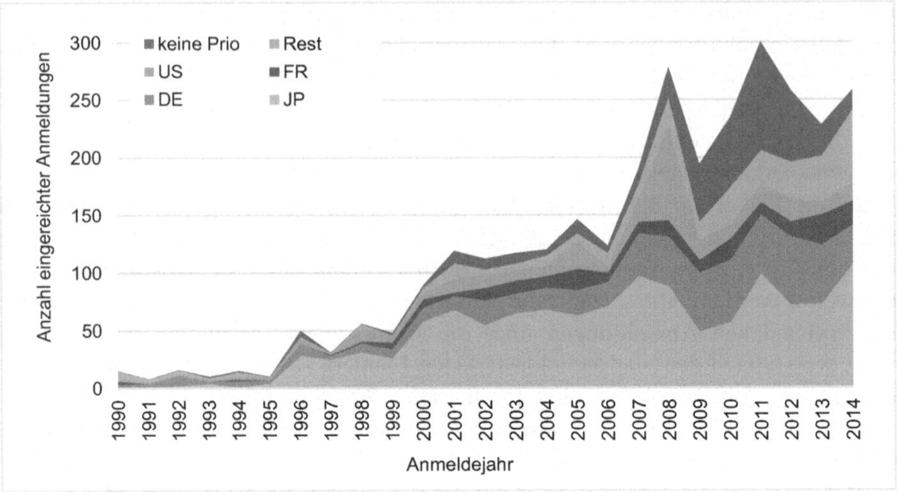

Abb. 2. Beim Europäischen Patentamt eingereichte Patentanmeldungen bezüglich der Klasse B60K 6/20 über das jeweilige Anmeldejahr, unterteilt nach Prioritätsländern, gestapelt

Betrachtet man die reinen Anmeldezahlen der einzelnen Länder, könnte man zu dem Schluss kommen, dass Japan klarer Vorreiter in der hybriden Technologie ist. Dieser Schluss ist sicherlich nicht gänzlich von der Hand zu weisen, muss jedoch in eine gewisse Relation gesetzt werden: Anmeldeverhalten hängen nicht nur – wie erwähnt – von wirtschaftlichen und politischen Großereignissen ab, sondern auch an unternehmenspolitischen Vorgaben (Controlling und Innovationsstärke) und landesabhängigen Gesetzesschulen: Unter anderem wurde der Begriff der Einheitlichkeit (s. o.) eines Anspruchssatzes über Jahrzehnte hinweg vor den japanischen Patentämtern wesentlich enger als von westlichen Patentämtern gesehen. Dies hat zur Folge, dass für einen Gegenstand, für den vor einem westlichen Patentamt eine Anmeldung eingereicht wurde, in Japan mehrere eingereicht wurden, was dazu führt, dass der Schutzbereich von vielen japanischen Anmeldungen recht eng ist, die Summe dieser vielen Schutzbereiche jedoch einen ähnlichen Schutzbereich umfasst, wie es ein einzelnes Schutzrecht vor westlichen Patentämtern schafft. Dieses Ungleichgewicht führt zu einer ersten Verzerrung. Eine weitere Verzerrung kann auf den Umstand, dass Anmelder, die nicht ihren Sitz in einem EPÜ-Mitgliedsstaat haben, zwingend durch Anwälte vor Ort vertreten werden müssen, zurückgeführt werden. Denn trotz der Vertretung erfolgt die Ausarbeitung von Anmeldetexten, Erwiderungen auf Bescheide, etc. regelmäßig zentral von dem Anmelder in „seinem" Land, mithin von Mitarbeiten, die insbesondere das dort herrschende Recht, nur zum Teil jedoch das hiesige Recht und insbesondere dessen Auslegung kennen. Daher werden auch aufgrund dieses Informationsgefälles häufig mehrere enge Anmeldungen eingereicht, wobei eine allgemeinere unter Umständen auch ausreichend gewesen wäre. Dieser Nachteil besteht für die lokalen Anmelder ebenfalls nicht, sodass dieser Umstand zu einer weiteren Verzerrung führt.

Aus den vorgenannten Gründen stellt sich ein direkter, zahlenmäßiger Vergleich zwischen den einzelnen Ländern als problematisch dar. Eine Möglichkeit des Vergleichs könnte darin bestehen, unternehmensspezifisch auszuwerten. Dies führt jedoch aufgrund der großen Anzahl an Unternehmen zu einem nur sehr geringen Stichprobenumfang, sodass hieraus gewonnene Aussagen als nicht sinnvoll erachtet werden können. Als nächste Stufe stellt eine Differenzierung über die Länder aus denen eine Priorität in Anspruch genommen wurde, eine praktikable Möglichkeit dar. So kann der oben genannte „Prioritätseffekt" vollständig ausgenutzt werden. Darüber hinaus werden Zuliefernetzwerke, die in einigen Fällen zumindest bezüglich der Entwicklung auf regionalen Strukturen basieren („verlängerte Werkbank" vs. „der entwickelnde Zulieferer"), geglättet.

5 Erkennbare Trends und Schwerpunkte zu hybriden Antriebskonzepten

Die vorstehenden Ausführungen berücksichtigend, werden die einzelnen Trends im Folgenden landabhängig ausgewertet. Aufgrund der Menge der Daten sollen im Rahmen dieser Veröffentlichung nur die beiden anmeldestärksten Länder genauer untersucht werden: Deutschland und Japan. Diese Wahl wird dadurch bestärkt, dass für den heimischen Raum Deutschland in der Automobilbranche eine Vorreiterfunktion spielt und Japan insbesondere durch Toyota ebenfalls auf einigen Gebieten eine wegweisende Rolle einnimmt.

5.1 Trendanalyse für Deutschland

Im Folgenden sollen zunächst Anmeldungen diskutiert werden, die eine deutsche Priorität aufweisen. Abb. 3 zeigt das sich bei einer Auswertung bezüglich der zuvor diskutierten, einzelnen Konzepte ergebende Gesamtbild. Der innerste Kreis bezeichnet dabei die allgemeinste Kategorie, der nächstäußere eine Stufe spezieller, usw.

Erkennbar ist, dass mehr als drei Viertel der 452 ausgewerteten Anmeldungen auf einen Parallel-Hybrid gerichtet sind. Nur eine Minderheit beschäftigt sich mit Seriell-Hybriden bzw. leistungsverzweigenden Hybriden. Bezüglich der Parallel-Hybride werden vornehmlich Gegenstände für solche Topologien beansprucht, bei der sich der Elektromotor vor dem Hauptgetriebe befindet. Bezüglich dieser Kategorie beschäftigen sich in etwa zwei Drittel der Anmeldungen mit dem 1-Wellen-Konzept, in etwa ein Drittel mit dem 2-Wellen-Konzept.

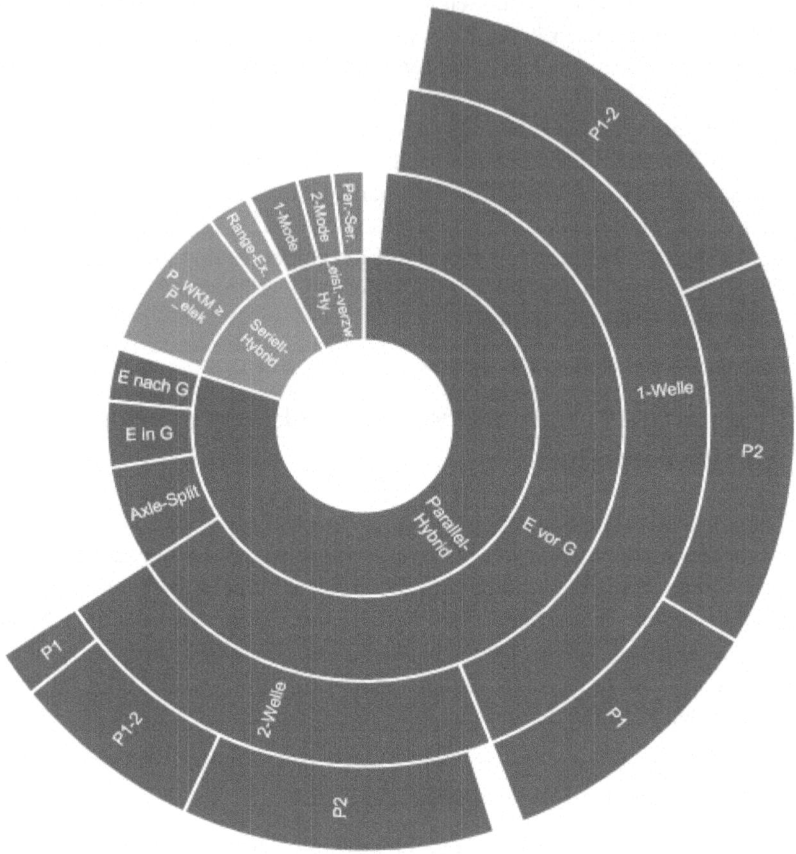

Abb. 3. Verteilung der Anmeldungen, die eine deutsche Priorität beanspruchen, strukturbezogen. Leist.-Verzw.-Hy. = Leistungsverzweigender Hybrid, Par.-Ser. = Parallel-Seriell-Hybrid, P_WKM ≥ P_elek = Leistung des Verbrennungsmotors ≥ Leistung des Elektromotors, E vor G = Elektromotor ist vor dem Hauptgetriebe angeordnet, E in G = Elektromotor ist im Hauptgetriebe angeordnet, E nach G = Elektromotor ist nach dem Hauptgetriebe angeordnet (P3-Hybrid), 1-Welle = Konzept, bei dem der Elektromotor und der Verbrennungsmotor auf einer Welle angeordnet sind, 2-Welle = Konzept, bei dem der Elektromotor und der Verbrennungsmotor auf unterschiedlichen Wellen angeordnet sind, P1 = P1-Hybrid: Verbrennungsmotor und Elektromotor bilden eine Einheit, die von dem Hauptgetriebe abgekoppelt werden kann, P2 = P2-Hybrid: Verbrennungsmotor und Elektromotor sind durch eine Kupplung getrennt, der Elektromotor ist an dem Hauptgetriebe angeschlossen, P1-2 = P1-2-Hybrid: Der Elektromotor ist über eine Kupplung zum einen von dem Verbrennungsmotor, zum anderen von dem Hauptgetriebe abkoppelbar

Um Trends abzuleiten ist jedoch der zeitliche Verlauf von Schwerpunkten von besonderer Bedeutung. Abb. 4 zeigt diesen aufgeteilt bezüglich der obersten Kategorien: Parallel-Hybrid, leistungsverzweigender Hybrid und Seriell-Hybrid. Deutlich ist erkennbar, dass das Konzept des Parallel-Hybrid zu jeder Zeit das Vorherrschende war. Insbesondere seit 2006 ist diesbezüglich ein enormer Anstieg zu verzeichnen. Doch auch die Konzepte des Seriell-Hybrid und des leistungsverzweigenden Hybrid erfahren seit 2006 einen leichten Anstieg, auch wenn ihr Anteil in der Summe nur ca. einem Fünftel des Parallel-Hybrid entspricht.

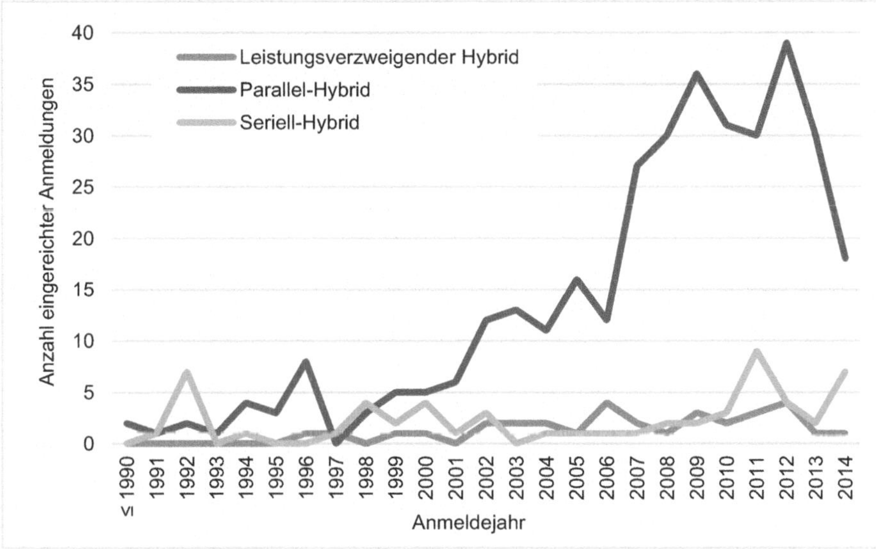

Abb. 4. Die drei Grundtopologien im Vergleich, über das Anmeldejahr, Deutschland

Bezüglich der vorherrschenden Gruppe der Parallel-Hybride kann diese detaillierter untersucht werden. Abb. 5 zeigt diesbezüglichen den zeitlichen Verlauf der einzelnen Unterkategorien. Die bereits bei der Diskussion des zeitinvarianten Gesamtbildes postulierte Einschätzung, dass die Topologie, bei der der Elektromotor vor dem Hauptgetriebe angeordnet ist, stark dominiert, wird auch hier deutlich. Tatsächlich liegt dieser konstant weit über den anderen Kategorien. Nur der Axle-Split war von 2009 bis 2011 auch von Relevanz, wenn auch im Vergleich nur in einem geringen Ausmaß.

Abb. 6 und 7 zeigen als jeweils gestapelte Diagramme die Anteile der einzelnen Topologien P1, P2 sowie P1-2, soweit diese auswertbar sind, bezüglich des Konzeptes, bei dem der Elektromotor vor dem Hauptgetriebe angeordnet ist. Die Abbildungen unterscheiden bezüglich des 1-Wellen-Konzeptes (Abb. 6) und des 2-Wellen-Konzeptes (Abb. 7).

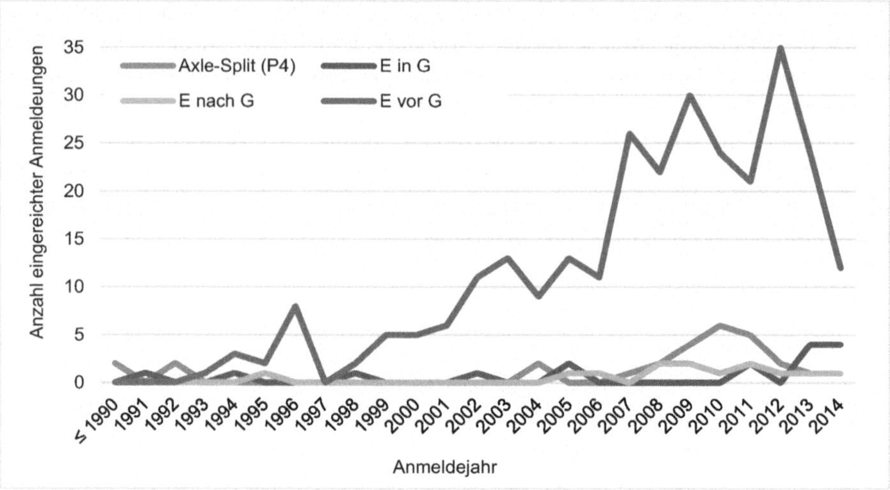

Abb. 5. Gruppe der Parallel-Hybride, aufgetragen über die Anmeldejahre, Deutschland

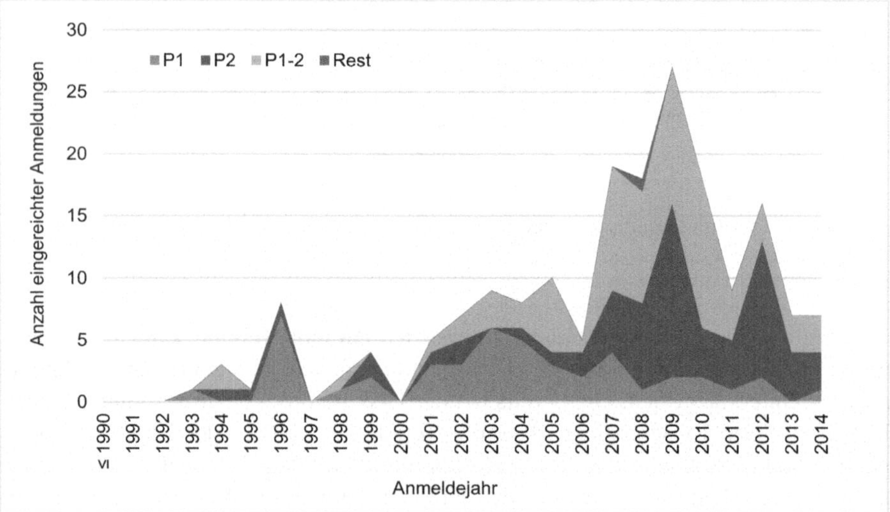

Abb. 6. Gruppe des 1-Welle-Konzepts bezüglich der Gruppe „Elektromotor vor Hauptgetriebe", über die Anmeldejahre, gestapelte Anteile, Deutschland

In der Gruppe des 1-Welle-Konzeptes war in der Anfangszeit des Hybrid (2000 bis 2006) der P1-Hybrid vorherrschend. Dies sicherlich auch deshalb, da diese Hybridform recht einfach in ein bestehendes Antriebskonzept eingebaut werden kann (s. o.). Erst ab ca. 2004 wurde sich auf die „komplizierteren" Ansätze fokussiert, zunächst der P1-2-Hybrid, einige Jahre später auch der P2-Hybrid. Hier ist eine klare Trendänderung zu erkennen: weg von einem P1-Hybrid, hin zu einem P2-Hybrid über die Zwischenstufe des P1-2-Hybrids.

Ein anderes Bild ergibt sich für das 2-Wellen-Konzept (Abb. 7). Dieses Konzept basiert wie erwähnt auf einer Aufspaltung des Antriebsstranges, sodass der Antriebsstrang ohnehin erweitert wird. Hierdurch fällt es anscheinend einfacher, den Elektromotor an einer Stelle einzubinden, an der der Hybridisierungsgrad gegenüber dem „einfachen" P1-Hybrid erhöht werden kann. Dies zeigt sich dadurch, dass zum einen das 2-Wellen-Konzept erst ca. 6 Jahre später als das 1-Wellen-Konzept verfolgt wurde, zum anderen, dass zunächst der P2-Hybrid und erst später der P1-2-Hybrid entwickelt wurde. Der P1-2 Hybrid erfordert eine aufwendigere Einbindung des Elektromotors im 2-Wellen-Konzept, als beim 1-Wellen-Konzept. In neuerer Zeit wird damit bei beiden Konzepten – dem 1-Wellen und 2-Wellen Konzept – der P2- und der P1-2-Hybrid verfolgt.

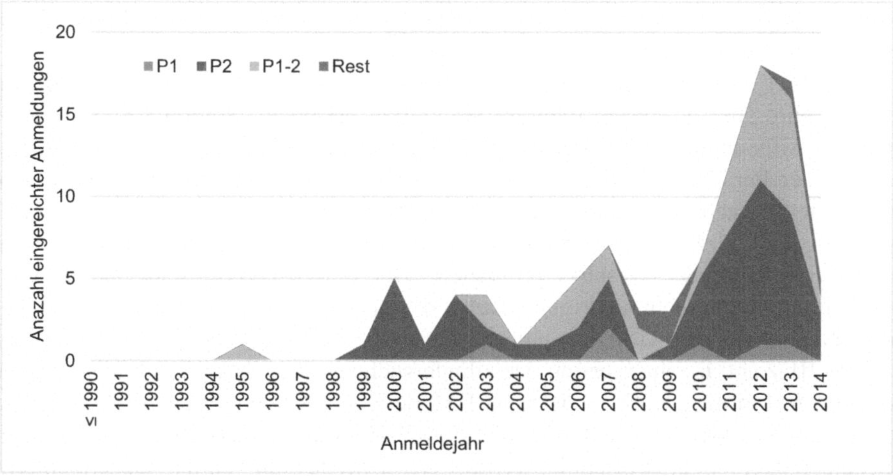

Abb. 7. Gruppe des 2-Wellen-Konzepts bezüglich der Gruppe „Elektromotor vor Hauptgetriebe", über die Anmeldejahre, gestapelte Anteile, Deutschland

Für Anmeldungen, die eine deutsche Priorität begründen, lässt sich somit zusammenfassend feststellen, dass insbesondere Parallel-Hybride angemeldet wurden, wobei in jüngerer Zeit der Fokus auf einen P1-2- bzw. P2-Hybrid liegt und sich von der einfacheren Hybridform des P1-Hybrids mehr und mehr abgewendet wird. Andere Hybridformen sind dagegen nur in einer Minderzahl vertreten.

5.2 Trendanalyse für Japan

Abb. 8 zeigt das Gesamtbild der unterschiedlichen Kategorien in den verschiedenen Hierarchiestufen zeitinvariant für Anmeldungen, die eine Priorität aus Japan beanspruchen. Von den 1040 ausgewerteten Anmeldungen befassen sich nur etwas mehr als die Hälfte mit einem Parallel-Hybrid. Ein weiterer großer Anteil – mehr als ein Drittel – befassen sich mit dem leistungsverzweigenden Hybrid. Der Seriell-Hybrid ist in etwa ähnlich schwach vertreten wie in Deutschland.

Auffällig ist, dass bezüglich des leistungsverzweigenden Hybrid fast ausschließlich Anmeldungen getätigt sind, die eine Konfiguration betreffen, bei der der Verbrennungsmotor an dem Planetenträger, der Generator an dem Sonnenrad und – daraus resultierend – der Abtrieb an dem Hohlrad angeschlossen ist. Andere Konfigurationen sind nur in einer kleinen Minderzahl gezeigt. Auch der Parallel-Seriell-Hybrid hat einen nennenswerten Anteil. Damit zeigt sich für den leistungsverzweigenden Hybrid ein anderes Bild gegenüber dem vorstehend diskutierten Schwerpunkt in Deutschland.

Bezüglich des Parallel-Hybrid ist dagegen ein wesentlich ähnlicheres Bild erkennbar: So ist auch hier eine Topologie, bei der der Elektromotor vor dem Hauptgetriebe angeordnet ist, dominierend – auch die jeweiligen Unterkategorien sind ähnlich verteilt. Jedoch auch der Axle-Split (P4-Hybrid) hat im Gegensatz zu Deutschland einen nicht unwesentlichen Anteil, wobei bei diesem der Elektromotor vornehmlich über ein Getriebe an den Abtrieb angeschlossen ist. Beim Seriell-Hybrid halten sich Range-Extender und dauerhaft mit einem Verbrennungsmotor arbeitende Konzepte in etwa die Waage.

Betrachtet man den zeitlichen Verlauf (Abb. 9) der Hauptkategorien über die Anmeldejahre sind in diesem mehrere Wandel zu erkennen: Während hybride Konzepte im Allgemeinen bereits seit 1996 nicht unwesentlich verfolgt wurden, war zunächst der Parallel-Hybrid am stärksten vertreten. Zwischen 2004 und 2005 übertraf die stetig wachsende Gruppe der leistungsverzweigenden Hybride den Parallel-Hybrid bis ca. 2009. Ab hier wurde der in der Zwischenzeit leicht zurückgefahrene Parallel-Hybrid wieder verstärkt propagiert. Der Seriell-Hybrid schwankt dagegen dauerhaft auf einem recht niedrigen Niveau, das in etwa einem Sechstel der jeweiligen dominierenden anderen Grundform entspricht.

Abb. 10 zeigt in einer ersten Detailuntersuchung die Gruppe der leistungsverzweigenden Hybride. Deutlich sticht das 1-Mode-Konzept heraus. Seit 2007 ist darüber hinaus ein verstärkter Anstieg der Parallel-Seriell-Hybride zu verzeichnen, die bis dahin nahezu überhaupt nicht angemeldet wurden. Der 2-Mode läuft von der Tendenz in etwa parallel zu dem 1-Mode, jedoch ca. um einen Faktor 7 geschwächt. Dies verwundert nicht, ist der 2-Mode im Wesentlichen eine Erweiterung des 1-Mode-Konzeptes, sodass sich viele beanspruchte Gegenstände gleichermaßen für einen 1-Mode, als auch für einen 2-Mode nutzen lassen, jedoch wird nur der 1-Mode offenbart.

Abb. 11 zeigt die unterschiedlichen Konfigurationen des 1-Mode-Konzeptes in einem gestapelten Vergleich. Sehr deutlich ist zu erkennen, dass zu jedem Zeitpunkt die bereits vorstehend angesprochene Anschlusskonfiguration bevorzugt wurde. Doch auch andere Konfigurationen, wie zum Beispiel dass der Verbrennungsmotor an das Hohlrad, der Generator an das Sonnenrad und der Abtriebsstrang an den Planetenträger angeschlossen ist, wurden zwischenzeitlich, insbesondere in den Jahren 2003 bis 2007 verfolgt. Die restlichen Konfigurationen sind nur singulär zu verzeichnen.

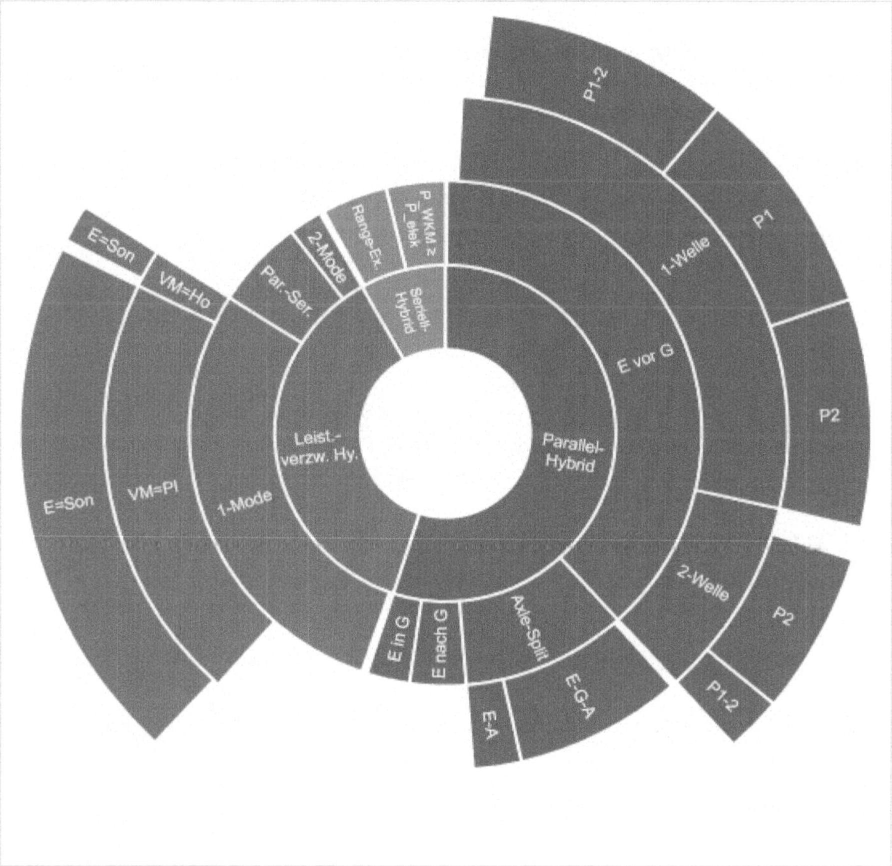

Abb. 8. Verteilung der Anmeldungen, die eine japanische Priorität beanspruchen, strukturbezogen. Leist.-Verzw.-Hy. = Leistungsverzweigender Hybrid, Par.-Ser. = Parallel-Seriell-Hybrid, P_WKM ≥ P_elek = Leistung des Verbrennungsmotors ≥ Leistung des Elektromotors, E vor G = Elektromotor ist vor dem Hauptgetriebe angeordnet, E in G = Elektromotor ist im Hauptgetriebe angeordnet, E nach G = Elektromotor ist nach dem Hauptgetriebe angeordnet (P3-Hybrid), 1-Welle = Konzept, bei dem der Elektromotor und der Verbrennungsmotor auf einer Welle angeordnet sind, 2-Welle = Konzept, bei dem der Elektromotor und der Verbrennungsmotor auf unterschiedlichen Wellen angeordnet sind, P1 = P1-Hybrid: Verbrennungsmotor und Elektromotor bilden eine Einheit, die von dem Hauptgetriebe abgekoppelt werden kann, P2 = P2-Hybrid: Verbrennungsmotor und Elektromotor sind durch eine Kupplung getrennt, der Elektromotor ist an dem Hauptgetriebe angeschlossen, P1-2 = P1-2-Hybrid: Der Elektromotor ist über eine Kupplung zum einen von dem Verbrennungsmotor, zum anderen von dem Hauptgetriebe abkoppelbar

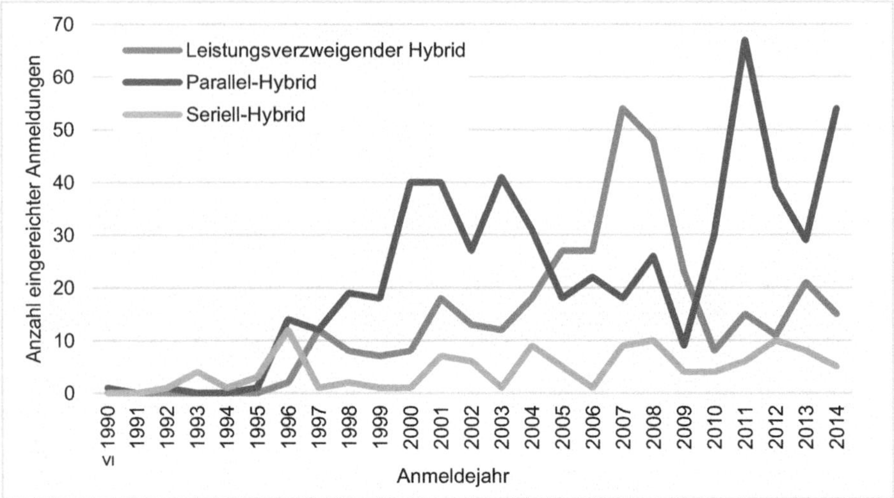

Abb. 9. Die drei Grundtopologien im Vergleich über die Anmeldejahre, Japan

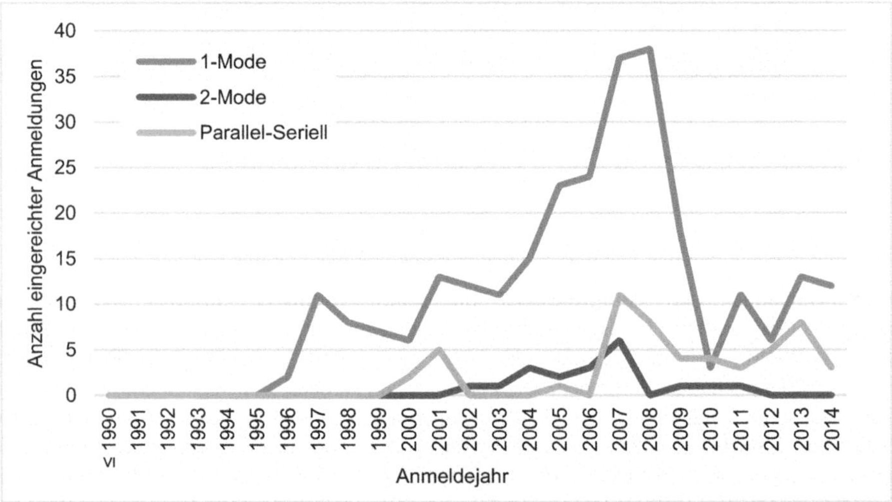

Abb. 10. Gruppe der leistungsverzweigenden Hybride über die Anmeldejahre im Vergleich, Japan

Betrachtet man nun den zeitlichen Verlauf der Parallel-Hybride (Abb. 12), ist erkennbar, dass das Konzept, bei dem der Elektromotor vor dem Hauptgetriebe angeordnet ist, sich mit dem des Axle-Splits abwechselt. So dominierte in den Jahren 1995 bis 2004 sowie 2007 bis 2014 Ersteres, während zwischen 2003 bis 2007 Letzteres propagiert wurde. Die anderen beiden Konzepte sind in einer Minderzahl verfolgt worden; nur in jüngerer Zeit sind nennenswert Konzepte angemeldet worden, bei denen der Elektromotor im Hauptgetriebe angeordnet ist.

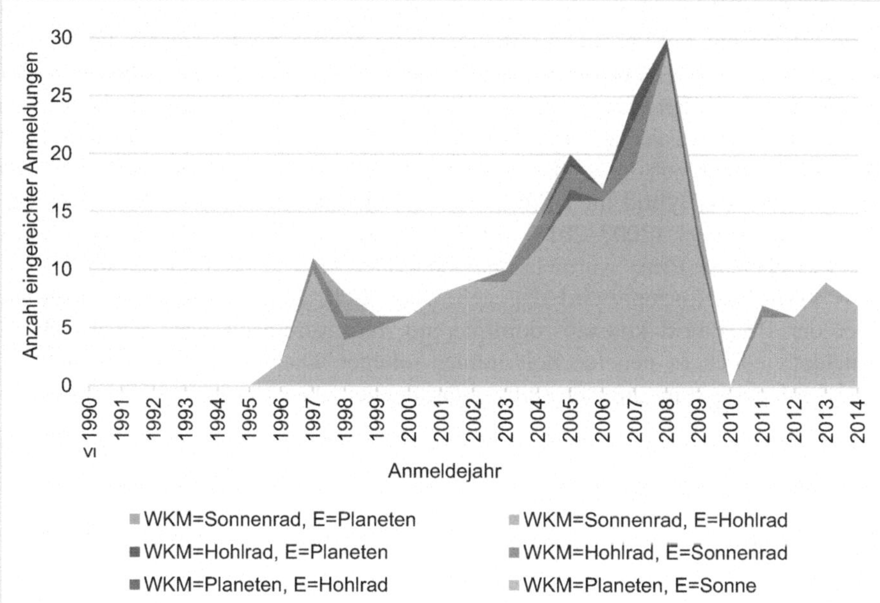

Abb. 11. Gruppe des 1-Mode-Konzeptes im gestapelten Vergleich über die Anmeldejahre, Japan

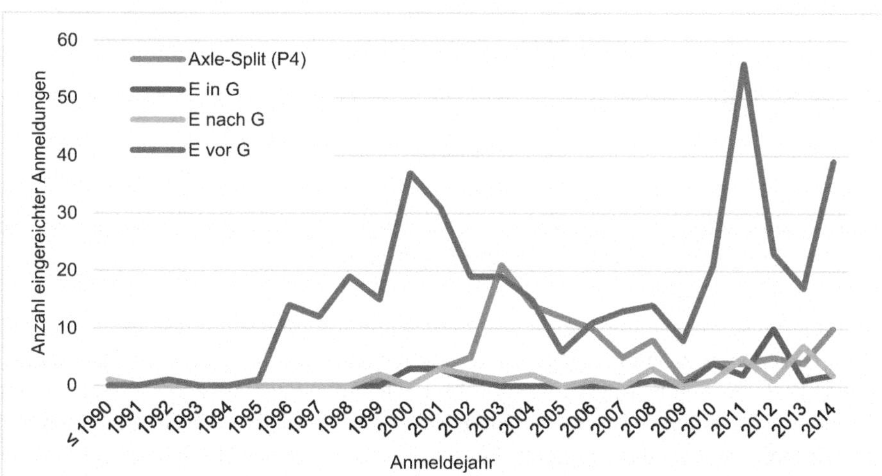

Abb. 12. Gruppe der Parallel-Hybride im Vergleich über die Anmeldejahre, Japan

Bringt man diese Verschiebung zwischen den beiden Topologien in einen Zusammenhang mit Abb. 13 und 14, die die Untergruppen des Konzeptes, bei dem der Elektromotor vor dem Hauptgetriebe angeordnet ist, unterschieden bezüglich 1-Wellen- (Abb. 13) und 2-Wellen-Konzept (Abb. 14), lässt sich erkennen, dass die beiden vorstehend genannten Peaks auf die Verwirklichung unterschiedlicher Detailkonzepte zurückgehen: Während der erste Peak (1995–2004) insbesondere auf eine Verwirklichung des P1-Hybrid im 1-Welle-Konzept zurückgeht, hat sich der Fokus während des zweiten Peak (2007–2014) auf den P2- sowie den P1-2-Hybrid verschoben. Bereits zwischen den Peaks wurde fast ausschließlich der P1-2-Hybrid verfolgt.

Das 2-Wellen-Konzept wird dagegen wesentlich weniger offenbart. Insgesamt ist hier der P2-Hybrid konstant dominierend. Nur vereinzelt wird der P1-Hybrid angemeldet, jedoch in neuerer Zeit immer seltener. Dazu komplementär steht der P1-2-Hybrid, der erst in jüngerer Zeit verstärkt angemeldet wurde.

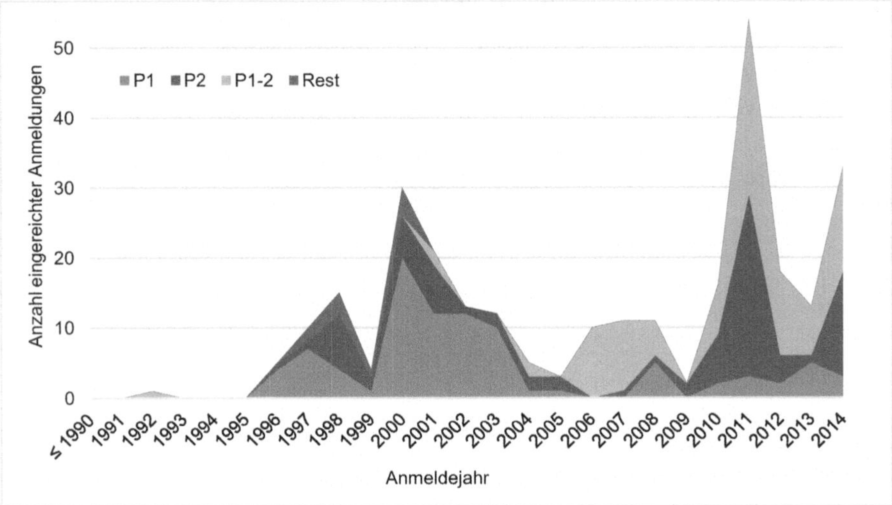

Abb. 13. Gruppe des 1-Wellen-Konzepts bezüglich der Gruppe Elektromotor vor Hauptgetriebe über die Anmeldejahre, gestapelte Anteile, Japan

Somit lässt sich zusammenfassend feststellen, dass im Vergleich zu Deutschland ein wesentlich größerer Anteil an Anmeldungen auf einen leistungsverzweigenden, insbesondere auf einen 1-Mode, bei dem der Verbrennungsmotor an den Planetenträger, der Generator an das Sonnenrad und der Abtrieb an das Hohlrad angeschlossen ist, gerichtet sind. Erst in jüngerer Zeit wird als weiterer Schwerpunkt der Parallel-Hybrid gesetzt, insbesondere der P2-, sowie P1-2-Hybrid im 1-Wellen-Konzept. Somit unterscheidet sich die japanische von der deutschen Strategie insbesondere bezüglich des Fokus auf den leistungsverzweigenden Hybrid.

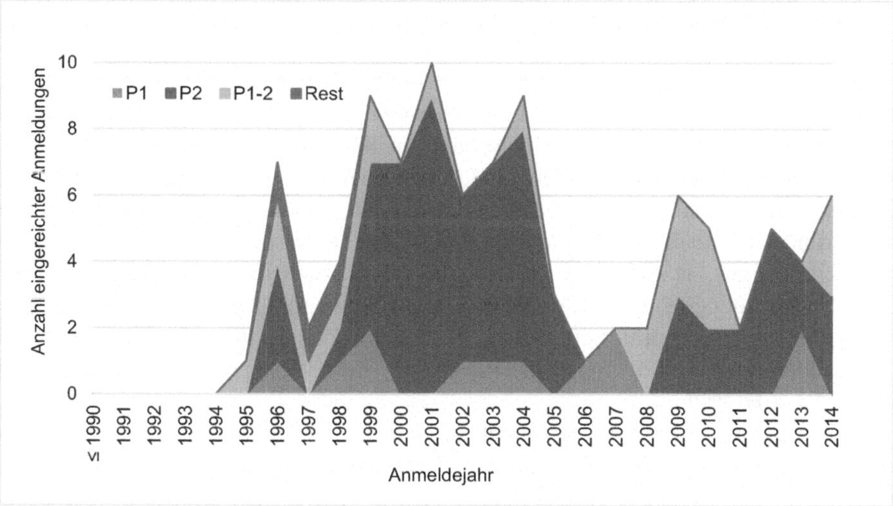

Abb. 14. Gruppe des 2-Wellen-Konzepts bezüglich der Gruppe Elektromotor vor Hauptgetriebe über die Anmeldejahre, gestapelte Anteile, Japan

6 Auswirkungen auf den Ladungswechsel

Aufgrund unterschiedlicher Anmeldestrategien fällt es schwer, spezifische, auf den ausgewerteten Anmeldungen basierende Aussagen bezüglich einer Veränderung einzelner, den Ladungswechsel betreffenden Komponenten zu machen, da in vielen Fällen etwaige Optimierungen bezüglich einzelner Komponenten vor dem patentrechtlichen Hintergrund nicht im Kontext der Hybridisierung offenbart werden, wenngleich diese Optimierung tatsächlich vor dem Hintergrund einer Hybridisierung erfolgte. Daher würde sich zwangsläufig ein verzerrtes Bild ergeben.

Generell kann jedoch mit Sicherheit gesagt werden, dass durch die Abkehr von einfachen Hybridformen wie dem P1-Hybrid hin zu P2- oder Axle-Splits eine Steigerung des Hybridisierungsgrades über die Zeit erfolgt. So können aus der vorliegenden Analyse Aussagen für das Einsatzszenario eines Verbrennungsmotors getroffen werden. Das Verschieben des Fokus in Richtung Elektromotor hat für den Verbrennungsmotor weitreichende Konsequenzen. Vor dem Hintergrund, dass, um die Emissionierung gering zu halten, der Verbrennungsmotor für immer längere Zeitspannen abgeschaltet werden soll, ergeben sich auf der technischen Seite beispielsweise neue Problemkreise auf dem Gebiet der Kaltstarttechnik, dem Thermomanagement, etc. und eine Kostenabwägung auf der wirtschaftlichen Seite. Daher wird postuliert, dass sich die Komponenten des Ladungswechsels in ihrer Funktionsweise verschieben werden. Mit Blick auf die immer noch ansteigende Aktivität auf dem Bereich der Hybride, ist jedoch nicht davon auszugehen, dass der Verbrennungsmotor in absehbarer Zeit vollständig von einem rein elektrischen Antrieb abgelöst wird.

7 Zusammenfassung und Ausblick

Prinzipiell lässt sich festhalten, dass eine Trendanalyse bezüglich unterschiedlicher Technologien auf Basis von Schutzrechtsanmeldungen möglich ist. Dabei konnte herausgefunden werden, dass in Deutschland insbesondere der Parallel-Hybrid favorisiert wurde, wobei über die Zeit eine Abkehr vom P1-Hybrid und hin zu einem P2- und P1-2-Hybriden zu beobachten ist. Andere Konzepte rücken dabei in den Hintergrund. In Japan wurde dagegen lange Zeit auch der leistungsverzweigende Hybrid propagiert, wobei insbesondere ein 1-Mode-Getriebe, an dessen Planetenträger der Verbrennungsmotor, der Generator am Sonnenrad und der Abtrieb am Hohlrad angeschlossen ist, präferiert wurde. In jüngerer Zeit nehmen darüber hinaus wie in Deutschland als auch in Japan die Parallel-Hybride verstärkt zu, hier ebenfalls die P2- und P1-2-Hybride.

Eine Schutzrechtsanalyse ist immer mit einer gewissen Unsicherheit verbunden. Durch unterschiedliche Anmeldestrategien kann das tatsächliche Bild von dem zuvor dargestellten abweichen. Dennoch zeigen stichprobenartige Recherchen, dass beispielsweise Toyota (Japan) ein leistungsverzweigendes 1-Mode-Getriebe unter dem Markennamen „Hybrid Synergy Drive" vertreibt und serienmäßig verbaut [13]. GM (USA) setzt bezüglich einer Hybridisierung beispielsweise auf ein 2-Mode-Konzept [14]. Die deutschen Autobauer setzen dagegen wesentlich mehr auf Parallel-Hybride (z. B. Audi [15]). Dies stimmt vollumfänglich mit den Ergebnissen der vorliegenden Trendanalyse überein, wobei darüber hinaus im Rahmen dieser Analyse spezielle Aussagen getroffen werden können, wann die entsprechenden Topologien entwickelt wurden und welche aktuellen Entwicklungen derzeit vorhanden sind.

Im weiteren Verlauf dieser Arbeit werden insbesondere zwei Aspekte zu untersuchen sein: Zunächst soll weiter geprüft werden, wie unterschiedliches Anmeldeverhalten nivelliert werden kann. Ansatzpunkte könnten herstellerspezifische Auswertungen, Situationsanalysen mit Blick auf weitere Einflussfaktoren oder die Auswertung der von dem Europäischen Patentamt erstellten Recherchenberichte sein. Als zweiter Aspekt sollen die durch die Patentanalyse gewonnenen Aussagen am Markt überprüft werden, um insbesondere den zeitlichen Versatz zwischen Anmeldung und Markteinführung zu bestimmen.

Literatur

1. Hannibal, W., Otto, R., Szeimies, M., Fuoss, K.: Ausführung der Verbrennungsmotoren in hybriden Pkw-Antriebskonzepten mit Fokus auf den Ladungswechsel. Ladungswechsel im Verbrennungsmotor. In: 10. MTZ-Fachtagung Ladungswechsel im Verbrennungsmotor, Stuttgart, 24. Oktober 2017
2. Reif, K.: Konventioneller Antriebsstrang und Hybridantriebe: Mit Brennstoffzellen und alternativen Kraftstoffen. Vieweg + Teubner, Wiesbaden (2010)
3. N. N.: DPMA: Patentrecherche mit Klassifikationssymbolen (2011)
4. N. N.: DPMA: Internationale Patentklassifikation (2018)
5. Hofmann, P.: Hybridfahrzeuge: Ein alternatives Antriebssystem für die Zukunft. Springer, Wien (2014)

6. Tschöke, H.: Die Elektrifizierung des Antriebsstrangs: Basiswissen. Springer Vieweg, Wiesbaden (2015)
7. Reif, K.: Kraftfahrzeug-Hybridantriebe: Grundlagen, Komponenten, Systeme, Anwendungen. Vieweg + Teubner, Wiesbaden (2012)
8. EPO: Richtlinien für die Prüfung im Europäischen Patentamt (2017)
9. EPO: EBD – EPO bibliographic data – specifications (2007)
10. Weltorganisation für Geistiges Eigentum: Pariser Verbandsübereinkunft zum Schutz des gewerblichen Eigentums (1988)
11. EPO: Europäisches Patentübereinkommen
12. EPO: Europäische Patente und Patentanmeldungen – Statistik (2017)
13. N. N.: Wikipedia: hybrid synergy drive (2018)
14. N. N.: Wikipedia: global hybrid cooperation (2018)
15. N. N.: Audi technology portal – Hybridtechnologie (2018)

Der Ladungswechsel und das Stack-Management von modernen Brennstoffzellen-Systemen

Sven Alexander Kaiser[1(✉)], Michael Baumann[1], Stefan Biba[1], und Hans-Ulrich Steurer[2]

[1] MAHLE Filtersysteme GmbH, Stuttgart, Deutschland
sven.alexander.kaiser@mahle.com
[2] MAHLE Behr GmbH & Co. KG, Stuttgart, Deutschland

1 Einleitung

Generell gibt es in der Industrie unterschiedliche Brennstoffzellenkonzepte welche mit unterschiedlichen Brennstoffen betrieben werden. Diese können reiner Wasserstoff, wasserstoffreiches Reformergas, Erdgas oder Methanol sein. Als Reaktionspartner (Oxidationspartner) kommt reiner Sauerstoff oder der in der Umgebungsluft zur Verfügung stehende Luftsauerstoff infrage (Abb. 1).

BZ-Typ Abkürzung	Bezeichnung Deutsch	Bezeichnung Englisch	Betriebstemperatur	Temperaturklasse
SOFC	Festoxid Brennstoffzelle	Solid Oxide Fuel Cell	600 – 1.000°C	Hochtemperatur-Brennstoffzelle
MCFC	Schmelzkarbonat Brennstoffzelle	Molten Carbon Fuel Cell	550 – 660°C	
PAFC	Phosphorsaure Brennstoffzelle	Phosphoric Acid Fuel Cell	160 – 200°C	Mitteltemperatur-Brennstoffzelle
PEMFC	Polymermembran Brennstoffzelle	Polymer Electrolyte Membrane Fuel Cell or Proton Exchange Membrane Fuel Cell	120 – 180 °C	
PEMFC	Polymermembran Brennstoffzelle	Polymer Electrolyte Membrane Fuel Cell or Proton Exchange Membrane Fuel Cell	60 – 120°C	Niedertemperatur-Brennstoffzelle
AFC	Alkalische Brennstoffzelle	Alkaline Fuel Cell	60 – 90°C	
DMFC	Direkt Methanol Brennstoffzelle	Direct Methanol Fuel Cell	60 – 90°C	

Abb. 1. Bauarten von Brennstoffzellen. (Quelle: Brennstoffzellen- und Wasserstoff-Technologien als wirtschaftliche Chance für Hamburg, Jan. 2004)

J. Liebl (Hrsg.): *Ladungswechsel und Emissionierung 2018*, Proceedings, S. 138–147, 2019.
https://doi.org/10.1007/978-3-658-24984-7_9

Im Allgemeinen versteht man in der Fahrzeugindustrie unter der dem Begriff einer Brennstoffzelle eine Wasserstoff-Luftsauerstoff-Brennstoffzelle. Diese, auch PEM-Brennstoffzellen genannt, werden mit reinem Wasserstoff aus Tanks und dem Sauerstoff aus der Umgebungsluft betrieben. Der nachfolgende Beitrag beschäftigt sich ausschließlich mit Wasserstoff-Luftsauerstoff-Brennstoffzellen und ihren Luft- und Thermosystemen.

2 Übersicht Luft und Thermomanagement

Siehe Abb. 2 und 3.

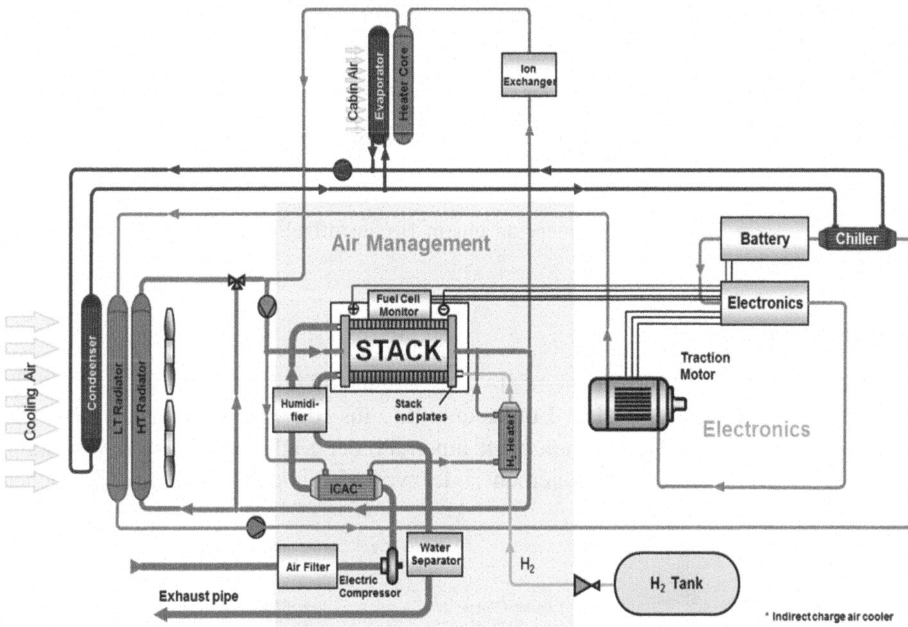

Abb. 2. Subsystem Luftmanagement an einem Brennstoffzellenantrieb. (Quelle: MAHLE International GmbH)

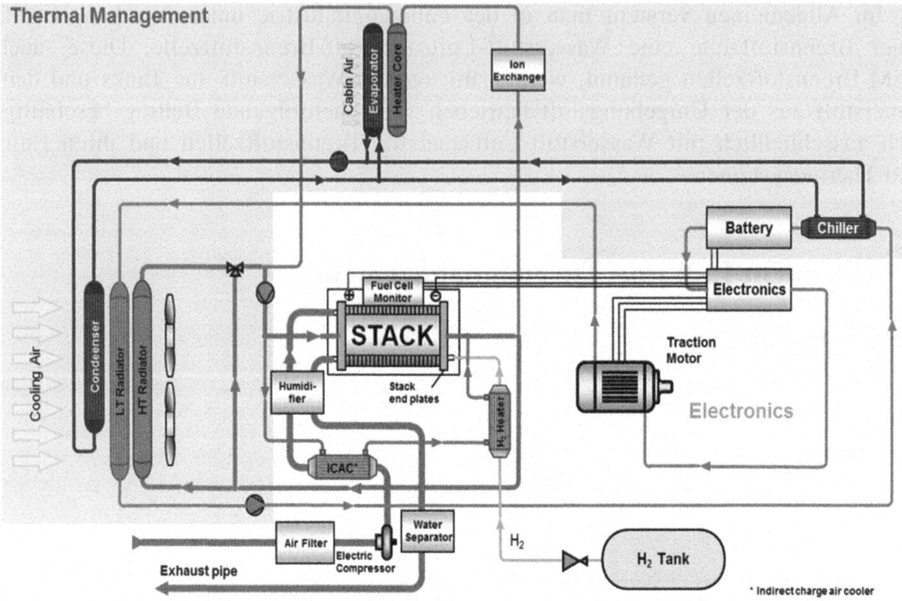

Abb. 3. Subsystem Thermomanagement an einem Brennstoffzellenantrieb. (Quelle: MAHLE International GmbH)

2.1 Luftmanagement

2.1.1 Übersicht. Das Luftmanagement von Brennstoffzellen umfasst die Zuführung und Konditionierung des Luftsauerstoffs aus der Umgebungsluft für das Brennstoffzellensystem. Da der Sauerstoff innerhalb der Kathode umgesetzt wird kann hierbei auch von Kathodenmanagement oder vom Kathodensubsystem gesprochen werden (Abb. 4).

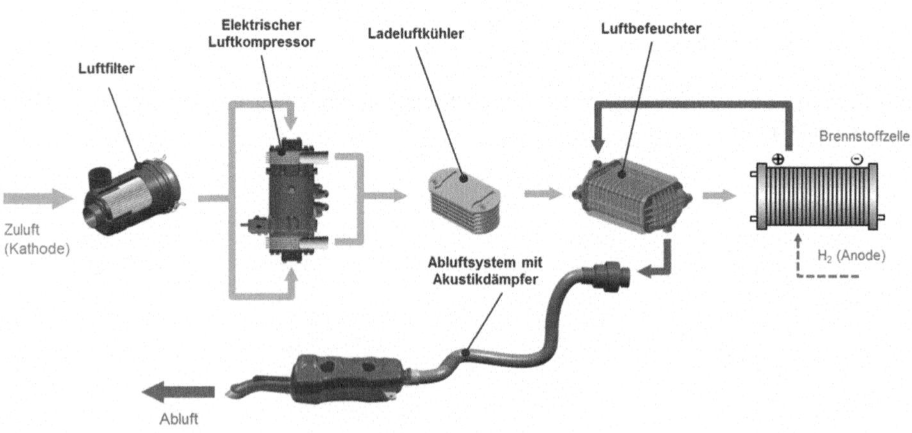

Abb. 4. Übersicht Komponenten Kathodenansaugsystem. (Quelle: MAHLE Filtersysteme GmbH)

Die Hautkomponenten eines solchen Systems gliedern sich wie folgt:

- Luftfiltersystem
- Elektrischer Luftverdichter
- Ladeluftkühler
- Ladeluftbefeuchter vor dem Stack
- Abluftsystem nach dem Stack

Die einzelnen Komponenten werden nachfolgend in Aufbau und Funktionsweise näher erklärt.

2.1.2 Luftfiltration. Luftfiltermodule von Brennstoffzellensystemen unterscheiden sich in ihrem grundsätzlichen Aufbau und Funktion nur unwesentlich von Systemen wie sie bei Verbrennungsmotoren bereits im Einsatz sind. Neben der Luftführung, der Geräuschoptimierung und der effizienten Filtration von Partikeln gilt es bei Brennstoffzellen zusätzlich darum, schädliche Gase welche sich in der Umgebungsluft befinden zu adsorbieren, und zwar bevor diese in schädlicher Konzentration in den Stack gelangen können.

Schadgase haben die Eigenschaft, dass sie die katalytisch aktiven Stellen auf der Stack-Membran blockieren bzw. beinträchtigen können, und somit einen Leistungsabfall des gesamten BSZ-Stack herbeiführen können.

Schädliche Gase für den BSZ-Stack, welche in relevanten Konzentrationen der Umgebungsluft auftauchen können, sind nach derzeitigem Stand für PEM-Brennstoffzellen wie folgt:

- Schwefelverbindungen wie Schwefelwasserstoff (H_2S) und Schwefeldioxid (SO_2)
- Stickstoffverbindungen wie Ammoniak (NH_3) und Stickoxide (NO_x)
- Kohlenmonoxid (CO)
- Ozon (O_3)
- Hinzukommen noch kleinste Partikel von Salzverbindungen wie Natrium (Na^+) und Chlorid (Cl^-).

Abhängig von den auftretenden Schadgasen unterscheidet man dabei „vorübergehende" oder „dauerhafte" Einflüsse. Während sich bei reversiblen Vorgängen der Stack wieder regenerieren kann, führen insbesondere Schwefelwasserstoffe, Schwefeldioxid und Ammoniak zu irreversiblen Schädigungen am BSZ-Stack. Dabei ist weniger die Grundbelastung der Umgebungsluft maßgebend als vielmehr individuelle Ereignisse die zu überhöhten Belastungen führen können. Beispiele hierfür wären Tunneldurchfahrten, Düngeeinsätze in der Landwirtschaft, Brände und auch Straßenbau-Maßnahmen.

MAHLE entwickelt hierzu ein hocheffektives Filtermedium, das aus mehreren Schichten aufgebaut ist. Ein Trägermaterial sorgt für mechanische Stabilität, eine Partikelfilterschicht scheidet NaCl ab, eine Molekularschicht verhindert das Eintreten von NH_3 in die Brennstoffzelle, eine Aktivkohleschicht nimmt unerwünschte Kohlenwasserstoffe auf und eine weitere Aktivkohleschicht mit spezieller Imprägnierung adsorbiert SO_2, H_2S und NO_x (Abb. 5).

Fazit: Durch eine zuverlässige Filterung kann die Lebensdauer des Platinkatalysators und der Wirkungsgrad der Zellen erhöht werden. Gleichzeitig kann die erforderliche Einsatzmenge von Platin im Stack reduziert werden was wiederum die Kosten des gesamten Fahrzeugs sinken lässt.

Abb. 5. Schematischer Aufbau Schadgas-Filtermedium. (Quelle: MAHLE Filtersysteme GmbH)

2.1.3 Elektrischer Luftverdichter. Die Prozessluft muss der Brennstoffzelle gezielt zugeführt werden. Eine gleichzeitige Luftdruckerhöhung führt zu einem Anstieg der möglichen Stromdichte im Stack, daraus resultiert eine höhere elektrische Leistung. Die Zuführung der Prozessluft kann über ein Gebläse, einen Schraubenverdichter, einen Turbokompressor oder über eine andere Art Luftverdichter erfolgen. Das Druckverhältnis π beschreibt dabei das Verhältnis von Verdichteraustrittsdruck zu Ansaugdruck (Abb. 6).

Bauart	Druckverhältnis π	Wirkungsgrad in %	Bauraum	Akustik
BZ-Anforderungen	bis 2,5	$\oplus$	$\oplus$	$\oplus$
Schrauben-verdichter	bis 3	65	$\odot$	$\odot$
Turbo-verdichter	bis 3,5	75	$\oplus$	$\oplus$
Rootsgebläse	bis 2	55	$\odot$	$\ominus$

Abb. 6. Eigenschaften verschiedener Verdichter Bauarten. (Quelle: Dissertation Ahrendt Regelungstechnische Optimierung der Steuerung eines BSZ Systems, 2012)

Aufgrund des hohen Wirkungsgrades, des passenden Druckverhältnisses und des geringen Bauraums der aufgeführten Verdichterbauarten bietet sich der Turboverdichter für die Luftversorgung eines BSZ-Systems an. Ein weiterer Vorteil des Turboverdichters ist die Akustik. Aufgrund des Verdichterprinzips einer Strömungsmaschine erzeugt der Turboverdichter eine gleichmäßige Strömung mit einer geringeren Schallemission im Vergleicht zum Schraubenverdichter (Verdrängermaschine, pulsierende Strömung, höherer Schallpegel).

In der Vorentwicklung arbeitet MAHLE derzeit an einem elektrischen Luftkompressor für die Anwendung bei der Brennstoffzelle. Der Kompressor ist für den Betrieb einer Brennstoffzelle mit 100 kW Leistung dimensioniert. Da die Stack-Membrane empfindlich auf Ölbeimengungen in der Prozessluft reagieren, muss die Wellenlagerung der Läufergruppe ölfrei ausgeführt sein. Dazu sind aktuell verschiedene ölfreie Lagerkonzepte für den vorliegenden Anwendungsfall in der Untersuchung.

Ein wassergekühlter BLDC Hochdrehzahl Motor übernimmt den Antrieb. Die Läufergruppe ist als Zwillingsanordnung ausgeführt, dies führt zu einer Aufhebung der Axialkräfte auf die Wellenlagerung. Durch die Phasenverschiebung der Laufräder sollen die Pulsationen im Luftstrom nach dem Kompressor verringert und damit die NVH Eigenschaften verbessert werden (Abb. 7).

Abb. 7. MAHLE Elektrischer Luftverdichter. (Quelle: MAHLE Filtersysteme GmbH)

2.1.4 Flachmembranbefeuchter. Der Wasserhaushalt einer Polymerelektrolyt-Brennstoffzelle hat einen großen Einfluss auf den Wirkungsgrad und die Lebensdauer. Ein Austrocknen der Stack-Membrane führt zu einem Gasdurchbruch, ein Überschuss an Wasser kann die Gaskanäle der Kathode blockieren. Deswegen muss die der Brennstoffzelle zugeführte Außenluft nicht nur gefiltert, sondern auch deren Feuchtigkeit präzise geregelt werden.

Um diesen Anforderungen gerecht zu werden, entwickelt MAHLE zusammen mit Verbundpartnern und gefördert vom Bundesministerium für Wirtschaft und Energie eine Befeuchtereinheit, die für eine zuverlässige Befeuchtung der zugeführten Luft sorgt. Grundgedanke dabei ist, mit der feuchten Prozessluft der Brennstoffzelle die trockene Luft in der Zuluft zu befeuchten. Dies erfolgt mithilfe einer semipermeablen Membrane. Diese kann entweder als Hohlfaser- oder als Flachmembrane ausgeführt sein. Aufgrund der Vorteile beim Bauraum und den mechanischen Eigenschaften hat sich MAHLE für die Umsetzung mit einer Flachmembrane auf Polymerbasis entschieden. Zuluft und Abluft strömen jeweils in einem Gitternetz und getrennt durch eine Flachmembrane im Kreuzstrom zueinander. Über die Membranoberfläche findet dabei ein Feuchteaustausch zwischen der feuchten Abluft und der

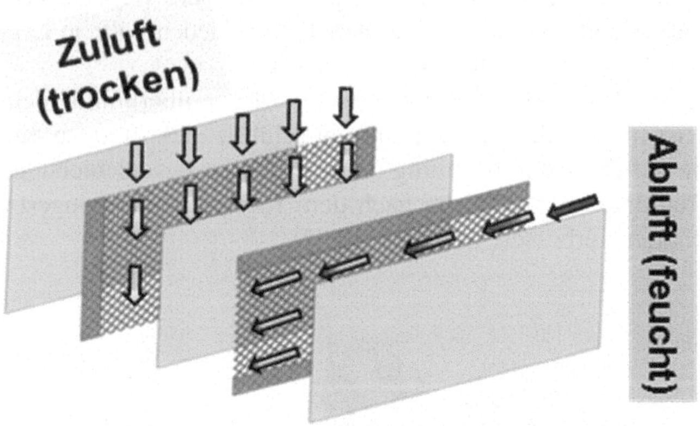

Abb. 8. Schematische Darstellung der Luftströme. (Quelle: MAHLE Filtersysteme GmbH)

trockenen Zuluft statt. Mit diesem robusten Aufbau und einer entsprechenden Membrane kann die Feuchte der Stack-Zuluft auf zuverlässigem Niveau gehalten werden (Abb. 8).

2.1.5 Abluftstrecke. Konventionelle Abgasanlagen von Verbrennungsmotoren sind immer aus Metall hergestellt. Aufgrund der deutlich geringeren Ablufttemperaturen von PEM-Brennstoffzellen, diese liegen sicher unter 120 °C, können hier Werkstoffe aus Kunststoff Verwendung finden. Dieselben Fertigungsverfahren wie sie auf der Ansaugseite seit vielen Jahrzehnten zum Einsatz kommen stehen hierbei zur Verfügung. Kunststoff-Spritzguss-Bauteile, Kunststoff-Blasform-Bauteile und auch Elastomer-Bauteile. Dies führt zum einen zu deutlich verbesserten Möglichkeiten in der Bauteilgestaltung und zum anderen zu deutlichen Gewichtseinsparungen von bis zu 70 % im Vergleich zu Stahl.

Die Abluftstrecke hat hierbei mehrere Aufgaben. Sie versorgt den zuvor beschrieben Membran Befeuchter mit der Feuchtigkeit aus dem Stack. An unterschiedlichen Stellen muss Wasser abgeschieden, gesammelt und zu gegebener Zeit kontrolliert abgeben werden, um auch zum Beispiel das Einfrieren des Systems im Winter zu verhindern, oder um hässliche Pfützen in der heimischen Garage oder vor Ampeln zu vermeiden. Hierzu gibt es bereits unterschiedlichste Strategien der Fahrzeughersteller. Vollautomische und auch semiautomatische Wasseraustragsysteme werden hier bei uns als Lieferant angefragt.

Wasserstoff, der nicht mehr an der Reaktion im Stack teilnehmen kann wird in der Regel der Abluft zugeführt. Geringe Mengen von Wasserstoff sind unschädlich, jedoch muss sichergestellt sein, dass kein kritisches Gemisch von Wasser- und Sauerstoff entsteht. Bei der Gestaltung der Abluftstrecke muss dies durch eine geeignete Strömungsführung verhindert werden. Strömungs-Simulationen des Gasgemisches in der Entwicklungsphase unterstützen dies.

Auch die Akustik des Fahrzeugs nimmt Einfluss auf das Abluftsystem. Besonders die Geräusche des E-Kompressors und die der strömenden Luft im Luftpfad müssen gedämpft werden. Es ist notwendig hörbaren Resonanzen im Bereich zwischen 1200 und 5000 Hz drastisch zu reduzieren, da diese nicht durch Verbrennungsgeräusche wie beim Verbrennungsmotor überlagert werden und somit störend in den Vordergrund treten würden.

2.2 Thermomanagement

Das Thermomanagement im Brennstoffzellenfahrzeug ist die intelligente Verknüpfung aller Wärmequellen und Wärmesenken im Fahrzeug. Diese Aufgabe ist mit möglichst geringem Energieaufwand und niedrigen Kosten zu lösen.

Der Brennstoffzellenstack ist die größte Wärmequelle im Fahrzeug. Es muss eine Wärmemenge in Höhe der Wellenleistung der elektrischen Motoren über das Kühlmittel abgeführt werden muss. Das ist vergleichbar der ins Kühlmittel abgegebenen Abwärme eines Verbrennungsmotors mit gleicher Wellenleistung.

Während allerdings beim Verbrennungsmotor Kühlmitteltemperaturen bis 105 °C, kurzzeitig auch bis zu 110 °C, üblich sind, liegt die Temperaturgrenze bei Brennstoffzellen deutlich niedriger. Maximale Temperaturen von 90 °C, aber auch Werte von 80 °C oder sogar 70 °C werden hier genannt. Damit wird das treibende Temperaturgefälle zur Umgebungsluft so stark reduziert, dass großflächigere Kühlmittelkühlern, höheren Luftmassenströmen und höheren Kühlmittelvolumenströmen benötigt werden.

Neben dem Brennstoffzellenstack ist es auch notwendig den elektrischen Traktionsmotor sowie die Elektronik zu kühlen. Hier gilt es eine Kühlmitteltemperatur von 60 °C nicht zu überschreiten.

Die Hochvoltbatterie des Brennstoffzellenfahrzeugs muss ebenfalls gekühlt werden. Das zu erreichende Temperaturniveau liegt teilweise unterhalb der Außentemperatur. Der Einsatz das Kältekreislaufs der Klimaanlage ist hierbei notwendig. Bei sehr niedrigen Außentemperaturen muss die Batterie sogar beheizt werden.

Ebenfalls zu gewährleisten ist die Kühlung und Entfeuchtung der Luft für den Fahrzeuginnenraum mithilfe des Verdampfers im Kältekreislauf. Zur Heizung kann die Abwärme der Brennstoffzelle direkt in einem Heizkörper eingesetzt werden. Zusätzlich ist eine elektrische Heizung vorzusehen.

Für die Festlegung der Größe und Leistungsfähigkeit der Wärmeübertrager ist in der Regel als Betriebspunkt eine Bergfahrt (mit Hänger, sofern vom Autohersteller vorgesehen) anzusetzen, die hohe Antriebsleistung mit niedriger Fahrtgeschwindigkeit (wenig „Fahrtwind") kombiniert. Bereits auf dem Markt befindliche Fahrzeuge sind hier oft mit Radhauskühlern zur Erhöhung der Kühlleistung ausgestattet.

Neben der Auslegung auf die maximal zu erwartende Leistung gibt es weitere Betriebspunkte (z. B. „cool down") die mit gleichzeitigen Simulationsrechnungen aller Kühlkreisläufe und Luftströme untersucht werden müssen (Abb. 9).

Abb. 9 zeigt einen prinzipiellen Aufbau zur Kühlung eines Brennstoffzellenfahrzeugs. Brennstoffzellenstack und die verdichtet Prozessluft werden über den Hauptkühler gekühlt. Der Heizkörper für den Fahrzeuginnenraum und ein Heizer für den Wasserstoff sind dort ebenfalls vorgesehen. Die Kühlmitteltemperatur wird thermostatisch über einen Kühlerbypass geregelt. Ein Schaltventil erlaubt das Zuschalten des Heizkörpers. Bei nicht ausreichendem Wärmeangebot kommt ein luftseitiger Hochvoltheizer zum Einsatz. Im Niedertemperaturkreislauf werden die Elektronik und der Traktionsmotor gekühlt. Der dargestellte Ölkreislauf ist optional, er ermöglicht eine intensivere Kühlung

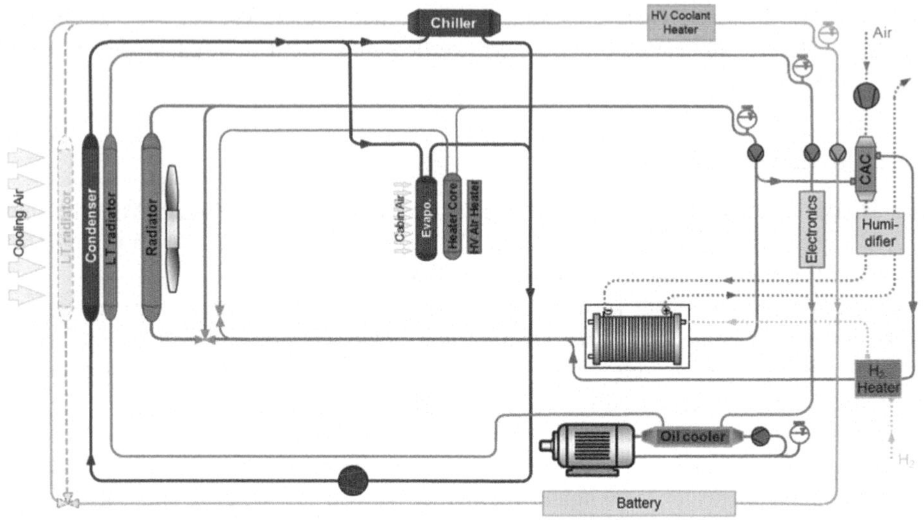

Abb. 9. Prinzipieller Aufbau zur Kühlung eines Brennstoffzellenfahrzeugs. (Quelle: MAHLE Behr GmbH & Co.)

des Elektromotors. Die Kühlung der Batterie erfolgt im Batteriekreislauf über den kältemittelbeaufschlagten Chiller. Optional könnte ein zusätzlicher Niedertemperaturkühler die Batteriekühlung bei gemäßigten Temperaturen übernehmen und damit den Energieverbrauch des Kältemittelkompressors reduzieren. Der Batteriekreislauf enthält noch einen elektrischen Hochvoltheizer um die Batterie gegebenenfalls auch erwärmen zu können.

Eine Reduzierung der Zahl der Wärmeübertrager, und damit auch eine Reduzierung der Bautiefe des Kühlmoduls, ist möglich wenn der Elektromotor über den Hauptkühlkreislauf gekühlt wird und die Kühlung der Elektronik im Batteriekreislauf erfolgt (Abb. 10).

Diese und weitere Varianten, z. B. der Einsatz von zusätzlichen Radhauskühlern, ist durch die angesprochenen Simulationen zu überprüfen und zu bewerten.

In der Brennstoffzelle liegt Hochspannung am Kühlmittel an. Damit könnte über das Kühlmittel ein Strom zu anderen Komponenten des Kühlkreislaufes fließen und dann bei Berührung eine Gefährdung eines Menschen darstellen. Deshalb ist für den Kühlkreislauf der Brennstoffzelle ein spezielles Kühlmittel mit einer besonders niedrigen elektrischen Leitfähigkeit zu verwenden.

Verschmutzungen und Anhaftungen im Kühlmittelkühler, vor allem Reste von Flussmittel, können Ionen in das Kühlmittel abgeben und damit die elektrische Leitfähigkeit erhöhen. Wärmeübertrager von MAHLE werden daher intensiv durch mehrfaches Spülen mit speziellen Säuremischungen gereinigt. Dann wird eine speziellen Passivierungsflüssigkeit angewendet, die die innere Oberfläche gegen das Herauslössen von Ionen passiviert. Damit konnte erreicht werden, dass die elektrische Leitfähigkeit des Kühlmittels (6 µS/cm bei 90 °C) lediglich auf 10 bis 20 µS/cm (bei 90 °C) anstieg.

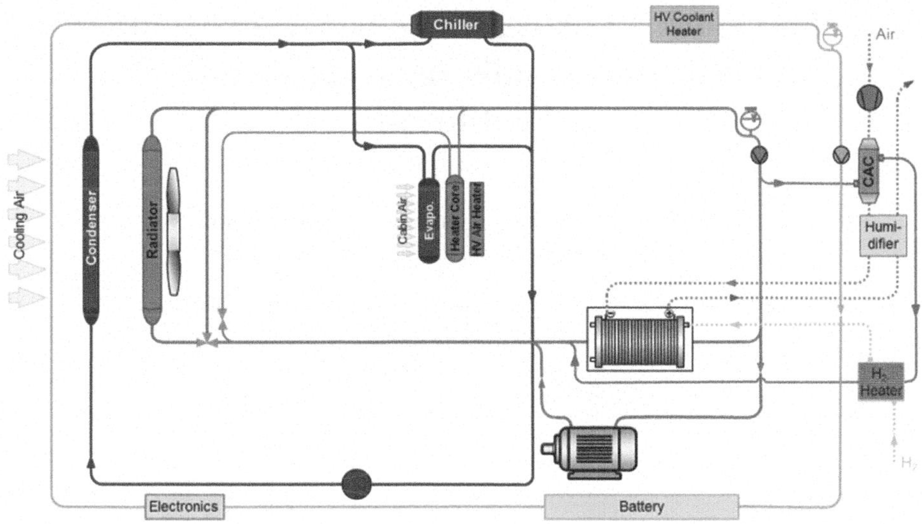

Abb. 10. Aufbau mit reduzierter Kühlmodulbautiefe. (Quelle: MAHLE Behr GmbH & Co. KG)

2.2.1 Ionentauscher Filter. Da die Leitfähigkeit des Kühlmittels zwingend unter bestimmten Grenzwerten gehalten werden muss, aber eine Vielzahl von Komponenten in ständigem Kontakt mit dem Kühlmittel stehen. Kann es neben der sorgfältigen Spülung und Passivierung der Kühlerinnenflächen zusätzlich notwendig sein einen Ionentauscherfilter in den Kühlflüssigkeitsstrom zu integrieren. Solch ein Deionisierer ist meist im Nebenstrom des Kühlmittelkreislaufs verbaut: Etwa im Bypass zum Kühlmittelkühler oder im Bypass zur Brennstoffzelle. Bei entsprechender Dimensionierung bzgl. Druckverlust kann er auch direkt im Hauptkühlmittelstrom zum Einsatz kommen. Diese Ionentauscherfilter sind Materialien, mit denen gelöste Ionen durch andere Ionen gleichnamiger Ladung (d. h. positiv oder negativ) ersetzt werden können. Man kombiniert hierbei Kationenaustauscher und Anionenaustauscher.

MAHLE hat hierzu bereits in zweiter Generation Ionentauscherfilter für Brennstoffzellenfahrzeugen erfolgreich in Serie gebracht.

3 Zusammenfassung

Die Anforderungen an die Konditionierung der Zuluft, die neuen Anforderungen an Wasserstoff- und Wasser-Management in der Abluft und die Konstellationen der Kühlkreisläufe mit niedrigeren Temperaturdifferenzen sind für die Entwickler von Brennstoffzellen-Komponenten neue Herausforderungen. Neue oder modifizierte Materialien und Fertigungsprozesse müssen angewendet werden, um den Stack optimal vor elektrischen und chemischen Schäden zu schützen. Viele Technologien aus der Entwicklung von Komponenten für Verbrennungsmotoren können auf diese Anwendung übertragen werden.

FlexWork – Lastregelung bei einem Motor mit elektrohydraulischem, vollvariablem Ventiltrieb

Norbert Zsiga[1(✉)], Andyn Omanovic[1], Patrik Soltic[1], und Wolfgang Schneider[2]

[1] Empa Swiss Federal Laboratories for Materials Science & Technology, Dübendorf, Schweiz
norbert.zsiga@empa.ch
[2] Wolfgang Schneider Ingenieurbüro, Thun, Schweiz

1 Einleitung

Niedrige CO_2-Emissionen zu erreichen, ist ein wichtiges Ziel für alle Automobilhersteller, um massive Strafzahlungen zu verhindern. Ab 2020 gilt für neu zugelassene PKW ein Flottengrenzwert von 95 g/km (für ein Referenzfahrzeug von 1372 kg), für den Zeitraum bis 2030 wird aktuell eine weitere, herstellerspezifische, relative Grenzwertabsenkung diskutiert. Der Umstieg vom alten NEFZ- zum neuen WLTP-Prüfverfahren erschwert das Erreichen der CO_2-Grenzwerte zusätzlich. Daher ist der einzige Weg zur Minimierung der CO_2-Emissionen bei Fahrzeugen mit Verbrennungsmotor eine Dekarbonisierung des Kraftstoffs und das konsequente Ausnutzen von Wirkungsgradpotenzialen.

Bei Ottomotoren wird unter anderem versucht das Wirkungsgradpotenzial durch Downsizing und Hybridisierung auszuschöpfen. In beiden Fällen sorgt die Verlagerung häufig durchfahrener Betriebspunkte in Kennfeldbereiche geringen spezifischen Verbrauchs für eine Reduktion des CO_2-Ausstoßes. Beim Hybrid kann zusätzlich noch Energie zurückgewonnen statt an den Bremsen dissipiert werden [1]. Die Bereiche hohen spezifischen Verbrauchs liegen in der niedrigen Teillast [2], wo über Variabilität im Ventiltrieb die Verluste (vor allem Gaswechselverluste [3]) stark reduziert werden können.

Vollvariable Ventilsteuerungen am Einlass und am Auslass sind der Wunschtraum aller Motorenentwickler, da durch die gewonnenen Freiheitsgrade neue Lösungsansätze für bekannte Verbrennungsmotorenprobleme ermöglicht werden. So kann zum Beispiel der Ottomotor entdrosselt werden, indem die Lastregelung über den Hub und die Öffnungsdauer der Einlassventile anstelle des Einlassdrucks erfolgt. Durch die Wahl der Ventilüberschneidungsdauer kann die interne Abgasrückführung eingestellt werden [4]. Beides führt zu einer Wirkungsgradsteigerung im Teillastbetrieb.

Des Weiteren sind Änderungen der Takt-Zahl oder Zylinderabschaltung leicht realisierbar. Um auch hier ein Beispiel zu nennen: Die Last eines jeden Zylinders

J. Liebl (Hrsg.): *Ladungswechsel und Emissionierung 2018,* Proceedings, S. 148–167, 2019.
https://doi.org/10.1007/978-3-658-24984-7_10

kann erhöht werden, wenn von 4-Takt auf 6- oder gar 8-Takt Betrieb umgestellt wird. Eine andere Möglichkeit die spezifische Last zu erhöhen, bietet das temporäre Downsizing, welches über das Abschalten einzelner Zylinder oder Zylindergruppen erreicht werden kann [5].

Sofern die Steuerzeiten schnell angepasst werden können, ist eine sehr schnelle Änderung des Drehmoments ebenfalls möglich. Eine Optimierung der Volllastlinie ist durch Anpassung der Steuerzeiten und Ventilhübe über den gesamten Drehzahlbereich möglich. Zur Steigerung der Leistungsdichte ist eine Umschaltung auf 2-Takt Betrieb ebenfalls denkbar, sofern eine ausreichende Kopfumkehrspülung sowie ein entsprechendes Spülgefälle realisiert werden können.

Neben diesen vielfältigen Maßnahmen zur Optimierung von Wirkungsgrad, Dynamik und Leistungsdichte ist es mittels vollvariabler Ventilsteuerung auch möglich, den Ausstoß von Schadstoffen zu reduzieren. So können beispielsweise beim Kaltstart die Auslassventile extrem früh geöffnet werden, so dass ein möglichst großer Teil der während der Verbrennung freigesetzten Wärme zum Aufwärmen des Katalysators genutzt werden kann. Bei vollvariablen Ventiltrieben bleibt die Ventilüberschneidungsphase durch diese Maßnahme unbeeinträchtigt.

Um die Vorteile eines vollvariablen Ventiltriebes voll ausnutzen zu können, muss der Ventiltrieb energetisch effizient, sprich in der Antriebsleistung mit einer konventionellen mechanischen Nockenwelle vergleichbar sein. Dies ist nicht trivial, denn ein Nockenwellentrieb ist in der Lage, einen großen Teil der beim Öffnungsvorgang in den Ventilfedern gespeicherten potenziellen Energie beim Schließvorgang wieder zu rekuperieren. Zudem sollten für den Betrieb keine komplexe Sensorik und Aktuatorik nötig sein. Neben einer großen Komplexität können hohe Kosten einen vollvariablen Ventiltrieb unattraktiv für die Serienproduktion machen. Viele in der Vergangenheit entwickelte, vollvariable Ventiltriebe haben den Weg in die Serienproduktion vermutlich aufgrund zu hohen Energiebedarfs oder zu hoher Systemkomplexität nicht gefunden.

Diese Veröffentlichung stellt einen elektrohydraulischen, vollvariablen Ventiltrieb („FlexWork") vor, der an der Empa in enger Zusammenarbeit mit dem Wolfgang Schneider Ingenieurbüro entwickelt wurde. Das System wurde auf einem Versuchsmotor aufgebaut, bei dem sowohl einlass- als auch auslassseitig der Öffnungszeitpunkt und der Schließzeitpunkt der Ventile unabhängig voneinander und zylinderindividuell verstellt werden können. Der Ventilhub kann ebenfalls einlassseitig und auslassseitig unabhängig voneinander frei gewählt werden. Zunächst wird der Ventiltrieb, welcher ohne teure Materialien, Aktuatorik und Sensorik auskommt, vorgestellt. Einige Messergebnisse von einem Motorenprüfstand für den stationären und transienten Motorbetrieb folgen zur Illustration. Im Anschluss wird auf die Lastregelung unter Ausnutzung der Freiheitsgrade des vollvariablen Ventiltriebs, und die Art und Weise, wie Lastregelung und Energiebedarf des Ventiltriebs zusammenhängen, eingegangen. Schließlich wird gezeigt, dass der Energiebedarf des Ventiltriebs ähnlich dem eines konventionellen Ventiltriebs ist und in der Teillast sogar etwas geringer.

2 FlexWork – Ein innovativer, vollvariabler Ventiltrieb

Bei der Entwicklung eines vollvariablen Ventiltriebs müssen vor allem zwei Aspekte beachtet werden, Komplexität und Effizienz. Eine geringere Komplexität führt zu geringeren Herstellungskosten. Dazu gehören das Vermeiden von teurer Sensorik und das Minimieren der Anzahl Aktuatoren. Speziell bei der Entwicklung der hydraulischen Ventilkomponenten ist zudem wichtig, dass die Aktuatoren nicht bei hohen Strömungsgeschwindigkeiten schalten. Die bei Schaltvorgängen unvermeidlichen hydraulischen Drosselverluste ließen sich nur mittels extrem schnellen und damit teuren Aktuatoren klein halten, welche zudem einen hohen elektrischen Energiebedarf und Regelaufwand mit sich brächten. Des Weiteren muss das Gesamtsystem energetisch effizient sein, um mit den etablierten nockengetriebenen Ventiltrieben auf dem Markt konkurrieren zu können.

Die aufgeführten Ziele werden mit dem hier vorgestellten FlexWork Ventiltrieb erreicht, unter anderem dank einer seriellen Anordnung von Rückschlagventilen. Die Anzahl an Aktuatoren wurde gering gehalten, indem sowohl Zu- und Abfluss als auch die Rekuperation des Mediums über Rückschlagventile automatisch gesteuert werden. Somit werden keine externe Überwachung und Regelung der Fluidströmung oder des Ventilhubs benötigt. Außerdem führt eine hydraulische Bremse dazu, dass das Gaswechselventil auf den letzten Zehntelmillimetern automatisch abgebremst wird, um schließlich sanft aufzusetzen. Lediglich Beginn und Ende der Ventilöffnung werden über eine marktübliche Magnetspule gesteuert.

Eine weitere Besonderheit des hier präsentierten Ventiltriebs ist die eingesetzte Hydraulikflüssigkeit. Eine 50:50 Wasser-Ethylenglykol Mischung, also normales Motorkühlmittel, wird verwendet. Der Vorteil dieses Mediums liegt im höheren E-Modul von 28.000 bar, verglichen mit Hydraulikölen mit einem E-Modul von 15.000–20.000 bar.

Ein höherer E-Modul führt zu einer Reduktion der kapazitiven hydraulischen Verluste. Über diesen Vorteil hinaus eröffnet ein komplett ölfreier Zylinderkopf auch die Möglichkeit, weniger stark additiviertes Motoröl zu verwenden, da die großen Flächenpressungen an den Nocken ausbleiben. Damit gelangen weniger toxische Schadstoffe in die Verbrennung und damit ins Abgas, was wiederum die Lebensdauer des Katalysators erhöhen oder die erforderliche Menge an Edelmetallen im Katalysator reduzieren kann. Grundsätzlich ließe sich der neue Ventiltrieb auch mit Motorenöl ohne hohe Anforderung an die Additivierung betreiben.

2.1 Funktionsprinzip

Der entwickelte Ventiltrieb ist in Abb. 1 schematisch dargestellt. Das System beinhaltet einen Elektromagneten a), ein Schaltventil b), zwei Druckniveaus c) und d), und einen Arbeitskolben e). Der Ventiltrieb wurde so ausgelegt, dass der Arbeitskolben auf eine Ventilbrücke f) drückt und dabei – um die Komplexität gering zu halten – zwei Gaswechselventile h) öffnet. Der Schließvorgang erfolgt durch die beiden Federn der Gaswechselventile.

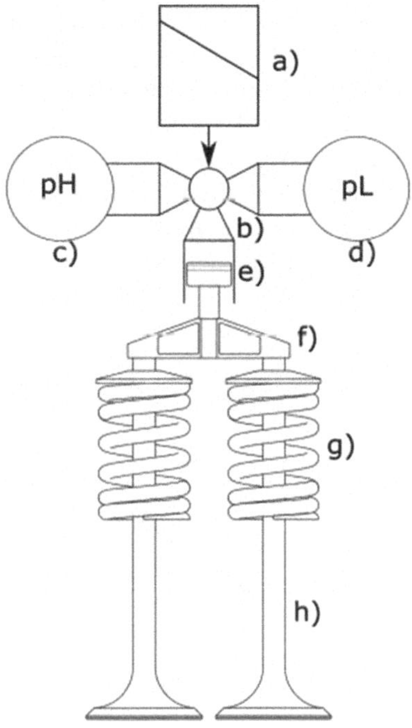

Abb. 1. Schematische Darstellung des Ventiltriebs

Der Bewegungsvorgang des Gaswechselventils lässt sich vereinfacht mit dem Modell eines Feder-Massen-Schwingers beschreiben. Um die Gaswechselventile zu öffnen, wird die Magnetspule a) bestromt, welche wiederum das hydraulische Schaltventil b) betätigt. Daraufhin strömt Hydraulikfluid vom Hochdruckniveau c) in den Arbeitsraum. Der sich dort aufbauende Druck wirkt auf den Arbeitskolben e), welcher sich daraufhin in Bewegung setzt.

In Abb. 2 ist die hydraulische Kraft zusammen mit der Federkraft gegenüber dem Ventilhub für ein idealisiertes System aufgetragen. Bei einem unendlich langsamen Bewegungsvorgang würde sich bei der Kraft F_{hydr} ein statisches Gleichgewicht mit der Federkraft F_F

$$F_{hydr}(y_{GG}) = F_F(y_{GG}) = 2 \cdot (q + y_{GG} \cdot k) \tag{1}$$

einstellen, wobei q die Federvorspannkraft und k die Federkonstante einer Einzelfeder ist. Die Kraft F_{hydr} hängt von dem gewählten Druck im Hochdruckniveau c) ab und muss über der Kraft der Federvorspannung q liegen.

Der Überschuss an im Fluid im Hochdruckniveau c) gespeicherter Energie (dargestellt mit grauen Dreiecken) ermöglicht es, die Gaswechselventile stark zu beschleunigen. Dabei geht die im Druck gespeicherte Energie in kinetische Energie über. Die Ventile werden solange beschleunigt, bis die hydraulische Kraft und die Federkraft im Gleichgewichtspunkt y_{GG} ausgeglichen sind. Bei y_{GG} ist sämtliche im

Druck gespeicherte Energie in kinetische Energie umgewandelt, was bedeutet, dass die Gaswechselventile die maximale Geschwindigkeit erreicht haben. Ab y_{GG} werden die Gaswechselventile durch die grösser werdende Kraft der Gaswechselventilfedern abgebremst. Die kinetische Energie wird wieder in potenzielle Energie umgewandelt. Der nominelle Hub y_{nom} ist erreicht, wenn sämtliche kinetische Energie als potenzielle Energie in den Gaswechselventilfedern gespeichert ist. Im verlustfreien Fall ist der nominelle Hub aufgrund der Energieerhaltung genau doppelt so groß wie der Hub im Gleichgewichtspunkt $y_{nom} = 2 \cdot y_{GG}$. Mit dem Hochdruckniveau in c) wird demnach der zu erreichende Ventilhub y_{nom} definiert.

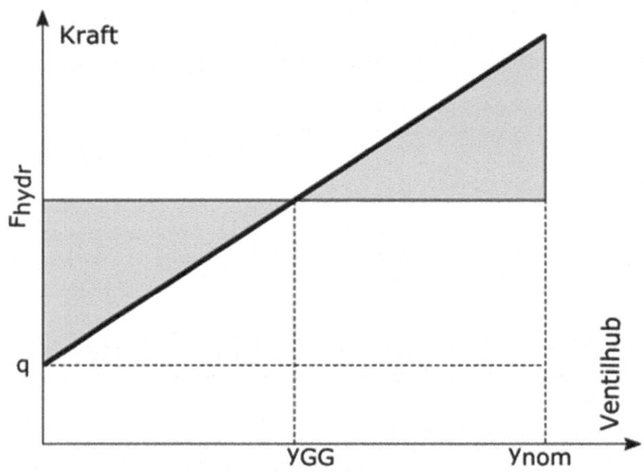

Abb. 2. Schematische Darstellung der hydraulischen Rekuperation

Solange die Magnetspule bestromt ist, verhindern Rückschlagventile (in Abb. 1 nicht dargestellt), dass das System zum Gleichgewichtspunkt y_{GG} zurückschwingt. Dies hat zur Folge, dass sich aufgrund der Federkräfte im Arbeitsraum der doppelte Speisedruck einstellt, während die Gaswechselventile offen gehalten werden. Sobald die Magnetspule deaktiviert wird, wird das Rückschlagventil umgangen und die Ventilfedern drücken das Hydraulikfluid aus dem Arbeitsraum zurück in den Hochdruckspeicher (Rekuperation). In einem realen System treten kapazitive und dissipative Verluste auf, weshalb sich im Arbeitsraum nie der doppelte Speisedruck einstellt. Deswegen kann in Realität nie die gesamte Fluidmenge rekuperiert werden. Der Teil des Fluides, der nicht rekuperiert werden kann, wird zum Niederdruckniveau d) abgelassen. Kurz bevor die Gaswechselventile aufsetzen, wird der Ablassquerschnitt verringert (in Abb. 1 nicht dargestellt), was eine Bremswirkung zur Folge hat und das Ventil sanft schließen lässt (Aufsetzbremse).

2.2 Auslegung und Aufbau

Da der Ventiltrieb als Feder-Massen-Schwinger beschrieben werden kann, hängt dessen Öffnungszeit $T_{Öffnung}$ von der Steifigkeit der Gaswechselventilfedern k und von der Masse aller bewegten Komponenten M_{System} ab:

$$T_{Öffnung} = \pi \cdot \sqrt{\frac{M_{System}}{k}}. \tag{2}$$

Daraus ist ersichtlich, dass die Öffnungszeit unabhängig vom gewünschten Ventilhub und für alle Drehzahlen konstant ist. Die Steifigkeit der Gaswechselventilfedern wurde mit 45 N/mm (je Feder) so gewählt, dass die Öffnungszeit für die ca. 100 g schwere bewegte Masse beider Ventile inkl. Ventilbrücke 3 ms beträgt. Im Vergleich dazu: Konventionelle Nockenwellen dieser Baugröße arbeiten mit Federn, die eine Federsteifigkeit von ca. 16–19 N/mm aufweisen.

Die Freiheitsgrade für die Systemauslegung betreffen einerseits die Öffnungs- und Schließzeit und andererseits das sanfte Aufsetzen der Ventile. Durch steifere Ventilfedern werden die Öffnungs- und Schließflanken steiler. Diese Anpassung führt dazu, dass höhere Hydraulikdrücke benötigt werden und der Energiebedarf der Hydraulik leicht ansteigt. Bei der Aufsetzbremse kann über die Positionierung eines Ablassschlitzes und den Durchmesser einer Düse eingestellt werden, ab welchem Hub die Bremswirkung einsetzt und wie groß die Schließgeschwindigkeit ist. Diese Parameter werden einmalig ausgelegt und bleiben dann bei allen Motordrehzahlen, Ventilhüben und Öffnungsdauern gleich. Das bedeutet, dass sich der Ventiltrieb bei hohen Drehzahlen ähnlich zu einem nockengetrieben Ventiltrieb verhält, dass sich jedoch für niedrige Motordrehzahlen sehr steile Gradienten über den Kurbelwinkel für Ventilöffnen und -schließen ergeben. Diese Eigenschaften führen dazu, dass sich im emissionsrelevanten niedrigen und mittleren Drehzahlbereich die gesuchte Vielzahl neuer Freiheitsgrade für die Wahl der Steuerzeiten ergibt.

Zusammenfassend resultiert also aus der Bestromungsdauer der Spule die Öffnungsdauer der Gaswechselventile, während der Ventilhub über das Hochdruckniveau bestimmt wird. Eine Feedback-Regelung, beispielsweise mittels Hubsensor, ist nicht zwingend erforderlich. Eine Ventilhubmessung kann aber selbstverständlich für Diagnosezwecke von Nutzen sein.

Zur Fertigung der Komponenten wurden gewöhnliche korrosionsbeständige Stähle eingesetzt. Das Gehäuse und die Ventilbrücke wurden 5-Achsen CNC gefräst, die restlichen Teile sind Drehteile, wobei Steuerkanten aufgrund der geforderten Toleranzen drahterodiert wurden. Bei den Rückschlagventilen handelt es sich um marktübliche Zukaufteile. Laufbüchsen und Kolben wurden gehärtet, gehont respektive geschliffen und mit etwa 3 μm Spiel gepaart. Solche präzisen Toleranzen sind notwendig, um Leckagen mit dem verwendeten, dünnflüssigen Hydraulikfluid zu minimieren. Die Laufbüchsen wurden zusätzlich kurzzeitnitriert um die Oberflächenhärte zu erhöhen und ein Anfressen des Kolbens zu vermeiden. Trotz der geringen Schmierfähigkeit der eingesetzten Wasser-Ethylenglykol Mischung wurden nach 50 Betriebsstunden noch keinerlei Gebrauchsspuren an Kolben oder Laufbüchsen festgestellt. Abb. 3 zeigt das CAD Rendering eines Einlassmoduls (ohne Magnetspule).

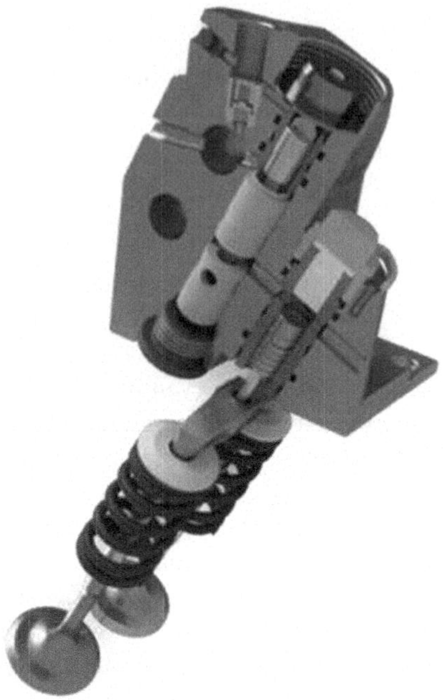

Abb. 3. CAD Rendering eines Einlassmoduls mit Gaswechselventilen

2.3 Mechanischer und elektrischer Energiebedarf

Die benötigte mechanische Leistung eines Hydraulikmoduls im Betrieb in einem 4-Takt Motor berechnet sich zu

$$P_{hydr} = \Delta p_{hydr} \cdot \dot{V}_{hydr} = \Delta p_{hydr} \cdot \frac{\pi}{4} \cdot d_{AK}^2 \cdot y \cdot \frac{1 - \eta_{Rek}}{\eta_{Pump}} \cdot \frac{n_{Mot}}{2 \cdot 60}. \tag{3}$$

Dabei ist Δp_{hydr} die Druckdifferenz zwischen dem hohen und dem tiefen Druckniveau, d_{AK} der Durchmesser des Arbeitskolbens, y der maximale Hub während eines Ventilöffnungsvorgangs, η_{Rek} die hydraulische Rekuperationsrate, η_{Pump} der Wirkungsgrad der Hydraulikpumpe und n_{Mot} die Motordrehzahl. Um den Reibmitteldruck auszudrücken, ändert sich obige Gleichung zu,

$$p_{mr} = \frac{P_{hydr}}{\frac{n_{Mot}}{2 \cdot 60} \cdot V_h} = \Delta p_{hydr} \cdot \frac{\pi}{4} \cdot d_{AK}^2 \cdot y \cdot \frac{1 - \eta_{Rek}}{\eta_{Pump}} \cdot \frac{1}{V_h}. \tag{4}$$

Der Term V_h ist das Hubvolumen des Motors, die Drehzahlabhängigkeit entfällt. Unter der Annahme, dass die Rekuperationsrate und die Pumpeneffizienz konstant sind und unter Berücksichtigung der Tatsache, dass der Ventilhub eine Funktion des Hochdruckniveaus ist, wird klar, dass der Reibmitteldruck lediglich vom Ventilhub abhängt.

Der elektrische Energiebedarf wurde anhand von Messungen mit den verwendeten – weitgehend aus marktüblichen Bauteilen zusammengestellten und nicht auf geringen elektrischen Energiebedarf optimierten – Magnetventilen ermittelt.

Die Magnetspulen werden mit einer Spannung von 24 V versorgt. Für jede Magnetspule wird in der Öffnungsphase ein Boost-Strom von ca. 20 A für eine Dauer von 1,5 ms benötigt. Während der darauf folgenden Haltephase wird ein deutlich geringerer Strom von ca. 5,6 A für die Magnetspulen der Einlassseite und 3,7 A für die Magnetspulen der Auslassseite erforderlich. Dieser Haltestrom fließt entsprechend der Öffnungsdauer der Ventile. Für den Rest des Zyklus sind die Magnetspulen stromlos.

In der niedrigen Teillast kann der Reibmitteldruck des hier vorgestellten vollvariablen Ventiltriebs durch die Verwendung geringer Ventilhübe und kurzer Öffnungsdauern reduziert werden, was mit einer konventionellen Nockenwelle nicht möglich ist. Über diesen Unterschied hinaus können durch eine entsprechende Wahl von Ventilhub und Öffnungsdauer Gaswechselverluste nahezu vermieden werden, was mit einer konventionellen Nockenwelle ebenfalls nicht möglich ist.

3 Vorläufige experimentelle Ergebnisse

Der Versuchsmotor ist ein Volkswagen 1,4 TSi (EA111) Vierzylindermotor, welcher im Originalzustand sowohl durch ein Roots- wie auch durch einen Turbolader aufgeladen wird. Der Turbolader wurde nicht aufgebaut, da das Hauptinteresse der Untersuchungen dem Teillastbetrieb gilt. Der Kompressor ist allerdings weiterhin verbaut und kann z. B. für einen möglichen Zweitaktbetrieb ein positives Spülgefälle bereitstellen.

Abb. 4. Foto des Prüfstandsaufbaus

Der Motor und der Ventiltrieb werden mit einem auf einer dSpace MicroAutoBox basierenden Rapid-Prototyping-Umgebung gesteuert und geregelt. Dieser Ansatz ermöglicht ein Höchstmaß an Flexibilität um alle notwendigen Funktionalitäten sicherzustellen und alle Sensoren und Aktuatoren anzusteuern. Ein externes Hydraulikaggregat, welches unabhängig vom Motor betrieben werden kann, stellt die Hydraulikversorgung bereit. Eine serientaugliche Hydraulikversorgung, wie beispielsweise vom Motor angetriebene Pumpen, stand nicht im Fokus dieses Projekts. Abb. 4 zeigt ein Foto des Prüfstandsaufbaus.

Zum Abgabezeitpunkt dieses Artikels war der Versuchsmotor noch nicht betriebsbereit. Die Einlass- und Auslassmodule waren allerdings montiert und die Gaswechselventile konnten unabhängig vom drehenden Motor betätigt werden.

Im Folgenden zeigen einige Messresultate die Eigenschaften des Ventiltriebs auf, sowohl im stationären Betrieb mit verschiedenen Ventilhüben und Öffnungsdauern als auch die Änderung von Hydraulikdruck und Ventilöffnungsdauer für transiente Vorgänge.

3.1 Stationärer Motorbetrieb

Abb. 5 zeigt die Ventilhubkurven der Einlassventile für verschiedene Hydraulikdrücke und Bestromungsdauern. Unabhängig von Druck und Bestromungsdauer wird der maximale Ventilhub stets nach 3 ms erreicht. Nach einer kürzeren oder längeren Haltephase, während welcher der Ventilhub leicht oszilliert, schließen die Ventile während 4 ms. Nach etwas mehr als der Hälfte des Schließvorgangs ist je ein kleiner „Höcker" in den Hubkurven zu sehen. Schließlich setzen die Ventile in den letzten zehntel Millimetern des Schließvorgangs sanft auf, mit einer Geschwindigkeit von 0,3 m/s.

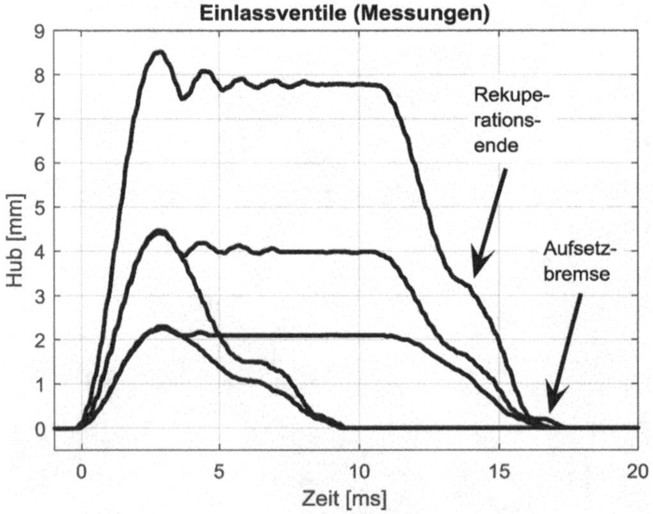

Abb. 5. Gemessene Hubkurven der Einlassventile, verschiedene Ventilhübe und Öffnungsdauern (es ist nicht die kürzest-mögliche Bestromungsdauer gezeigt)

Die Öffnungszeit ist wie zuvor beschrieben unabhängig vom Ventilhub. Die Oszillationen in der Haltephase ergeben sich durch die Kompressibilität des Hydraulikfluides.

Der Höcker im Schließvorgang resultiert aus dem Rekuperationsende und das sanfte Aufsetzen der Ventile ist durch eine hydraulische Aufsetzbremse gegeben. Entsprechend der Auslegung beträgt die Öffnungsdauer 7 ms, was beispielsweise bei 5000 U/min 210 °KW Ventilöffnung entspricht. Der Druckbereich für einen Hub von 0,5–9 mm reicht von 44–120 bar.

3.2 Transienter Motorbetrieb

Um den Verbrennungsmotor transient betreiben zu können, müssen der Ventilhub und die Öffnungsdauer der Gaswechselventile verändert werden. Im Folgenden wird dies für die Einlassseite gezeigt; für die Auslassseite funktioniert das Gezeigte analog.

Abb. 6 zeigt eine Erhöhung des Hydraulikdrucks der Einlassseite von 54 bar auf 70 bar. Der Ventilhub ändert sich dabei von 1,7 mm auf 3,5 mm.

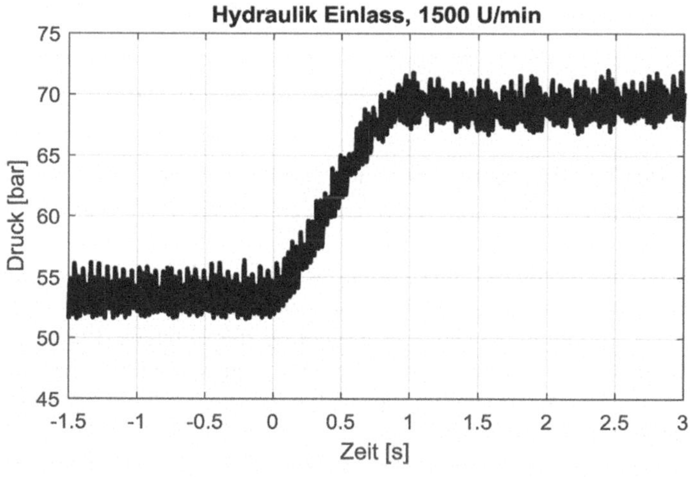

Abb. 6. Erhöhung des Hydraulikdrucks einlassseitig

Die Druckerhöhung benötigt knapp 1 s, die Dynamik ist eher langsam. Grund dafür ist der zur Abdämpfung von Druckwellen verwendete Membranspeicher, welcher im Vergleich zur verwendeten Pumpe sehr groß ist. Die Größe des Speichers hängt direkt mit der Zeit für die Druckänderung zusammen, d. h. eine Reduktion der Größe führt zu einem schnelleren Druckaufbau. Ebenso würde eine stärkere kurzzeitige Überhöhung des Pumpenvolumenstroms den Druckaufbau beschleunigen.

Der linke Subplot in Abb. 7 zeigt den gemessenen Öffnungs- und Schließzeitpunkt im Betrieb eines Einlassventils. Die Steuerzeit „Einlass schließt“ wird nach spät verstellt und danach wieder etwas nach früh. Der rechte Subplot zeigt alle dabei gemessenen Ventilhubkurven während der gesamten Messdauer. Die eingetragenen Zahlen zeigen die Zusammengehörigkeit der verschiedenen Bereiche im linken und rechten Subplot an. Die Messkurven zeigen deutlich, dass diese Verstellung von einem Zyklus auf den nächsten möglich ist.

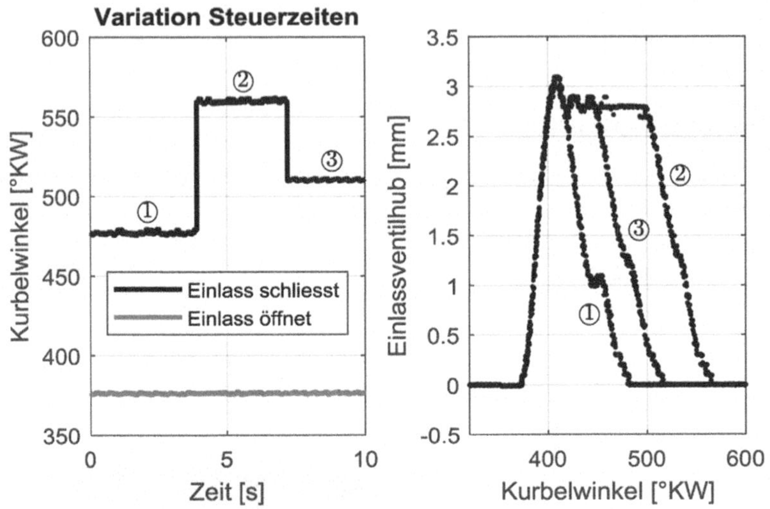

Abb. 7. Messungen zur Änderung der Einlass-schließt-Steuerzeit

Zusammengefasst bedeutet das, dass es für die Lastregelung einen schnellen und einen langsamen Pfad gibt. Der langsame Pfad ist die Erhöhung des Einlassventilhubes (Erhöhung des Hydraulikdrucks), der schnelle Pfad die Änderung der Ventilöffnungsdauer (Bestromungsdauer der Magnetspulen). Wie diese beiden Möglichkeiten für die Lastregelung optimal kombiniert werden können, wird im nachfolgenden Kapitel beschrieben.

4 Lastregelung

In diesem Kapitel wird die Lastregelung mit dem vollvariablen Ventiltrieb vorgestellt. Beispielhaft wird dies für eine Motordrehzahl von 1500 U/min gezeigt, bei anderen Drehzahlen kann allerdings die gleiche Vorgehensweise angewendet werden. Hier werden – anders als zuvor – Simulationsergebnisse gezeigt. Die stationären Ergebnisse des Motorbetriebs sind mit einem 1D Modell berechnet worden, die transienten Ergebnisse mit einem 0D Modell, welches mit den Ergebnissen der 1D Simulationen erstellt wurde.

Schwerpunktmäßig wird in diesem Kapitel erklärt, wie die beiden Freiheitsgrade des Einlassventilhubs und der Öffnungsdauer der Einlassventile dafür ausgenutzt werden können die Motorlast anzupassen. Die anderen vier Freiheitsgrade „Einlass öffnet“, „Auslass öffnet“, „Auslass schließt“ und Auslassventilhub sind hierbei stark vereinfacht gewählt Tab. 1:

Tab. 1. Steuerzeiten und Ventilhübe

Freiheitsgrad	Wert(e)
Einlassventilhub	Variiert: 0,5–4,5 mm
Öffnungsdauer Einlass	Ca. 60–240 °KW
Einlass öffnet	0° nach OT
Auslass öffnet	30° vor UT
Auslass schließt	30° nach OT
Auslassventilhub	Min. 2,5 mm oder gleich wie der Einlassventilhub

Den Autoren ist bewusst, dass für einen optimalen Motorbetrieb in allen Betriebspunkten die Steuerzeiten nicht überall gleich gewählt werden können, allerdings liegt der Fokus in diesem Kapitel wie bereits erwähnt nicht auf der Optimierung der Verbrennung, sondern auf der Ausnutzung der beiden erwähnten Freiheitsgrade für die Lastregelung. Die Optimierung der anderen Freiheitsgrade kann unabhängig von der hier gezeigten Methodik durchgeführt werden und beeinflusst das Konzept zur Regelung der Motorlast nicht.

Abb. 8 zeigt den effektiven Mitteldruck für eine Variation von Einlassventilhub und Öffnungsdauer im jeweils erwähnten Bereich. Die mechanische Reibung des Motors und der mechanische und elektrische Energiebedarf des Ventiltriebs ein- und auslassseitig sind in diesen Ergebnissen berücksichtigt. Der erreichte effektive Mitteldruck liegt hierbei zwischen −0,9 bar (befeuerter Schub) und 10,3 bar im nicht-aufgeladenen Betrieb. Tendenziell führen eine längere Öffnungsdauer und ein größerer Ventilhub zu einer Erhöhung des effektiven Mitteldrucks, der gezeigte Bereich entspricht den Steuerzeiten des Miller Kreisprozesses. Für sehr lange Öffnungsdauern nimmt der effektive Mitteldruck wieder ab (Atkinson Kreisprozess, nicht dargestellt).

Die roten Kreise zeigen, in welchen Betriebspunkten der Verbrauch für verschiedene effektive Mitteldrücke minimal ist. Die blauen Marker zeigen, wo der Verbrauch maximal 2 % schlechter ist als der Minimalverbrauch. Für längere Öffnungsdauern muss die Bestromungsdauer erhöht werden, was zu einem höheren elektrischen Energiebedarf führt. Für größere Ventilhübe muss der Hydraulikdruck erhöht werden, was zu einem höheren Energiebedarf führt. An dieser Stelle wird einerseits klar, wie der Energiebedarf des Ventiltriebes und die Lastregelung zusammenhängen. Andererseits zeigt sich auch deutlich, dass bei kurzen Bestromungsdauern und wenig Einlasshub, sprich bei geringen effektiven Mitteldrücken in der niedrigen Teillast, der Energiebedarf des Ventiltriebs am geringsten ist.

Um den Lastschnitt für diese Drehzahl zu bestimmen muss eine Betriebslinie in dieses Kennfeld gelegt werden, die möglichst nahe an allen verbrauchsoptimalen Betriebspunkten liegt. Dieser optimale Lastschnitt ist in Abb. 8 in rot eingetragen. Gezeigt ist ein bilinearer Ansatz, der über drei Punkte definiert ist. Allerdings muss angemerkt werden, dass auch diverse andere Linienverläufe für den optimalen

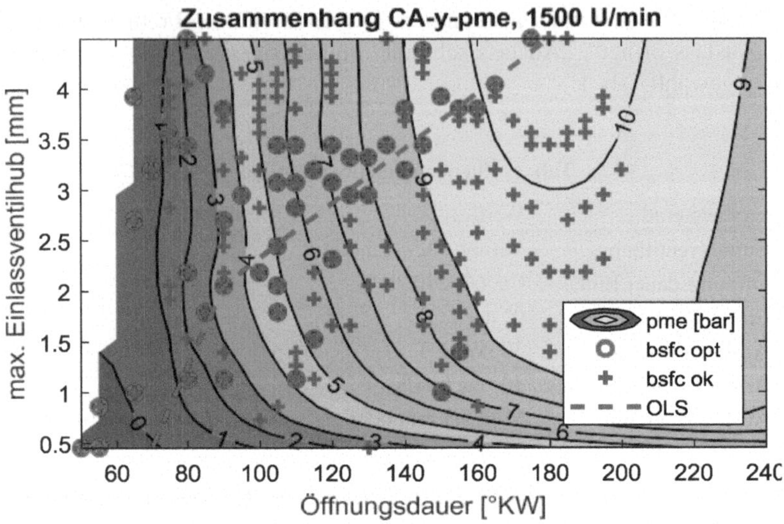

Abb. 8. Effektiver Mitteldruck in Abhängigkeit von Einlassventilhub und Öffnungsdauer. Die Punkte zeigen wo der beste/gute Verbrauchswerte erzielt werden und in rot dargestellt der optimale Lastschnitt (OLS)

Lastschnitt möglich wären. Die einzige Bedingung ist, dass sämtliche Mitteldrücke durchlaufen werden und jeder Wert nur einmal vorkommt.

Im stationären Motorbetrieb ergibt sich der Betriebspunkt des Ventiltriebs über den Schnittpunkt des optimalen Lastschnitts mit dem gewünschten effektiven Mitteldruck. Im transienten Motorbetrieb kann bei langsamen Laständerungen der Betriebspunkt auf dem optimalen Lastschnitt gehalten werden über Anpassungen des Hydraulikdrucks und der Öffnungsdauer. Für schnelle Änderungen der Motorlast kann natürlich – anders als bei herkömmlichen Ventiltrieben – mit der Verstellung der Öffnungsdauer eine sehr schnelle Anpassung erfolgen, was im Folgenden genauer erläutert wird.

In Abb. 8 ist ersichtlich, dass entlang des optimalen Lastschnitts sowohl der Hydraulikdruck (also der Einlassventilhub) als auch die Öffnungsdauer angepasst werden müssen. Abb. 6 und 7 zeigen auf, dass die Verstellung des Hubes nur langsam erfolgen kann, während eine Verstellung der Öffnungsdauer innerhalb von 180 °KW möglich ist. Wird der Motor in einem Betriebspunkt in der niedrigen Teillast betrieben, so kann bei gleichem Einlassventilhub durch eine Verlängerung der Öffnungsdauer der effektive Mitteldruck bereits im nächsten feuernden Zylinder sehr stark erhöht werden. Das bedeutet, dass durch ein kurzzeitiges Abweichen vom optimalen Lastschnitt eine deutliche Verbesserung der Dynamik möglich ist.

Ein Tip-In Vorgang für 1500 U/min ist in Abb. 9 dargestellt. Der obere Subplot zeigt, dass der Sollwert der Last zum Zeitpunkt 0 s von 2 bar auf 9 bar effektiven Mitteldruck erhöht wird. Der Istwert der Last folgt – ebenfalls sprungförmig – mit einer Verzögerung von 0,04 s. Der mittlere Subplot zeigt den Einlassventilhub, der langsam innerhalb von etwa 1 s seinen neuen Sollwert erreicht. Der untere Subplot zeigt die Öffnungsdauer der Einlassventile. Sobald der Lastsprung erfolgt, öffnen die Einlassventile deutlich länger. Während der Einlassventilhub langsam auf den neuen Sollwert erhöht wird, öffnen die Einlassventile wieder weniger lang.

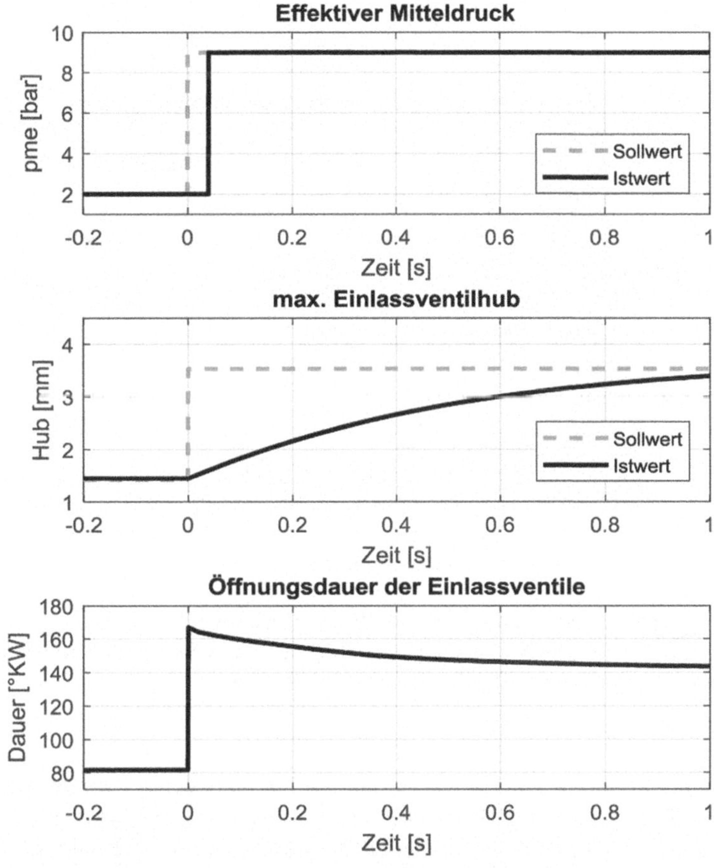

Abb. 9. Lastsprung von 2 bar auf 9 bar effektiven Mitteldruck mit transienter Kompensation

Es ist also möglich, die Motorlast mit einer Verzögerung von nur 0,04 s, was einer Motorumdrehung entspricht, zu erreichen. Diese Verzögerung entspricht der Totzeit vom Ansaugen des Gemisches bis zum Expansionstakt und ist unumgänglich. Die Tatsache, dass der Einlassventilhub nur sehr langsam ansteigt, ist auf die verwendeten Membranspeicher zurückzuführen und könnte, wie bereits erwähnt, sehr einfach mit einem kleineren Speicher verbessert werden. Die schnelle Anpassung der Öffnungsdauer stellt sicher, dass die Motorlast sehr schnell angehoben werden kann, obwohl der Einlassventilhub in den ersten Millisekunden nach dem Sollwertsprung praktisch unverändert ist. Mit steigendem Einlassventilhub wird die Öffnungsdauer wieder zurückgenommen. Dafür wird im Kennfeld interpoliert, welche Öffnungsdauer beim momentanen Einlassventilhub zur gewünschten Motorlast führt. Diese Abweichung vom optimalen Lastschnitt wird als „transiente Kompensation" bezeichnet.

Eine andere Darstellung von Einlassventilhub und Öffnungsdauer während der transienten Kompensation ist in Abb. 10 zu sehen. Sie zeigt den Verlauf des Motorbetriebspunktes während der Transienten im eingangs des Kapitels vorgestellten Betriebskennfeld des Motors. Start und Ende der Transienten sind in der Abbildung markiert, die Betriebspunkte während der transienten Kompensation liegen auf der schwarzen Kurve.

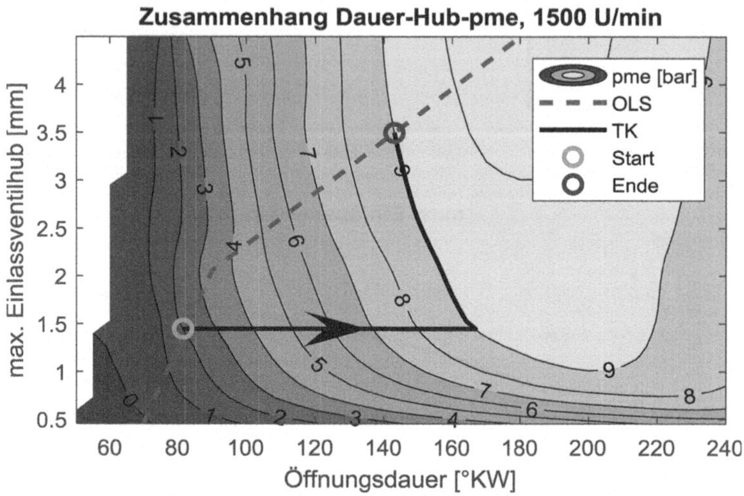

Abb. 10. Transiente Kompensation (TK) für einen Lastsprung von 2 bar auf 9 bar pme bei 1500 U/min. Start- und Endpunkt sind auf dem optimalen Lastschnitt, während der Transienten weicht der Betriebspunkt vom optimalen Lastschnitt (OLS) ab

In dieser Abbildung wird ersichtlich, dass sämtliche anderen Lastsprünge zu anderen effektiven Mitteldrücken ebenfalls auf diese Weise durchgeführt werden können.

Es muss lediglich die entsprechende Öffnungsdauer aus dem Kennfeld ausgelesen werden.

Da eine derart schnelle Erhöhung der Motorlast in der Regel unerwünscht ist, kann dies mit verschiedenen Methoden künstlich verlangsamt werden. Eine Möglichkeit wäre beispielsweise, die maximal zulässige Änderungsrate des effektiven Mitteldruckes zu limitieren. Abb. 11 zeigt die transiente Kompensation für drei verschiedene Änderungsraten im Vergleich. Der linke Subplot zeigt die Verläufe des effektiven Mitteldrucks, der rechte Subplot die dazugehörigen Verläufe der transienten Kompensation. Der abgestufte Verlauf kommt daher, dass für diese Simulationen ein diskretes Motormodell verwendet wurde. Alle 0,02 s (180 °KW) resultiert ein neuer Wert für den effektiven Mitteldruck. Die Abbildung zeigt sehr deutlich, dass künstlich verlangsamte Lastsprünge mit der vorgestellten Methodik kein Problem darstellen.

Der rechte Subplot zeigt, dass sich der Verlauf der transienten Kompensation bei langsameren Änderungsraten zunehmend dem optimalen Lastschnitt tatsächlich annähert.

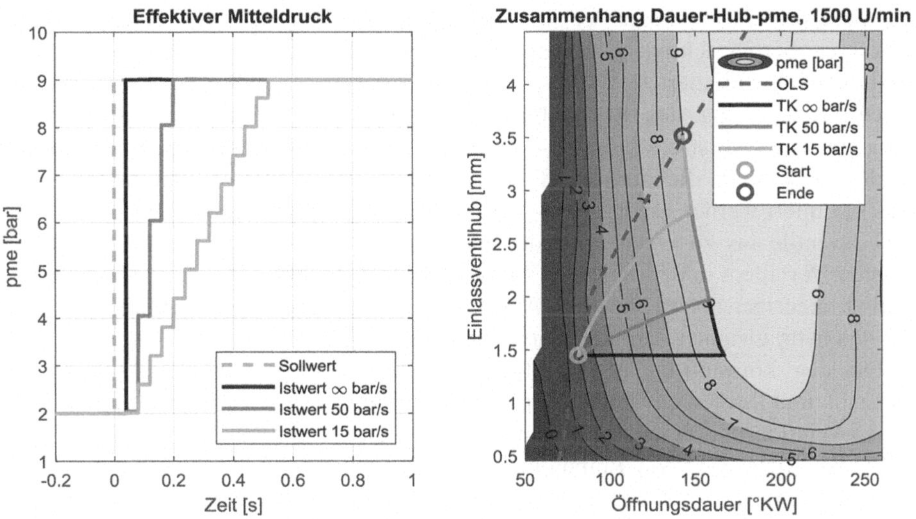

Abb. 11. Transiente Kompensation (TK) für einen Lastsprung von 2 bar auf 9 bar bei 1500 U/min mit verschiedenen Änderungsraten für den effektiven Mitteldruck

Abschließend noch einige Anmerkungen zu der hier vorgestellten Methodik. Ein Lastabwurf kann auf genau die gleiche Weise realisiert werden. Dort wird zunächst die Öffnungsdauer reduziert, während der Einlassventilhub abnimmt. Die Betriebspunkte der transienten Kompensation sind in diesem Fall oberhalb des optimalen Lastschnittes. Die Erhöhung und die Verringerung der Last sind nicht nur für Miller Steuerzeiten auf die gezeigte Weise möglich, sondern auch für lange Öffnungsdauern (Atkinson Kreisprozess). Zu guter Letzt noch eine Anmerkung zur Optimierung der Steuerzeiten: Selbst, wenn die Optimierung der Steuerzeiten im gesamten Kennfeld zu großen Unterschieden zu den hier verwendeten Steuerzeiten führt, ändert das nichts an der Funktionsweise der hier vorgestellten Methodik. Die Konstant-pme-Linien bekommen durch die Optimierung der Steuerzeiten einen anderen Verlauf, was lediglich die Lage des optimalen Lastschnittes beeinflusst. Die Methodik wurde auch für diese Fälle in der Simulation getestet und funktioniert weiterhin, sowohl für Miller als auch für Atkinson Steuerzeiten und sowohl für Lasterhöhungen als auch für Lastabwürfe.

5 Energiebedarf

Der Energiebedarf eines vollvariablen Ventiltriebs ist ein wichtiges Kriterium für eine Bewertung des Systems, wird aber nur selten thematisiert. In diesem Abschnitt werden der elektrische und der mechanische Energiebedarf des vorgestellten FlexWork Ventiltriebs mit dem eines nockengetriebenen Ventiltriebs verglichen.

Die Berechnung des mechanischen Energiebedarfs des Ventiltriebs wurde in Abschn. 2 beschrieben. Für die hydraulische Versorgung wurde eine regelbare Hydraulikpumpe mit einem konstanten Wirkungsgrad von 85 % angenommen, die

Rekuperation entsprechend der am jeweiligen Betriebspunkt verwendeten Ventilhubkurven berücksichtigt. Der elektrische Energiebedarf wurde wie in Abschn. 2 beschrieben quantifiziert.

Die Berechnung des Energiebedarfs des FlexWork Ventiltriebs erfolgt unter Annahme eines worst-case Szenarios. Einerseits könnte der elektrische Energiebedarf der Magnetventile, die aus marktüblichen Einzelteilen zusammengestellt wurden, noch optimiert werden, andererseits wird die Auslassseite stets so betrieben, dass die Auslassventile bis zu einem Zylinderdruck bei „Auslass öffnet" von 10 bar öffnen könnten. Vor allem in der niedrigen Teillast ist der Zylinderdruck bei „Auslass öffnet" deutlich niedriger als 10 bar. Eine Anpassung der Ansteuerung des Auslasses würde also den hydraulischen Energiebedarf weiter senken.

Für den konventionellen Ventiltrieb ist die Annahme, dass unabhängig von Drehzahl und Motorlast stets 1 J pro Ventilöffnung und Ventil erforderlich sind. Bei 16 Ventilen und einem Hubraum von 1,39 l ergibt sich ein Reibmitteldruck von 0,1151 bar (bzw. 1,27 Nm Reibmoment). Darüber hinaus wird ein konstantes Reibmoment von 0,5 Nm für die Steuerkette angenommen. Um diese Annahmen zu stützen sind hier einige veröffentlichte Ergebnisse zu dem Thema zusammengetragen. Der Reibmitteldruck von Nockenwelle und Nocken ist für das Auslassventil eines 0,6 l 1-Zylinder Dieselmotor in [6] mit 0,058–0,067 bar angegeben (3,5–4 J/ Öffnungsvorgang). In [7] wird das Reibmoment der Auslassnockenwelle für einen 0,5 l 1-Zylinder Motor mit 2 Auslassventilen mit 1,2 Nm angegeben. Dies entspricht einem Reibmitteldruck von 0,3 bar. Die Studie zeigt auch, dass das Reibmoment der Auslassnockenwelle im befeuerten Betrieb um 10–14 % zunimmt gegenüber dem geschleppten Betrieb. Für den hier gezeigten Vergleich ist dieser Effekt nicht berücksichtigt. Messungen in [8] zeigen, dass die Gleitreibung der Steuerkette selbst bei einer niedrigen Drehzahl von 2000 U/min einen Anteil von 16 % an der gesamten Motorreibung ausmacht. Die hier getroffenen Annahmen für den Energiebedarf eines Nockentriebs sind also sehr optimistisch. Auch der Energiebedarf eines Mechanismus zur Phasenverstellung der Nockenwellen ist nicht berücksichtigt, aber in Realität durchaus relevant. In [9] wird gezeigt, dass ein Wechsel von einer hydraulischen zu einer elektrischen Vorrichtung zur Phasenverstellung eine Einsparung von 125–300 W über den NEFZ Fahrzyklus aufgrund einer kleineren Ölpumpe mit sich bringt. Mit den verwendeten Annahmen besteht also für den nockengetriebenen Ventiltrieb ein best-case Szenario.

Abb. 12 zeigt die Werte für den gesamten Reibmitteldruck des Ventiltriebs (einlass- und auslassseitig) für verschiedene Motordrehzahlen. Zu sehen ist der Vergleich für eine mechanische Nockenwelle (NW) und den FlexWork Ventiltrieb (FW). Bei letzterem ist auch die Aufteilung in mechanischen und elektrischen Energiebedarf abgebildet. Der linke Subplot zeigt, dass in der Teillast der mechanische Energiebedarf des FlexWork Ventiltriebs über alle Drehzahlen hinweg deutlich geringer ist als der eines nockengetriebenen Ventiltriebs. Der elektrische Energiebedarf steigt mit abnehmender Drehzahl an. Der Gesamtenergiebedarf des FlexWork Ventiltriebs ist außer bei sehr niedrigen Drehzahlen geringer als der eines nockengetriebenen Ventiltriebs. Der rechte Subplot zeigt, dass der FlexWork Ventiltrieb an der Volllast mechanisch mehr verbraucht als in der Teillast und bei hohen Drehzahlen auch mehr als ein nockengetriebener Ventiltrieb. Der elektrische Energiebedarf nimmt auch an der

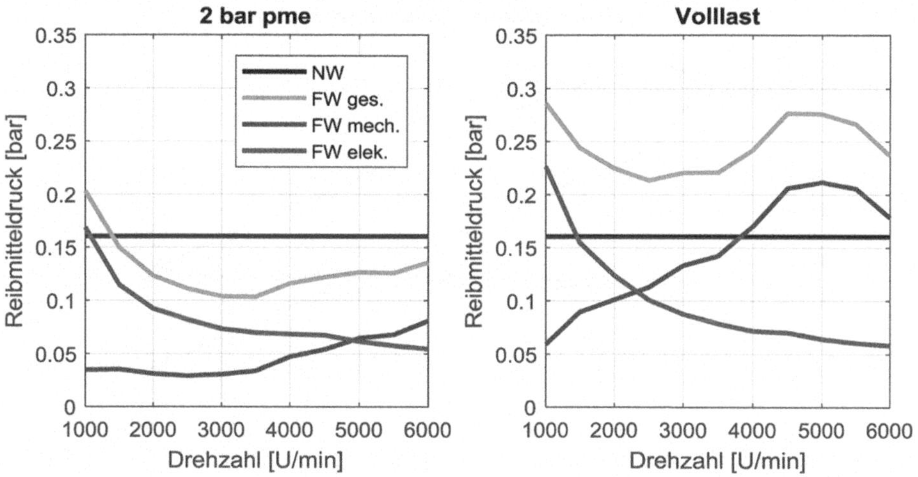

Abb. 12. Reibmitteldruck des Ventiltriebs. NW zeigt die Werte für einen nockengetriebenen Ventiltrieb, FW für hier den vorgestellten FlexWork Ventiltrieb, aufgeteilt in den mechanischen Anteil und den elektrischen Anteil (jeweils Einlass- und Auslassseite)

Volllast für niedrigere Drehzahlen zu. Der Maximalwert für die gesamte Reibleistung beim FlexWork Ventiltrieb beträgt 1,7 kW bei 5000 U/min.

Der Grund für den niedrigen mechanischen Energiebedarf des FlexWork Ventiltriebs in der Teillast ist, dass nur ein kleiner Ventilhub notwendig ist um den Gaswechsel zu gewährleisten. Der niedrige elektrische Energiebedarf bei hohen Drehzahlen ist darauf zurückzuführen, dass die Bestromungsdauer sehr nahe an der Mindestbestromungsdauer liegt und es nur eine sehr kurze Haltephase für den Strom gibt. Bei niedrigen Drehzahlen hingegen folgt auf die Mindestbestromungsdauer noch eine lange Haltephase um die Ventile offen zu halten. An der Volllast ist mit zunehmender Motordrehzahl ein größerer Ventilhub erforderlich um eine gute Füllung zu ermöglichen, was höhere Hydraulikdrücke und somit ein Mehr an mechanischem Energiebedarf bedeutet. Der elektrische Energiebedarf ist an der Volllast bei hohen Drehzahlen ähnlich wie in der Teillast, da die Bestromungsdauer auch hier nahe an der Mindestbestromungsdauer liegt. Bei niedrigen Drehzahlen steigt der elektrische Energiebedarf noch leicht an, da für die Volllast eine längere Haltephase nötig ist als für die Teillast.

Diese Ergebnisse zeigen, dass der FlexWork Ventiltrieb in der Teillast geringfügig weniger Energie benötigt als ein nockengetriebener Ventiltrieb, und das obwohl ein best-case-szenario für die Nockenwelle mit einem worst-case-Szenario für den FlexWork Ventiltrieb verglichen wurde. An der Volllast ist der Energiebedarf des FlexWork Ventiltriebs höher als für nockengetriebene Systeme, aber diese Betriebspunkte sind zum einen nicht oder nur wenig zyklusrelevant und zum anderen könnte hier der höhere Energiebedarf mit einem optimierten Gaswechsel durch die Freiheitsgrade des Ventiltriebs überkompensiert werden.

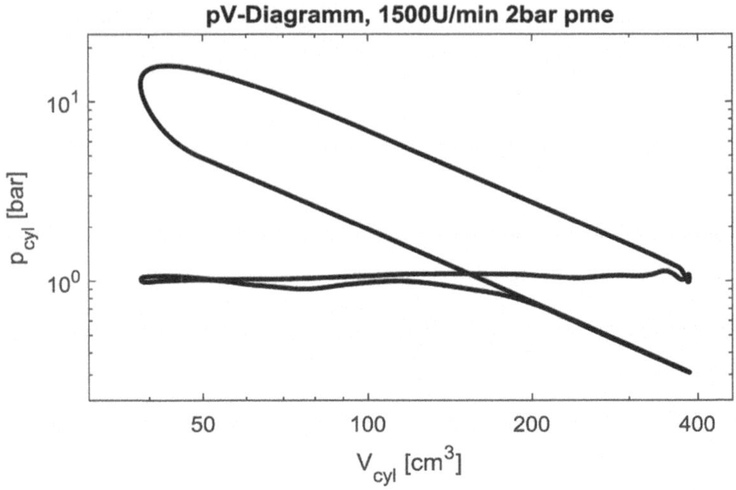

Abb. 13. pV-Diagramm in der niedrigen Teillast bei einer Motordrehzahl von 1500 U/min

Über diese Betrachtungen hinweg darf die Verbesserung des Ladungswechsels natürlich nicht in Vergessenheit geraten. Abb. 13 zeigt das doppellogarithmische pV-Diagramm einer Simulation für 2 bar effektiven Mitteldruck bei 1500 U/min. Die Ladungswechselverluste für diesen Punkt in der niedrigen Teillast betragen gerade einmal 0,048 bar.

Der FlexWork Ventiltrieb benötigt also dort wenig Energie, wo es beim typischen Einsatz im PKW am wichtigsten ist: in der Teillast. Und zusätzlich dazu können ebenfalls in der Teillast die Ladungswechselverluste mit dem FlexWork Ventiltrieb drastisch verringert werden.

6 Zusammenfassung und Ausblick

Ein vollvariabler Ventiltrieb ist vorteilhaft für die Optimierung sämtlicher Betriebsbereiche eines Verbrennungsmotors. Der hier vorgestellte elektrohydraulische FlexWork Ventiltrieb vereint die Vorteile einer geringen Systemkomplexität mit großer Variabilität und einem geringen Energiebedarf. Der Betrieb mit Motorkühlmittel führt zu einem ölfreien Zylinderkopf, was weniger additiviertes Motoröl und eine erhöhte Katalysatorlebensdauer mit sich bringt.

Der Energiebedarf des Systems hängt vom Ventilhub und von der Öffnungsdauer der Ventile ab, wobei kleine Ventilhübe und kurze Öffnungsdauern zu einem geringen Energiebedarf führen.

Eine Methodik für die Lastregelung unter der Verwendung der beiden Freiheitsgrade Einlassventilhub und Öffnungsdauer wurde im Detail erklärt. Mit dem vorgestellten FlexWork Ventiltrieb ist ein exzellenter transienter Motorbetrieb möglich, in dem von einer Ventilöffnung auf die nächste die Öffnungsdauer beliebig verstellt wird, während der Hydraulikdruck (Ventilhub) entsprechend des neuen Betriebspunktes angepasst wird. So sind zum einen sehr schnelle Lastsprünge möglich, zum anderen sind Geschwindigkeit und Verlauf einer Drehmomentänderung sehr frei wählbar.

Anhand eines Lastschnitts bei 2 bar effektivem Mitteldruck und an der Volllast wurde der Energiebedarf mit einer konventionellen Nockenwelle verglichen. In der Teillast ergibt sich sogar für eine worst-case Betrachtung des vorgestellten FlexWork Ventiltriebs ein kleiner Vorteil im Vergleich zum Energiebedarf einer konventionellen Nockenwelle. Anhand eines pV-Diagramms bei 1500 U/min und einem effektiven Mitteldruck von 2 bar wird aufgezeigt, dass sich selbst in der niedrigen Teillast sehr geringe Ladungswechselverluste ergeben: 0,048 bar.

Für den weiteren Projektverlauf sind die Inbetriebnahme des Versuchsmotors im befeuerten Betrieb, die Implementierung der Lastregelung am Prüfstand, der Moduswechsel zum 2-Zylinderbetrieb sowie Untersuchungen des 2-, 6-, 8-Takt Betriebs geplant.

Danksagung. Die Autoren bedanken sich bei folgenden Partnern, welche wesentlich zum Gelingen des Projektes beigetragen haben: Beim schweizerischen Bundesamt für Energie (BFE) Sektion Energieforschung für die finanzielle Unterstützung sowie bei den Firmen Muhr und Bender KG (D-Attendorn), Elgo Electronic GmbH (D-Rielasingen-Worblingen), Hydac International GmbH (D-Sulzbach/Saar), Bieri Hydraulik AG (CH-Liebefeld) und bei der BASF SE (D-Ludwigshafen).

Literatur

1. Van Basshuysen, R.: Handbuch Verbrennungsmotor. Springer Vieweg, Wiesbaden (2017)
2. Leduc, P., Dubar B., Ranini A., Monnier G.: Downsizing of gasoline engine: an efficient way to reduce CO_2 emissions. Oil Gas Sci. Technol. – Rev. IFP **58**(1), 115–127 (2003)
3. Guzzella, L.: Modeling and Control of Internal Combustion Engine Systems. Springer, Berlin (2010)
4. Wei, H., Zhu, T., Shu, G., Tan, L., Wang, Y.: Gasoline engine exhaust gas recirculation – a review. Appl. Energy **99**(X), 534–544 (2012)
5. Kutlar, O.A., Arslan, H., Calik, A.T.: Methods to improve efficiency of four stroke, spark ignition engines at part load. Energy Convers. Manag. **46**(20), 3202–3220 (2005)
6. Teodorescu, M., Taraza, D., Henein, N., Bryzik, W.: Experimental analysis of dynamics and friction in valve train systems. SAE technical paper series 2002-01-0484, No. 724 (2002)
7. Mufti, R.A., Priest, M.: Experimental evaluation of engine valve train friction under motored and fired conditions. Tribol. Res. Des. Eng. Syst. **41**, 767–778 (2003)
8. Hyakutake, T., Inagaki, M., Matsuda, M., Hakamada, N., Teramachi, Y.: Measurement of friction in timing chain. JSAE Rev. **22**(3), 343–347 (2001)
9. Schäfer, J., Balko, J.: High performance electric camshaft phasing system. SAE technical paper 2007-01-1294, No. 724 (2007)

RDE-Konzept auf Basis eines vollvariablen, hydraulischen Ventiltriebs

Mario Medicke[1(✉)], Michael Günther[1], Ronny Trettin[1], Michael Hampel[2], Andreas Mayer[2], und Daniel Wolf[2]

[1] IAV GmbH, Stollberg, Deutschland
mario.medicke@iav.de
[2] Schaeffler Technologies AG & Co. KG, Herzogenaurach, Deutschland

1 Einleitung

Die Einführung des WLTC-Testverfahrens (Worldwide Harmonized Light-Duty Vehicles Test Cycle) und des RDE-Tests (Real Driving Emissions) zieht Konsequenzen bei der Auslegung von Verbrennungsmotoren nach sich. Da der RDE-Test im Alltagsverkehr auf der Straße und somit stochastisch gefahren wird, dürfen die Emissionsgrenzwerte im kompletten Betriebsbereich des Motors nicht überschritten werden.

Weiterhin besteht durch ambitionierte Flottenverbrauchsziele einerseits der Bedarf für weitere Wirkungsgradsteigerungen, andererseits können aktuelle aufgeladene Motoren gute Volllastperformance nur durch Anfettung und Scavenging darstellen, was im realen Fahrbetrieb (RDE) zu höheren Schadstoffemissionen führt.

Eine konsequente Entdrosselung der Teillast mit Miller/Atkinson-Brennverfahren, in Kombination mit Wirkungsgradsteigerung durch Anhebung der geometrischen Verdichtung, ist am Ottomotor ein vielversprechender Ansatz zur Senkung des Zyklusverbrauches [1, 4].

Der vollvariable Ventiltrieb zur Realisierung des Miller/Atkinson-Verfahrens ermöglicht im gesamten Motorkennfeld die jeweils wirkungsgradoptimalen Öffnungs- und Schließzeiten der Einlassventile. Das erschließt Potenziale auch bei hoher Last und ermöglicht die Erhöhung des Verdichtungsverhältnisses. Mit den Freiheitsgraden des UniAir-Systems sind damit hohe thermische Wirkungsgrade möglich. Die maximal mögliche Verdichtung ist dabei ein Optimierungsergebnis aus den Volllastanforderungen und dem zur Verfügung stehenden Ladedruck. Basis dafür ist ein Aufladeaggregat welches in der Lage ist den notwendigen Ladedruck für die Miller/Atkinson Strategie bereitzustellen.

Voraussetzung für eine optimale Parametrierung der Miller/Atkinson Strategie ist jedoch eine entsprechende Gestaltung des Einlassnockenprofils, die die UniAir Flexibilitäten maximal unterstützt.

J. Liebl (Hrsg.): *Ladungswechsel und Emissionierung 2018*, Proceedings, S. 168–184, 2019.
https://doi.org/10.1007/978-3-658-24984-7_11

2 Systembeschreibung/Auslegungskriterien vollvariabler Ventiltrieb

2.1 UniAir Systembeschreibung

Während der ansteigenden Nockenflanke wird der Geberkolben fortlaufend ausgelenkt und es kann bei geschlossenem, das heißt bestromtem Schaltventil eine hydraulische Kraftkopplung auf den Nehmerkolben erfolgen (Abb. 1). Durch die Wahl des Bestromungszeitpunktes des Schnellschaltventils wird das Nockenprofil dadurch voll oder nur teilweise genutzt und der maximal erreichbare Ventilhub verringert sich entsprechend. Während dieser Ventilhubphase kann der Hub durch das Bestromungsende zusätzlich frühzeitig beendet werden. Dabei wird das Ventil durch die Ventilfeder geschlossen, und es ergeben sich je nach Motordrehzahl relativ steile Schließflanken. Über eine hydraulische Endlagendämpfung wird das Ventil schließlich abgebremst,

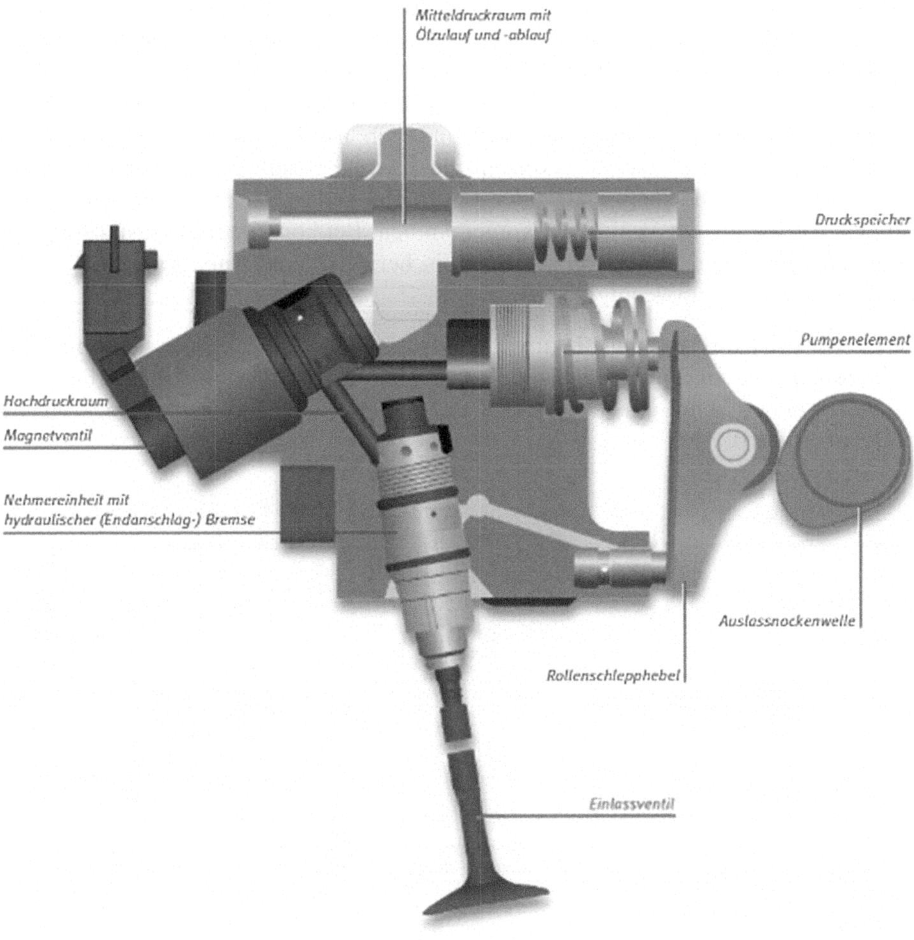

Abb. 1. UniAir System

bevor es den Ventilsitz erreicht. Bei spätem Bestromungsbeginn und frühzeitigem Bestromungsende wird automatisch Öl aus der Arbeitskammer über das geöffnete Schnellschaltventil in den Ölspeicher geschoben und für den nächsten Motorzyklus zurückgehalten. Die Wiederbefüllung der Arbeitskammer des Systems findet dann während der Grundkreisphase statt.

Durch die beschriebenen Freiheitsgrade im Bestromungsverlauf können somit neben dem maximal möglichen Ventilhub auch Hübe mit geringem Ventilüberschnitt beziehungsweise vorzeitigem Ventilschließen mit hohem Millergrad dargestellt werden, wodurch in der Regel die Phasensteller auf Einlass- und Auslassseite entfallen können.

2.2 Hydraulische Auslegung und Designmerkmale UniAir

Im Folgenden wird das Vorgehen bei der Auslegung und Anpassung der UniAir Hardware auf eine konkrete Anwendung beschrieben.

Im Allgemeinen besteht das System weitestgehend aus Serienkomponenten, welche bereits in einer Vielzahl von Serienanwendungen über lange Zeit eingesetzt wurden. Für die Anpassung an die Gegebenheiten am Zielmotor bestehen für die Anordnung der unterschiedlichen Komponenten im Aktuatorgehäuse viele Freiheiten, sodass die Integration in den vorhandenen Motorbauraum ohne nennenswerten zusätzlichen Bauraumbedarf stets möglich ist. Da die thermodynamischen Anforderungen je nach Zielmotorkonzept eine große Bandbreite besitzen, wird für jede Anwendung eine maßgeschneiderte Auslegung der Nockenkontur sowie eine optimale Anpassung der Ventilfeder vorgenommen. Bei konsequenter Ausnutzung der dadurch vorhandenen Freiheitsgrade ist typischerweise eine Anpassung der UniAir Komponenten nicht notwendig.

2.2.1 Hydraulische Systemauslegung. Die Auslegung des UniAir Systems für eine konkrete Anwendung wird vollständig auf Basis von CAE-Methoden durchgeführt. Die wesentlichen Schritte sind in Abb. 2 zusammengefasst und werden nachfolgend im Detail erläutert:

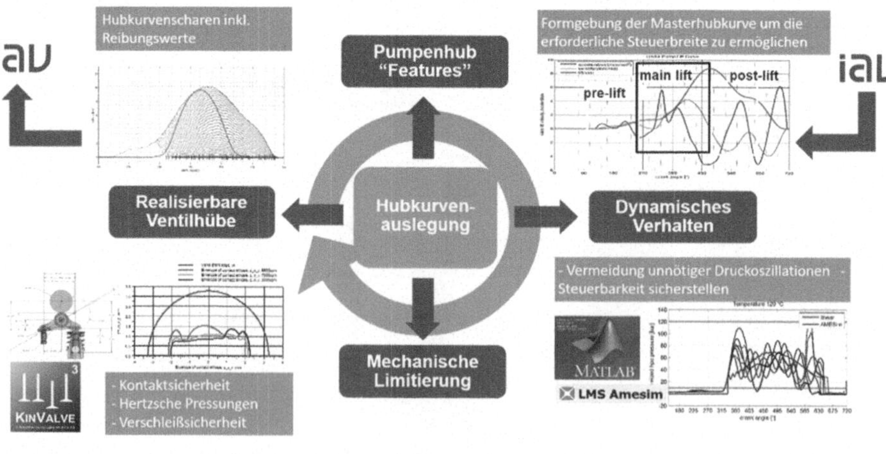

Abb. 2. Ablauf der hydraulischen Systemauslegung

Simulationsmodell. Auf Basis eines Designvorschlags sowie der systemrelevanten Parameter des Zielmotors (u. a. bewegte Ventilmasse, Bauraum für Ventilfeder, Ventil- zu Kolbenkollisionskurve) wird ein detailliertes 1D-Simulationsmodell erstellt. Durch die Verwendung von bereits validierten Submodellen für die Einzelkomponenten kann dieses Modell die erreichbaren Ventilhubkurven und den hydraulischen sowie elektrischen Energiebedarf mit hoher Genauigkeit vorhersagen. Abb. 3 zeigt beispielhaft den Vergleich zwischen Messung und Simulation.

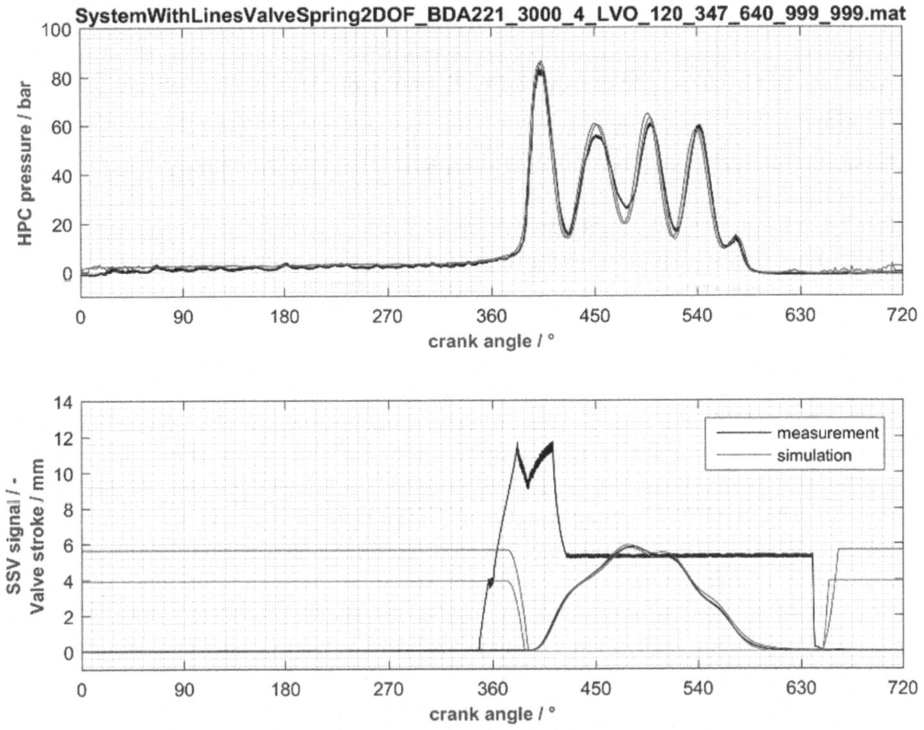

Abb. 3. Vergleich des Systemdrucks (oben) in bar und des Ventilhubs (unten) der Simulationsdaten (rot) mit Messdaten (schwarz) für spätes Ventilöffnen bei 3000 min^{-1} (Farbig Online)

Hubkurvendesign/Nockenkontur. Ausgehend von dem detaillierten 1D-Simulationsmodell wird ein linearisiertes und damit stark vereinfachtes Ersatzmodell erstellt, womit es möglich ist, sehr effiziente Optimierungsalgorithmen einzusetzen. Um das daraus resultierende Potenzial optimal zu nutzen, wurde ein umfangreiches Toolset entwickelt, dessen Einsatz das Generieren beliebiger Hubkurvenverläufe ermöglicht. Das dynamische Verhalten wird dabei in einem Optimierungsschritt gleichzeitig für alle Betriebszustände, d. h. Drehzahlen, Steuerzeiten und Öltemperaturen optimiert. Um sicherzustellen, dass die Systemlasten innerhalb der zulässigen Grenzen liegen, werden relevante Eckpunkte des Betriebsbereichs mit dem detaillierten Simulationsmodell überprüft. Nach erfolgreicher Validierung kann der realisierbare Steuerbereich in einem feinen Raster abgetastet werden. Für die daraus resultierenden Hubkurvenscharen werden automatisiert die hydraulischen und elektrischen Verluste berechnet und für die Steuerzeitenoptimierung vorbereitet.

Ventilfederdesign. Die hydraulische Dissipation im System ist maßgeblich davon abhängig, wie viel potenzielle Energie zum Zeitpunkt des Bestromungsendes noch in der Ventilfeder gespeichert ist. Darüber hinaus unterscheidet sich die dynamische Anregung der Ventilfeder mit UniAir durch die sehr steilen Schließflanken deutlich zu der von mechanischen Ventiltrieben, weshalb das Ventilfederdesign eine wichtige Rolle bei der Auslegung des Gesamtsystems spielt.

Aus diesem Grund wurde ein spezielles Schraubenfederersatzmodell mit folgenden Eigenschaften entwickelt:

- Modellierung der ersten beiden Eigenfrequenzen/Eigenformen in Abhängigkeit der Kompression
- Berücksichtigung von beliebig progressiven Kraftverläufen
- Vorhersage der Schwingungsdämpfung abhängig von Designparametern

Damit kann in Zusammenarbeit mit dem Federhersteller ein optimales Ventilfederdesign ausgelegt werden.

2.2.2 Designmerkmale UniAir aus thermodynamischer Sicht. Bei der Auslegung der UniAir Hüllkurve sind aus thermodynamischer Sicht unterschiedliche Designmerkmale zu betrachten und zu optimieren. Anhand der in Abb. 4 dargestellten Einlassventilhubkurve lassen sich die wesentlichen Elemente wie folgt beschreiben:

Der in Abb. 4 mit (1) gekennzeichnete Bereich zeigt den sogenannten Bootlift. Durch den Bootlift werden hohe Restgasraten mit sehr großer Ventilüberschnittszeit in der durch Miller Steuerzeiten stark entdrosselten Teillast (geringer Spüldruck) bei Vermeidung von Kolbenkollision sowie mögliche Ventilsteuerungsstrategien zur Umsetzung eines spülenden Ladungswechsels gewährleistet. Die Hauptdesignmerkmale dieses Bereiches sind die Bootlänge und die Boothöhe. Dabei kann das Öffnen des Einlassventils bei Bedarf bis zum Vorauslassstoß bei Auslassöffnen vorverlegt werden. Typische Bootlifthöhen sind ≤ 2 mm.

Ein weiteres essenzielles Designmerkmal ist der Öffnungsgradient der Ventilhubkurve (2). Dieser beeinflusst im Wesentlichen den Ansaugvorgang und die daraus resultierenden Ansaugverluste. Bei Konzepten mit hoher spezifischer Leistung in Kombination mit hohem Ladedruckbedarf (z. B. Volllast Miller) ist dies ein wesentliches Optimierungskriterium. Vergleichbar mit konventionellen Ventiltrieben, sind der Maximalhub des Einlassventils und dessen Lage (3) ein Hauptkriterium in der Ladungswechselauslegung. Insbesondere für den UniAir Konzeptansatz, der ohne Phasenverstellung auf der Ein- und Auslassseite auskommt. Hierbei ist ebenfalls mit in Betracht zu ziehen, dass sich Einlassventilöffnungswinkel ergeben können, die deutlich später liegen als der frühestmögliche Öffnungszeitpunkt. In diesem Fall reduzieren sich der maximale Einlassventilhub (6) und der spätest mögliche Einlassschluss. Wie bereits in Abschn. 2.2.1 beschrieben, sind die hydraulischen Verluste im Wesentlichen vom Einlassventilhub beim „Absteuern" des Steuerventils abhängig. Mit dem dargestellten Reverseboot (5) lassen sich unterschiedliche

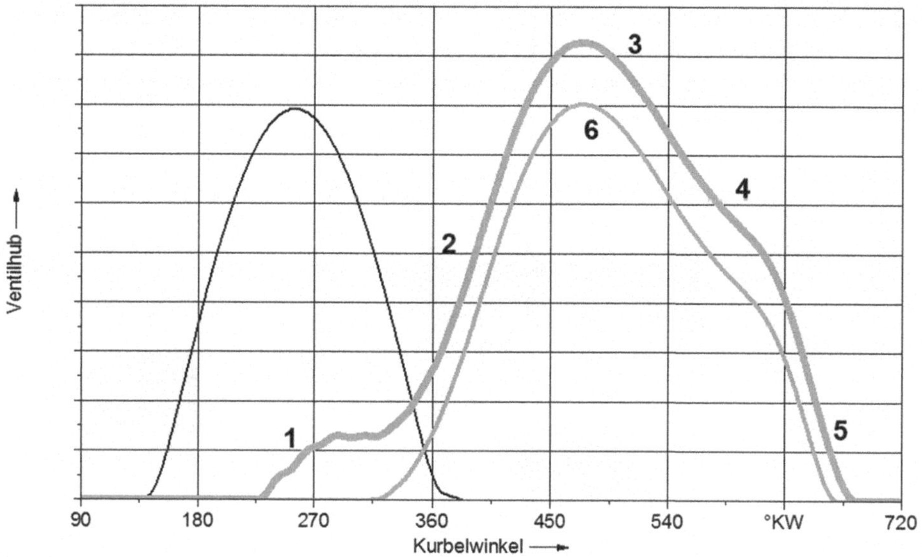

Abb. 4. UniAir-Einlassventilerhebung ohne Absteuerung

Einlass-Schließt-Winkel im Motorkennfeld bei geringen Absteuerverlusten parametrieren. Neben der Auslegung des hydraulischen Systems sind die hydraulischen Verluste durch diese UniAir-typischen Designmerkmale der Hüllkurve in Kombination mit dem thermodynamischen Gesamtsystem beeinflussbar. Diese Kriterien sind zentrale Bestandteile des gesamten Auslegungsprozesses. Die Auslegung der UniAir-Hüllkurve zusammen mit dem Auslassventilhub, der ebenfalls ohne Phasenverstellung auskommt, ist die Grundlage für einen hohen Wirkungsgrad des Motors.

3 Thermodynamisches Konzept/Auslegungsmethodik

Die in Abschn. 2 erläuterten Freiheitsgrade des hier beschriebenen vollvariablen Ventiltriebes ermöglichen eine Optimierung des thermodynamischen Gesamtkonzeptes. Dafür müssen folgende Parameter des Verbrennungsmotors optimiert bzw. angepasst werden, um möglichst hohe Wirkungsgrade zu erreichen:

- Optimierung des Ladungsbewegungskonzepts zur Realisierung eines frühen Einlassschluss- (FES) bzw. eines späten Einlassschluss- (SES) -verfahrens sowohl in der Teillast als auch in der Volllast [1]
- Optimierung des geometrischen Verdichtungsverhältnisses ermöglicht durch FES/SES [6, 7]
- Optimierung des Aufladeaggregats zur Bereitstellung des nötigen Ladedrucks zur Reduzierung der Klopfneigung im Falle FES/SES [8]

Der dafür bei IAV entwickelte Prozess ist in Abb. 5 dargestellt. Er beinhaltet neben der Konzeptdefinition sowohl 1D-CFD-Simulationen als auch 3D-CFD-Optimierungen, die auf Basis von Strömungsmessungen mittels IAV DGV-Messverfahrens [3] messtechnisch validiert sind.

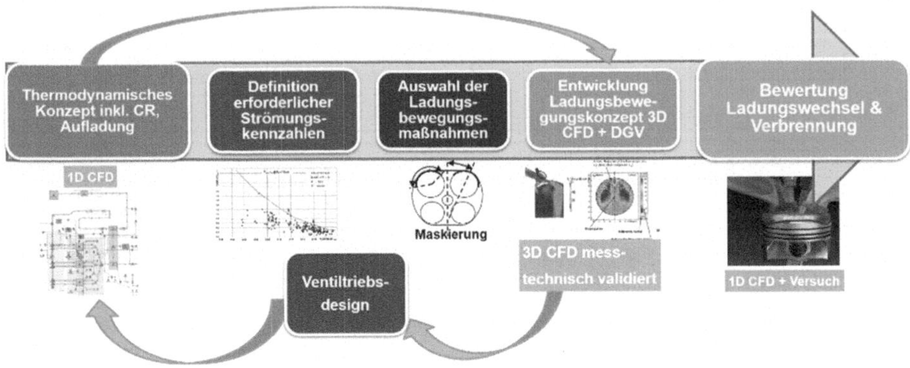

Abb. 5. IAV Entwicklungsprozess

Die Auslegung des Gesamtkonzeptes findet zusammenführend in der 1D-CFD-Simulation statt. Die Vorteile der durch UniAir möglichen Ventiltriebsstrategien haben wesentlichen Einfluss auf die innermotorischen Prozesse. Um diese Effekte hinreichend genau abzubilden und fundierte Vorhersagen zu treffen, werden in der IAV-1D-Modellumgebung eigens entwickelte Modellerweiterungen bzw. eigene Untermodelle verwendet. In Abb. 6 sind die wesentlichen Effekte des vollvariablen Ventiltriebes und die dabei in der Simulation zum Einsatz kommenden Modellansätze im Motorkennfeld dargestellt.

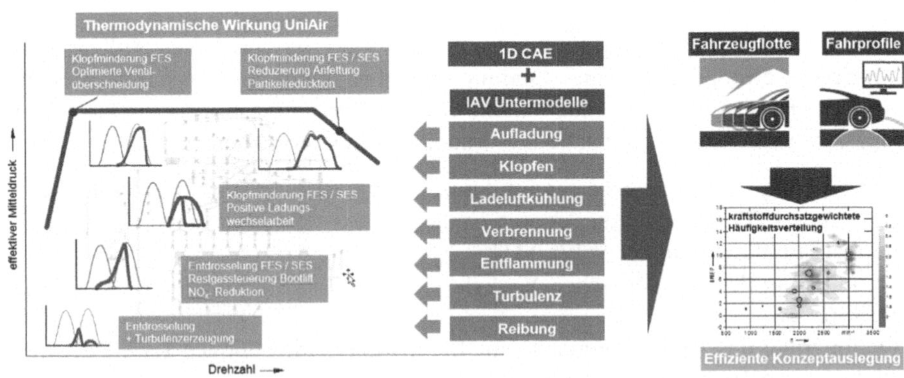

Abb. 6. Effekte des vollvariablen Ventiltriebs und in der Simulation genutzte Untermodelle

Ein wesentlicher Bestandteil ist dabei das Ladungswechselmodell, das die genaue Zusammensetzung der Zylinderfüllung (Frischluft, Restgas, Kraftstoff) ebenso vorhersagt wie den dafür notwendigen Saugrohrdruck/Ladedruck. Die Rückwirkung der Aufladung auf den motorischen Prozess wird vom entsprechendem Teilmodell berechnet. Hier sind Ausschiebearbeit (Abgasgegendruck) und Ansaugarbeit (Ladedruck) von Interesse, deren Verhältnis im Bestfall zu positiver Ladungswechselarbeit führt und ein Ergebnis der Optimierung des Aufladesystems ist. Im transienten Fall ist es außerdem möglich, den Lastaufbau des Motors, also Drehzahl- bzw. Ladedruckaufbau des Abgasturboladers zu simulieren. Des Weiteren ist die korrekte Abbildung der Verbrennung unter Einfluss von FES/SES kombiniert mit hohen Restgasraten zur Wirkungsgradsteigerung in der Teillast erforderlich [5]. Mit dem IAV Verbrennungs-/ Entflammungsmodell wird sowohl der Einfluss der veränderten Ladungsbewegung und des Restgasanteils auf die Brenndauer als auch der Brennverzug bei Beachtung der Brenngrenze infolge veränderter Druck- und Temperaturbedingungen (Innenkühlung beim Miller) beachtet. Auch die korrekte Wiedergabe der verringerten Klopfneigung mit FES/SES (ebenfalls als Folge der Innenkühlung) und die damit mögliche maximale Erhöhung des geometrischen Verdichtungsverhältnisses bedingen vorhersagefähige Modellansätze (Klopfmodell).

Um das Gesamtkonzept, insbesondere den Ventiltrieb betreffend, optimal auszulegen, werden mittels eines bei IAV entwickelten Tools relevante Betriebspunkte im Motorkennfeld identifiziert und in die Auslegung einbezogen. Dies geschieht entsprechend der sich aus Motor/Fahrzeug/Fahrzyklus ergebenden kraftstoffdurchsatzgewichteten Häufigkeitsverteilung im Motorkennfeld. Dabei kann sowohl einem Motor in einem Fahrzeug als auch einer kompletten Fahrzeugflotte und mehreren Fahrzyklen Rechnung getragen werden.

4 Thermodynamische Potenziale

4.1 Motorkonzeptbeschreibung

Als Basismotor für die folgend dargestellten Ergebnisse diente ein turboaufgeladener 1,0 l-3-Zylinder-Motor mit Direkteinspritzung.

Folgende Hauptparameter wurden gegenüber dem Basistriebwerk geändert

- Hydraulischer vollvariabler Ventiltrieb (UniAir) auf Einlassseite
- Optimiertes Auslassnockenprofil (als Ergebnis der Auslegung)
- Antrieb von Ein- und Auslassventilen über eine Nockenwelle
- Entfall der Nockenwellenphasensteller
- Maskierung der Einlassventilsitze
- Verdichtungsanhebung von 10,5 auf 11,7 (als Ergebnis der Auslegung)
- Verwendung des Wastegate Abgasturboladers vom Basismotor mit einer maximale Abgastemperatur vor Turbine von $T_{3,max} = 1030$ °C

4.2 Betrieb mit hoher Leistung

In Abb. 7 ist die Einlassschlussvariation bei $n = 5000\ min^{-1}$ und $p_{me} = 21{,}4$ bar (90 kW/l) dargestellt. Das Einlassöffnen ist dabei konstant bei 345 °KW. Alle folgenden Angaben der Ventilsteuerzeiten sind in °KW nach Zünd-OT auf 0,2 mm Ventilhub bezogen. Die 0,2 mm als Bezugsgröße sind notwendig, um die genaue Öffnung bei geringer Bootlifthöhe korrekt zu erfassen.

Ziel der dargestellten Variation war die Realisierung eines $\lambda = 1$-Betriebes bei maximal möglichem geometrischem Verdichtungsverhältnis durch die klopfreduzierenden Ventilsteuerstrategien FES bzw. SES. Die Variation wurde bis an die Systemgrenze Einlassschluss (frühest- bzw. spätestmöglich) des UniAir heran durchgeführt. Wie in Abb. 7 zu erkennen, lässt sich der $\lambda = 1$-Betrieb sowohl mit frühem als auch mit spätem Einlassschluss bei einem Verdichtungsverhältnis von $\varepsilon = 11{,}7$ darstellen. Verantwortlich dafür ist die Absenkung der Verdichtungsendtemperatur durch Verlagerung eines Teils der Verdichtungsarbeit auf das Aufladeaggregat und Zwischenkühlung der Ladeluft. Die damit verbundene klopfreduzierende Wirkung führt zu früheren Verbrennungsschwerpunktlagen und damit ausgehend von einem unterstöchiometrischen Motorbetrieb zur Reduktion der Anfettung. Nach Erreichen des $\lambda = 1$-Betriebes führen größere Millergrade zur weiteren Absenkung der Abgastemperatur.

Ein wesentlicher Unterschied zwischen FES und SES ist der für $\lambda = 1$ notwendige Ladedruck. Der FES erfordert bei hohen Drehzahlen aufgrund des Ventilhubdesigns und damit einhergehenden erhöhten Strömungsverlusten einen um ca. 250 mbar höheren Ladedruck gegenüber SES. Dies kann dazu führen, dass Bauteilgrenzen wie maximale Verdichteraustrittstemperatur, maximaler Ladedruck und maximalen Abgasgegendruck vor Turbine bei gegebener Turboladergröße früher erreicht bzw. überschritten werden. Im SES Fall kann das Aufladeaggregat kleiner ausgelegt werden wodurch sich damit Vorteile im Low-End-Torque ergeben. Für den Betrieb bei hoher Leistung und generell im Bereich hoher Drehzahlen ist hier das SES-Verfahren zu bevorzugen was durch die hohe Flexibilität des UniAir Systems einfach lösbar ist.

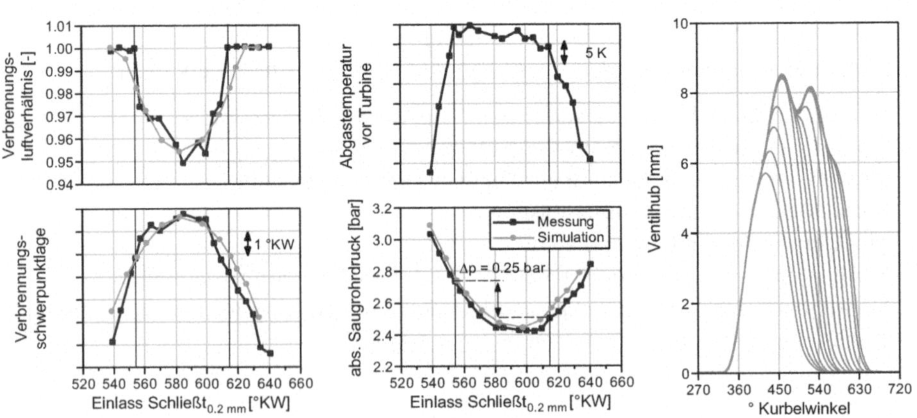

Abb. 7. ES-Variation bei $n = 5000\ min^{-1}$ und $pme = 21{,}4$ bar – ausgewählte Kenngrößen

Im Vergleich zu den Messergebnissen sind in Abb. 7 weiterhin die Simulationsergebnisse bei $n = 5000\,\text{min}^{-1}$ und $p_{me} = 21{,}4$ bar dargestellt. Die von IAV verwendeten Modellansätze geben den Einfluss der klopfmindernden Wirkung von FES-/SES-Strategien hinreichend genau wieder. Die gute Vorhersage des $\lambda = 1$-Betriebes mit dem erforderlichen Ladedruckbedarf in den vorgegebenen Abgastemperaturgrenzen ermöglichen eine effiziente Konzeptauslegung.

4.3 Low-end-torque

Trotz des Entfalls beider Phasensteller konnte das Zieldrehmoment in Verbindung mit dem erhöhten geometrischen Verdichtungsverhältnis und unter Einhaltung der definierten Grenzen für die Verbrennungsschwerpunktlage und den Spülgrad erreicht werden. Ermöglicht wird dies durch die Variabilität des Ventiltriebes im Einlassöffnen und Einlassschließen bzw. den Freiheitsgrad, diese weitestgehend unabhängig voneinander einstellen zu können. In Abb. 8 sind die Ventilerhebungskurven für den erreichten Mitteldruck von $p_{me} = 21{,}4$ bar bei $n = 1500\,\text{min}^{-1}$ sowie die Druckverläufe im Einlass- und Auslasskanal dargestellt. Die feste Auslassnockenposition wird im Wesentlichen durch den Nennleistungspunkt definiert. Der daraus resultierende Zeitpunkt des Auslassöffnens bestimmt den Stoßanteil auf der Turbine und somit die Turbinenleistung.

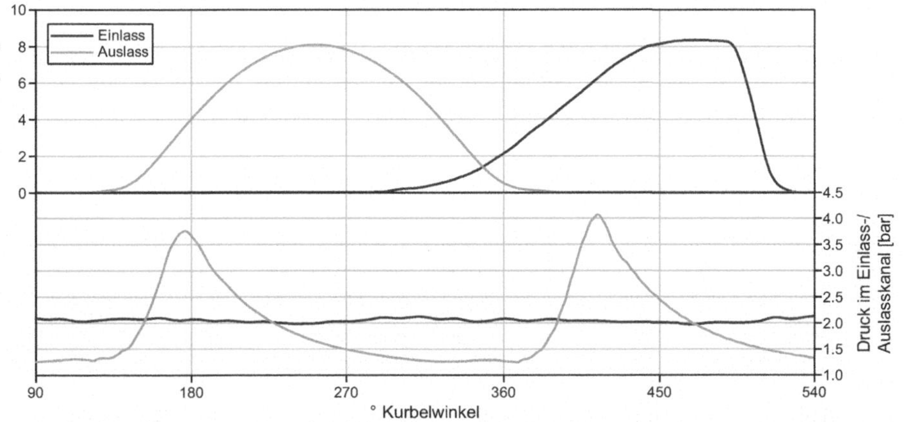

Abb. 8. Ventilhub- und Kanaldruckverläufe bei $n = 1500\,\text{min}^{-1}$, $p_{me} = 21{,}4$ bar

Die Spätverstellung der Auslasswelle zur Realisierung eines spülenden Ladungswechsels führt zu Leistungsverlust und verringerter Turbinenleistung. Der vollvariable Einlassventiltrieb ermöglicht jedoch über die Wahl des Einlassöffnens einen je nach Anforderung gewünschten Spülgrad, der bei einem Abgaslambda von 1 im maximalen Sauerstoffgehalt begrenzt werden kann (1,5 % im hier gezeigten Beispiel). Der Spülgrad kann dabei unabhängig von der Auslassnockenposition eingestellt werden. Abb. 8 zeigt, dass über einen großen Kurbelwinkelbereich durch die Kombination von günstigen Auslass öffnen (Turbinenleistung) mit frühem Einlass öffnen (Spülgrad) ein positives Druckgefälle über dem Zylinder vorliegt. Die bei diesem Betriebspunkt resultierende steile Schließflanke des Einlassventilhubes ermöglicht einen optimalen Millergrad unter bestmöglicher Ausnutzung des vorhandenen Ladedruckangebotes.

4.4 Hoher Teillastbetrieb

Für den hohen Teillastbetrieb ist hier repräsentativ der Betriebspunkt $n = 1500\ min^{-1}$, $p_{me} = 9$ bar dargestellt. Die hohe Last an diesem Punkt führt im füllungsoptimalen Schließen zu einem Saugrohrdruck von $p_s = 0{,}93$ bar und damit zur fast vollständigen Entdrosselung. Durch Anhebung des geometrischen Verdichtungsverhältnisses stellen sich aufgrund von Klopfen späte Verbrennungsschwerpunktlagen ein. In Abb. 9 ist die positive Wirkung von FES und SES dargestellt. Sowohl mit FES als auch mit SES kann die Verbrennungsschwerpunktlage um ca. 7 °KW nach „früh" verschoben werden und ist somit wieder im optimalen Bereich von ca. 8 °KWnZOT. Die dafür notwendige Aufladung führt zu einer Verringerung der Ladungswechselarbeit um ca. 80 mbar. In Summe ergibt sich hier eine Verbrauchsverbesserung um ca. 4,5 % im Vergleich zum füllungsoptimalen Einlassschluss, die für beide Verfahren (FES/SES) annähernd gleich ist.

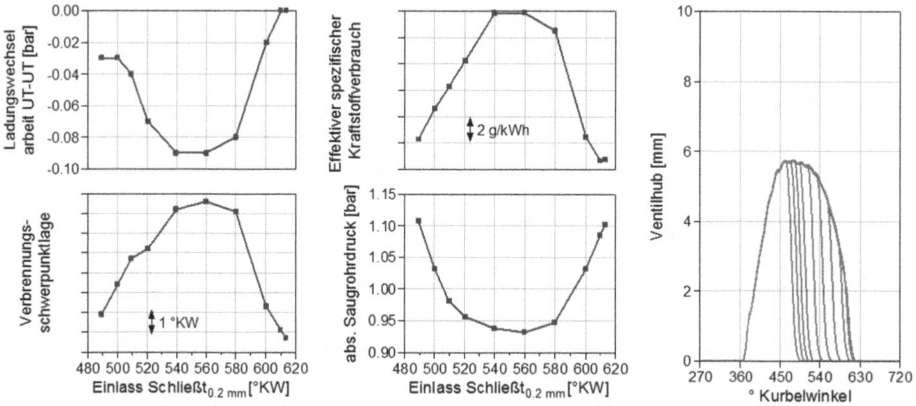

Abb. 9. ES-Variation bei $n = 1500\ min^{-1}$, $p_{me} = 9$ bar- ausgewählte Kenngrößen

4.5 Teillastbetrieb

Im Teillastbetrieb wird der vollvariable Ventiltrieb zur Entdrosselung in Verbindung mit optimaler Restgassteuerung genutzt. Aufgrund der Vollvariabilität im Sinne der unabhängigen Steuerung von Einlassöffnen und Einlassschließen lassen sich auch ohne Nockenwellenphasensteller jeweils der optimale Entdrosselungsgrad über FES/SES in Verbindung mit dem optimalen Restgasgehalt einstellen. Der Restgasanteil wird dabei über den Bootlift gesteuert und ist dadurch relativ unabhängig vom Druckgefälle zwischen Ein- und Auslasssystem, das bei konventioneller Restgassteuerung mit Phasenstellern einen wesentlichen Einfluss auf die maximal realisierbare Restgasrate hat.

In Abb. 10 sind Mess- und Simulationsergebnisse bei $n = 2000\ min^{-1}$, $p_{me} = 4$ bar für eine Variation des Einlassöffnens bei konstantem Einlassschluss von 500 °KWnZOT dargestellt. Mit FES steigt der Saugrohrdruck stark an (Entdrosselung), was infolge geringen Spüldruckes zu einem deutlichen Rückgang des Restgasanteils führt. Mit früherem Öffnungswinkel (längerer Bootlift) kann dennoch der maximal mögliche Restgasanteil gesteuert werden und der Saugrohrdruck bzw. der Entdrosselungsgrad steigt weiter.

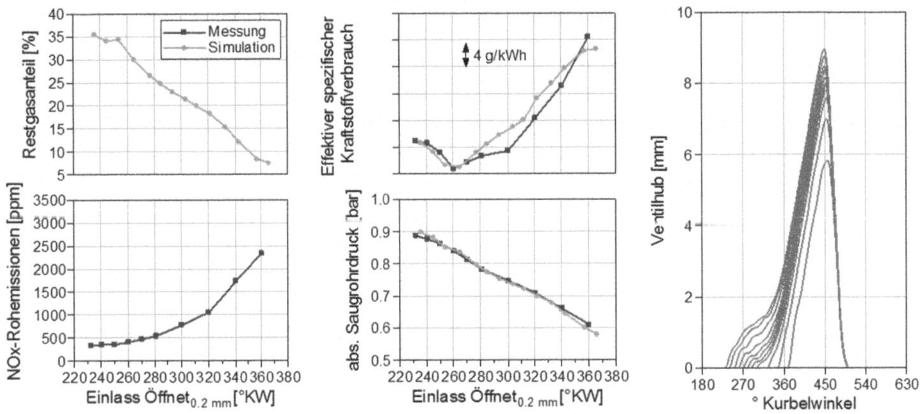

Abb. 10. EÖ Variation bei $n = 2000\ min^{-1}$, $p_{me} = 4$ bar – ausgewählte Kenngrößen

Am Punkt des minimalen Verbrauches bei EÖ = 260 °KWnZOT stellt sich ein Restgasanteil von ca. 32 % ein. Ein früheres EÖ führt in diesem Fall wieder zu einem Verbrauchsanstieg, da sich Spülverluste infolge des positiven Spülgefälles durch den Brennraum einstellen und es bei Sicherstellung des $\lambda = 1$-Betriebes im Katalysator zu einer Gemischanreicherung im Brennraum kommt. Dieser Effekt entsteht durch den für 3-Zylinder-Motoren typischen großen Zündabstand von 240 °KW und damit reduziertem Gegendruck. Der durch den Bootlift realisierte hohe interne Restgasanteil von 32 % reduziert die NO_x-Rohemission deutlich auf ca. 10 % des Wertes ohne Bootlift. Die Kombination aus frühem Einlassschluss und frühem Einlassöffnen führt für diesen Betriebspunkt zum höchsten Wirkungsgrad und zu einem Verbrauchsvorteil von 5 % gegenüber dem Basiskonzept mit mechanischem Ventiltrieb. Im gesamten Teillastbetrieb ergibt sich mit dieser Strategie eine deutliche Reduktion der Ladungswechselarbeit, die betriebspunktabhängige Verbrauchsverbesserungen von bis zu 10 % ermöglicht. Abb. 10 zeigt zusätzlich zum bereits erwähnten Restgasanteil auch die Simulationsergebnisse für den Saugrohrdruck und den effektiven spezifischen Kraftstoffverbrauch.

In Abb. 11 sind Mess- und Simulationsergebnisse bei $n = 2000\ min^{-1}$, $p_{me} = 2$ bar für eine Variation des Einlassschließens bei konstantem Einlassöffnen von 335 °KWnZOT dargestellt. Der FES erreicht sein volles Entdrosselungspotenzial (Saugrohrdruck = 0,94 bar) bei einem ES von ca. 450 °KWnZOT. Dabei wird die

Ladungswechselarbeit um ca. 180 mbar reduziert was zu einer Verbrauchsreduzierung von ca. 8 % führt. Der durch die Hüllkurve definierte spätestmögliche ES, bei dem gewählten EÖ liegt bei 670 °KWnZOT, führt in diesem Betriebspunkt nicht zur vollen Entdrosselung. Folglich ist der erreichte Verbrauchsvorteil beim SES ca. 2 % niedriger als beim FES.

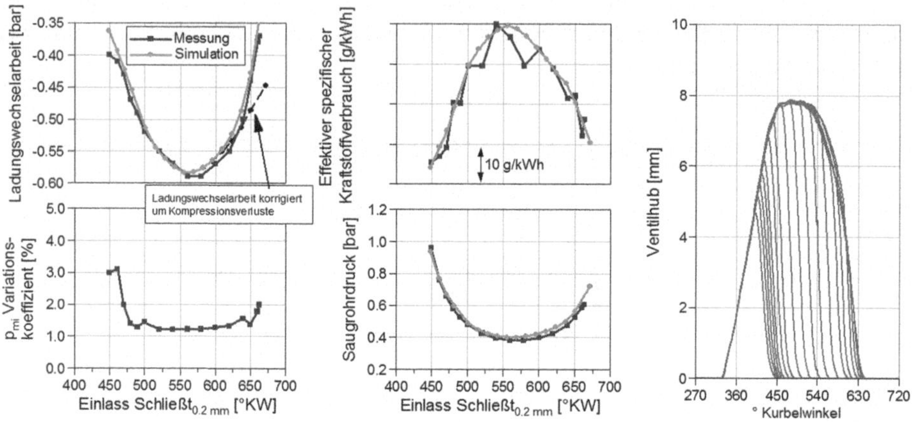

Abb. 11. ES -Variation bei $n = 2000\ min^{-1}$, $p_{me} = 2$ bar – ausgewählte Kenngrößen

Die im Fall SES dennoch sehr geringe Ladungswechselarbeit ist eine Folge der klassischen UT-UT Bilanzierung. Zur Bewertung der Ladungswechselarbeit im Fall SES muss diese um die Kompressionsverluste korrigiert werden [2]. Die um die Kompressionsverluste korrigierte Ladungswechselarbeit ist in Abb. 11 (schwarze Kurve) dargestellt.

Auch an diesem Betriebspunkt wird die hohe Qualität der bei IAV verwendeten Modelle und deren Eignung für die Konzeptauslegung deutlich. Die Simulation ermöglicht damit die Konzeptauslegung und verringert deutlich den Versuchsaufwand.

5 Transiente Vorteile

Mit UniAir ist es möglich, die Ventilsteuerzeiten von Zyklus zu Zyklus individuell einzustellen bzw. zu verändern. Damit ergeben sich im transienten Motorbetrieb, wie z. B. in Lastwechseln, Getriebeschaltvorgängen, Schubabschalten, Betriebsartenwechsel usw. zusätzliche Verbrauchsvorteile. Um diese Vorteile gesamthaft nutzen zu können, hat die Schaeffler AG zusammen mit der IAV GmbH eine für UniAir spezifische Softwareumgebung entwickelt, die es ermöglicht, schnelle Momentenänderungen mittels UniAir Funktionalitäten zu realisieren. Die schematische Einbindung dieser Funktionalität in eine klassische Momentenstruktur ist in Abb. 12 dargestellt. Kernstück ist dabei die physikalische Füllungs- bzw. Restgasmodellierung auf Basis der Zustände im Saugrohr und der Ventilsteuerzeiten (EÖ, ES).

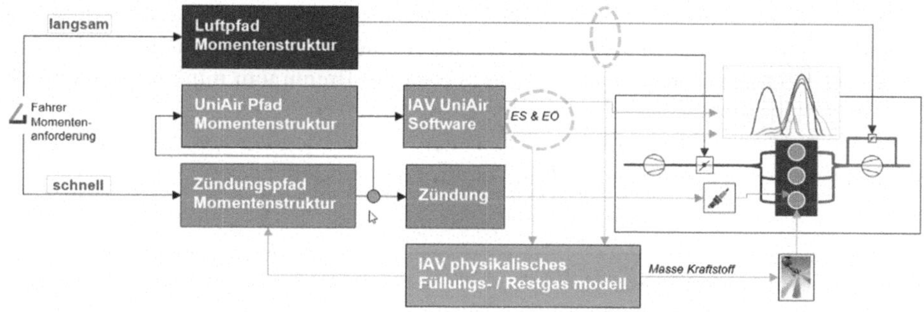

Abb. 12. IAV Erweiterung der klassischen Momentenstruktur

Damit ist die Modellierung des transienten Drehmomentes mit wirkungsgradungünstigen Verbrennungsschwerpunktlagen durch Zündwinkeleingriffe hinfällig. Untersuchungen bei IAV haben gezeigt, dass dadurch konzeptabhängige Verbrauchsvorteile im dynamischen Fahrbetrieb von ca. 2–4 % (WLTC) zu erwarten sind.

Zyklustreue Ventilsteuerzeiten erlauben außerdem einen optimierten Lastaufbau. Dabei kann das gewünschte Drehmoment durch EÖ bzw. ES stets optimal von Zyklus zu Zyklus eingestellt werden.

In Abb. 13 ist ein Drehmomentaufbau mit UniAir Ventiltrieb gegenüber einem klassischen Ventiltrieb mit Doppelphasensteller bei $n = 500\ min^{-1}$ dargestellt. Für das Konzept mit UniAir ergibt sich ein um 25 % schnellerer Drehmomentaufbau gegenüber dem Motor mit Doppelphasensteller. Zudem zeigt der Mitteldruckaufbau einen anderen Verlauf, welcher durch einen deutlich höheren unmittelbar anliegenden Mitteldruck charakterisiert ist. Dies führt im Fahrzeug zu einer schneller ansteigenden Motordrehzahl und begünstigt den Lastaufbau zusätzlich.

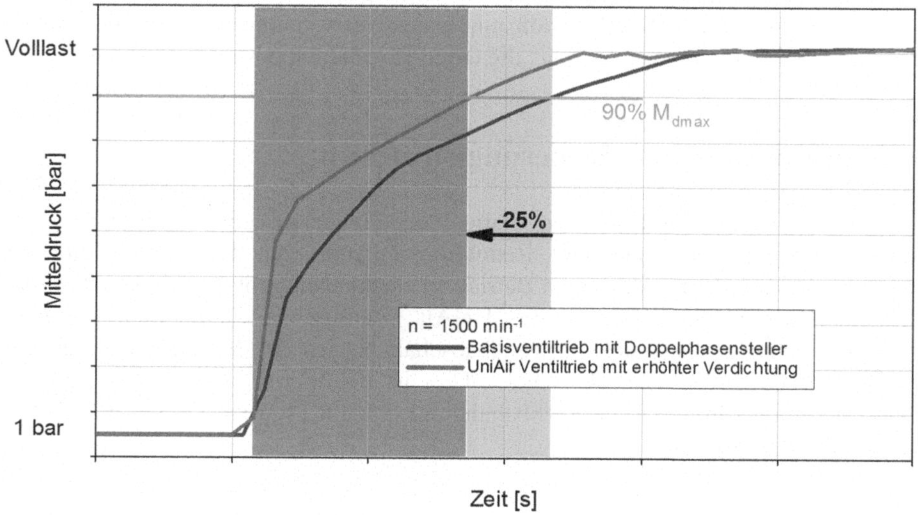

Abb. 13. Lastsprung bei $n = 1500\ min^{-1}$ von 1bar auf Volllast

Dieser Vorteil entsteht aus der möglichen zyklussynchronen, zylinderindividuellen optimalen Wahl von EÖ und ES. Dadurch kann eine Ventiltriebsstrategie angewandt werden die bei Lastanforderung den Restgasanteil im Brennraum minimiert und durch Frischgasfüllung ersetzt.

In der Abb. 14 ist der zeitliche Verlauf der Steuerzeiten des UniAir Ventiltriebes im Vergleich zu einem konventionellen Ventiltrieb dargestellt.

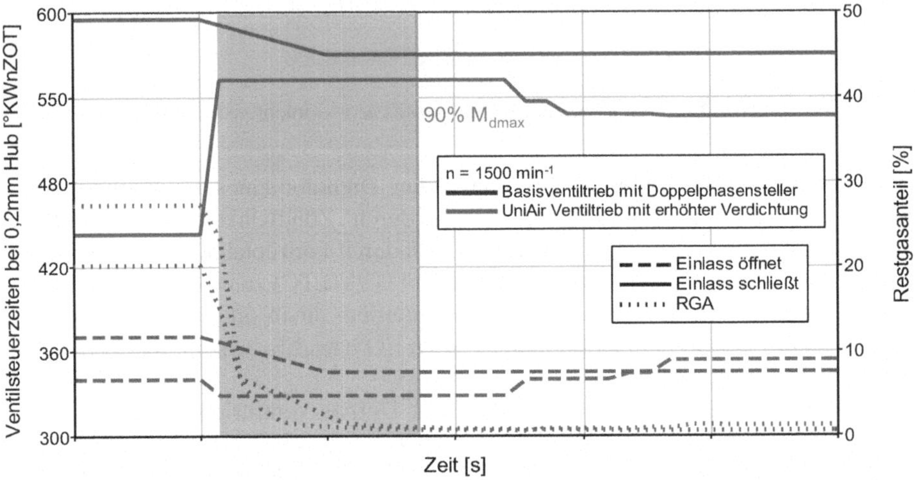

Abb. 14. Steuerzeitenvergleich im Lastsprung, konventioneller Ventiltrieb zu UniAir

Es wird deutlich, dass beim UniAir Ventiltrieb der ES unabhängig vom EÖ parametriert werden kann. Dies führt unmittelbar nach Anforderung der Last zu füllungsoptimalen Steuerzeiten mit geringen Restgasanteilen. Die sich ergebende hohe Zylinderfüllung führt in Kombination mit späten Verbrennungsschwerpunktlagen zu einer erhöhten Enthalpie vor Turbine, die deren Hochlaufen positiv beeinflusst.

6 Emissionsrelevante Steuerungsstrategien

Neben den bereits beschriebenen stationären Potenzialen zur Verbrauchs- und Partikelreduktion sowie zur NO_x-Reduktion im mittleren Lastbereich und der Möglichkeit, Vorteile im transienten Betrieb zu erschließen, gibt es weitere emissionsrelevante Nutzungsmöglichkeiten des UniAir Ventiltriebes. Durch eine geeignete Ventilsteuerstrategie lässt sich im Schubabschaltebetrieb des Motors die durch den Motor gespülte Frischgasmasse steuern. Dies ist bis hin zur Vermeidung jeglichen Sauerstoffeintrags in das Abgasnachbehandlungssystem (3-Wege-Katalysators/Otto – Partikelfilter) möglich.

Daraus ergeben sich folgende emissionsrelevante bzw. verbrauchsrelevante Potenziale für den UniAir Ventiltrieb:

- Vermeidung notwendiger Anfettung des Gemisches nach Wiedereinsetzen, um eine effiziente NO_x Reduktion des 3-Wege-Katalysators zu gewährleisten
- Vermeidung passiver Partikelfilterregenerationen durch Spülen mit Sauerstoff
- Kalibrierbare Schubluft zur kontrollierten Partikelfilterregeneration zum Bauteilschutz bei hohen Beladungszuständen
- Vermeidung der Notwendigkeit des Betriebszustandes „befeuerter Schub", um passive Partikelregenerationsphasen zu unterbinden
- Vermeidung von Auskühlen des Brennraums während der Schubphase und somit Reduzierung der Partikelemissionen beim Wiedereinsetzen

Um die Potenziale der beschriebenen Maßnahmen zu beziffern, wurden Analysen unterschiedlicher Fahrzeugkonzepte durchgeführt. Durch die Vermeidung der Gemischanfettung nach Wiedereinsetzen (Katausräumen) ergeben sich je nach Fahrzeugkonzept Verbrauchspotenziale von 1–3 % im WLTC.

Die Analyse hat ebenfalls gezeigt, dass durch den Bedarf an befeuerten Schubphasen der Kraftstoffverbrauch im WLTC um 3–6 % steigen kann. Durch Einsatz einer geeigneten Ventiltriebsstrategie kann auf den Einsatz einer befeuerten Schubstrategie verzichtet und der Erhöhung des Kraftstoffverbrauchs entgegengewirkt werden.

7 Zusammenfassung

Der hier beschriebene vollvariable Ventiltrieb UniAir ermöglicht die Anhebung der geometrischen Verdichtung um 1,2 Einheiten bei gleichzeitiger Vermeidung von Volllastanfettung und damit die Verbesserung des Gesamtwirkungsgrades durch Reduzierung der Ladungswechselarbeit bzw. Minderung der Klopfneigung durch FES bzw. SES. Dies wurde anhand von Prüfstandsversuchen an einem aufgeladenen 1,0l Dreizylindermotor nachgewiesen. Der Entfall der beiden Phasensteller konnte durch den vollvariablen Ventiltrieb überkompensiert werden. Dies wurde sowohl in stationären Betriebspunkten durch mögliche Ventilüberschneidungen zur Restgassteuerung als auch im transienten Lastsprung dargestellt. Aus den stationären Verbrauchspotenzialen ergab sich am gewählten Konzept ein WLTC Verbrauchsvorteil von 4,5 % gegenüber dem Basiskonzept mit Doppelphasensteller.

Darüber hinaus ermöglicht die zyklensynchrone zylinderindividuelle Wahl von Einlassöffnen und Einlassschließen eine effiziente Momentenregelung mittels Steuerzeiten, die weitestgehend ohne wirkungsgradungünstige Zündwinkeleingriffe auskommt. Der zu den stationären Potenzialen zusätzliche Verbrauchsvorteil dieser Maßnahme bewegt sich je nach Konzept zwischen 2–4 %. Die für die Umsetzung benötigte Softwarefunktionalität wurde bei IAV in Form eines physikalisches Momentenmodells basierend auf UniAir entwickelt. Zudem gibt es weiter die Möglichkeit, den Frischgasmassenstrom im Falle Schubabschalten zu kontrollieren, was wiederum sowohl Vorteile hinsichtlich CO_2-Einsparungen von 1–3 % im WLTC bedeutet als auch die Rohemissionen positiv beeinflusst. Zusammenfassend ergeben sich bei konsequenter Nutzung der stationären und transienten Potenziale Verbrauchseinsparungen von bis zu 9 % im WLTC-Zyklus.

Literatur

1. Eichler, F., Demmelbauer-Ebner, W., Theobald, J., Stiebels, B., Hoffmeyer, H., Kreft, M.: Volkswagen AG, Der neue EA211 TSI®evo von Volkswagen. Wiener Motorensymposium 2016
2. Medicke, M., Brenner, A., Günther, M., IAV GmbH: Ladungsbewegungskonzepte für moderne Brennverfahren. In: ATZ Ladungswechseltagung (2017)
3. Dingel, O., Kahrstedt, J., Seidel, T., Zülch, S.: Dreidimensionale Messung der Ladungsbewegung mit Doppler Global Velocimetry. MTZ. **64**(2), 106–110 (2003)
4. Budack, R., Wurms, R., Mendl, G., Heiduk, T.: Der neue 2,0-l-R4-TFSI-Motor von Audi. MTZ **77**(5), 16–25 (2016)
5. Elsner, N., Günther, M., Spannaus, T., IAV GmbH, Scheidt, M., Brands, C., Lang M. (Schaeffler Technologies GmbH & Co. KG): Brennverfahrensaspekte bei Realisierung einer Miller-/Atkinson-Strategie am Downsizing-Konzept. In: ATZ Ladungswechseltagung (2014)
6. Günther, M., Sens M., Zwahr S.: Potenziale des variablen Verdichtungsverhältnisses am voll gemillerten Ottomotor. MTZ **77** (4), 52–58 (2016)
7. Mayer, A., Wolf, D., Günther, M., Medicke, M.: Vollvariabler Ventiltrieb: „Kombinierte Miller-/Atkinson-Strategie für zukünftige Downsizingkonzepte“. MTZ **79**(7–8), 60–67 (2018)
8. Mayer, A., Scheidt; M., Elicker, M., Stump, L., Linsel, J., Ehrhard, J., Al-Hasan, N., Sterr, M.: Potenziale zur Kraftstoffverbrauchsreduktion und RDE-Fähigkeit für Benzinmotoren mit hohem Mitteldruck durch Kombination von vollvariablem Ventiltrieb und optimiertem Turbolader. In: Aufladetechnische Konferenz (2018)

Efficient Utilization of the Gas Exchange Advantages of an Infinite Variable Mechanical Valve Train System

Michael Breuer[1(✉)], Stefan Moormann[1], Stephan Schmitt[1], Paul Freeland[2], and Gareth Jones[2]

[1] Pierburg GmbH, Neuss, Germany
michael.breuer@de.rheinmetall.com
[2] Cosworth Ltd., Northampton, UK

Abstract. Since 2010 Pierburg has been involved in development, application and production of variable valve actuation (VVA) systems. UniValve, UpValve and FlexValve are recognized, fully variable mechanical VVA upgrades for SI- as well as for Diesel engines. This paper reports on layout and application of UpValve and highlights potentials to utilize its gas exchange advantages.

The paper briefly recaps the UpValve principle, architecture and layout. The clearance between valve head and piston (pockets) limits the valve lift around TDC of overlap. Different possibilities to minimize the intake pumping work while meeting those constrains are discussed. Obviously VVA introduces additional parts into the valve train. Hence, VVA friction is often considered as an issue. However, UpValve test results reveal a very favorable torque to turn behaviour. A plain simulation is used to understand this outcome.

Special attention must be given to the lift balance across the cylinder head, as the volumetric efficiency is significantly correlated to (early) IVC timing. It is demonstrated how this challenge is addressed during production and assembly. Finally dyno results are disclosed, which are acquired on a state-of-the-art SI engine with UpValve on the intake side. This concept engine also makes use of the inherent UpValve capability to shut down specific valves for cylinder deactivation.

Initially, VVA was introduced to minimize the part load pumping losses. While part of this potential is also utilized by downsizing, the freedom of variable inlet timings can be used as well to mitigate knock (Miller cycle) and to decrease transient AFR excursions due to the better air path controllability. The anti-knock effect allows for less overfueling and higher compression ratios associated with further efficiency gains, and the improved response reduces the need for spark retardation. Even the additional potential of exhaust side VVA was already demonstrated [1, 2].

J. Liebl (Hrsg.): *Ladungswechsel und Emissionierung 2018,* Proceedings, S. 185–199, 2019.
https://doi.org/10.1007/978-3-658-24984-7_12

1 Introduction: From High to Mild Downsizing by VVA

Further efficiency improvements of vehicle's powertrains are mandatory. Downsizing gains its advantages by shifting the efficiency sweet spot of the engine down to more frequently visited mapping areas. To maintain the vehicle performance of course (additional) supercharging is required. Along with the better fit of BSFC map and road load, the smaller engine presumes to offer friction benefits, although it has to cope with higher specific loads.

This explains the trend to downsizing and pressure charging. However, a small engine displacement provokes a high boost demand throughout the complete speed range. This makes T/C matching as well as transient response challenging. In addition, those highly overboosted engines are more knock limited, and the retarded combustion provokes elevated exhaust temperatures, which again necessitate counter measures to protect turbine and catalytic converter.

Established methods to address these issues such as

- high overlap scavenging in the low speed area to fight compressor surge and engine knock
- a slight CR reduction to allow for better combustion timing
- and overfueling to cool down the exhaust gas and to further mitigate knock

no longer meet today's stringent CO_2 and toxic emission limits. Therefore, even more sophisticated charging systems (e.g. VNT, TwinCharger, eBooster), anti-knock technologies (Miller cycle, water injection, cooled EGR, VCR) and cooling strategies (integrated exhaust manifolds, indirect CAC, cooled EGR) appeared. They of course increase both complexity and costs of the downsized engines further on.

This high effort justifies an alternative approach, using a fully variable valve train on the intake side. Thanks to the reduced pumping work at part load, the sweet spot is extended to lower loads. Thus, the need for downsizing is reduced, and the milder charging simplifies both steady-state and transient T/C matching. In addition, the fully variable IVC timing allows for effective knock suppressing, as some of the compression work can be done on demand by the (now less engaged) T/C with the advantage, that the charge is intercooled in the CAC (Miller process). The improved combustion timing, also supported by the lower specific loads, allows for a higher CR with additional part load benefits.

Moreover, the higher displacement of this "mild downsized" engine makes cylinder deactivation (CDA) more reasonable, as the mapping area covered by the n/a mode of the sub-engine is larger. This is especially true for the higher loads of upcoming test cycles, which makes CDA with very small (sub-) displacements less effective, as the CDA time fraction is reduced, and the number of transitions in/out CDA mode will increase.

Thus, VVA enables "mild downsizing" concepts to become a reasonable alternative to the established approaches. At the same time, the controllability of the air path gets better. Transients, which today must be covered by the faster ignition route, can be handled by a more responsive air path to the benefit of better fuel efficiency [3].

2 Layout Process: From UpValve Concept to Actual Valve Train Design

The VVA system UpValve enables infinite variable, on-demand control of valve opening duration and correlated peak lift from full movement down to valve shut off [4]. The system is based on a low-friction roller finger follower (RFF) with hydraulic lash adjuster (HLA), Fig. 1. With UpValve rocker (R), control shaft (T) and circular guide (G) three components only add up to this type_2 underpinnings.

The heart of the system is the rocker (R), featuring two rollers and a sophisticated working lobe. While the smaller roller follows the lobe of the rotating cam (C), introducing an oscillation of the rocker, the larger roller is in contact to both circular guide (G) and control shaft lobe (T), determining the pivot point for this swing. The rocker lobe, comprising a base circle concentric to the big roller and a subsequent lift section, is in permanent contact to the RFF roller.

A rotation of the control shaft lobe (T) moves the rocker along the circular guide (G) (which itself is a segment of a circle around the RFF roller), and different portions of the lift section are traversed during an entire cam revolution. As a result, the valve lift is infinitely adjustable. Hence, the VVA system can be regarded as a serial arrangement of constantly rotating (C) and oscillating (R) cam, where their correlation and thus the lift portion effectively engaged at the rocker lobe is infinite variable.

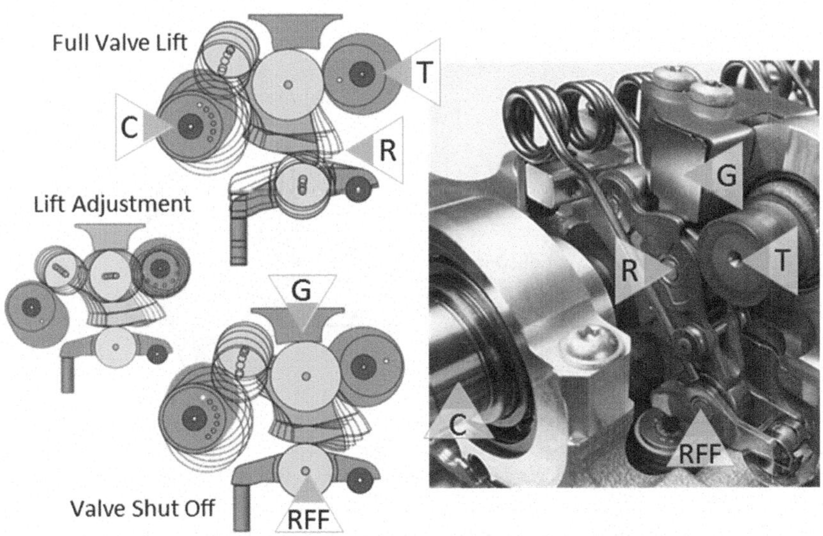

Fig. 1. UpValve architecture, operational principle and actual application

To briefly explain the kinematical layout process, Fig. 2 shows the target H(α) for the full lift. S(α) denotes the travel of the cam follower. If (in a first instance) the opening side $S_1(\alpha)$ of the cam is assumed, the first half $H_1(\alpha)$ of the full lift curve already determines the (lift zone of the) rocker lobe. Subsequently, the closing side $H_2(\alpha)$ provides the second halve of the cam shape $S_2(\alpha)$, as the rocker lobe is traversed again in rearward direction. At that point in time the complete lift family down to zero lift is already determined.

Fine tuning of the opening side $S_1(\alpha)$ still allows for optimization. This degree of freedom is used to improve the correlation of achieved peak lift and employed opening duration for all lift curves [5]. Figure 2 reveals optimized lift and acceleration sequences for selected angular positions of the control shaft.

The maximum opening point (MOP) of the valve remains almost constant vs. cam angle for all peak lifts, Fig. 2(a). Small changes are due to the fact that the contact point between roller follower and cam base circle slightly changes, when the rocker moves along the circular guide for different control shaft set points. This effect is called intrinsic phasing. However, the cam phaser is needed to fully optimize the MOP setting.

The lobe of the control shaft correlates the peak lift (obtained during one full revolution of the cam shaft) and the associated opening duration to the angular position of the control shaft. This characteristic is hard coded into the shape of the control shaft lobe and can be different for each individual cylinder and/or valve. Constrains are imposed only by the curvature of this lobe and the Hertzian pressures. These limitations are small, as steep gradients also provoke high torques on the shaft and unfavorable controllability.

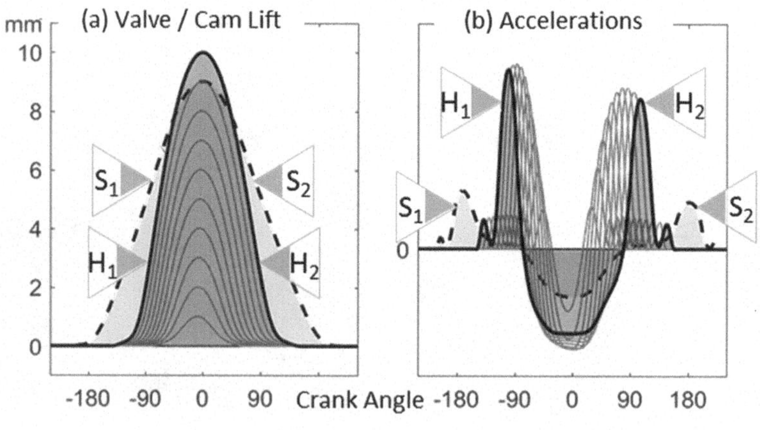

Fig. 2. Valve lift family (lift and acceleration of cam follower and valve)

This is the kinematical part of the layout work. The actual position and design of all components (cam shaft, control shaft, circular guide, rocker) must meet all package constrains and is driven by the goal for high valve train rigidity. The overall stiffness (i.e. the ratio of the valve excursions due to the finite stiffness and the applied force to the stem calculated for different, but frozen shaft positions) takes into account the actual forces distribution inside the valve train, the structural integrity of the contact points, and the kinematical translation of contact point displacements to valve tip excursions [5].

Figure 3 exhibits a complete UpValve system. A brushless actuator (A) and a worm gear adjust the control shaft (T), which is equipped with needle bearings. The control shaft is fitted with a magnet for position reporting via Hall sensor (H). Sensor and actuator are linked to the valve control unit (VCU), which receives its control shaft position targets from the ECU and energizes the actuator accordingly.

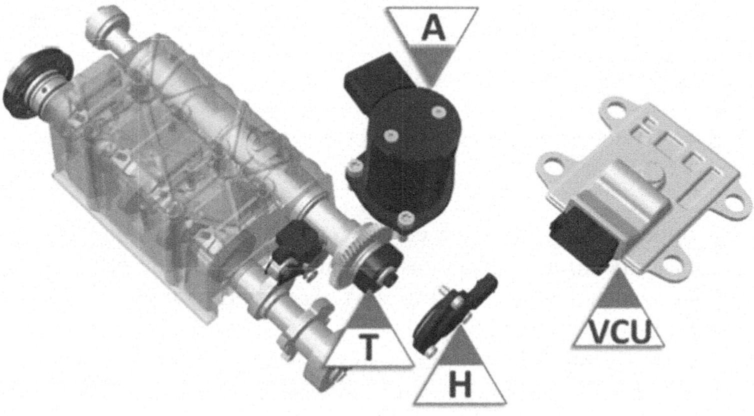

Fig. 3. VVA system overview

3 Intake Process: From Valve Train Design to Thermal Efficiency Potential

The main objective of VVA systems is to improve the part load efficiency by getting rid of the vacuum in the intake plenum. Early intake valve closing (eIVC) is a favorable strategy to control the cylinder charge without reducing the manifold absolute pressure (MAP).

The correlation between pumping work (PMEP) and volumetric efficiency (related to the ambient conditions upstream intake throttle) is explored by 1D gas exchange calculations. In this case, the baseline was an I3 engine with representative geometries and port flow coefficients. PMEP is calculated based on the crossing point definition in the pressure-volume diagram.

With MAP control the correlation between the pressure downstream intake throttle and the volumetric efficiency is almost linear. In contrast to this, the PMEP value has a distinctive maximum vs. the related air mass, Fig. 4(a). To understand this it is helpful to consider, that both a wide opened, but also a perfect closed throttle would minimize the flow losses.

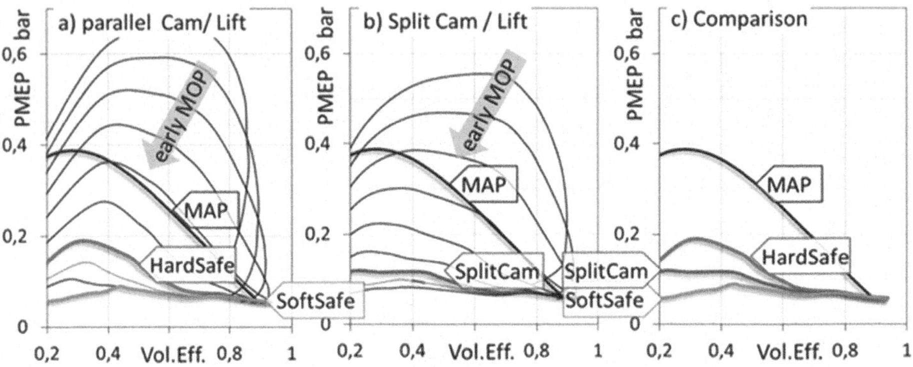

Fig. 4. 1D simulation results for MAP and eIVC load control (2000 rpm)

The eIVC mode is calculated based on actual UpValve lift families. For each line the cam phaser position is kept constant, and the volumetric efficiency is varied by means of the selected lift curve, Fig. 4(a). Accordingly, both IVO and IVC are changed. MAP is constant at 0,95 bar.

Obviously an early MOP is favorable especially for low loads. If IVO is too late after TDC (and EVC), the piston draws a significant vacuum up to IVO. This energy is converted into an intake jet flow, but is lost as positive piston work. However, this approach can be used e.g. to increase the charge motion at engine cold start. The gains between the "MAP" line (representing throttled operation) and the eIVC results offering the lowest PMEP values per volumetric efficiency are significant.

In an actual application, the piston travel around TDC imposes geometrical limitations due to the gap between intake valve head and piston pocket. Some of the peak lift/phaser settings of Fig. 4 do not fulfil the required safety margin. The line "SoftSafe" in Fig. 4(a) highlights the best trade-off between volumetric efficiency and pumping work, if a 2 mm clearance to the piston is ensured for all lift points. In this case, the disadvantage due to the piston clearance is very small.

However, for the most advanced cam phaser setting the UpValve system may not step into full valve lift. In a first instance, this is ensured by a sophisticated and redundant control of the actual control shaft position. Furthermore, UpValve tends to reduce the valve lift, if not actively controlled. Hence, in the event of a system failure a de-energized VVA train will not crash into the piston on its own for a frozen and safe cam phaser setting. For those reasons the layout strategy is called "SoftSave".

In contrast to this, with the "HardSafe" layout each combination of cam and control shaft phasing is possible. Here, the most advanced cam setting is limited by the full lift curve. According to Fig. 4(a) a large portion of the UpValve potential is left unused.

A reasonable compromise is the "SplitCam" approach, which is also intrinsically hard safe. Here, the peak lift of one valve is (hard) reduced by the cam lobe by 2 mm, which allows for placing its full lift MOP 20° crank angle closer to TDC. In addition to the cam, also the control shaft lobes of the two adjacent valves are different. Goal is to maximize the flow areas associated with high piston speeds.

Although hard safe, at 2000 rpm "SplitCam" gains a large portion of the complete "SoftSafe" potential and is clearly more favorable than "HardSafe", Fig. 4(c). The only disadvantage appears in the high load and speed area (6000 rpm), where the smaller breathing capacity due to the reduced lift integral of one intake valve becomes apparent, Fig. 5. However, for a boosted engine this small gap does not directly translate to performance losses.

With "SplitCam" the flow through both intake ports is different, which results in a swirl input. The charge motion can be fine-tuned by asymmetrical port design and could be adjusted in situ by the actual control shaft position to the cost of some pumping work.

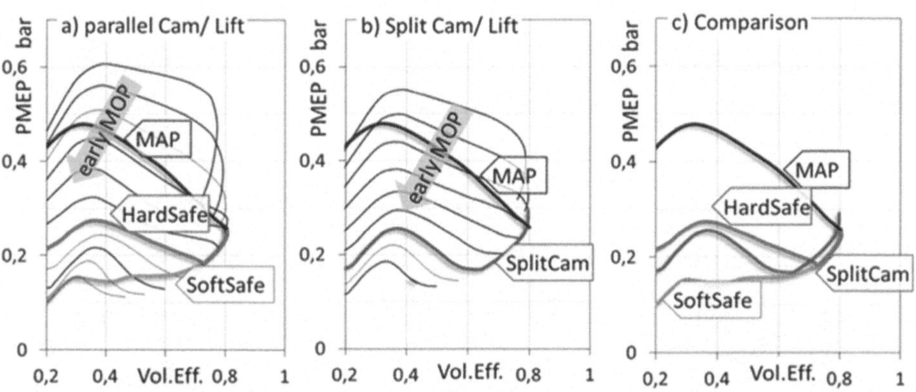

Fig. 5. 1D simulation results for MAP and eIVC load control (6000 rpm)

4 Friction Losses: From Thermal Efficiency to Brake Efficiency Potential

Especially for VVA systems friction losses are a challenge, as additional parts and functions are introduced into the valve train. On the other hand, due to the smaller peak lift visited and to the reduced opening duration, at least towards (BSFC sensitive) low engine loads benefits could be expected for energy conserving systems. A semi-empirical model is used to understand the effects and test results.

As both rollers of the UpValve rocker as well as the RFF roller are equipped with low-friction needle bearings, the following sliding contacts are considered to be the main sources for power losses [6]:

1. valve guide vs. valve stem: a tilted valve stem with two distinct contact points (top and bottom end of guide) is assumed
2. valve tip vs. RFF pad: the slip velocity, derived from the RFF rotation around the HLA head, has to be differentiated from the contact (line) travel on the valve tip
3. RFF gothic vs. HLA head: in this plain 2D approach there are two distinct left and right contact points between HLA sphere and corresponding RFF cavity
4. cam journal bearings: a set up with 4 plain bearings and one front end ball bearing is assumed for an I4 engine with 8 intake valves

The dissipated power is proportional to contact force and slip velocity between the touching surfaces. Both factors are calculated as a function of cam angle and speed. Figure 6 shows UpValve results for 10 mm and 3 mm peak lift and 500 rpm engine speed. In addition, the UpValve system is redesigned to a type_2 valve train by simply replacing the rocker by a conventional cam, providing the same 10 mm lift curve. Thus, the movement of valve and RFF is identical.

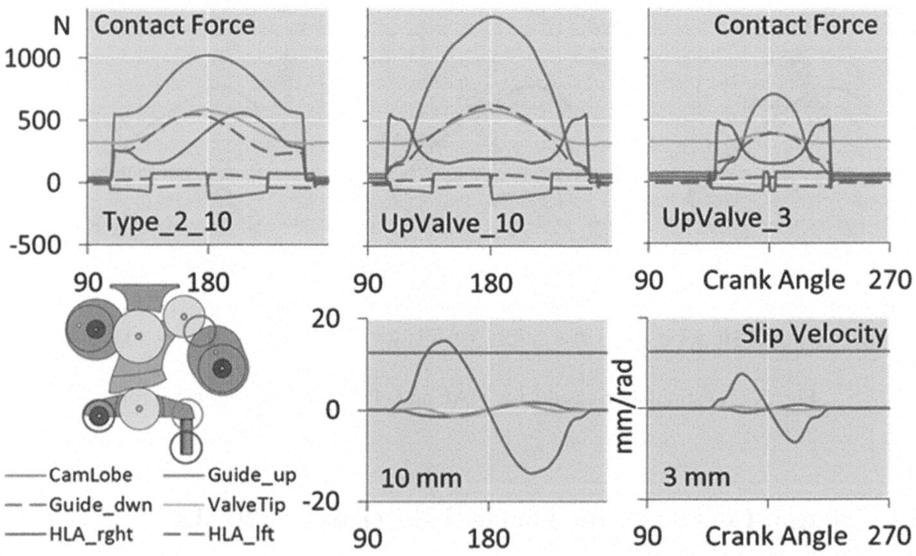

Fig. 6. Contact forces and slip velocities (500 rpm engine speed)

Comparing UpValve at 10 mm peak lift to the type_2 representative, and to its own 3 mm partial lift, the main effects at the four monitored contacts are:

1. valve guide vs. valve stem: the contact side varies due to the overlay of slip velocity situation and contact point excursion on the valve tip. The magnitude of the forces is low, but the slip velocity (i.e. the valve speed) is high. Both force and velocity level decrease with the peak lift visited.
2. valve tip vs. RFF pad: the contact forces are at spring rate level, but the slip velocities are very low. Once again, both factors decrease with the peak lift.
3. RFF gothic vs. HLA head: The shape of both forces reveals a clear difference between VVA and type_2 valve train, which is caused by the different contact travel on the RFF roller. The UpValve rocker contact starts on one side of the roller center, and moves at full lift to the opposite side. In case of type_2, the contact point returns to its starting point at peak lift. Again, both force and velocity levels are reduced for smaller lifts.
4. cam journal bearings: for UpValve, around IVO/IVC a large portion of the spring (pre-)load is directly transferred through the rocker into the guide, and the cam bearing is released. As the rocker (in contrast to the cam) has roller bearings, this is clear advantage for the VVA system.

In a first approach, the friction coefficient is assumed to be identical and constant for the contacts (1) to (3), and an equation for a developed oil layer is applied for (4). Figure 7 shows the share of the four contact points to the overall drag torque for different speeds and peak lifts. In addition, UpValve test results are included. The contribution of the UpValve rocker is provisionally estimated based on strip-down test results.

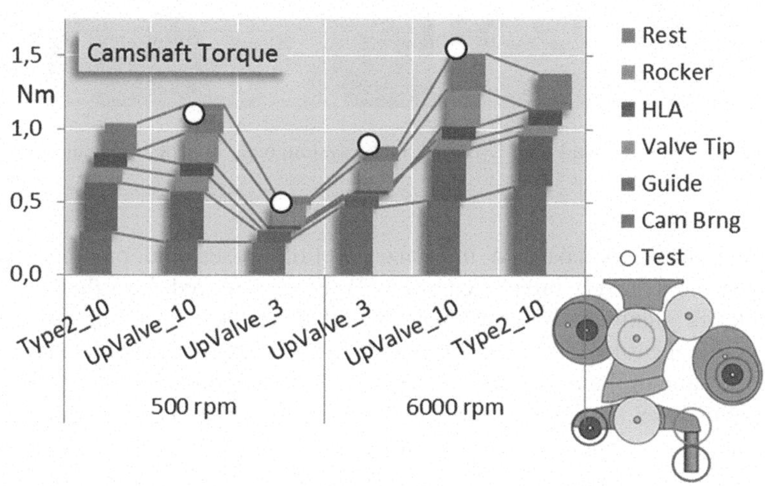

Fig. 7. Torque to turn (calculation and test results)

According to the calculation, the friction reduction with peak lift is mainly affected by the contacts (1) to (3). In a nutshell, the favorable UpValve friction behavior for lower peak lifts is explained by reduced contact forces, meeting lower slip velocities for a shorter duration. These friction advantages add up to the reduced pumping losses at part load.

5 Concept Engine: From Brake Efficiency Potential to Measured Fuel Consumption

Engine dyno results disclosed here are obtained on a "clean-sheet" bespoke design I4 gasoline concept engine with the UpValve system on the intake side, Fig. 8. The main objective for this concept engine is to demonstrate lowest fuel consumption possible whilst achieving state-of-the-art specific performance levels [7]. 23 bar BMEP are achieved from below 1500 rpm to over 4000 rpm. The specific power is 105 kW/l.

Fig. 8. Cylinder head with UpValve intake system and concept engine at dyno

With the measures taken to minimize friction losses and pumping work in four-cylinder mode, a very broad area of low BSFC is achieved. Less than 300 g/kWh are possible for significantly more than 85% of the engine operating area, and the minimum value measured is below 230 g/kWh (37% brake thermal efficiency).

Moreover, one of the advantages of UpValve is that it can facilitate cylinder deactivation. In this case, the engine is specified to be able to deactivate cylinders 2 and 3, whilst retaining valve head load control on cylinders 1 and 4. A comparison of engine BSFC between 4-cylinder mode and 2-cylinder CDA mode is shown in Fig. 9(a).

The benefit of CDA mode over 4-cylinder mode varies with engine load. At the lightest loads measured (1 bar BMEP) operating in CDA mode gives a BSFC benefit of approximately 20% over the 4-cylinder mode. As load increased, the benefit of

CDA diminishes until at around 5 bar BMEP the advantage is less than 4%. Above 6 bar BMEP the benefit is found to be negligible. The effect of engine speed on this trend is minimal over the range of engine speeds tested.

Figure 9(b) explores the BSFC improvement walk at 2000 rpm/2 bar BMEP in more detail. Through activating the piston cooling jets, and fixing the oil pump to the setting required to deliver the maximum flow rate required at high-speed, it is possible to derive the benefit given by the variable oil pump and switchable cooling jets at lower speeds and loads. At this mapping point the benefit amounts to just under 0.5% BSFC.

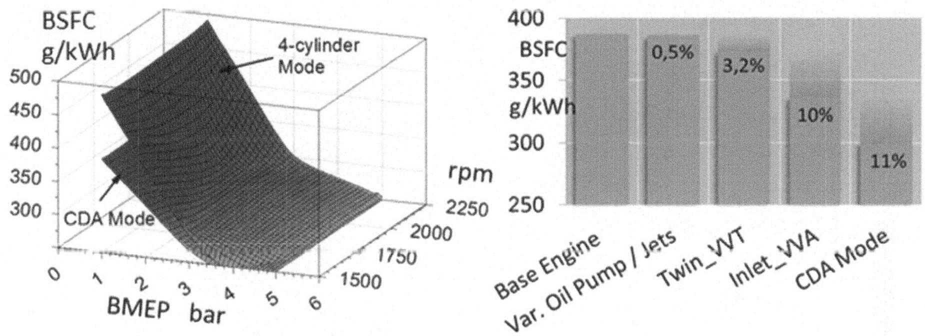

Fig. 9. BSFC vs. load and speed and BSFC walk at 2000 rpm/2 bar

By maintaining full valve lift and setting the camshafts in the position required for a suitable compromise between best power, low-end torque and idle stability, the benefit of the dual VVT system only is measured to be 3% BSFC. Subsequently, a big step is achieved by moving from MAP to valve head load control. By de-throttling to the extent possible by reduced valve lift and early IVC, BSFC can be improved further to just under 10% BSFC. In addition, deactivating two cylinders via the UpValve CDA ability and collapsible exhaust HLAs gives further improvement of just over 10% in fuel economy in this mapping point.

Combining all these technologies resulted in a measured BSFC value of below 300 g/kWh at 2000 rpm and 2 bar BMEP. These are values close to Diesel figures, while maintaining all advantages of the simple TWC aftertreatment thanks to the stoichiometric operation.

6 Lift Balancing: From Concept Engine to Mass Production

The engine running stability and quality, e.g. quantified as COV of NMEP and the NMEP balance across all cylinders, is strongly influenced by the IVC timing, as for low loads IVC coincidents with high piston velocities. Therefore, both the precision of the IVC from cycle to cycle and from cylinder to cylinder are crucial for a smooth engine operation.

Figure 10 gives some insight into a thorough sensitivity study of an UpValve system, supporting and guiding the layout work. The numbers in Fig. 10(a) indicate the change of valve lift (in mm) per specified displacement (in mm) of the represented component, already considering the HLA ability to close clearances. These ratios are very helpful in the initial layout phase, as the most significant dimensions are highlighted.

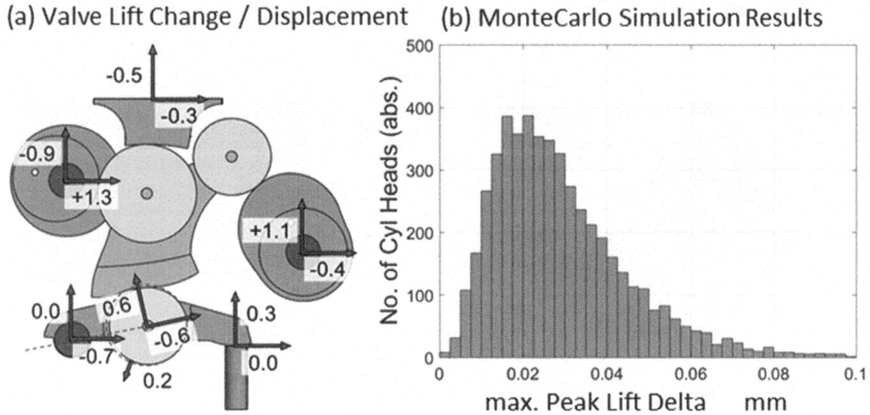

Fig. 10. Monte Carlo study for an UpValve application

In a second step, for each contact point tolerances and probability curves (in accordance to machining capabilities) are established, and their interactions on the valve lift is studied by a Monte Carlo simulation. It is also taking into account, that some of the deviations are more closely associated by e.g. tools and machining process. To give an example, for Fig. 10(b) 5000 cylinder heads are virtually machined and assembled, and the probability curve for the largest lift difference across the cylinder head is displayed. If e.g. up to 80 μm largest peak lift deviation throughout the head is accepted, the first time through put yield would be 98%.

Very low peak lifts (hence engine loads) drive the lift balancing task. There is a clear trade-off between high machining and assembly accuracy, which finally translates to effort and cost, and the additional thermodynamic benefit towards lower loads and lifts. Therefore, in recent UpValve applications a good compromise between cost and fuel economy is found for 1,5 mm minimum peak lift. Lower loads are visited by slightly closing the throttle body, which also allows for better residual gas control. Moreover, a certain fail safe and limp home capability is ensured.

Beside cylinder head machining high emphasis is taken on RFF and UpValve rocker. To cope with all side effects during machining and assembly, a grading procedure is identified to be cost efficient. To perform the measurement, the rocker is clamped down into a jig, which simulates the real contact points and forces, Fig. 11(a). Subsequently the working lobe is laser scanned with respect to the jig position. The high-resolution surface scan Fig. 11(b) is condensed to two characteristic lift numbers, which are used to set up five grades. However, the complete information obtained is stored and linked to the data matrix code, applied to each rocker. For the assembly of a specific cylinder head rockers and RFF of only one grade are used, which are not associated.

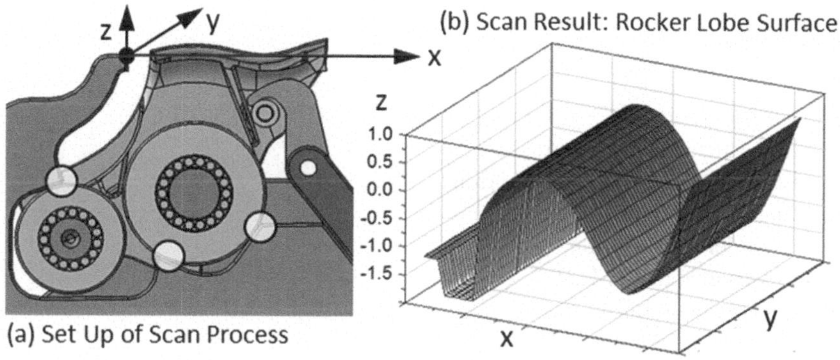

Fig. 11. Grading process of the UpValve rocker

In addition, an end of line (EOL) test is in place, which allows checking the consistency of the complete valve train after cylinder head assembly. It is assumed, that the head is already bolted down to the short block (to account for possible distortions), and pressured oil to supply HLAs and plain bearings is not yet available.

The developed EOL test makes use of the effect, that the HLA head is slightly pushed back into its cavity, as soon as valve lift is effectively engaged, and if the HLA is not served with pressurized oil. Hence, a kinematical reverse is used to identified IVO and IVC for all inlet valves. In an advantageous manner the test results are cam angles only, and the absolute reading of the HLA travel hasn't any direct impact. A good correlation to the grades introduced, as well as a good repeatability and reproducibility is demonstrated.

7 Summary

UpValve allows for continuously variable adjustment of valve opening duration and peak lift down to complete valve shut off. Thus, cylinder deactivation is inherently supported. Concept engine validation testing has demonstrated a high fuel efficiency potential. If a strategy is required, which avoids valve-to-piston interference around TDC by hard end stops, the so called "SplitCam" approach is recommended, which offers significant pumping work advantages over a "HardSafe" strategy.

The mechanical principle of the VVA system and the rollerized contacts permit a favorable mechanical efficiency. At lower lifts, reduced forces, smaller slip velocities and shorter durations result in additional friction benefits. The lift uniformity across the cylinder head is provided by balanced machining tolerances and graded rockers, and is ensured by a novel EOL testing procedure.

The UpValve system is implementation ready. The SOP of the first engine with UpValve is scheduled for 2019. All tools and equipment are in place, After the successful DV testing period the final verification of production parts has started.

Abbreviations

AFR	Air fuel ratio
BMEP	Brake mean effective pressure
BSFC	Brake specific fuel consumption
CAC	Charge air cooler
CDA	Cylinder deactivation
COV	Covariance (of NMEP)
CR	Compression ratio
DV	Design verification
ECU	Engine control unit
EGR	Exhaust gas recirculation
(e)IVC	(early) intake valve closing
EOL	End of line (testing)
EVC	Exhaust valve closing
HLA	Hydraulic lash adjuster
I3/I4	Inline 3/4 cylinder (engine)
IVO	Intake valve opening
μ	Friction coefficient
MAP	Manifold absolute pressure
MOP	Maximal opening point
n/a	Natural aspirated (engine)
NMEP	Net mean effective pressure
PMEP	Pumping mean eff. pressure
PV	Production verification
RFF	Roller finger follower
SI	Spark ignited (engine)
T/C	Turbo charger
TDC	Top dead center
TWC	Three way catalyst
type_2	RFF type valve train
VCR	Variable compression ratio
VCU	Valve control unit
VNT	Variable nozzle turbine
VVA	Variable valve actuation
VVT	Variable valve timing

References

1. Habermann, K., Scharf, J., Uhlmann, T., Thewes, M., Ruhland, H., Breuer, M., Schloßhauer, A.: Gemischt-sequenzielle Aufladung am Motor mit getrennten Auslassfluten und vollvariablem Ventiltrieb. In: 9. MTZ-Fachtagung Ladungswechsel im Verbrennungsmotor, Stuttgart (2016)
2. Breuer, M., Bartsch, G., Friedfeldt, R., Heiter, U., Kramer, U., Lauterbach, M., Schorn, T., Siebrandt, S.: 3-Cylinder SI engine with fully variable valve train upvalve on intake and exhaust side. In: 7. VDI-Fachtagung Ventiltrieb und Zylinderkopf, Würzburg (2017)
3. Mayer, A., Wolf, D., Günther, M., Medicke, M.: Vollvariabler Ventiltrieb-Kombinierte Miller-/Atkinson-Strategie für zukünftige Downsizingkonzepte. MTZ **79**(8), 60–67 (2018)
4. Breuer, M., Grimm, K., Schmitt, S., Hunkel, D.: Development of a fully variable valve train to production readiness. MTZ worldwide **78**(2), 40–45 (2017)
5. Breuer, M., Grimm, K., Moormann, S., Schmitt, S.: Weiterentwicklung des vollvariablen Ventiltriebs UniValve. In: 6. VDI-Fachtagung Ventiltrieb und Zylinderkopf, Würzburg (2015)
6. Steinberg, P., Krecker, O.: Simulation and evaluation of engine friction. In: European GT Conference, Frankfurt (2017)
7. Freeland, P., Feasey, M., Jones, G., Chen, R.-S., Huang L.-W.: Gasoline engine technologies to achieve diesel-like fuel consumption levels. In: 7. Aachen Colloquium China, Beijing (2017)

Virtuelle Kalibrierung von Emissionen für künftige Antriebssysteme

Franz Josef Dorfer(✉)

AVL List GmbH, Graz, Österreich
FranzJosef.Dorfer@avl.com

Zusammenfassung. Der modellbasierte Entwicklungsansatz ermöglicht die Untersuchung der Antriebsstrang- und Fahrzeugfunktionen auf allen Ebenen und zu allen Zeitpunkten entlang des Entwicklungsprozesses. Grundlage dafür ist eine durchgehende Werkzeugkette, die es erlaubt, bestehende Modelldomänen mit geringem Aufwand zu verketten. Dabei werden die Vorteile der Systemsimulation bereits intensiv in der Konzeptphase genutzt und die zugrunde gelegten Modelle über den Entwicklungsfortschritt weiter verfeinert und zur modellbasierten Optimierung und Absicherung genutzt. Als besonders geeignet für diese Aufgabe erweist sich eine Modelltechnologie, welche physikalische und empirische Ansätze kombiniert. Zum einen wird der Parametrieraufwand gesenkt und zum anderen werden Versuchsdaten und Simulationsansätze geschickt miteinander verschränkt und die jeweiligen Stärken kombiniert. Alle verwendeten Simulationswerkzeuge der Werkzeugkette müssen ohne Einschränkung die Möglichkeit bieten, virtuelle und reale Prototypen miteinander zu verknüpfen. Dies gelingt über Standardschnittstellen und eine gemeinsame Entwicklungsplattform, welche sich über alle Testumgebungen spannt. Das Managen, das Verknüpfen und die Nutzung sämtlicher vorhandener Prüfstandsdaten erlaubt es, aus der reichlich vorhandenen Erfahrung zu lernen und dem Ingenieur relevante Informationen zum richtigen Zeitpunkt zur Verfügung zu stellen. Es ist deutlich erkennbar, dass die Durchdringung des modellbasierten Entwicklungsansatzes in der Industrie bereist stark zugenommen hat. Dies ist eine logische Folge aus dem Umstand, dass überproportional mehr Fahrzeugfunktionen entwickelt werden, sich die gesetzlichen Vorgaben rasant ändern und der Wettbewerb zwischen konkurrierenden Antriebsystemen immer stärker wird. Um für diese Entwicklung methodisch gerüstet zu sein, müssen die Ingenieure einen offenen Zugang zu einer agilen Entwicklungsmethodik haben und relevante Daten, domänenübergreifend und ohne Einschränkung nutzen können. Die modellbasierte Entwicklung eröffnet diese Möglichkeit und bietet die fantastische Möglichkeit Simulation und Versuch nahtlos miteinander zu verbinden.

J. Liebl (Hrsg.): *Ladungswechsel und Emissionierung 2018*, Proceedings, S. 200–214, 2019.
https://doi.org/10.1007/978-3-658-24984-7_13

1 Herausforderungen in der Emissionierung

Die derzeitige Marktentwicklung in Hinblick auf die Umweltverträglichkeit konkurrierender Antriebssysteme ist stark durch die Folgen aus dem Abgasbetrug, einer sich rasch ändernden Emissionsgesetzgebung und die sich daraus resultierende Verunsicherung des Käufermarktes geprägt. Anstatt einzelne Konzepte hinsichtlich Ihrer Gesamt-CO_2-Bilanz zu bewerten, sind Antriebssysteme auf Basis von Verbrennungskraftmaschinen, oft von vornherein mit dem Nachteil behaftet, dass sie die gesetzlich limitierten Schademissionen (im Wesentlichen sind das NO_x, Partikel, CO und HC) im realen Echtbetrieb vermeintlich nicht einhalten können. Im Widerspruch dazu stehend gibt es bereits eine beachtliche Anzahl von Serienfahrzeugen am Markt, welche die strengen Emissionslimits auch unter realistischen Bedingungen unterschreiten. Somit ist es offensichtlich technisch und wirtschaftlich möglich das Antriebssystem so zu optimieren, dass der reale Betrieb eines solchen Fahrzeuges nicht zur Verschlechterung der bestehenden Luftgüte beiträgt (Abb. 1 und 2).

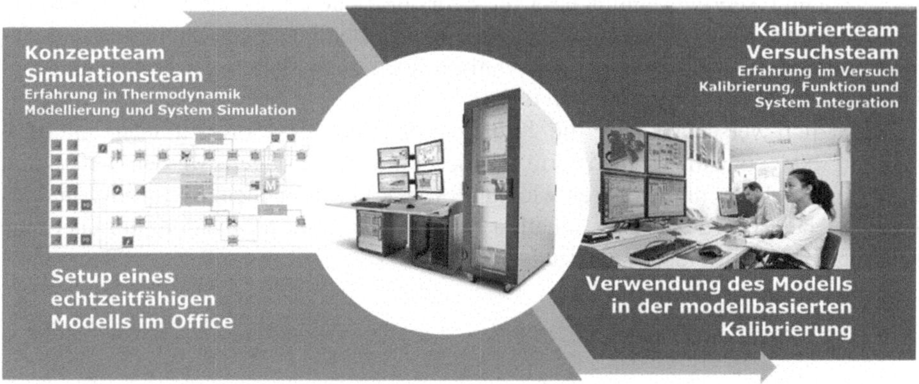

Abb. 1. Verbindung von Simulation und Versuch

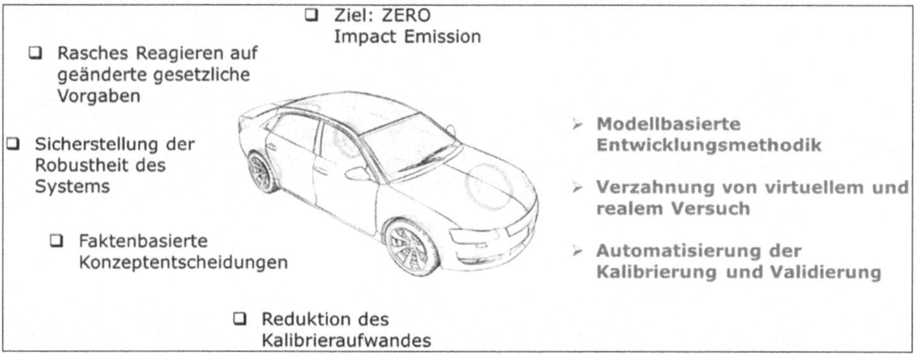

Abb. 2. Herausforderungen in der Emissionierung

Die Schademissionen müssen also im wahrsten Sinne des Wortes technisch wie auch in der Diskussion vollständig verschwinden, um eine objektive Bewertung zwischen den einzelnen Antriebssystemen zuzulassen. Der technische Aufwand dieses ‚Zero Impact Emission' Ziel möglichst rasch und in aller Breite zu erreichen, ist allerdings erheblich und kaum mit den bestehenden Methoden wirtschaftlich abbildbar. Im Speziellen sind damit die mit großem Risiko behafteten Konzeptentscheidungen für Systeme und Komponenten, die Entwicklung und Implementierung von Regel- und Diagnostikfunktionen und letztlich der enorme Kalibrieraufwand in Hinblick auf die Emissionierung anzuführen.

2 Modellbasierte Entwicklungsmethodik

Neue Systeme müssen hinsichtlich der robusten Einhaltung der Emissionsziele in früher Phase bewertet und abgesichert werden. Im Fokus der Emissionsentwicklung steht der Realbetrieb des Fahrzeuges unter Maßgabe aller möglichen und unmöglichen Umgebungs- und Betriebsbedingungen, sowie unter Berücksichtigung von Systemtoleranzen und Alterungseinflüssen. Dies stellt eine deutliche Zunahme an Aufwand in der Auslegung, Kalibrierung und Absicherung dar. Den heute gut etablierten und eingespielten Prozess dafür ressourcentechnisch hoch zu skalieren, ist prinzipiell möglich, aber wirtschaftlich kaum vertretbar.

Zusätzlich verschärft sich die Situation dadurch, dass Investitionen und Entwicklungsbudgets auf elektrifizierte Antriebssysteme verlagert werden und somit weniger Mittel für die Weiterentwicklung von konventionellen Systemen zur Verfügung stehen. Diese Ausgangssituation bietet ausreichend Motivation, um über eine weiterentwickelte Methodik nachzudenken (Abb. 3).

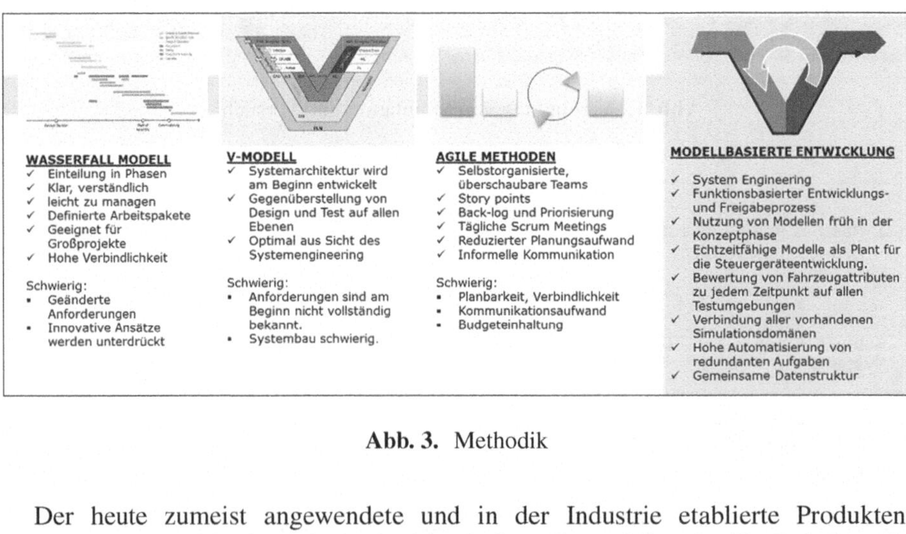

Abb. 3. Methodik

Der heute zumeist angewendete und in der Industrie etablierte Produktentwicklungsprozess folgt im Prinzip der klassischen Wasserfallmethodik: Dabei werden klar abgegrenzte Arbeitspakete von Teams verantwortet, welche über Meilensteine und Quality Gates geführt werden. Großer Vorteil ist die sichere Einhaltung des Serienstarts, die Verbindlichkeit und Verantwortung der einzelnen Entwicklungsteams und die klare Schnittstellendefinition. Gerade große Vorhaben (wie in etwa die Entwicklung einer neuen Antriebsarchitektur) können durch diesen Prozess sicher abgebildet und gesteuert werden. Nachteilig mag die träge Reaktion auf Änderungen von Anforderungen sein – in diesem Fall müssen Schleifen wieder von vorne beginnend abgearbeitet werden.

Im V-Prozessmodell werden systemisch jeweils die definierten Anforderungen dem erreichten Ergebnis gegenübergestellt und validiert. Das V-Modell repräsentiert die Definition (Simulation) entlang des linken Zweiges in der Darstellung und die Validierung (Versuch) entlang des rechten Zweiges. Dieser Prozess wird maßgeblich in der embedded SW und HW Entwicklung angewendet und bringt den großen Nutzen, dass auf allen Anforderungsebenen die Zielerreichung überprüft werden muss. Aus der Sicht des System Engineerings ist das V-Modell eine geniale Prozessmethodik, welche erfolgreich in den unterschiedlichsten Entwicklungsdomänen angewendet wird. Definition und Validierung werden inhaltlich getrennt geführt. Schwierigkeiten kann der Umstand bereiten, dass am Beginn einer Entwicklung nicht sämtliche Anforderungen bekannt sind und ausreichend genau beschrieben werden können. Testing- und Design-Team „fordern einander heraus“ und wenden jeweils eigene Methoden an, um die Aufgabe Ihres jeweiligen Zweiges effektiv zu erfüllen.

Um rasch auf geänderte Anforderungen reagieren zu können und dem bekannten Dilemma des Phänomens ‚nie fertig, nie im Budget, nie stabil‘ zu entgehen, haben sich im Bereich des Software-Engineerings agile Methoden etabliert. Ohne auf die einzelnen Ausprägungen im Detail eingehen zu wollen, werden bei all diesen Prozessmodellen folgende Prinzipien angewendet:

- Die umzusetzenden Systemanforderungen (Requirements) werden kontinuierlich in Reviews bewertet, mit anderen Teams synchronisiert und mit den Produktverantwortlichen priorisiert.
- Die Umsetzungsteams (in überschaubarer und selbstorganisierender Größe) setzen für jede Entwicklungsiteration (‚Sprint‘) eine vereinbarte Anzahl von diesen Requirements in einem definierten, relativ kurzen, Zeitraum um.
- Nach erfolgtem Sprint werden realisierte Funktionen getestet, der abgeschätzte Aufwand neu bewertet bzw. Prognosen überarbeitet und die Priorisierung beginnt von neuem.

Die große Stärke dieser Methodik liegt darin, dass geänderte Requirements zum täglichen Entwicklerdasein gehören und keine Störung im Ablauf per se darstellen. Die Priorisierung erfordert zwar viel Kommunikationsaufwand, aber sie nimmt auch Produkteigner und Entwicklung in enge Verantwortung sich abstimmen zu müssen. Den Teams wird ein gewisser Freiraum geschaffen, sich selbst zu organisieren und kontinuierlich besser zu werden. Kritisiert wird dennoch oft die fehlende Verbindlichkeit in Bezug auf die Fertigstellung der Gesamtentwicklung. Es ist auch ein gehöriges Maß an Vertrauen zwischen Management und Entwicklungsteam notwendig, um Planbarkeit und Zielerreichung transparent machen zu können (Abb. 4).

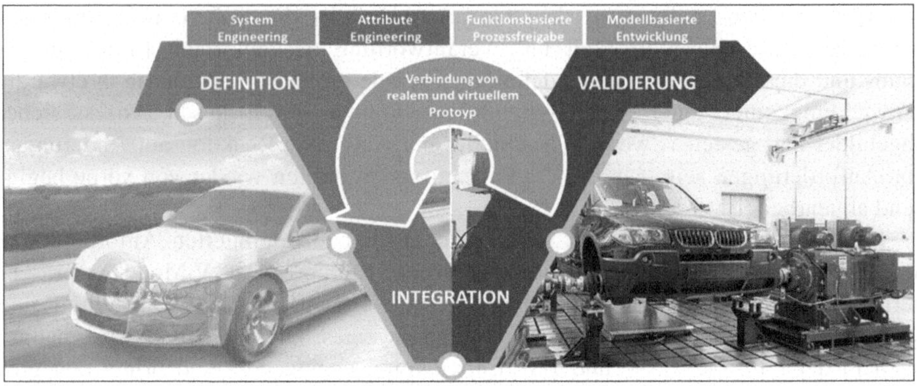

Abb. 4. Modellbasierte Entwicklung

Verbindet man nun die Vorteile der verschiedenen Prozessmodelle und setzt konsequent und durchgängig auf Werkzeuge des Systemengineerings und der modellbasierten Entwicklung, so kann der Prozess wesentlich agiler gestaltet werden. Folgende Prozesselemente kommen hierbei zur Anwendung:

- Eine modellbasierte Konzeptauslegung die unter Einbeziehung von Daten vorhergegangener Entwicklungen faktenbasierte Entscheidungen ermöglicht, die Testmatrix klar abgrenzt, die Machbarkeit des Konzeptes überprüft sowie Entwicklungsschwerpunkte für die nachgelagerten Aufgaben festlegt. Das Konzeptmodell wird im Zuge der Entwicklung kontinuierlich verfeinert und ausgebaut. Es soll kein Bruch in der Werkzeugkette stattfinden. Die einzelnen Modelldomänen werden von den jeweiligen Expertenteams verantwortet und von den Integrationsverantwortlichen zu einer aussagekräftigen Systemsimulation zusammengefasst. Redundante Modellierungen werden vermieden, jede Fachabteilung zieht Vorteile aus der gemeinsamen Nutzung einer gemeinsamen Entwicklungsplattform.
- Ein funktionsbasierter Entwicklungs- und Freigabeprozess der die jeweilige Entwicklungsfreigabe (Milestone bzw. Gate) auf die Erreichung und den Nachweis der zugehörigen Fahrzeug- resp. Antriebssystemfunktion bezieht. Somit ist sichergestellt, dass alle integrativen und schnittstellenübergreifenden Systemanforderungen nachweislich erfüllt werden.
- Eine freie Verbindung von virtuellen und physischen Prototypen. Somit können – unabhängig von der Verfügbarkeit von realer Hardware – Gesamtversuche und Integrationstests zu einem frühen Zeitpunkt durchgeführt werden. Dies ist auf allen Testumgebungen realisierbar. Beispielsweise kann so ein Motorprüfstand mit einem virtuellen Fahrzeugmodell kombiniert werden („Engine-in-the-Loop") und so die Anzahl der Optimierungsaufgaben auf dieser Testumgebung signifikant erhöht werden.
- Echtzeitfähige Simulationsmodelle die am virtuellen Prüfstand eingesetzt werden und ein „Frontloading" der Aufgaben ermöglicht. Die Modelle sind mit einem überschaubaren Aufwand zu parametrieren und haben eine validierte Genauigkeit.

- Die zu Beginn der Entwicklung festgesetzten Fahrzeugattribute können zu jedem Zeitpunkt der Entwicklung überprüft werden. Änderungen im Design oder in den Vorgaben werden umgehend auf die Auswirkung dieser Zielattribute untersucht und entsprechende Entscheidungen zur Korrektur getroffen. Es werden keine Änderungen eingesetzt, wenn deren Auswirkungen nicht modellgestützt abgeklärt wurden.
- Erreichung eines hohen Automatisierungsgrades für redundante und prozedurale Aufgaben in der Kalibrierung. Einzige Limitation ist die Verfügbarkeit von Rechenleistung sowie Einschränkungen als Folge von Modellvereinfachungen bzw. Modelllimitierungen. Die gemeinsame und intelligente Nutzung von Daten und Metadaten über alle Testumgebungen hinweg erlaubt ein effektives Arbeiten und die Vermeidung von Redundanz.

Der Preis der für diesen zusätzlichen Freiheitsgrad zu zahlen ist, besteht im Aufwand die etablierten und gut eingespielten Prozesse auf die modellbasierte Entwicklung abzuändern. Auch ist die Modellierung von Komponenten mit einem signifikanten Aufwand verbunden und es dauert lange bis die Entwicklungsverantwortlichen ausreichend Vertrauen in die neue Methodik aufgebaut haben und diese produktiv einsetzen.

3 Modelltechnologie

Frei nach dem Motto *„Alle Modelle sind falsch – aber einige können ganz nützlich sein"* soll hier ein pragmatischer Modellansatz vorgestellt werden, welcher die Stärken von physikalisch basierten Modellen mit jenen der datengetriebenen/empirischen Modelle vereint. Keinesfalls wird behauptet, dass dieser Modellansatz die eine oder andere Vorgangsweise ersetzen kann. Dies hängt immer von der Aufgabe ab. Aber es soll Mut gemacht werden, dass die Verknüpfung von Physik und Empirie Vorteile bringt, die in der modellbasierten Entwicklung Kosten und Zeit sparen. Die vorgestellte Modelltechnologie ist speziell für die Emissionskalibrierung von Antriebsystemen entwickelt worden (Abb. 5).

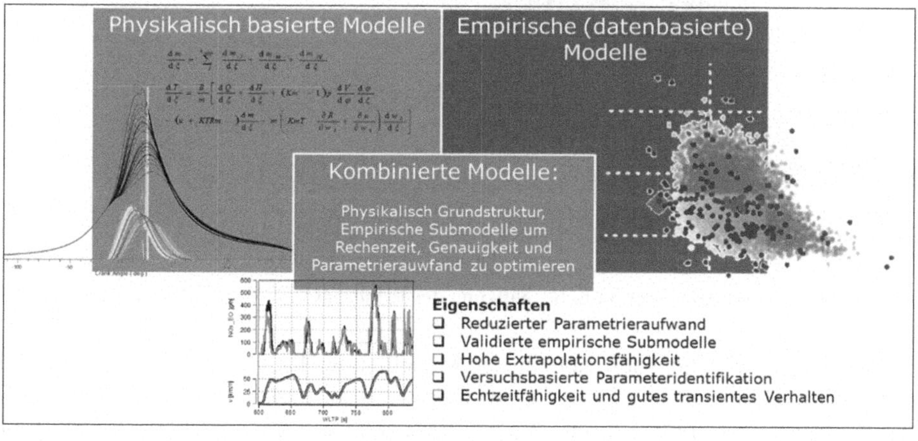

Abb. 5. Kombinierte Modelle

Bekanntlich sorgen Kalibrateure dafür, dass das gewünschte Regelverhalten des Steuergerätes im Gesamtsystem sichergestellt wird. Das Modell (im Sinne des virtualisierten Abbildes der realen Hardware) ist somit lediglich Mittel zum (Kalibrier-)Zweck wobei sich die Ansprüche an die Methodik aus Sicht der Kalibrateure auf folgende Fragen bezieht:

– „Welche Kalibrieraufgaben kann ich auf Basis des Modells tatsächlich lösen?“
– „Wo existieren Einschränkungen des Modells? Welche Tasks müssen im Fahrzeug oder am Prüfstand bedatet werden?“
– „Wo spare ich am meiste Zeit beim Kalibrieren, wo kann ich teure Prüfstandsversuche vermeiden, wo ist mein Entwicklungsergebnis besser?“
– „Wie kann ich das kalibrierte Gesamtsystemverhalten mit vertretbaren Aufwand hinsichtlich Robustheit gegenüber internen und externen Systemvariationen prüfen?“
– „Wie kann ich Fahrzeugvarianten möglichst effektiv absichern und nicht wertschöpfende Tätigkeit vermeiden bzw. automatisieren?“
– „Wie kann ich die Anzahl von Prototypen reduzieren?“

Selbstverständlich nutzt jeder erfahrene Entwickler (in der einen oder anderen Weise) Erkenntnisse aus vorangegangenen Entwicklungen. Wenn beispielsweise ein erster Initialdatenstand eingespielt wird, ist dieser Vorgang klar zu erkennen. Insofern ist es durchaus naheliegend die Nutzung von Daten zu institutionalisieren. Aus der großen Datenwolke an Messungen kann man viel lernen. Es gibt universelle Zusammenhänge, welchen allen Motoren gemeinsam sind – trotz unterschiedlicher Verbrennungssysteme, Betriebsstrategien und Einzelkomponenten. In geschickter Kombination empirischer Modellansätze mit thermodynamischen Zustandsgleichungen kann ein System bestehend aus einer physikalischen Grundstruktur und ergänzt mit einem System aus empirischen Sub-Modellen gebaut werden. Somit wäre in der Konzeptphase schon viel gekonnt, weil ja hier das neue Aggregat noch nicht existiert und keine Messdaten vorliegen (Abb. 6).

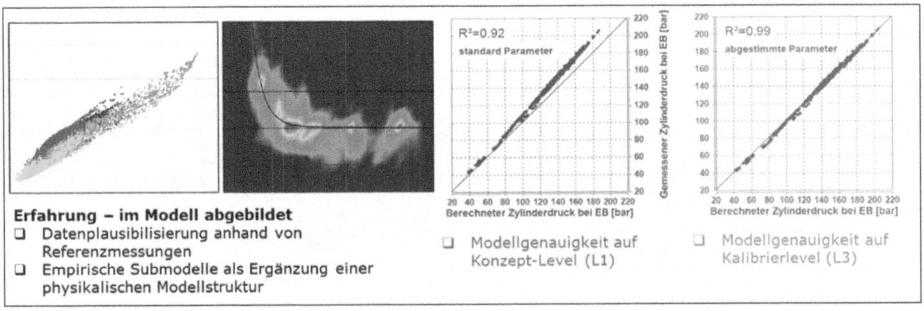

Abb. 6. Nutzung der Erfahrung

Eine intrinsische Schwierigkeit in der Modellierung liegt in der Problematik die richtigen Modellparameter und Anfangsbedingungen zu finden. Noch dazu sind vielfach Parameter zwar physikalisch eindeutig beschrieben – die Ermittlung ist aber oft schwierig. In manchen Fällen sind die Parameter für Ingenieure nicht einfach begreifbar, weil abstrakt. Eine Idee der kombinierten Modelle ist es, auf Basis von vorgegebenen Testprozeduren am Motor- und Komponentenprüfstand durch Parameteridentifikation genau jene Werte zu finden, welche direkt in den Dialog des Simulationswerkzeuges eingegeben werden können und die Abstimmung (Parametrierung) deutlich erleichtert. Zusätzlich kann durch den Einsatz von automatischen Prozeduren, der Abgleich von Mess- und Simulationsergebnis vereinfacht werden.

Für die Identifikation von Parametern zur Charakterisierung der Abgasnachbehandlungskomponenten hat sich beispielsweise die Untersuchung am Synthese-Gas-Prüfstand als sehr geeignet herausgestellt. Da nur ein relativ kleines, standardisiertes Volumen des beschichteten Substrats untersucht wird, können diese Versuche unabhängig von der Aggregate-Entwicklung durchgeführt werden. Spezielle Testzyklen und die definierten Gasgemische aus inerten und reaktiven Gasanteilen erlauben es, die Konversionsraten und die Reaktionskinetik über die Temperatur und der Raumgeschwindigkeit zu untersuchen. Die Komponentenidentifikation beschränkt sich keinesfalls nur auf die Abgasnachbehandlung. Für Turbolader und Einspritzkomponenten beispielsweise ist dies bereits eine übliche Vorgangsweise. Es ist abzusehen, dass in Zukunft die jeweiligen Hersteller der Komponenten nicht nur Prototypen ihrer Hardware dem Integrator zur Verfügung stellen müssen, sondern in früher Entwicklungsphase auch abgestimmte Modelle eben dieser Komponenten (Abb. 7).

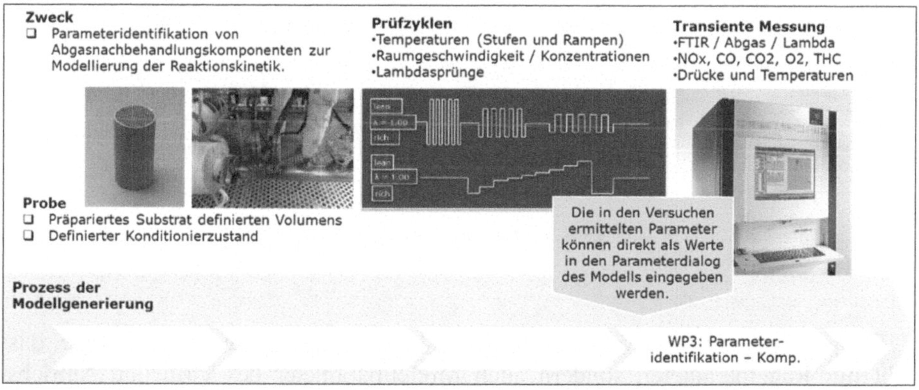

Abb. 7. Komponenten Identifikation

4 Modellintegration in MiL und HiL

Aufgrund der Eigenschaften der physikalisch/empirisch kombinierten Modelle, nämlich gutes transientes Verhalten und ausreichend genaue Wiedergabe der Emissionen und thermodynamischen Größen, sowie die exzellente Extrapolationsfähigkeit und die Echtzeitfähigkeit, können diese Modelle am Echtzeitrechner mit dem realen Steuergerät in einen Reglerverbund integriert werden (HiL Setup).

Dabei ist es genauso möglich das Modell in einer MiL Anwendung zu betreiben. Allerdings gibt es in dieser Konfiguration oft Einschränkungen, da nicht alle Steuergerätefunktionen für den Anwender explizit zugänglich oder vorhanden sind. Das Verhalten des Prozessors der im Steuergerät verbaut ist, die Signal- und Busschnittstellen etc. werden in einer MiL Umgebung nicht abgebildet. Es müssen Modelle der Aktuatoren und Sensoren vorliegen. Somit ist das Systemverhalten zum Teil eingeschränkt und eine vollständige Integration der Funktion ist nicht möglich. Zwischen Fahrzeugmessungen und virtuellem Versuch besteht somit immer eine gewisse, meist erklärbare, Diskrepanz. Die Vorteile der MiL Umgebung sind, dass es keine Beschränkung hinsichtlich Rechengeschwindigkeit gibt. Durch die Parallelisierung von Rechenaufgaben und Simulationen, die wesentlich schneller als Echtzeit sein können, werden enorme Zeitvorteile für spezifische Optimierungsaufgaben erreicht. Das Gesamtsystem besteht im Wesentlichen aus den Elementen in der folgenden Übersicht (Abb. 8).

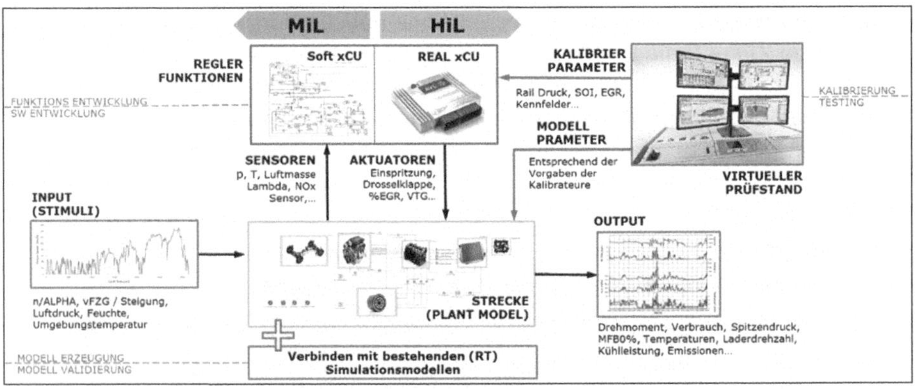

Abb. 8. Übersicht Regelkreis

Ein großer Vorteil des virtuellen Prüfstandes eröffnet sich aus der Tatsache, dass nicht nur Regelparameter, sondern auch Modellparameter des virtuellen Antriebsstrangs verändert werden können. D. h. es kann zum Beispiel unmittelbar der Alterungszustand des Dreiwegekats geändert werden. Der Virtuelle Prüfstand bietet somit einen neuen Freiheitsgrad für Entwickler.

Zu beachten ist, dass nur abgesicherte und nachgewiesene Kalibrieraufgaben bis zu einem definierten Reifegrad am virtuellen Prüfstand kalibriert werden können. Ein klares Bild der Modellrestriktionen und der Modellgüte ist diesbezüglich unerlässlich. Außerdem wird empfohlen, den virtuellen Prüfstand als sinnvolle Verstärkung und Ergänzung zu bestehenden Testumgebungen zu sehen. Der Ingenieur wird die zu erledigende Optimierungsaufgabe letztlich auf jenem Testsystem ausführen, wo das Verhältnis zwischen Nutzen und Aufwand am höchsten ist.

Die Vorteile die der virtuelle Prüfstand generiert, können wie folgt zusammengefasst werden:

- Es kann über bestehende Bauteilschutzgrenzen hinaus optimiert werden
- Die Anzahl von realen Prototypen wird reduziert
- Es können Umgebungsbedingungen (Höhe/Hitze/Kälte) frei geändert werden
- Es ist keine Konditionierzeit notwendig
- Es gibt keine komplexe Messtechnik für Emissionen, Zylinderindizierung etc.
- Das Testsystem ist ident mit dem Testsystem im Realversuch (Normnamen, Datenstruktur)
- Die Optimierungswerkzeug der Ingenieure („Calibration Tools") ändern sich nicht (zum Beispiel können DOE Optimierungen durchgeführt werden)
- Der Prüfstandsstundensatz liegt bei einem Bruchteil eines konventionellen Prüfstandes

Als Herausforderungen des virtuellen Prüfstandes sind zu nennen

- Der Aufwand ein validiertes Modell des Antriebsstrangs zu genieren
- Es muss eine detaillierte Beschreibung der Steuergerätefunktion vorliegen
- Verfügbarkeit von Aktuatoren und Sensoren sowie des echten Steuergerätes
- Echtzeitfähige Modelle, wobei ausreichend Spielraum am HiL System notwendig ist, um Echtzeitverletzungen zu vermeiden. Komplexere Strukturen sollten sich idealerweise auf separate Rechenkerne verteilen lassen.
- Die Modelle müssen sich auf die Zielplattform kompilieren lassen. Allerdings ermöglichen neueste Entwicklungen auch, dass Modelle auf nicht-deterministischen Betriebssystemen ausgeführt werden können und mit dem Echtzeitrechner des HiL-Systems verbunden werden können.
- Der etablierte Produktentwicklungsprozess muss an die Anforderungen des modellbasierten Ansatzes angepasst werden und eine entsprechende Akzeptanz bei den Anwendern vorhanden sein.

5 Anwendungsbeispiel

Anhand eines modernen Ottomotors sollen Ergebnisse aus der Modellierung und der Simulation am virtuellen Prüfstand gezeigt werden. Das Modell ist in einem System-Simulationswerkzeug aufgebaut. Das Zylindermodell des Motors (mit M gekennzeichnet) hat vielfache Datenbusverbindungen (in Grün dargestellt) und ist in den Gaspfad der Ansaug- und Abgasstrecke eingebunden.

Das Luftpfadmodell ist ein 0D-Modell das im Wesentlichen durch 0D-Bählter und nicht-dimensionalen Verbindungskomponenten (i.e. Drossel, Blenden, Kompressor, Turbine, …) aufgebaut ist. Optional zu den 0D-Behältern ist es auch möglich den Transport von Spezies und Enthalpie durch eindimensionale Rohre zu verfeinern. In diesen Rohren werden die Transportgleichungen von Spezies und Enthalpie örtlich diskretisiert und gelöst. Durch die Annahme eines gemittelten Drucks im quasi-dimensionalen Rohr wird die numerisch sehr aufwendige Lösung des Impulstransportes vermieden und die Echtzeitfähigkeit des gesamten Ansatzes gehalten (Abb. 9).

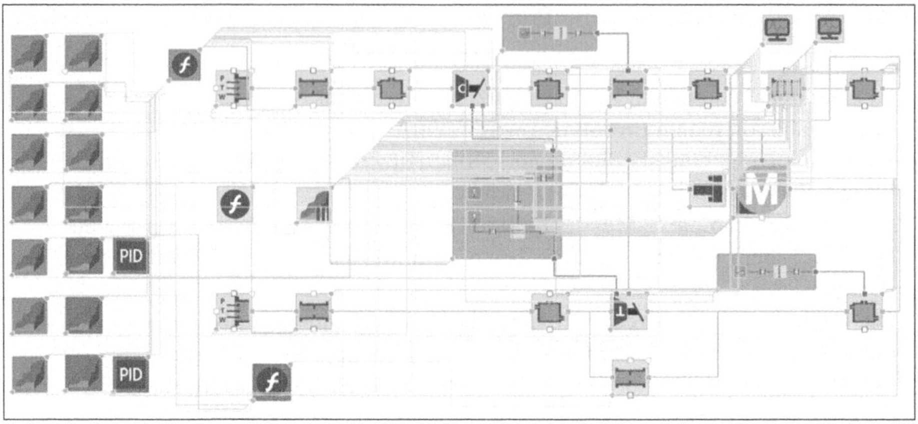

Abb. 9. Modellstruktur für ein echtzeitfähiges Motormodell

Die Abstimmung und Parametrierung des Turboladers erfolgt standardmäßig auf Basis von Inputdaten welche am Heißgasprüfstand ermittelt werden. Da gasdynamische Effekte eine wesentliche Rolle spielen und durch stationären Messungen nicht abgedeckt werden können, müssen die bestehenden Kennlinien extrapoliert werden. Als Abgasnachbehandlungssystem kommt ein motornaher Dreiwegekatalysator zum Einsatz. Die Bedatung der vordefinierten Reaktionskinetik erfolgt mit den Parametern aus den bereits beschriebenen Synthesegasversuchen (Abb. 10).

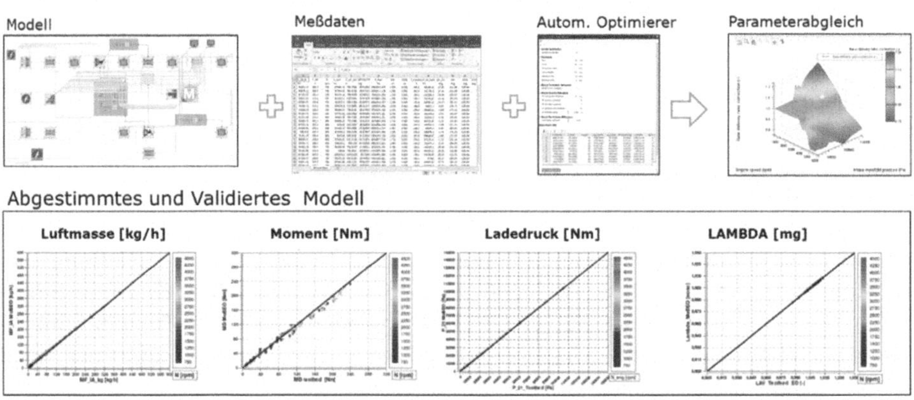

Abb. 10. Modelverfeinerung

Die Modellparameter werden anschließend entsprechend dem Workflow mithilfe von Prüfstandsdaten optimiert. Als Input dafür dienen Messungen vom Motorprüfstand sowie von Rollentests. Um das Ermitteln der Modellparameter zu unterstützen und den Aufwand dafür zu verringern, kommen automatische Parameteroptimierer zum Einsatz. Selbstverständlich kann der Simulationsingenieur jeden Modellparameter auch manuell anpassen. Das Resultat aus dem Ablauf ist ein abgestimmtes und validiertes Simulationsmodell, welches die Qualitätskriterien für die modellbasierte Kalibrierung erfüllt. Das somit abgestimmte Modell wird nun auf den virtuellen Prüfstand transferiert. Dazu ist es notwendig das Motorsteuergerät inkl. der notwendigen Aktuatoren, einem angepassten Kabelbaum, den entsprechenden Sensoren, sowie das kompilierte Modell mit dem Testsystem zu einem Gesamtverbund zu vereinen. Nach erfolgter Kommissionierung können die Kalibrateure mit Ihrer Arbeit beginnen. Der Prüfstand ist *„ready for virtual calibration"* (Abb. 11).

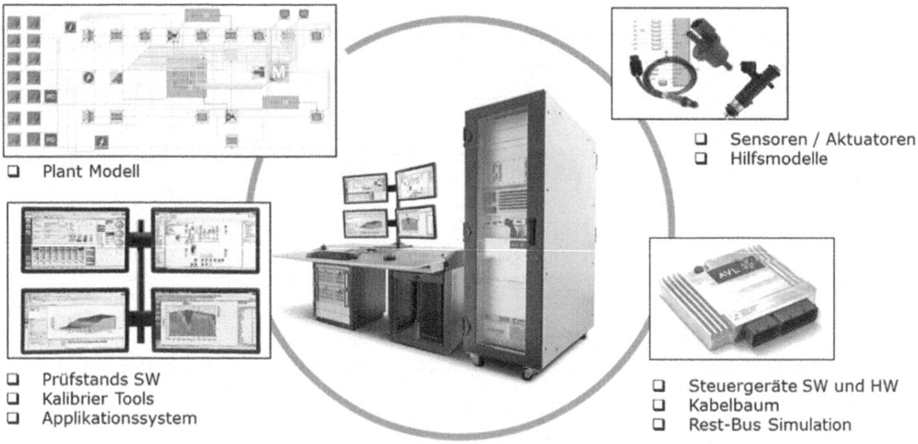

Abb. 11. Virtueller Prüfstand

Als Ergebnis werden die Rohemissionsverläufe am virtuellen Prüfstand gezeigt (Simulation in Rot, Messung in Schwarz dargestellt). Aus den Verläufen sind eine ausreichend genaue Korrelation und ein physikalisch richtiges transientes Verhalten zu erkennen. Es sei bemerkt, dass auch die Emissionsmesstechnik immer mit einer Messtoleranz versehen ist. Abweichung zwischen Messung und Simulation müssen deshalb nicht zwangsläufig als Folge von Modellabweichungen gewertet werden. Durch die Einbindung des echten Steuergerätes wird die Dynamik der Regelungstechnik voll ins Spiel gebracht (selbstlernende Funktionen, modellbasierte Regelansätze, Prädiktion etc.) (Abb. 12).

Durch das Aufzeichnen der ECU-Signale können Abweichungen erklärbar gemacht werden. Die Positionierung als auch die Übertragungsmodelle der Sensoren spielen eine wichtige Rolle. Es darf nicht vergessen werden, dass mit einem 0D-Ansatz modelliert wurde – die Positionierung eines Temperatursensors beispielsweise im Ansaugkrümmer, muss mit dem Simulationsknoten im Modell abgeglichen werden.

Die ausgezeichnete Güte der Regelung am virtuellen Prüfstand zeigt sich auch anhand der Lambdaverläufe zwischen Simulation und Messung. Ein transient richtiges Lambda vor und nach Abgasnachbehandlung erfordert höchste Güte in der Rohemissions- und Gasdynamiksimulation – beginnend mit der korrekten Berechnung der Zylinderfüllung und der Kraftstoffzufuhr sowie den Speichereffekten und chemischen Prozessen im Dreiwegekat (Abb. 13).

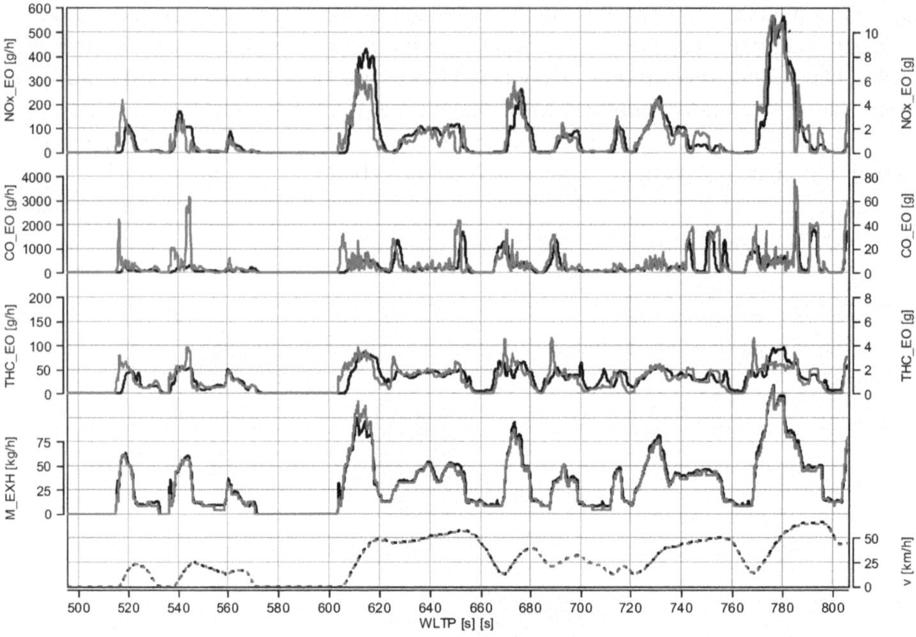

Abb. 12. Detail einer WLTP Rohemission (Simulation rot, Messung schwarz) (Farbig Online)

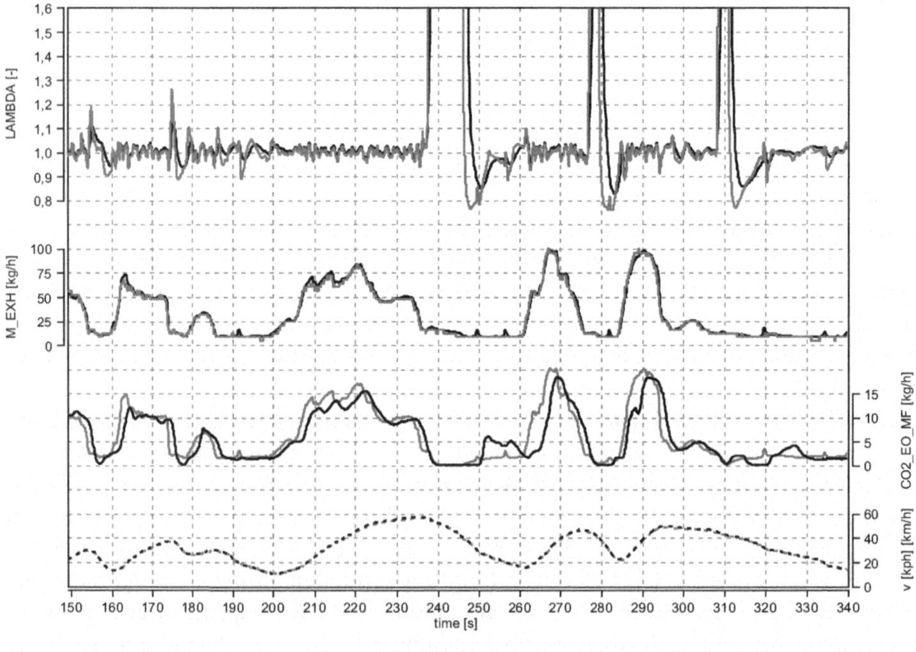

Abb. 13. Lambda, Luftmasse und CO_2 (Simulation rot, Messung schwarz) (Farbig Online)

6 Konzeptentwicklung

Die Güte und der Erfolg eines Konzeptes bedingt, dass die Ingenieure Erfahrung aber auch Kreativität, Weitsicht und Innovation in den Prozess einbringen. Es gilt, die ausgearbeiteten Systemlösungen hinsichtlich Ihrer Eignung zur Erreichung der gestellten Anforderungen zu bewerten. Dabei ist die Erreichung von Entwicklungszielen (Verbrauch, Leistung, Fahrbarkeit, Modularität, Kosten etc.) als auch die Erfüllung von gesetzliche Vorgaben konzeptionell abzusichern: Dies gelingt auf Basis eines aussagekräftigen Konzeptmodells von Motor und Abgasnachbehandlung und deren Verbindung mit anderen Modelldomänen des Antriebstranges und des Fahrzeuges.

Das Hauptergebnis einer Konzeptentwicklung ist ein ausbalanciertes Konzept des betrachteten Antriebsystems unter Berücksichtigung der geplanten Fahrzeugvarianten. Parallel dazu werden das Sensor- und das Diagnosekonzept auf Machbarkeit hin überprüft und die Testmatrix definiert. Der modellbasierte Konzeptansatz erlaubt faktenbasierte Entscheidungen und generiert in früher Phase wertvollen Input sowie Vorgaben für die Antriebsstrangentwicklung hinsichtlich Funktion, Betriebsstrategie und Kalibrierstrategie (Abb. 14).

Abb. 14. Konzeptentwicklung

Als Beispiel für eine Konzeptuntersuchung darf hier der Vergleich von variierenden Einbaupositionen eines GPF gezeigt werden: Durch die verschiedenen Anordnungen verändert sich die Filtertemperatur und somit die Strategie für die Filterregeneration. Eine höhere Beladung, vergrößert naturgemäß den Abgasgegendruck und kostet letztlich Leistung und Verbrauch. Der Beladungszustand des GPF verändert allerdings auch den Filterwirkungsgrad und erschwert somit die Einhaltung des Limits für die maximale PN Emission. Je nach Betriebszustand des Motors (Last und Drehzahl) variiert die emittierte Partikelemission stark. Somit ergibt sich eine komplexe Optimierungsaufgabe aus Position, GPF Eigenschaften, Kalibrierstrategie und Thermalmanagement. All diese Aspekte können mithilfe eines fähigen Motor/ EAS Modells untersucht und in Relation zu den betrachteten Fahrzeugapplikationen optimiert werden (Abb. 15).

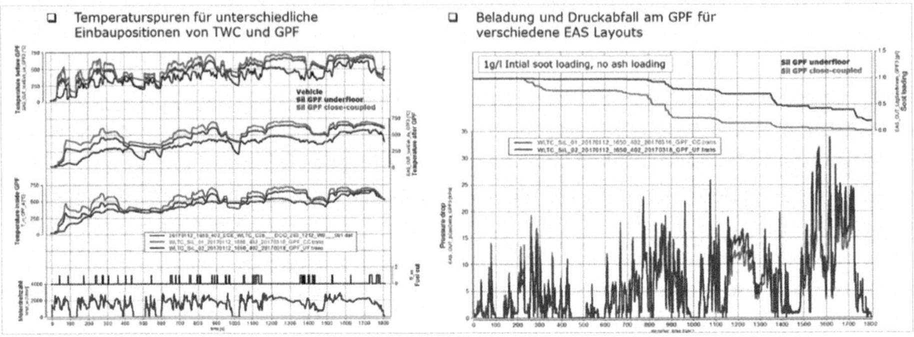

Abb. 15. Modellbasierte Konzeptuntersuchung

Concept Studies 2025+: Challenging Tasks in 0D/1D Engine Simulation

Michael Grill[1(✉)], Mahir Tim Keskin[1], Michael Bargende[2], Sven Fasse[2], and Sebastian Hann[2]

[1] FKFS – Research Institute of Automotive Engineering and Vehicle Engines Stuttgart, Stuttgart, Germany
Michael.Grill@fkfs.de

[2] Institute of Internal Combustion Engines and Automotive Engineering, University of Stuttgart, Stuttgart, Germany

1 Introduction

Nowadays 0D/1D simulation is widely used in the engine development process. Thanks to high prediction quality and low computational times, it remains a powerful tool to investigate engine and powertrain concepts for the years 2025+. However, new SI engine concepts such as EGR at full load or lean combustion are needed to meet the decreasing CO_2 targets. To maintain the high prediction quality of 0D/1D models, they need to be improved to cover the widened range of application. For this purpose, chemical effects need to be considered, in addition to thermodynamic effects. The chapter "SI Engines" will focus on this topic. Furthermore, with the introduction of RDE, new challenges like more demanding ambient conditions or stop-and-go traffic arise for engine development. With that, the light-out of the exhaust gas aftertreatment system becomes more relevant. This is important for SI engines, but even more for CI engines, where an SCR-System will be inevitable to reduce NO_x emissions. As a result, a new and faster approach to model in-cylinder processes for drive cycle simulations has been developed and is described in the chapter "CI Engines".

2 SI Engines

While for new passenger cars in the European Union (EU) the CO_2 fleet target of 95 g/km is fixed for the year 2021, currently the target for 2030 is debated in the EU. A further CO_2 reduction of 30 or more percent is under discussion. Such challenging targets will have a considerable influence on the focus of engine development. Since all SI-engine powertrains will very likely have at least a 48 V hybridization in 2025+, fuel consumption has to be reduced significantly over the entire engine map (in case of an empty battery) and especially in the area of 40 to 80% load at low engine speeds (see Fig. 1), as the electric drivetrain is active in the low-load range and for fast

J. Liebl (Hrsg.): *Ladungswechsel und Emissionierung 2018,* Proceedings, S. 215–237, 2019.
https://doi.org/10.1007/978-3-658-24984-7_14

demands of the maximum torque. Hence, new concepts are needed to guarantee the efficient SI-engine operation in a very wide range of engine operating conditions.

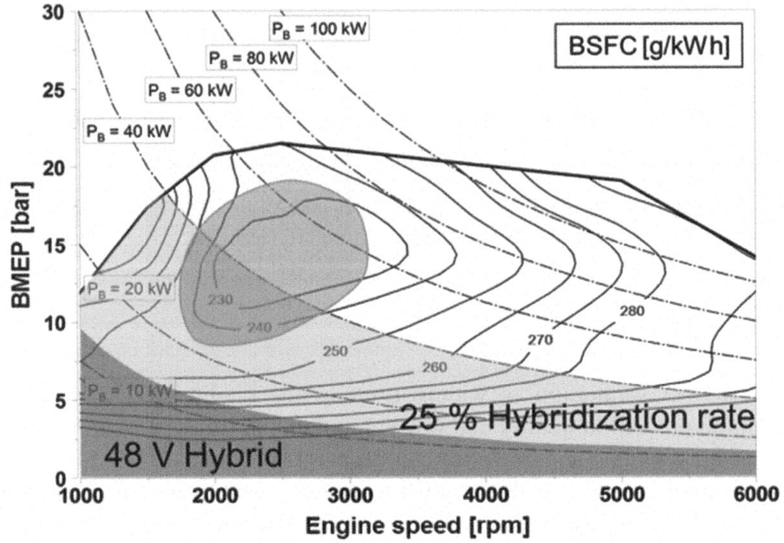

Fig. 1. Influence of the hybridization rate on the engine map area relevant for future efficiency improvements (green area) (Color figure online)

It is thus obvious that the new technologies that will be necessary for efficient gasoline engines, such as lean engine operation, high load EGR or large stroke engines emerge as new, challenging tasks in the 0D/1D simulation: virtually all the relevant submodels need to be refined or improved to describe the influence of new technologies correctly. An overview is given in Fig. 2. This represents a challenge, but is vital to make sure that 0D/1D simulation will remain a powerful tool in the development of

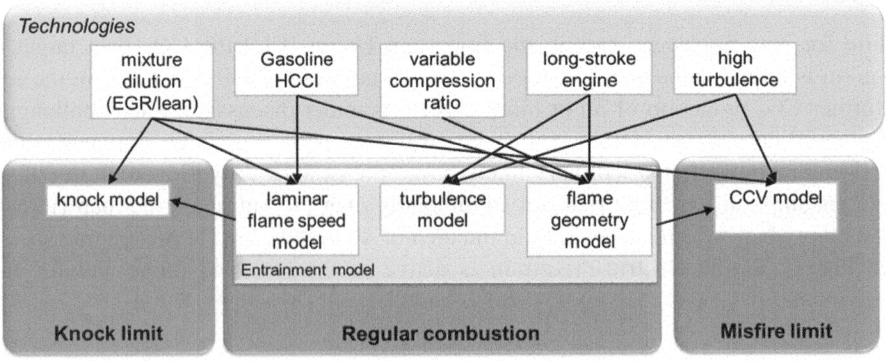

Fig. 2. Future technologies and their influence on models in 0D/1D simulation

future, high-efficient engines. The following subchapters will provide examples how the FKFS makes its models "fit for the future".

In order to achieve high model prediction accuracy, 0D/1D models used for the simulation of future SI engine concepts do not only have to consider thermodynamic effects, but also need to account for the in-cylinder chemical processes in detail. Kinetic reaction mechanisms for different fuel types that have been intensively developed in the recent years can be used to perform simulations at in-cylinder conditions that provide better understanding of the chemical processes during the combustion. More importantly, they enable the development and validation of simplified approaches for the 0D/1D simulation that reproduce the real chemistry behavior very accurately.

In this way, correlations yielding exact values for the laminar flame speed of different fuels have been developed at FKFS, making the reliable predictive simulation of lean combustion possible. A cycle-to-cycle variation (CCV) model can then be used to estimate the possible engine operation region and the changes in fuel consumption resulting from CCV. Furthermore, the reaction kinetics simulations at in-cylinder conditions proved that, at specific boundary conditions, the auto-ignition of the unburnt mixture resulting in knock happens in two stages. This phenomenon significantly influences the ignition delay of the mixture and characterizes gasoline fuels. Based on these findings, a new knock modeling approach has been developed.

2.1 Mixture Dilution

In order to meet future CO_2 emitting requirements, engine concepts like lean burn or high EGR, as well as alternative fuels like ethanol from renewable sources might represent a promising option. For the estimation of their individual potential to increase engine efficiency, 0D/1D simulations are a very efficient tool. However, based on the necessary simplification of the reality with models, 0D/1D-simulations heavily depend on the quality of their sub-models. For internal combustion engines, it is of a high importance to model the combustion processes in great detail. Quasi-dimensional approaches, which are used to describe burn rates of spark-ignition engines, are based on the modelling of the laminar flame speeds (s_L). However, direct measurements of laminar flame speeds are usually performed at boundary conditions not relevant for engine operation. This restriction results from technical limits as well as hydrodynamic and thermo-diffusive instabilities. Especially at very lean mixtures or high EGR rates, these instabilities are strong. However, reliable values of laminar flame speeds are needed under these conditions to be able to evaluate lean burn or high EGR engine concepts. This necessity becomes apparent when investigating the behavior of the widely used laminar flame speed models described by [1] and [2]. Both are based on Eq. 1.

$$s_{\mathrm{L}}(\Phi, T, p, X_{\mathrm{EGR}}) = s_{\mathrm{L},0}(\Phi) \cdot \left(\frac{T_{\mathrm{u}}}{T_0}\right)^{\alpha} \cdot \left(\frac{p}{p_0}\right)^{\beta} \cdot \left(1 - F \cdot X_{\mathrm{EGR}}^{n}\right) \tag{1}$$

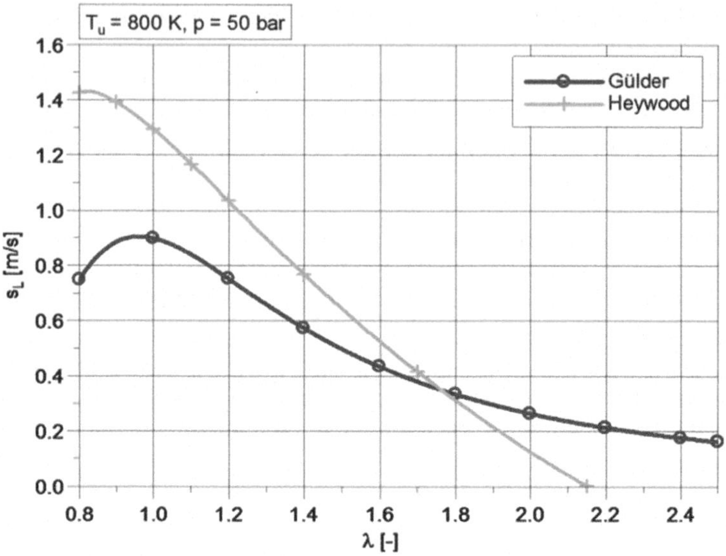

Fig. 3. Comparison of the laminar flame speed s_L calculated with Gülder and Heywood

As Fig. 3 shows, Heywood calculates negative flame speeds for $\lambda > 2.15$ independent on temperature or pressure, while Gülder overestimates the flame speed for high λ-values. Concerning EGR, Heywood and Gülder calculate negative flame speed values for 40% to 50% EGR and above. Due to the (almost) linear decrease of flame speed with EGR mole fraction, this also results in a too strong decrease of flame speed for EGR rates below 40% to 50%. Both neglect a temperature influence on the effect EGR has on the laminar flame speed. These deficits result from the sparse measurement database that was used for the development of those flame speed models. As already mentioned, no measurements of laminar flame speeds are available at engine-related boundary conditions. A solution of this issue is provided by reaction kinetics calculations of laminar flame speeds, where reaction mechanisms are employed. Such mechanisms are developed for specific fuels and contain the equations of all (known) elementary reactions taking place during the combustion. These reactions are studied in detail for a wide range of boundary conditions to investigate on their temperature and pressure dependency as well as on their material properties such as mass transfer coefficients of all molecules that are listed in the reaction equations. The resulting reaction mechanisms are validated using measured laminar flame speeds and ignition delay times. Due to the extensive investigation of the elementary reactions, calculations can be performed outside of this measurement-based validation range.

In a first step, reaction kinetics calculations are used to investigate on the flame speed change due to lean mixtures and EGR, as shown in Fig. 4 for a pressure of 1 bar. The findings are similar at higher pressures of e.g. 100 bar. The x-axes are scaled in such a way that an increase in λ or EGR result in the same increase in mass. On the one hand, the general difference between the λ- and EGR-influence results from different heat capacities of the air and the residual gas (diatomic versus triatomic molecules), which influence the heating of the unburnt gas as well as the flame temperature. On the other hand, the different chemical behavior of the reactive excessive air at $\lambda > 1$ changes the reactions that take place during the combustion, compared to the nearly inert residual gas. Furthermore, in accordance with *Le Chatelier's* principle and the reason for off-stoichiometric s_L-peaking described in [3], the additional O_2 at lean mixtures inhibits the dissociation of CO_2 and H_2O. EGR, however, increases the concentration of CO_2 and H_2O, which supports the dissociation. Due to the endothermic character of dissociation, EGR decreases the temperature and, with that, the laminar flame speed stronger than lean mixtures. Concerning the modelling of laminar flame speeds for engine simulation, the general difference between the λ- and the EGR-influence as well as their different temperature dependencies shown in Fig. 4 need to be taken into consideration, thereby accounting for thermodynamical as well as reaction kinetics influences.

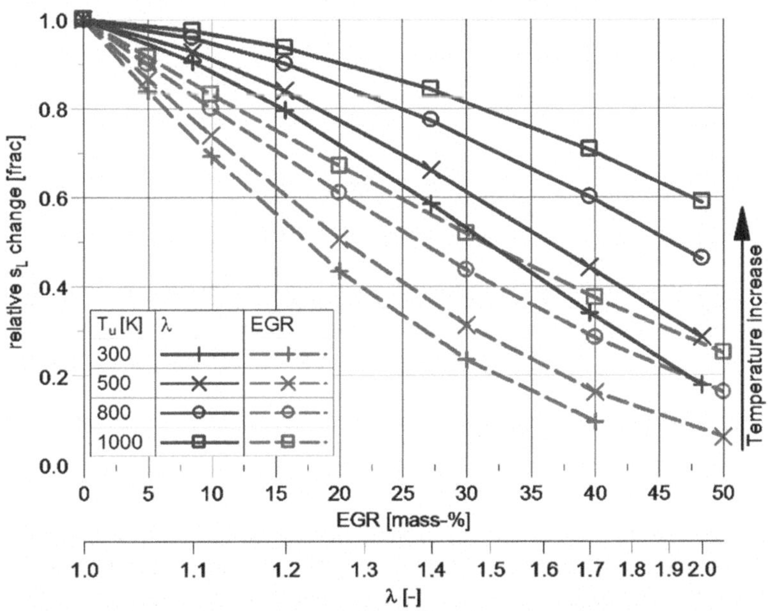

Fig. 4. Comparison of λ and EGR influence on s_L for gasoline at $p = 1$ bar

In general, Fig. 4 clearly shows that the flame speed models of Heywood and Gülder contradict reaction kinetics calculation results. Therefore, a new flame speed model is needed to investigate different engine concepts in 0D/1D simulation. For this purpose, a new approach for methane and gasoline was developed in [4] by calibrating and expanding the flame speed model described by [5] to match the results of reaction kinetics calculations which were performed for a wide range of boundary conditions.

For the reaction kinetics calculations, a toluene reference fuel was chosen to represent typical fuel properties of a gasoline fuel with RON = 98, MON = 89 and an H/C-ratio of 1.85. Furthermore, the influence of admixing up to 100% ethanol to gasoline is implemented. The resulting approach matches reaction kinetics calculation results with an error of 12% and below at relevant boundary conditions. Figure 5 shows a comparison of the new approach with Heywood. As already stated, the implausible behavior of Heywood at increasingly lean mixtures becomes apparent. Furthermore, Heywood shows a wrong weighting of the temperature and pressure influence on s_L.

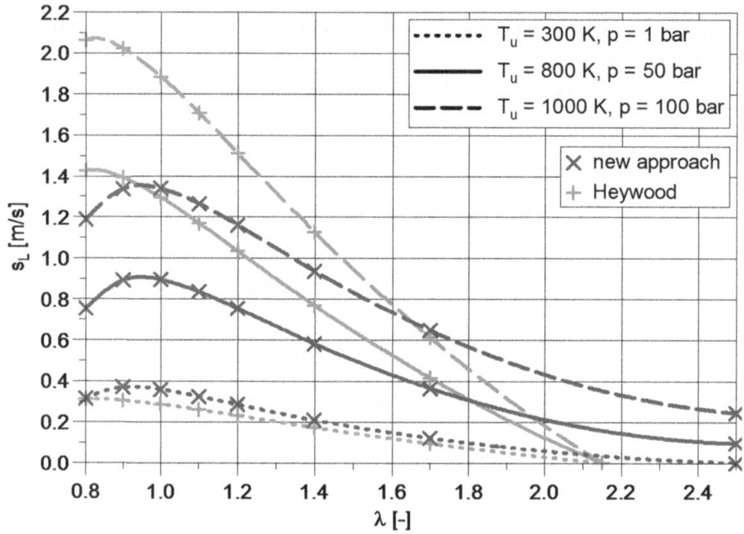

Fig. 5. Heywood vs. new approach

A validation of the new flame speed model is shown in Fig. 6, where Engine A is fuelled by Methane and Engine B by gasoline. The simulation model was calibrated for $\lambda = 1$ and 0% EGR, respectively. It can be seen that the simulation using the new model, implemented in the engine process calculation code described in [6] in combination with the turbulence model described in [7], matches the pressure trace analysis results very well and, therefore, is able to predict burn rate changes due to an increase in λ as well as EGR.

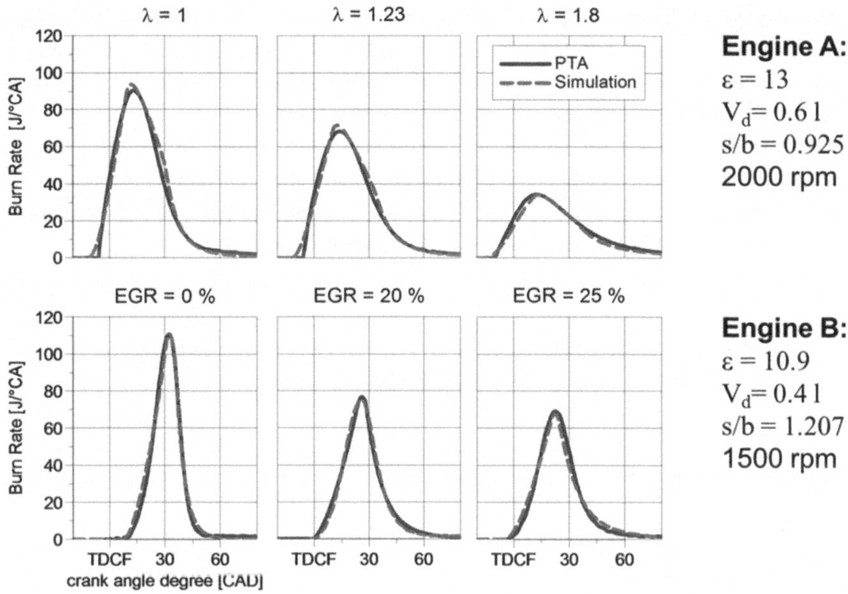

Fig. 6. Validation of new flame speed model. Top: [8]

2.2 Cycle-to-Cycle Variations

Compared to compression-ignition engines, the modelling of spark-ignition engine burn rates is much easier due to relatively homogeneous mixture distribution. Using entrainment-approaches, good prediction qualities can be achieved, which enable a high quality reproduction of influences like residual gas, charge dilution, charge motion and turbulence [6, 9].

With models accounting for these influences, e.g. fuel consumption-optimal EGR rates can be simulated. To evaluate the benefit of applying the determined EGR rates to real engine operation, it is important to account for cycle-to-cycle variations (ccv). This can be done by using the ccv model developed in [10]. It is based upon the entrainment-approach to model SI-combustion, applying stochastic noise of constant bandwidth to laminar flame speed and combustion position in order to cover the effects of inhomogeneity in charge dilution and spark deflections. This noise causes fluctuations in the combustion model, which eventually result in more or less severe fluctuations of the indicated mean effective pressure (IMEP). This allows the prediction of statistical IMEP fluctuations, represented by the coefficient of variation (COV IMEP). If the COV IMEP exceeds a certain limit, the ccv are considered too high for stable engine operation. Figure 7 shows a comparison of measured and simulated

COV for a single-cylinder research engine ($V_d = 0.4$ l, $\varepsilon = 10.9$, s/b = 1.207), that has not been used during the development of the ccv model. The trend of increasing burn duration with higher EGR rates as well as the indicated efficiency can be reproduces reasonably well by the combustion model, providing a solid basis for the ccv model. The good match between measured and simulated COV IMEP proves the quality of the ccv model. In general, Fig. 7 shows the possibility to significantly increase engine efficiency with increasing EGR rates. However, increasing cycle-to-cycle variations limit the maximum EGR rate applicable to real engine operation.

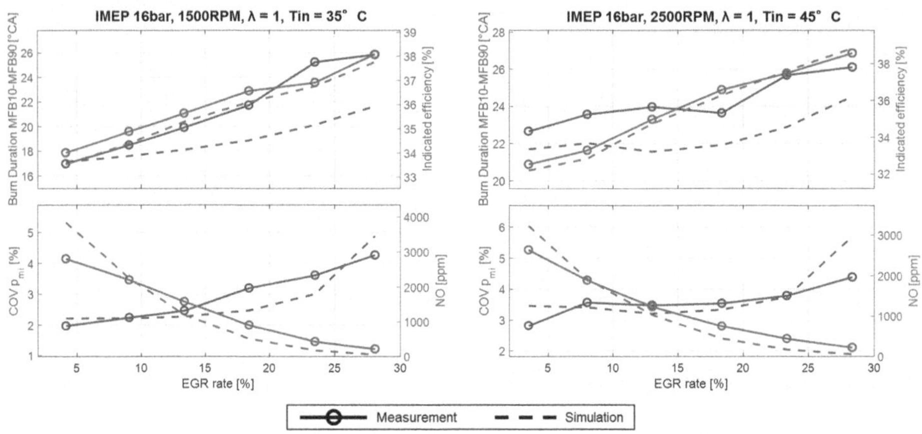

Fig. 7. Validation of cycle-to-cycle variation model

Another example that shows how important it is to take cycle-to-cycle variations in account, is depicted in Fig. 8. As can be seen, mixture dilution leads to a progressive increase in the cyclic variations – it is moderate only for low dilution rates, but becomes significant when reaching higher dilution rates, with EGR dilution leading to a higher increase than dilution via excess air. In particular, it should be noted that the higher the cyclic variations get, the bigger is the difference between the BSFC of an average cycle (dashed line) and the averaged BSFC over the single working cycles (solid line), i.e. the "true" BSFC. It is important to consider this difference when investigating the optimal EGR rate or λ, and sets a clear limit for the highest possible dilution rate regardless of possible limitations of the ignition system.

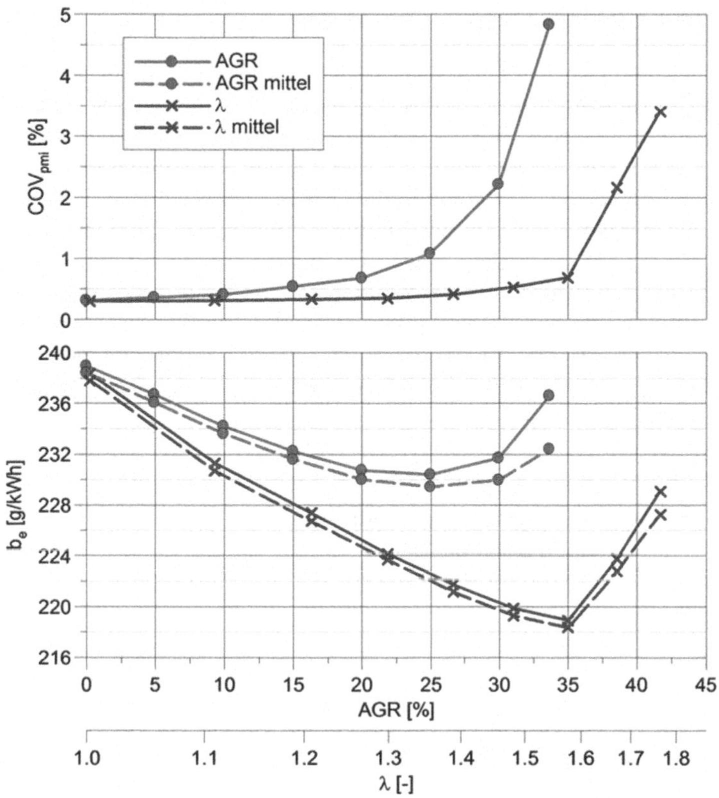

Fig. 8. Cycle-to-cycle variations and their impact on BSFC for mixture dilution with EGR and excess air

2.3 Full-Load Exhaust Gas Recirculation

Knocking combustion limits the efficiency of turbocharged SI engines at high loads. The occurrence of knocking combustion can be inhibited by deploying recirculation of cooled exhaust gas (EGR). However, the development support for full load EGR combustion systems with 0D/1D simulations is not yet expedient, as no fully predictive knock model exists that accounts for the influence of EGR, especially in combination with different fuels and other technologies such as water injection and lean combustion.

Detailed kinetic reaction mechanisms cannot be integrated in 0D/1D simulations, as this would have a significant negative impact on the typically short computational times. Hence, a simplified approach reproducing the behavior of the chemical processes as accurately as possible is needed for modeling knock. In order to better understand how the chemical processes behave at in-cylinder conditions and to investigate in detail the auto-ignition prediction performance of the commonly used simplified chemistry approach – the Livengood-Wu (knock) integral [11] – a simulation model representing the unburnt zone of the Entrainment model [12] was developed and implemented in Matlab/Cantera.

2.4 In-Cylinder Reaction Kinetic Simulations

Because of the complexity of detailed combustion kinetics of fuels, surrogate mixtures consisting of several hydrocarbon fuels are used in gasoline reaction kinetics simulations. A gasoline fuel with a research octane number (RON) of 96.5 and an ethanol content of 9.6 vol. % was chosen as base fuel for the simulations in this section. The corresponding surrogate is composed of iso-octane, n-heptane, toluene, and ethanol. Thus, it accounts for the presence of ethanol in common gasoline fuels in Europe (up to 10 vol. %). The blending rules are founded on investigation findings that demonstrated the need for non-linear blending of iso-octane, n-heptane, and toluene. Ethanol was blended linearly on molar basis. This resulted in a surrogate composition of 45.7% iso-octane, 13.6% n-heptane, 30.5% toluene and 10.3% ethanol (mass %) for the chosen base fuel. The reaction kinetics mechanism used in this work includes approximately 500 chemical species [11].

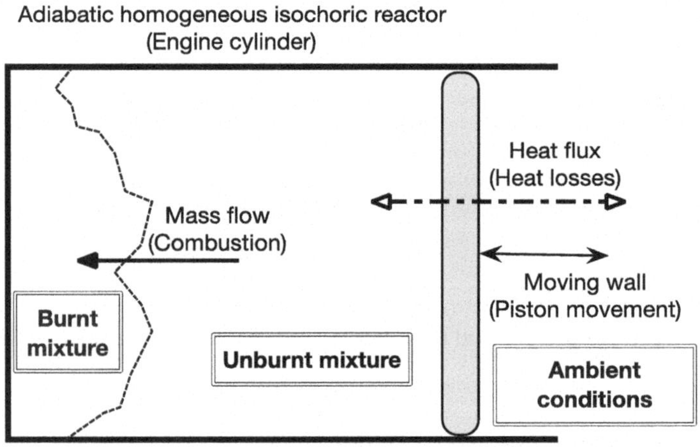

Fig. 9. Model for reaction kinetic simulations at in-cylinder conditions [11]

The developed simulation model is based on an adiabatic reactor containing the surrogate-air-exhaust gas mass, Fig. 9. In addition, a moving wall was installed to compress and expand the mixture and hence reproduce the piston movement. Furthermore, the wall has heat transport properties that were used to recreate the wall heat losses calculated in the course of a combustion analysis. As a mass flow from the unburnt into the burnt zone is used in the Entrainment model to represent the combustion [12], the same technique was chosen for the simulation model in this work. Blow-by losses were also considered by evaluating the mass flow rate through an orifice resulting from a pressure gradient [12]. The exhaust gas composition can be calculated from the surrogate component fractions and the air-fuel equivalence ratio (AFR) by assuming post-catalyst extraction. Thus, the initial conditions needed at simulation start are the mixture composition (surrogate component fractions, AFR, and EGR rate) as well as the initial volume (piston position), pressure and temperature. The simulations yield if the mixture auto-ignites and when as well as the production and consumption of species causing changes in temperature and pressure. The model was validated by comparing simulated temperature profiles with PTA results in the compression stroke, where no heat release takes place. The curves showed very good agreement.

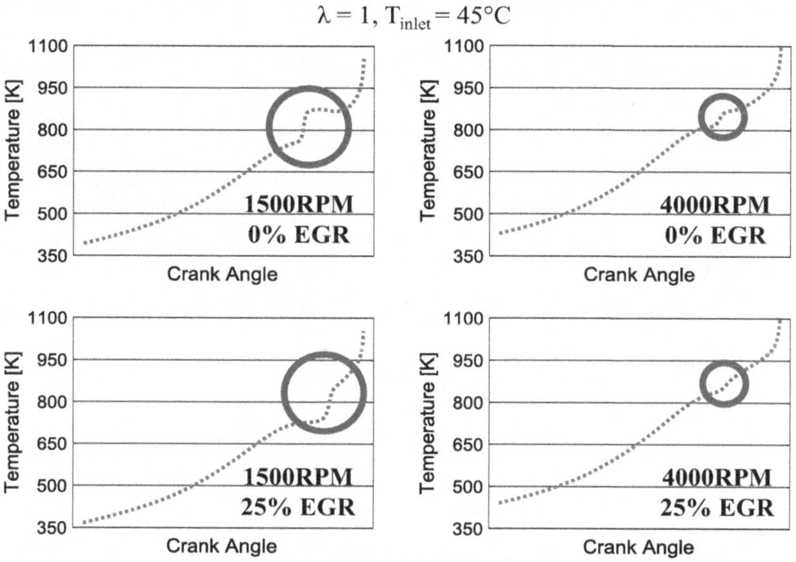

Fig. 10. Simulated temperature profiles of different working cycles with auto-ignition in two stages depending on the boundary conditions [11]

By simulating thousands knocking single working cycles measured at a test bench [13], it was found out that the local auto-ignition in the unburnt mixture preceding the occurrence of knock can occur in two stages. This phenomenon has already been observed in various studies in the context of gasoline Homogeneous Charge Compression Ignition (gHCCI), but has not been extensively investigated in the context of engine knock. The temperature profiles shown in Fig. 10 illustrate the two-stage ignition behavior. As the first ignition stage occurs in the unburnt mixture while the combustion is taking place, the low-temperature heat release is not visible in the heat release rate. The phenomenon is related to the negative temperature coefficient zone of the base fuel clearly visible in Fig. 11, where the rate and extent of the hydrocarbon oxidation reactions, which at first increase rapidly with temperature, begin to fall with further rise in the temperature, causing an increase in the ignition delay times in this temperature region.

Obviously, the amount of heat released during the low-temperature (or the first stage of) ignition depends on the boundary conditions, e.g. engine speed and EGR rate as shown in Fig. 10. Increasing engine speeds and high EGR rates cause the temperature rise resulting from the low-temperature ignition to decline. Generally, two-stage ignition behavior characterizes iso-octane and n-heptane. As these two hydrocarbons, together with toluene and ethanol, compose the surrogate fuel, they also cause the observed low-temperature heat release. The resulting temperature increase influences the following chemical reactions and thus the ignition delay of the mixture significantly [11].

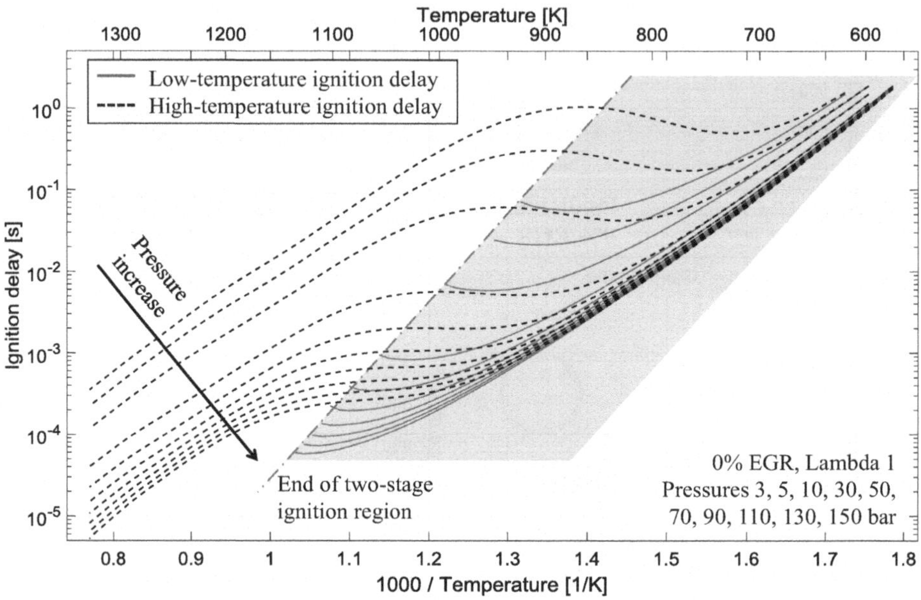

Fig. 11. Two-stage ignition region and ignition delay times of the low- and high-temperature ignition regimes (base gasoline surrogate) [11]

The boundary condition region where two-stage ignition of the base fuel-air mixture investigated in this study occurs is illustrated in Fig. 11. The existence of an ignition delay time of the low-temperature ignition primarily depends on temperature and pressure and defines the two-stage ignition region of a given surrogate composition. Hence, the influence of EGR and the AFR on the region's size can be neglected. Furthermore, Fig. 11 clearly shows that, at high temperatures, the two-stage ignition phenomenon does not occur at all. This observation is relevant for both knock and gHCCI operation with high internal EGR rates, as these lead to high temperatures of the unburnt mixture.

2.5 A Two-Stage Knock Model for the Simulation of Future Engine Concept

2.5.1 Two-Stage Auto-Ignition Prediction Approach. The occurrence of two-stage ignition results in partially huge errors and hence poor performance of the auto-ignition prediction performed with the commonly used knock integral. An approach for modeling knock that accounts for a low-temperature heat release possibly taking place requires the development of suitable models for the three main parameters characterizing the two-stage ignition phenomenon. These are the ignition delay times of both ignition stages, Fig. 11, as well as the temperature increase resulting from the low-temperature ignition. The authors of this paper have already presented suitable models for these parameters in a previous publication [11]. These consider influences of all relevant boundary conditions, such as pressure, temperature, AFR, EGR, injected water and fuel composition.

$$1 = \int_0^{t_1} \frac{dt}{\tau_{low}(BC)} \xrightarrow[\text{Progress of aggregate reaction}]{\text{Temperature increase } T_{incr} \text{, Pressure increase } p_{incr}} 1 = \int_{t_1}^{t_2} \frac{dt}{\tau_{high}(BC, T_{incr}(BC), p_{incr}(T_{incr}))} \quad (2)$$

t_1	predicted time of low-temperature ignition [s]
t_2	predicted time of auto-ignition [s]
τ_{low}	low-temperature ignition delay [s]
τ_{high}	high-temperature (auto-) ignition delay [s]
T_{incr}	temperature increase resulting from low-temperature ignition [K]
p_{incr}	pressure increase resulting from low-temperature ignition [bar]
BC	boundary conditions, e.g. EGR [%], AFR [-], pressure [bar], etc.

Subsequently, the three submodels can be coupled in a new auto-ignition prediction approach that considers the possible occurrence of low-temperature ignition and its influence on the auto-ignition delay of the unburnt mixture, Eq. (1) [11]. As the purpose of the knock integral is to predict if and when a pre-defined pre-reaction state of the mixture will be exceeded, resulting in an auto-ignition, the occurrence of each of the ignition events can be predicted by a single knock integral. The inputs of the two coupled integrals in Eq. (1) are the values of the ignition delay for the corresponding ignition stage as a function of the current boundary conditions, which are calculated by the corresponding models presented in [11].

The temperature increase T_{incr} resulting from the first ignition stage, as well as the corresponding pressure increase p_{incr}, are added to the respective unburnt mixture values at each integration step of the second integral. Thus, the influence of the low-temperature ignition on the ignition delay of the mixture is considered. Mixture auto-ignition is defined as the point where the high-temperature ignition integral reaches one – a value that is independent of the operating conditions. Furthermore, the progress of the chemical reactions (causing an auto-ignition) after the first ignition stage is taken into consideration by setting the starting value of the high-temperature ignition integral to 0.3 [11].

The new two-stage auto-ignition prediction approach has been extensively validated at various boundary conditions. Validation results comparing the times of auto-ignition (in °CA) of knocking single cycles simulated with the detailed reaction mechanism at in-cylinder conditions with those estimated with the newly developed two-stage approach can be seen in Fig. 12. The prediction accuracy was validated for 20 different fuels with RONs between 91 and 102 as well as ethanol contents between 0 and 20 vol. % at various operating conditions. The accuracy of the modeled influence of injected water on the auto-ignition behavior of air-fuel mixtures has been assessed too. It is important to remark that neither the critical pre-reaction state representing auto-ignition (equaling 1), nor the pre-reaction state after the low-temperature ignition (equaling 0.3) have been changed in the course of the performed variations of boundary conditions. These values are auto-ignition model constants that do not have to be recalibrated. Hence, unburnt temperature curves from combustion analyses or combustion simulations can be directly used as auto-ignition model inputs.

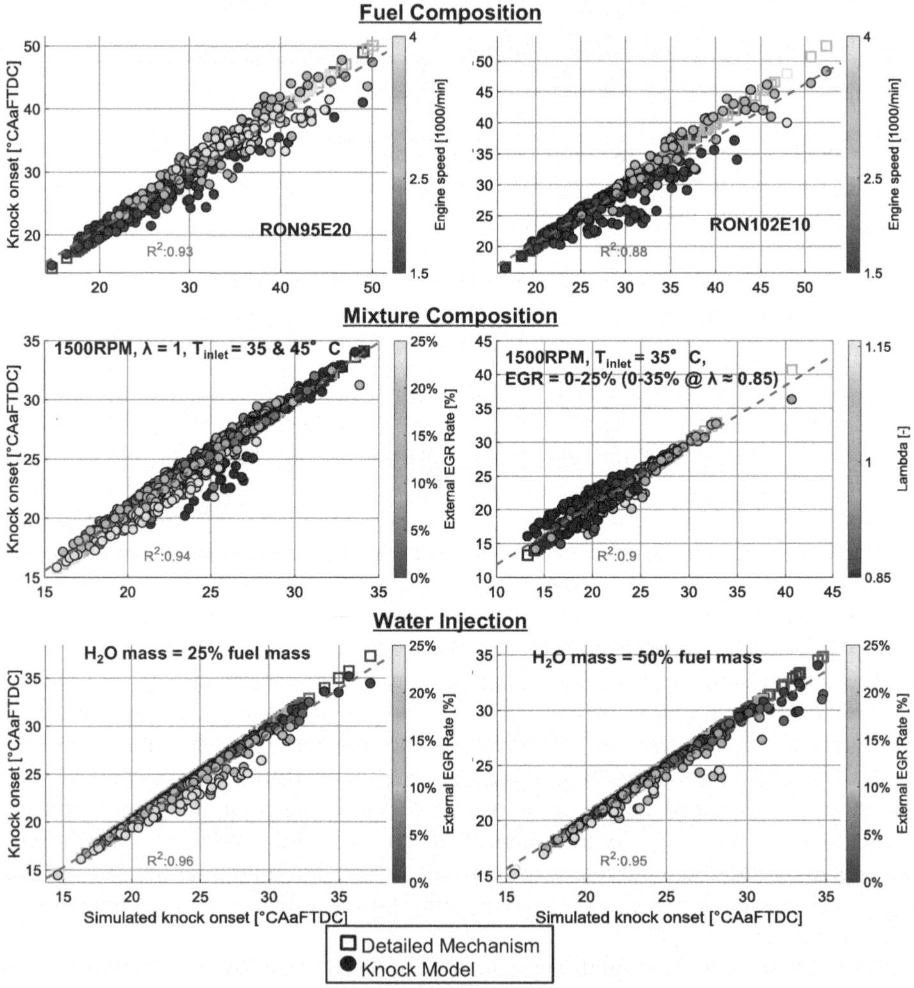

Fig. 12. Times of auto-ignition simulated with the detailed mechanism and predicted by the newly developed two-stage approach: variations of operating conditions, mixture composition, fuel type, and injected water content [14]

2.5.2 Knock Occurrence Criterion. Except for not considering low-temperature ignition, commonly used knock models assume that no knock can occur after a pre-defined, constant mass fraction burnt (MFB) point [15]. The evaluation of measured knocking single cycles however has shown that the latest possible MFB-point where knock can occur changes significantly with parameters such as engine speed, EGR rate and the AFR. Hence, a cycle-individual criterion for occurrence of knock considering the current operating conditions is needed. To this end, an approach based on the unburnt mass fraction in the thermal boundary layer at the time of auto-ignition was developed [15]. The boundary layer volume is estimated with a phenomenological model and, because of the cool cylinder walls, it has a temperature that is much lower than the mean unburned mass temperature. Hence, it is assumed that if the unburnt mass fraction in the boundary layer at the predicted time of auto-ignition is higher than a pre-defined threshold calibrated at the measured knock boundary, no knock can occur. This threshold is the only tuning parameter of the new knock model and has to be calibrated at one operating point at the experimental knock limit. Besides for the operating conditions, the developed knock occurrence criterion also accounts for the flame propagation and the cylinder geometry.

2.5.3 Knock Model Validation. Altogether, the new knock model does not contain any empirical measurement data fits and has just one engine-specific calibration parameter that is independent of the operating conditions. The prediction performance of the model has been extensively evaluated at various operating conditions on three different engines. The validation process involved the comparison of the measured MFB50-points at the knock boundary with the ones predicted by the knock model in the course of fully predictive 0D/1D engine simulations. The single model calibration parameter was estimated at one operating point for each of the investigated engines respectively and subsequently kept constant during the validation process.

The performance of the knock boundary prediction with the newly developed phenomenological model is demonstrated in Fig. 13. The operating points shown include variations of engine speed and load, EGR rate, inlet temperature and AFR. Clearly, the high heat capacity of the cooled exhaust gas allows for earlier MFB50-points at the knock boundary with EGR and hence higher indicated efficiency, although the burn duration increases with EGR because of the lower laminar flame speed. Moreover, the bottom left plot in Fig. 13 demonstrates that EGR can be used to replace the mixture enrichment typically employed at full load, resulting in a significant indicated efficiency gain. Additionally, the model is capable of reliably predicting the effect of different engine loads (and thus compression ratios, as this parameter affects the knock model inputs in a similar way) on the knock behavior.

Overall, the prediction performance of the new knock model is very good and the effects of all boundary conditions on the knock limited spark advance are predicted correctly. The errors in the calculated MFB50-points at the knock boundary are within 2°CA. The high prediction quality achieved with the development of a novel two-stage auto-ignition prediction approach and a cycle-individual, phenomenological knock occurrence criterion enables the fully predictive simulation of different combustion systems, engine configurations and operating conditions as well as their influence on knock occurrence, burn duration and hence the indicated efficiency. The new knock model can be applied to different engines without any limitations, after a simple recalibration of its single tuning parameter.

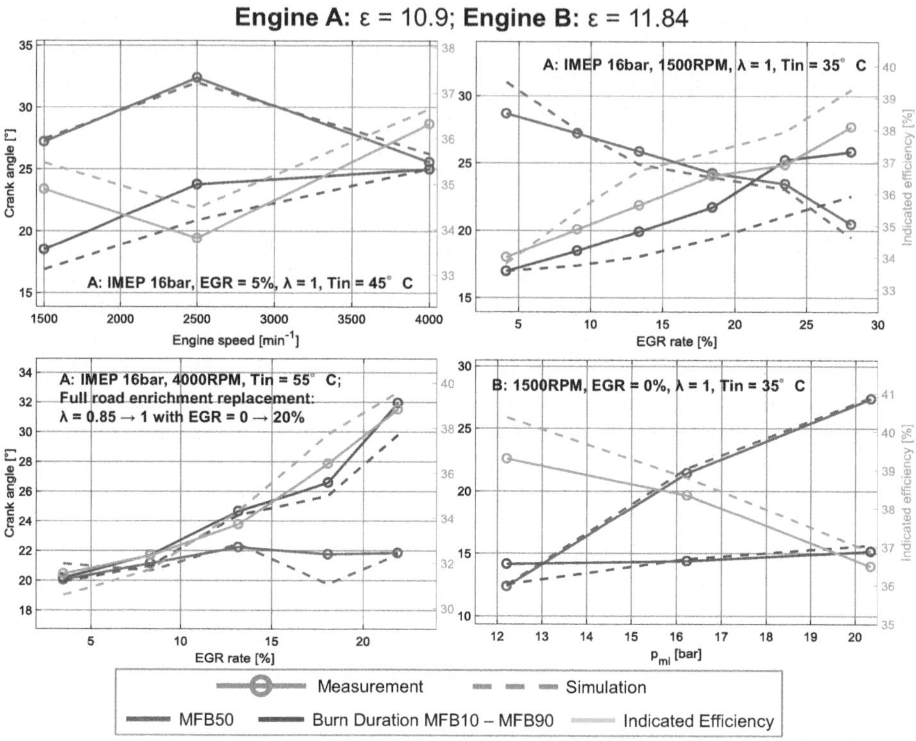

Fig. 13. Validation of the two-stage knock model [14]

3 CI Engines

With the introduction of Real Driving Emission (RDE) limits CI-engine development in the last years strongly had to focus on NO_x emission reduction. For 2025+ emission handling will remain an important topic for CI-engine development, affected both by further reductions of emission limits and also by side effects of required powertrain efficiency-enhancing measures. How 0D/1D simulation can support CI-engine powertrain development in the future is exemplary shown below with a new modelling approach introduced by FKFS and Bosch in 2018 as a basis for virtual RDE testing.

3.1 RDE Challenge

From 2017 on new passenger cars in the EU have to fulfil exhaust gas emission limits also under RDE conditions. While the emission limits will tighten from current Euro 6d-TEMP to Euro 6d in 2020 and Euro 7 beyond [16] the RDE regulation [17, 18] includes many drive requests that go beyond the current pre-defined driving cycles. E.g. on the one hand vehicle speeds up to 160 km/h and severe accelerations on inclining roads can cause high raw emissions that have to be converted reliably by exhaust gas aftertreatment (EAT). On the other hand low ambient temperatures (down to –7 °C), long single stop durations (up to 5 min) and downhill drives can lead to an underrun of the lower operational temperature limits of the EAT components. In the near future the latter issue might be even strengthened by two striven efficiency-enhancing measures – hybridization with longer ICE standstill periods and reduction of fuel demanding cold start heating strategies.

A series of the RDE requests as well as the emission calculation itself are related to extensive drive sections or even the full RDE drive. As a consequence the substitution of RDE drives by a small number of representative powertrain operation sequences is only possible to a very limited extent [19]. The consideration of RDE performance within powertrain and EAT concept evaluation causes thereby a high testing effort which might even be complicated by missing hardware during early concept phase. 0D/1D powertrain simulation including the prediction of the thermal behaviour of ICE and EAT as well as EAT conversion rates could help to virtualize RDE tests in order to save time and costs of powertrain development.

Additionally simulation can be used for synthetic RDE driving profile generation to create "worst-case" drives, either by combining a variety of cut up measured real driving sequences or by utilizing stochastic driving parameter distributions derived from them [20]. Fundamental condition for harnessing the potentials of virtual RDE tests is a simulation tool that constitutes an optimal compromise between predictability, flexibility and simulation time.

3.2 Comparison of Existing Engine Simulation Approaches

Assessing existing simulation approaches shows that all of them have severe drawbacks regarding this demand profile (see also Fig. 14):

1. Detailed 1D flow simulation model coupled with quasi-dimensional models:
   Physical modeling has proven itself to be a valuable tool in the development of engine technologies: especially 1D-CFD allows the modeling of the whole combustion engine with great flexibility and moderate effort. Air system dynamics, EGR-mixing and the gas exchange can be simulated accurately. Combustion models are available in a broad variety – from measured burn rates over simple Vibe approximations up to phenomenological approaches that allow the prediction of the rate of heat release. The application ranges from very early stages in the development where the engine hardware is not necessarily defined or available until the support of function development and software calibration in the final development stages. Virtual hardware components like turbochargers can be matched to the respective requirements or EGR control strategies can be evaluated. All in all it represents a very powerful tool, albeit with a crucial drawback with regard to RDE boundary conditions: computational times, although rather low compared to 3D-CFD simulations, are still quite high – too high for the high amount of different operating conditions that has to be tested for RDE development. To a limited degree, this can be mitigated by using smart features like master/slave modes for the cylinder objects in full engine models, allowing to reduce the computational effort for the high pressure part distinctly (e.g. almost 75% in a four-cylinder engine). However, as the main part of the computational time is consumed by the flow simulation, the overall reduction is insufficient for RDE demands.
2. Fast-running 1D flow simulation model coupled with quasi-dimensional models
   This approach addresses exactly the already mentioned, high computational effort for 1D CFD flow simulation. The basic idea is to lump various flow volumes together,

reducing thus the number of required calculations per time step while enabling a larger time step size at the same time. A considerable reduction in simulation time can be reached in this way, coming close to real time capability depending on the level of simplification (a factor of two compared to real time can be considered as a typical value), which is definitively enough to qualify for the "fast" tag. However, this approach inevitably changes the model's ability to predict pressure waves in the flow part – actually one of the most important benefits of 1D simulation compared to a pure 0D approach – leading to significant changes in the boundary conditions at IVC for the high pressure part. By nature quasidimensional models are very sensitive to these starting conditions (not unlike the real engine), so they should only be used with flow models that can deliver accurate boundary conditions for the combustion.

3. Data-based models/mean value models
Data-based approaches are the tools of choice when it is required to quantify characterize existing systems accurately. Here, former map-based interpolations are increasingly replaced by statistical models that are able to describe the desired result value in dependence of more than just one to three input parameters, which are typical for maps. This can either be necessary to describe results depending on the degrees of freedom of operation that modern engines provide or to represent the deviations from stationary operation an engine faces while operated under highly transient conditions. Besides the proven fulfillment of accuracy demands, trained data models can be evaluated with nearly no computational effort. Here the limitation is the extrapolation capability – data based models can only provide trustful information where training data was available. In particular this means that changes in the intake or exhaust system compared to the original configuration cannot be taken into account in the simulation model, making it highly inflexible and unsuitable for tasks like function development and calibration.

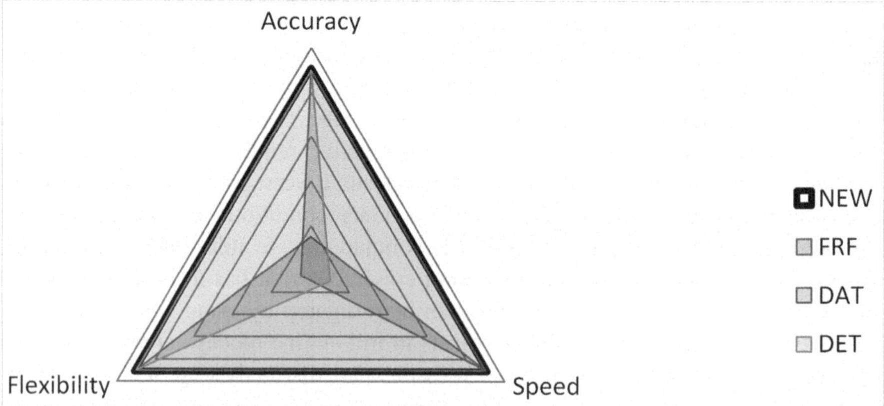

Fig. 14. Positioning of different simulation set-ups along the three basic requirements for RDE simulations (DET: detailed 1D flow simulation model coupled with quasidimensional models; FRF: fast-running 1D flow simulation model coupled with quasi-dimensional models, DAT: data-based models/mean value models)

3.3 Basic Idea for New Simulation Tool

To get a fast, accurate and flexible simulation tool, the following combination was chosen:

- Data-based representation of combustion characteristics and emissions to increase computational speed and to reduce the sensitivity of the high pressure part to inaccuracies from fast-running gas exchange calculations
- Physics-based representation of gas exchange, air system dynamics and EGR-mixing to maintain full flexibility

To link both parts, the pressure at EVO is the most important quantity that has to be modelled. A dedicated interface was developed (dubbed "RapidCylinder®") that calculates the pressure trace based on characteristic combustion values (such as the pressure at EVO) and sets the engine-out emissions to the desired values. This basic idea is depicted in Fig. 15.

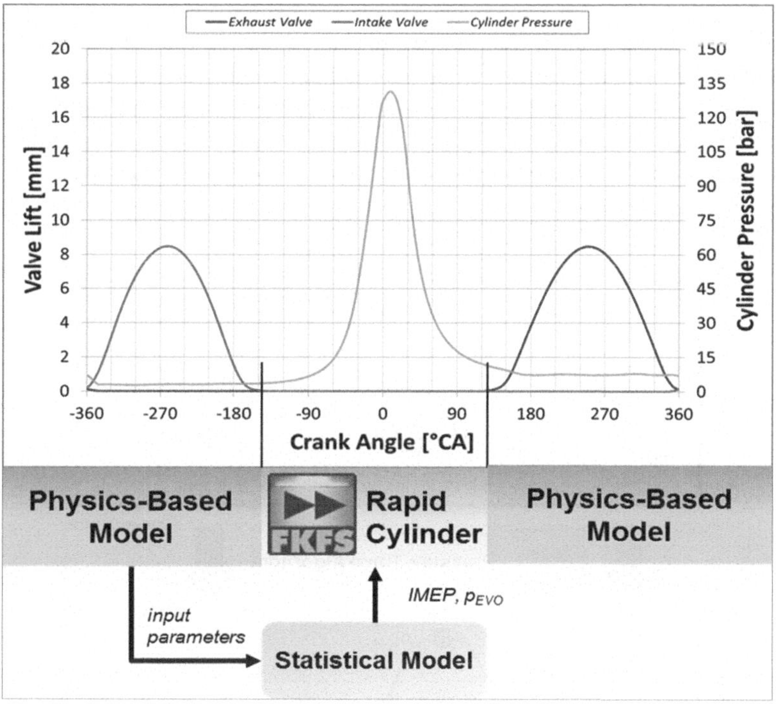

Fig. 15. Basic approach of new simulation tool

The user finally has to take three steps for such an approach:

- "Data sampling": Generating input data for the data-based model (engine measurement campaigns or detailed 0D/1D simulations)
- "Training": Generating of statistical models that derive the desired characteristic values from input parameters of the intake path
- "Calculating": The characteristic combustion values as well as emission values are fed to the "RapidCylinder®" that links the physics-based flow model to the data-based in-cylinder model.

3.4 Pressure Trace Algorithm

The most important task of the RapidCylinder® is thus the construction of a pressure trace that meets the target value of the following quantaties (with the correct values for each cycle derived from the "training" phase):

- Pressure (and Crank Angle) at EVO
- IMEP (Shelby Definition)

Optionally, other values such as the peak pressure (and corresponding crank angle) can be added. The RapidCylinder® then automatically calculates a pressure trace that meets all the input data (see Fig. 16), and estimates the temperature and heat transfer rate for every time step. Additionally, the emission values can be set and will be present in the exhaust path of the physics-based model in the desired quantity.

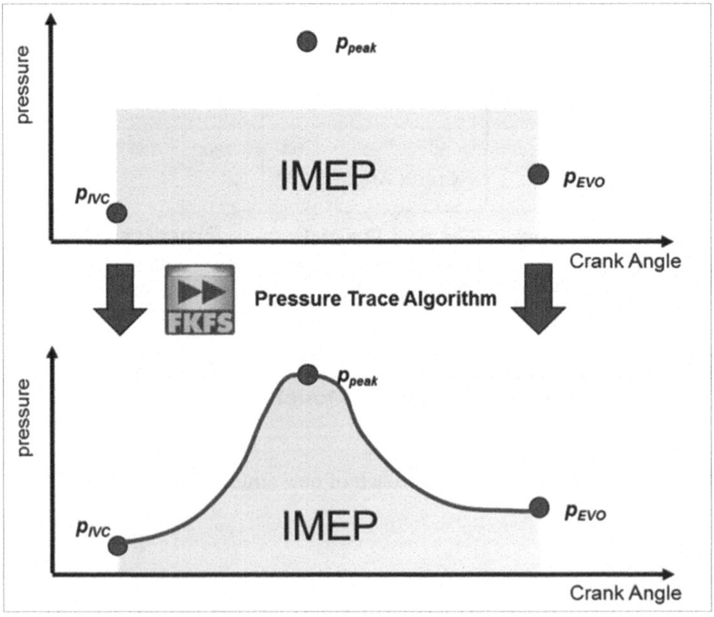

Fig. 16. Generation of pressure trace

3.5 Application and Exemplary Results

In Fig. 17, a section of a RDE drive cycle calculated with the RapidCylinder®-approach is compared with the results using the UserCylinder®, both running in the same fast running 1D flow model. For the comparison, a RDE-ready 4-cylinder Diesel engine with 2 l of displacement volume and a start-stop system was used. The RDE section includes the longest allowed single stop duration of five minutes. It can be seen that both calculation methods can follow the target vehicle speed reasonably well, thus proving the quality of the transient controllers. In this example, the computation time when using the RapidCylinder® is reduced by a factor of 0.5 to 200 min compared to the UserCylinder® calculation.

At the first part of the cycle, including the standstill phase, the SCR catalyst wall temperatures of both approaches are almost identical. After the fast acceleration following the standstill phase of the cycle, the maximum difference of only 14 K is reached. For the rest of the drive cycle, the temperature difference is close to zero.

These results clearly illustrate the benefit of the RapidCylinder® in drive cycle calculations: While producing almost the same results as the detailed calculation of combustion processes, only half of the computational time is needed. Still, transient effects like the boost pressure built-up are accounted for in simulation. Especially when comparing different set-ups of engine periphery (like turbochargers) or different car configurations, the RapidCylinder® allows an investigation of more variants in a shorter time, while simultaneously maintaining the high level of reliability of simulation results.

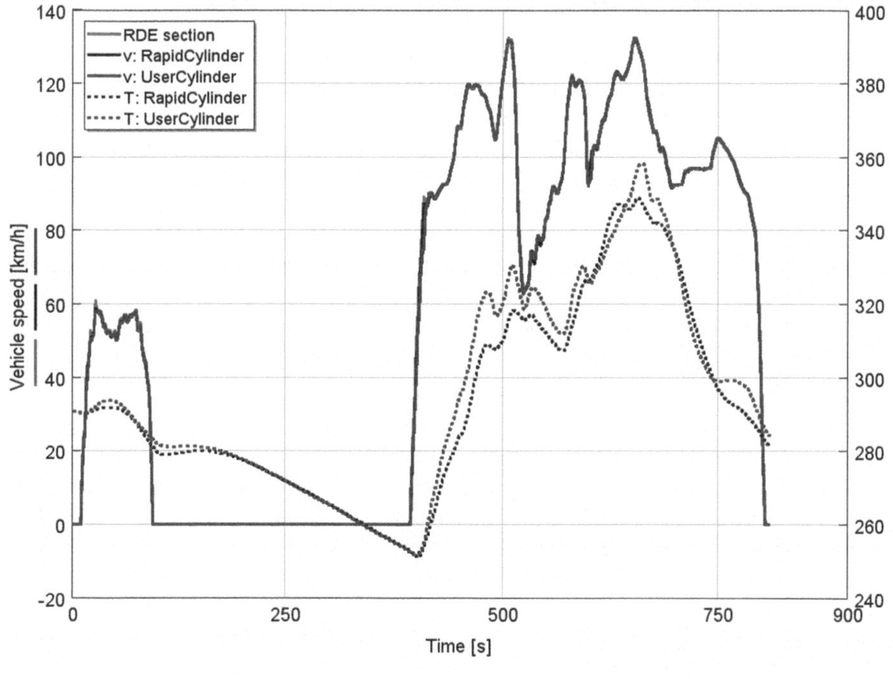

Fig. 17. RDE-application of RapidCylinder® vs. UserCylinder®: comparison of catalyst temperature

4 Conclusion

Based on the examples of laminar flame speeds and ignition delay times, this paper underlines the possibility to significantly improve 0D/1D engine simulation models when considering reaction kinetics effects. For laminar flame speeds, this translates to improved predictive abilities especially for high degrees of mixture dilution as well as changed fuel compositions in terms of ethanol admixture to gasoline or binary CNG Substitutes. Concerning engine knock, reaction kinetics calculations allow to obtain ignition delay times for various fuels such as gasoline (TRF) + ethanol and arbitrary mixtures of all relevant CNG components at a wide range of boundary conditions. Furthermore, they enable the investigation of the two-stage auto-ignition characteristics of gasoline fuels due to low temperature heat release. These improvements in specific sub-models influence and improve other sub-models such as cycle-to-cycle variation. In turn, reliable calculations of thermodynamic effects are needed to provide exact boundary conditions.

With this interaction of thermodynamics and reaction kinetics, the presented models allow to investigate end evaluate future SI engine concepts to further increase engine efficiency. Such concepts might use, for example, high degrees of mixture dilution via EGR or lean mixtures. For all these concepts, it is important to account for the influence cycle-to-cycle variations take on the fuel consumption.

With the development of the RapidCylinder®, a fast and accurate method to calculate in-cylinder processes is available for drive cycle simulations. With this, the critical light-out of SI and especially DI engine exhaust gas aftertreatment systems during RDE can be investigated with significantly reduced calculation times.

Acknowledgments. The knock model presented in the chapter "Full-Load Exhaust Gas Recirculation" has been developed at the Institute of Internal Combustion Engines and Automotive Engineering (IVK) of the University of Stuttgart, Germany as part of the research tasks within the project "Knock with EGR at full load" defined and financed by the Research Association for Combustion Engines (FVV) e.V. (FVV Project 6301). The authors would like to thank the working group that accompanied the research work and all the companies involved for their support, the colleagues from the Institute for Combustion Engines of the RWTH Aachen University for the collaboration and especially the Institute for Combustion Technology of the RWTH Aachen University for providing the detailed reaction kinetics mechanism, as well as the FVV for granting the financing.

Literatur

1. Heywood, J.B.: Internal combustion Engine Fundamentals. McGraw-Hill, New York (1988)
2. Gülder, Ö.: Correlations of laminar combustion data for alternative S.I. Engine Fuels. SAE Technical paper series, Nr. 841000 (1984)
3. Law, C.K., Makino, A., Lu, T.: On the off-stoichiometric peaking of adiabatic flame temperature. Combust. Flame **145**,808–819 (2006)
4. Hann, S., Urban, L., Grill, M., Bargende, M.: Influence of binary CNG substitute composition on the prediction of burn rate, engine knock and cycle-to-cycle variations. SAE Int. J. Engines **10**(2), 501–511 (2017)

5. Ewald, J.: A level set based flamelet model for the prediction of combustion in homogeneous charge and direct injection spark ignition engines. Ph.D. thesis, Rheinisch-westfälische Technische Hochschule, Aachen (2006)
6. Grill, M., Bargende, M.: The development of an highly modular designed zero-dimensional engine process calculation code. SAE paper, Bde. %1 von %22010-01-0149 (2010)
7. Bossung, C., Bargende, M., Dingel, O., Grill, M.: A quasi-dimensional charge motion and turbulence model for engine process calculations. In: 15. Internationales Stuttgarter Symposium (2015)
8. Hann, S., Urban, L., Grill, M., Bargende, M.: Prediction of burn rate, knocking and cycle-to-cycle variations of binary compressed natural gas substitutes in consideration of reaction kinetics influences. IJER **19**(1), 21–32 (2017)
9. Bargende, M., Grill, M.: Zukunft der Motorprozessrechnung und 1D-Simulation. Motortechnische Zeitschrift, Nr. Jubiläumsausgabe (2014)
10. Wenig, M., Grill, M., Bargende, M.: A new approach for modeling cycle-to-cycle variations within the framework of a real working-process simulation. SAE Int. J. Engines **6**,1099–1115 (2013). Bde. %1 von %22013-01-1315
11. Fandakov, A., Grill, M., Bargende, M., Kulzer, A.C.: Two-stage ignition occurrence in the end gas and modeling its influence on engine knock. SAE Int. J. Engines (2017). Nr. 2017-24-0001
12. Grill, M., et al.: Quasi-dimensional modeling of spark ignition engine combustion with variable valve train. SAE technical paper, Nr. 2006-01-1107 (2006)
13. Fandakov, A., Grill, M., Bargende, M., Mally, M., Kulzer, A.C.: A new model for predicting the knock boundary with EGR at full load. In: 10. MTZ Conference on the Charge Cycle in Combustion Engines (2017)
14. Fandakov, A., Grill, M., Bargende, M., Kulzer, A.C.: A two-stage knock model for the development of future SI Engine concepts. SAE technical paper, Nr. 2018-01-0855 (2018)
15. Fandakov, A., Mally, M., Cai, L., Kulzer, A.C.: Development of a model for predicting the knock boundary in consideration of cooled exhaust gas recirculation at full load. In: 5. IAV International Conference on Knocking in Gasoline Engines (2017)
16. Focus Online: Abgasnorm Euro 7: Was geplant ist, 18 May 2018. https://www.focus.de/auto/news/abgas-skandal/abgasnorm-euro-7-schon-in-vorbereitung-milliarden-bussgelder-und-neue-grenzwerte-eu-will-elektroautos-erzwingen_id_8948048.html
17. European Commission, Regulation (EU) 2017/1151. Official Journal of the European Union, 7 July 2017
18. European Commission, Regulation (EU) 2017/1154. Official Journal of the European Union, 7 May 2017
19. Fraidl, G., Westerhoff, M.: Addressing the statistically relevant operation modes. MTZ worldwide **78**, 24 (2017). https://doi.org/10.1007/s38313-017-0070-5
20. Baumgarten, H., Scharf, J., Balazs, A., et al.: Simulation-based development methodology for future emission legislation. In: 37th International Vienna Motor Symposium (2016)

Zylinderindividuelle Ventilsteuerzeiten für V8-Motoren

Giovanni Corvaglia(✉), V. Bevilacqua, M. Böger, K. Fuoss, und M. Penzel

Porsche Engineering Services GmbH, Bietigheim-Bissingen, Deutschland
Giovanni.Corvaglia@porsche-engineering.de

Zusammenfassung. Kommt bei einem V8-Motor eine 90° Crossplane-Kurbelwelle zum Einsatz, ist dies immer ein Kompromiss aus Komfort und Leistung. Auf der einen Seite verfügt man bei dieser Kurbelwellenbauart über die Möglichkeit, sowohl freie Massenkräfte als auch freie Momente auszugleichen, auf der anderen Seite ergibt sich jedoch immer ein unvorteilhafter Zündabstand zwischen zwei Zylindern einer jeden Bank. Da diese Zylinder über einen gemeinsamen Abgaskrümmer verbunden sind, beeinträchtigen sich ihre Auslasstakte gegenseitig. Dies erhöht den Restgasanteil, die Ladungswechselarbeit und reduziert somit die Motorleistung in der Volllast. Da sich die thermodynamischen Bedingungen auf beiden Bänken stark von Zylinder zu Zylinder unterscheiden, lässt sich keine Steuerzeit finden, die für alle Zylinder einen optimalen Ladungswechsel bzw. Spüleffekt ermöglicht.

In dieser Arbeit wird der Einfluss des ungleichmäßigen Zündabstandes eines 90°-Crossplane-V8-Ottomotors, welcher mit zwei Mono-Scroll-Turboladern, 4-2-1 Abgaskrümmern, Direkteinspritzung und beidseitig variablem Ventiltrieb (VVT) ausgestattet ist, detailliert bewertet. Weiterhin wird die mithilfe einer 1D-CFD Software ermittelte innovative Lösung für das oben genannte Problem vorgestellt: die „twisted-camshafts". Bei dieser Lösung werden die Steuerzeiten für die Ein- und Auslassseite zylinderindividuell eingestellt und ermöglichen somit einen optimierten Ladungswechsel.

1 Einleitung

Die weitaus meisten Acht-Zylinder-Motoren sind als V-Motor mit einem Bankwinkel von 90° ausgeführt. Bei der V8-Kurbelwelle wirken an jedem Hubzapfen die Pleuel von zwei Zylindern. Wenn sich alle Hubzapfen der Kurbelwelle in einer Ebene befinden, nennt man diese Kurbelwelle „Flatplane", wenn die Hubzapfen einen rechten Winkel zueinander haben, nennt man sie „Crossplane". Die beiden Hubzapfenanordnungen sind in Abb. 1 dargestellt.

J. Liebl (Hrsg.): *Ladungswechsel und Emissionierung 2018,* Proceedings, S. 238–254, 2019.
https://doi.org/10.1007/978-3-658-24984-7_15

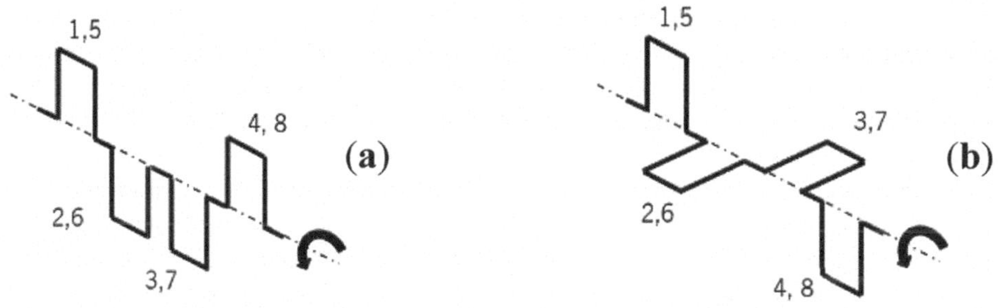

Abb. 1. Die Hubzapfenanordnungen einer Flatplane- (**a**) und einer Crossplane-Kurbelwelle (**b**)

Aufgrund seiner Kröpfungsanordnung ergeben sich bei der Flatplane-Kurbelwelle freie Massenkräfte und -momente zweiter Ordnung [1], welche selbst mit Gegengewichten nicht ausgeglichen werden können und zu deutlich spürbaren Motorvibrationen führt. Da diese Anordnung jedoch eine regelmäßig alternierende Zündung von Zylindern beider Bänke erlaubt und somit einen äquidistanten Zündabstand von 180° je Zylinderbank ermöglicht, birgt diese Konfiguration signifikante Leistungsvorteile. Die geringere Rotationsträgheit und die systembedingen Ladungswechselvorteile machen dieses Design insbesondere für Hochdrehzahlsportwagen attraktiv, da hier weniger der Komfort, sondern vielmehr die Leistungswerte im Vordergrund stehen.

Auf der anderen Seite ergeben sich bei einer Crossplane-Kurbelwelle freie Momente aus den Zentrifugalkräften und aus den oszillierenden Kräften erster Ordnung [1], welche allerdings durch Ausgleichsgewichte kompensiert werden können. Aus diesem Grund eignet sich diese Kröpfungsanordnung insbesondere für Automobile der Oberklasse und SUVs, bei denen die Laufruhe einen besonders hohen Stellenwert hat. Für diesen Gewinn an Komfort müssen allerdings die bereits erwähnten ungleichmäßigen Zündabstände in Kauf genommen werden. Diese führen zu Interferenzen zwischen den Auslassphasen nachfolgend zündender Zylinder. In der Folge kommt es bei einigen Zylindern sowohl zu einem höheren Restgasanteil und damit auch zu einer geringeren Füllung mit Frischluft, als auch zu einer höheren Ladungswechselarbeit. Beides hat eine geringere Leistung des Motors zur Folge.

Diese Arbeit beschäftigt sich mit einer auf 1D-CFD basierenden Optimierung des Ladungswechsels eines turboaufgeladenen V8-Motors mit Crossplane-Kurbelwelle mit dem Ziel, die Interferenzen zwischen den Auslassphasen der Zylinder einer Bank zu reduzieren.

1.1 V8 Zündfolge und die Interferenz zwischen den Auslassphasen

Bei einem V8-Motor kommen prinzipiell viele verschiedene Zündfolgen in Betracht. Die Auswahl der Zündfolge erfolgt in der Regel nach folgenden Kriterien:

- Art der Kurbelwelle (Crossplane vs. Flatplane);
- Gleichverteilung der Last auf die Hauptlager, wenn möglich, alternierend zu den Zündungen auf den beiden Bänken;
- Vermeidung von Interferenzen zwischen den Auslassphasen der Zylinder einer Bank

Bei der Verwendung einer Flatplane-Kurbelwelle lassen sich die beiden letzten Kriterien leicht erfüllen, da sich hier der V8 analog zu einem Vierzylindermotor verhält, wobei die zwei Bänke in der Zündfolge abwechselnd angesprochen werden [2]. Bei einem Zündabstand von 90° des gesamten Motors, beträgt der Zündabstand dann 180° je Zylinderbank.

Für eine Crossplane-Kurbelwelle ergeben sich aufgrund ihrer Drehrichtung und Kröpfungsanordnung 16 verschiedene Zündfolgen. Unter Annahme einer Zylindernummerierung nach DIN 73021, d. h. die Zylinder 1–4 sind auf der ersten, die Zylinder 5–8 auf der zweiten Bank, ergeben sich die in Tab. 1 gezeigten möglichen Zündfolgen.

Tab. 1. Theoretisch mögliche Zündfolgen für vorgegebene Drehrichtung bei einem Crossplane-V8 [3]

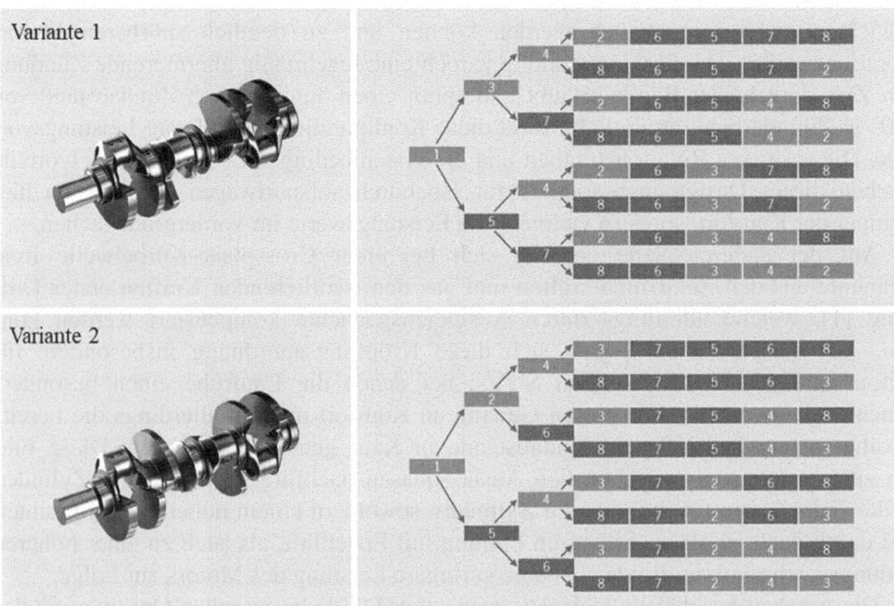

Es zeigt sich, dass es unabhängig von der Zündfolge, immer mindestens zwei Zylinder auf derselben Bank gibt, deren Zündung und damit auch Auslassevents nur um 90° verschoben sind. Auf der gleichen Bank werden die anderen Zylinder mit einem Abstand von 180° bzw. 270° gezündet. Unter dem Gesichtspunkt, dass das Auslassevent normalerweise länger als 180° ist, führt der ungleichmäßige Zündabstand zu einer Interferenz zwischen den Auslassphasen, die den Ladungswechsel einiger Zylinder verschlechtert.

Seit dem Porsche 928 verwendet Porsche für alle seine Crossplane-V8-Motoren immer dieselbe Zündfolge: 1-3-7-2-6-5-4-8 [3].

Während auf Abb. 2a die Druckniveaus in den Ein- und Auslasskanälen der Zylinder der rechten Bank (Zylinder 1–4) dargestellt sind, zeigt Abb. 2b die entsprechenden

Massenströme durch die Ein- und Auslassventile der Zylinder. Bei Betrachtung der Druckniveaus auf Abb. 2a lässt sich die Interferenz zwischen den Auslassphasen insbesondere bei den Zylindern 3 und 4 erkennen. Sowohl Abb. 2a als auch Abb. 2b beziehen sich auf den Betriebspunkt bei 2200 1/min und Volllast.

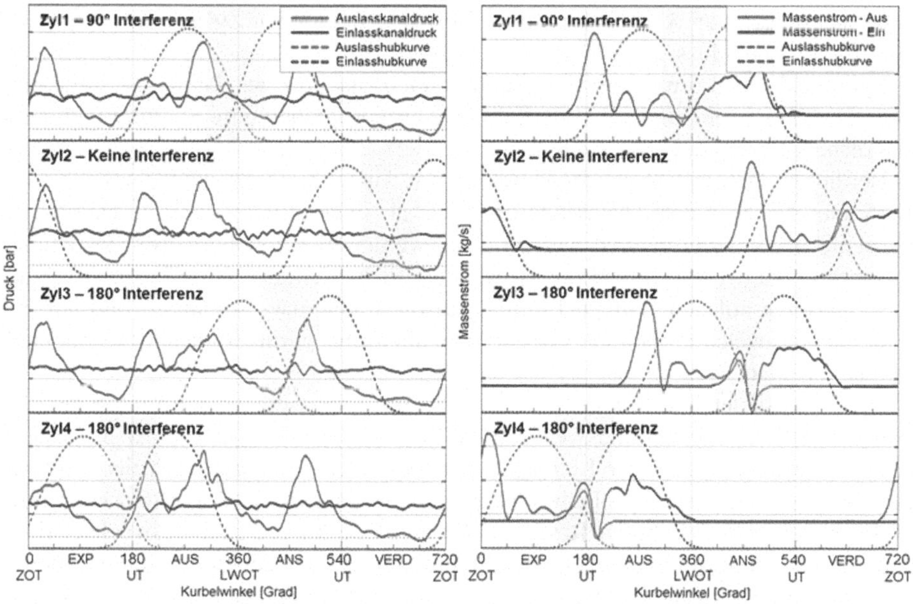

Abb. 2. (**a**) Druck in den Ein- und Auslasskanälen (**b**) Massenstrom durch die Ein- und Auslassventile der Zylinder derselben Bank bei einem Crossplane-V8 (2200 1/min – Volllast)

Gemäß dieser Zündfolge beginnt das Auslassevent des dritten Zylinders 90° nach dem von Zylinder 1. Wenn die Auslassventile von Zylinder 3 öffnen, kommt es durch das ausströmende verbrannte Gas im Abgaskrümmer zu einer starken Druckerhöhung, die auch die Auslasskanäle aller anderen Zylinder derselben Bank erfasst. Während sich Zylinder 1 noch im Ausschiebetakt befindet, sorgt diese Druckwelle dafür, dass das Ausströmen des verbrannten Gases dieses Zylinders behindert wird. Durch den höheren Druck im Zylinder wird ebenfalls der folgende Ansaugtakt, insbesondere das Scavenging, negativ beeinflusst. Zudem sorgt der höhere Restgasgehalt für eine geringere Füllung mit Frischluft. Zusätzlich erhöht sich mit dem höheren Restgasgehalt auch die Temperatur des verbleibenden Gases und damit auch die Klopfneigung dieses Zylinders. In der Summe führt dies zu einem niedrigeren Drehmoment im unteren Drehzahlbereich.

Abb. 2a zeigt, dass der Druck im Auslasskanal von Zylinder 3 während seines Ausschiebetaktes niedrig bleibt, da zu dieser Zeit kein anderer Zylinder seinen

Ausschiebetakt hat. Teilt man den Überschneidungsbereich von Zylinder 3 in zwei Abschnitte, sieht man zu Beginn der Überschneidung (also im ersten Abschnitt) einen deutlichen Spüleffekt. Gegen Ende des Überschneidens (im zweiten Abschnitt) öffnet jedoch Zylinder 2 seine Auslassventile. Die Druckwelle erreicht die Auslasskanäle von Zylinder 3 und sorgt wegen des höheren Drucks im Auslass im Vergleich zum Einlass für eine Rückströmung vom Auslass in den Zylinder. In der Summe werden insbesondere Zylinder 3 und 4 durch die 180°-Interferenz von Zylinder 2 bzw. Zylinder 1 negativ beeinflusst.

Zylinder 2 zeigt im Überschneidungsbereich als einziger keine Beeinflussung durch eine Interferenz und weist deshalb eine ausgesprochen gute Spülung und einen entsprechend geringen Restgasanteil auf.

Bei hohen Drehzahlen ist der Druck in den Auslasskanälen, unabhängig von der Interferenz zwischen den Auslassphasen, höher als in den Einlasskanälen. Da hier der Scaveging Effekt nicht genutzt werden kann, werden hier üblicherweise Steuerzeiten mit einer kleinen Überschneidung verwendet. Nichtsdestotrotz hat die ungleichmäßige Zündfolge auf den Bänken Einfluss auf die Ladungswechselarbeit und auf den Restgasgehalt, welcher bei hohen Drehzahlen allerdings geringer ausfällt als bei niedrigen Drehzahlen.

Der Einfluss der Interferenz zwischen den Auslassphasen auf den Liefergrad, den Restgasanteil und die Ladungswechselarbeit des Zylinders ist in Abb. 3 dargestellt. Es ist zu erkennen, dass der Liefergrad von Zylinder zu Zylinder variiert und mit dem Restgasanteil korreliert. Insbesondere zeigen die Zylinder 1 und 6 wegen ihrer 90°-Interferenz einen höheren Restgasanteil und eine höhere Ladungswechselarbeit. Bei niedrigen Drehzahlen ergeben sich die optimalen Steuerzeiten durch eine gewisse Überschneidung zwischen den Ein- und Auslassventilen. Da mit der Motordrehzahl auch der Abgasgegendruck steigt, erhöht sich entsprechend auch der Restgasanteil. Dies zeigt, dass der negative Einfluss der 90°-Auslassinterferenz im Bereich des Low-end-Torques umso stärker ins Gewicht fällt, je höher der Abgasgegendruck ist. Letztendlich bestimmen jedoch insbesondere die Drehmomentanforderung und die Turboladerauslegung den Abgasgegendruck und haben damit einen direkten Einfluss auf den Restgasanteil und die Klopfneigung.

Auf der anderen Seite beeinflusst die 180°-Interferenz zwischen den Auslassphasen hauptsächlich den Restgasanteil bei niedrigen Drehzahlen, wo der Druck im Einlass nur leicht über dem des Auslass' liegt und somit schon ein leichter Anstieg des Abgasgegendrucks in der Überschneidungsphase einen gravierenden Einfluss hat.

Daraus ergibt sich, dass die Interferenz zwischen den Auslassphasen das Potenzial des Scavengings begrenzt: vor allem bei niedriger Drehzahl benötigen die Zylinder, welche unter dem 90° Zündabstand leiden, Steuerzeiten mit einer geringen Überscheidung, um das Zurückströmen von verbranntem Gases in den Zylinder zu verhindern. Andererseits profitieren die übrigen Zylinder von einer größeren Überschneidung, da hier die günstige Druckverteilung ein Scavenging ermöglicht. Die optimalen Steuerzeiten bei niedrigen Drehzahlen sind deshalb immer ein Kompromiss aus diesen beiden entgegengesetzten Anforderungen.

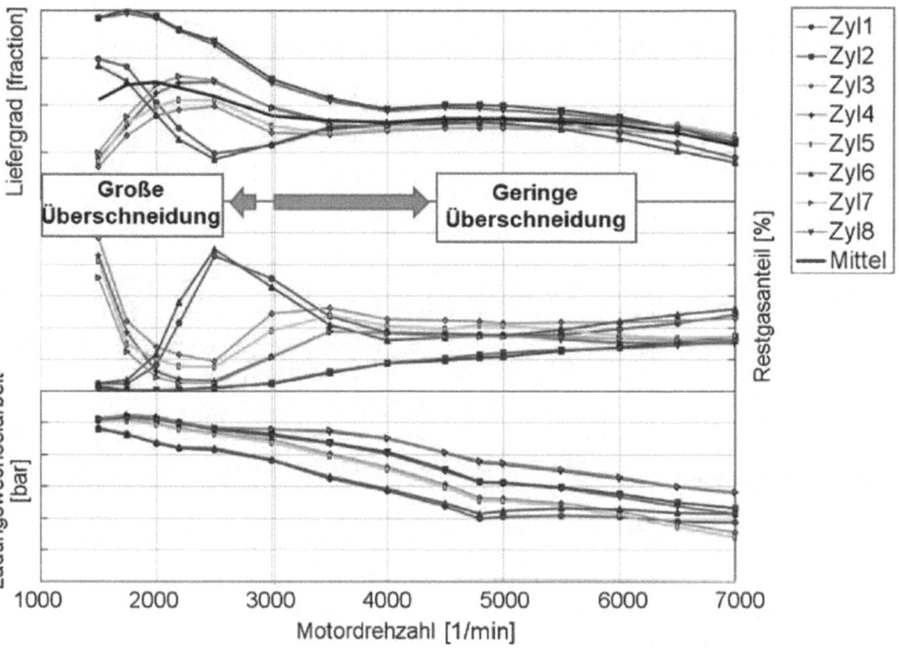

Abb. 3. Auswirkungen der Interferenz zwischen den Auslassphasen auf den Liefergrad, den Restgasanteil und die Ladungswechselarbeit der verschiedenen Zylinder

2 Maßnahmen um die Interferenz zwischen den Auslassphasen zu reduzieren

Das Ziel der vorliegenden Arbeit ist es, eine einfache und effektive Lösung aufzuzeigen, um den Ladungswechsel eines Crossplane-V8-Motors durch die Reduktion der Interferenz zwischen den Auslassphasen zu optimieren: die „twisted-camshafts", welche zylinderindividuelle Steuerzeiten ermöglichen.

Die Kennwerte des Referenzmotors, welcher dieser Analyse zugrunde liegen, können Tab. 2 entnommen werden. Es handelt sich um einen doppelt turboaufgeladenen 4,0-l-V8-Motor mit einer Crossplane-Kurbelwelle, außenliegenden 4-2-1 Abgaskrümmern mit mono-scroll Turbinen und Auslassventilhubkurven mit einer Eventlänge von 210° Kurbelwinkel.

Die Modellierung des Motors erfolgte mit der 1D-CFD-Simulationssoftware GT-Power. Um die Betriebsbedingungen möglichst realitätsnah abzubilden, wurden verschiedene Controller verwendet, um insbesondere eine Klopfregelung, eine Wastegate-Steuerung und eine Regelung der maximalen Temperatur am Turbineneintritt zu ermöglichen. Der Verbrennungsschwerpunkt (Kurbelwellenwinkel, bei dem 50 % der Kraftstoffmasse verbrannt wurden) wird so weit nach früh oder spät verschoben, bis der Motor entweder unter optimalen thermodynamischen Bedingungen oder an der Klopfgrenze betrieben wird. Das Wastegate wird so gesteuert, dass das Zieldrehmoment erreicht wird unter der Bedingung, dass der Turbolader seine Grenzen sowohl hinsichtlich Pumpen als auch Maximaldrehzahl nicht überschreitet. Die Temperatur am Turbineneintritt wird über eine Anfettung des Kraftstoff-Luft-Gemischs gesteuert.

Tab. 2. Kennwerte des Referenzmotors

	Parameter	**Wert**
Geometrie	Konfiguration	V8 90°
	Hubvolumen [l]	4.0
	Bohrung [mm]	88
	Hub [mm]	82.2
	Verdichtungsverhältnis [-]	9.5:1
Leistungswerte	Drehmoment [Nm]	880 (2200 - 4800 1/min)
	Spezifisches Drehmoment [Nm/l]	220
	Leistung [kW]	440 (4800 1/min)
	Spezifische Leistung [kW/l]	110
Kraftstoff	Art	Benzin
	Einspritzung	Direkt
Ventiltrieb	Variabilität	Phasenverstellung, beidseitig
	Einlassevent [°KW]	190
	Auslassevent [°KW]	210
Zündung	Zündfolge	1-3-7-2-6-5-4-8 nach DIN 73021
Kurbelwelle	Hubzapfenanordnung	Crossplane
Auslasskrümmer	Bauart	4-2-1
Turbolader	Bauart	2 x single-scroll

Sollte der Verbrennungsschwerpunkt nicht weiter nach spät verschoben werden können, wird als weitere Maßnahme der Ladedruck abgesenkt. Hierzu wird das Wastegate geöffnet, damit der Ladedruck reduziert und in der Folge die Klopfgrenze des Motors eingehalten wird. Allerdings bewirkt diese Begrenzung des Ladedrucks auch eine Reduktion des Drehmoments und damit der Motorleistung.

2.1 Volllastanalyse

In Abb. 4 sind Volllastkennwerte des Referenzmotors dargestellt. Es ist zu erkennen, dass der durch die Interferenz zwischen den Auslassphasen hervorgerufene höhere Restgasanteil zu einer deutlichen Einbuße des Low-end-Torques führt. Dieser erhöhte Restgasanteil einiger Zylinder führt zu einer höheren Klopfneigung, was eine Verringerung des Ladedrucks erfordert. Das Wastegate wird entsprechend geöffnet.

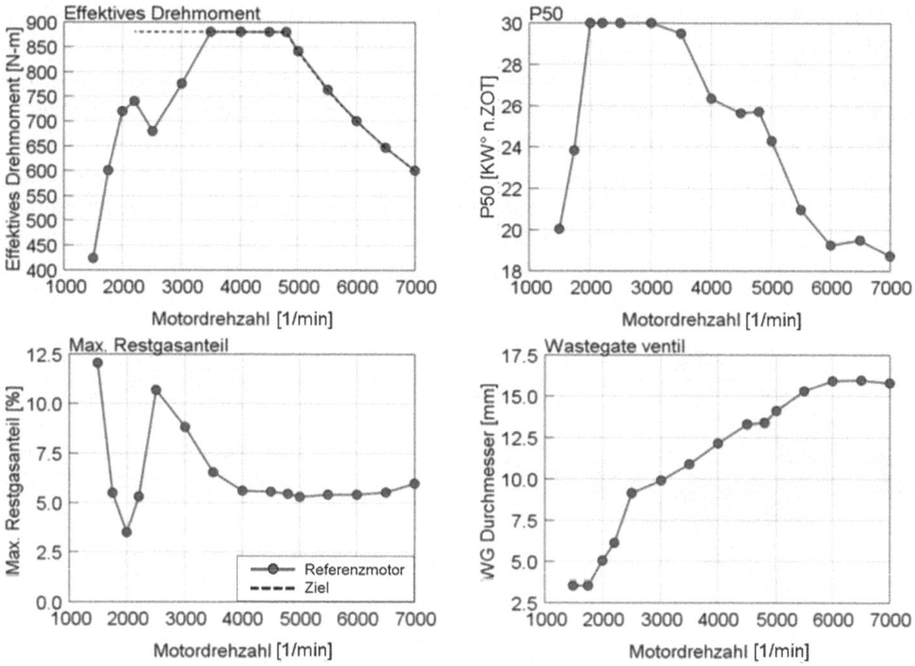

Abb. 4. Kennwerte des Referenzmotors

Die Baugruppen, die für die Optimierung des Ladungswechsels eines Crossplane-V8-Motors in erster Linie infrage kommen, sind der Abgaskrümmer, der Turbolader und der Ventiltrieb.

Die wichtigsten Anforderungen an einen Abgaskrümmer eines turboaufgeladenen Motors sind:

- Eine geringe Länge der Auslasskanäle aus Gründen des Packagings im Motorraum und um die Wärme- und Druckverluste vor der Turbine gering zu halten;
- Ein geringes Volumen des Abgaskrümmers, um das Ansprechverhalten der Turbolader zu verbessern;
- Eine Geometrie, mit der die Interferenz zwischen den Zylindern weitestgehend vermieden wird.

Bei einem V8-Motor, in klassischer Anordnung der Turbolader (außen), werden die primären Abgaskrümmerrohre so gekoppelt, dass die 90°- und 180°-Interferenzen reduziert werden. Bei einem 4-2-1 Abgaskrümmer werden bei jeder Bank die vier Rohre die direkt von den Zylindern kommen, zu zwei und anschließend zu einem Rohr verbunden, welches direkt an die Turbine angeschlossen ist. Bei dieser Bauart kommt es innerhalb des Krümmers jedoch zu Wechselwirkungen der Auslass-Druckwellen: Die beim Öffnen des Auslassventils entstehende Druckwelle bewegt sich mit Schallgeschwindigkeit Richtung Turbine. Aufgrund der kurzen Abgaskrümmerrohre (siehe oben genanntes Kriterium) sowie der hohen Abgastemperatur, kommt diese Druckwelle schon nach kurzer Zeit bei den Auslasskanälen der anderen Zylinder an.

Aus diesem Grund lässt sich der Ladungswechsel eines turboaufgeladenen Crossplane-V8-Motors durch eine Veränderung des Abgaskrümmers nur geringfügig optimieren.

Kommt hingegen eine Konfiguration mit heißer Seite Innen zu Einsatz, also mit einem Abgaskrümmer innerhalb des Vs, lässt sich über die Gestaltung des Abgaskrümmers, wie es zum Beispiel BMW bei seinem patentierten „cross-bank exhaust manifold“ [4] macht, eine deutliche Verringerung der Interferenz zwischen den Auslassphasen erzielen. In dieser Konfiguration können die Zylinder von beiden Bänken in der Mitte des Vs so verschaltet werden, dass die Druckwellen in regelmäßigen Abständen auf die beiden Turbinen treffen (siehe Abb. 5a).

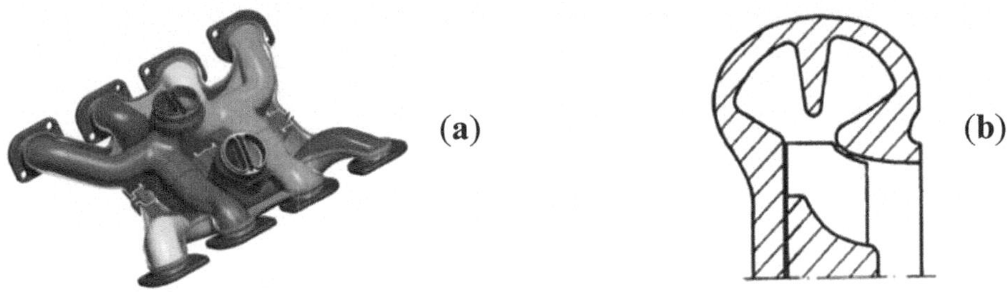

Abb. 5. „Cross-bank exhaust manifold“ von BMW [4] (**a**), Twin-scroll Turbine (**b**)

Letztendlich bestimmen jedoch die gewählten Steuerzeiten darüber, wann sich die Ventile innerhalb eines Zyklus’ öffnen und damit auch, wann der Druckimpuls entsteht. In Abb. 6 ist die Auslassnockenwelle des verwendeten Referenzmotors dargestellt. Die Winkelstellung der Nocken richtet sich nach der Zündfolge des Motors und liegt hier wie bei Porsche-V8-Motoren üblich bei 1-3-7-2-6-5-4-8. Daraus ergibt sich zwischen den Zylindern 1 und 3 ein Zündabstand von 90°, zwischen den Zylindern 3 und 2 von 180°, zwischen den Zylindern 2 und 4 von 270° und zwischen den Zylindern 4 und 1 von 180° Kurbelwinkel. Bei Standard-Nockenwellen werden die Einlass- und Auslassnocken genau nach dieser Reihenfolge und mit dieser Winkellage (in Nockenwinkel, nicht Kurbelwinkel) angeordnet, sodass alle Zylinder die gleichen Steuerzeiten (bezogen auf den oberen Totpunkt des jeweiligen Zylinders) aufweisen.

Abb. 6. Nockenpositionen einer Nockenwelle eines Crossplane-V8-Motors

Es folgt demnach, dass Ein- und Auslassnocken jedes Zylinders eine solche Winkellage einnehmen, dass jeder Zylinder die gleichen Steuerzeiten relativ zu seinem oberen Totpunkt aufweist.

Die daraus folgenden Auslasshubkurven sind in Abb. 7 dargestellt. Aus dem Diagramm lässt sich ebenfalls die Überschneidung zwischen den Auslasstakten einzelner Zylinder erkennen, die für die Verschlechterung des Ladungswechsels verantwortlich sind.

Daraus ergibt sich, dass neben den Steuerzeiten auch die Länge des Auslassevents für den Grad der Interferenz zwischen den Auslassphasen verantwortlich ist. In Abb. 8 lässt sich dieser Effekt gut erkennen, indem ein hohes Drehmoment als Maß für einen

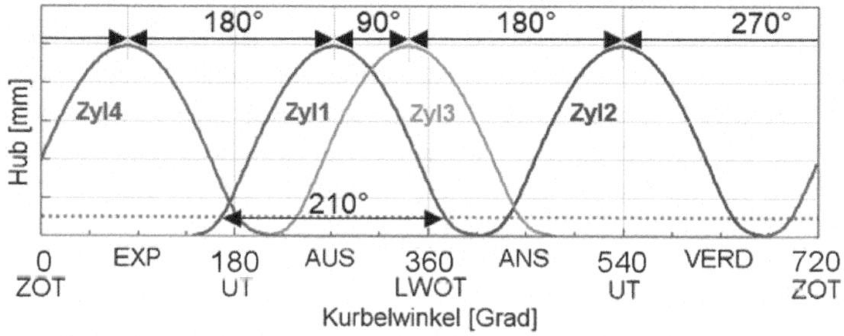

Abb. 7. Auslassventil-Hubkurven der Zylinder einer Bank des Crossplane-V8-Motors

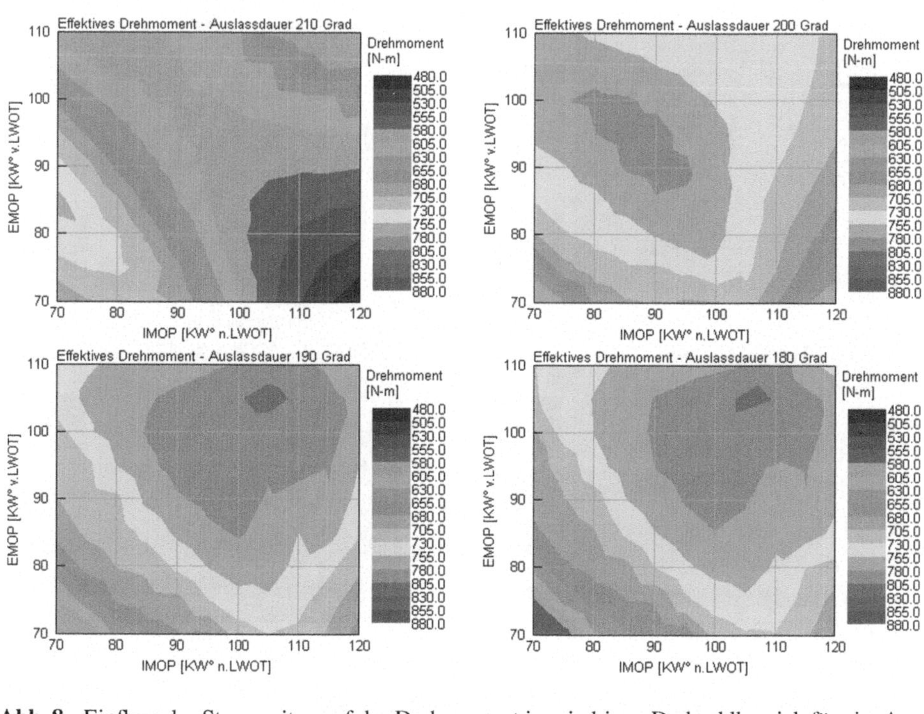

Abb. 8. Einfluss der Steuerzeiten auf das Drehmoment im niedrigen Drehzahlbereich für vier Auslasseventlängen: 210° (oben links), 200° (oben rechts), 190° (unten links), 180° (unten rechts)

geringen Restgasanteil herangezogen wird. Das Abb. 8 zeigt eine Variation der Steuerzeiten bei vier verschiedenen Auslasseventlängen von 210°, 200°, 190° und 180°.

Abb. 9 zeigt den Einfluss der Steuerzeiten auf den Restgasgehalt von Zylinder 1 und 3, die von einer 180°- bzw. 90°-Interferenz beeinträchtigt werden, sowohl für das längste als auch für das kürzeste betrachtete Auslassevent. Es zeigt sich bei länger werdenden Auslassevents eine geringere Ladungswechselarbeit, sowohl bei Teillast, als auch bei Volllast im hohen Drehzahlbereich. Allerdings tritt in diesem Fall bei einigen Zylindern die Interferenz zwischen den Auslassphasen wieder stärker in den Vordergrund. Für ein langes Auslassevent von 210° ergibt sich die optimale Steuerzeit demnach aus einem Kompromiss aus der Forderung nach einem geringen Restgasgehalt für die Zylinder, die eine 180°-Interferenz aufweisen und somit Steuerzeiten mit großer Überschneidung benötigen, und jenen, die eine 90°-Interferenz aufweisen und somit von Steuerzeiten mit geringer Überschneidung profitieren. Obwohl sich mit einem kurzen Auslassevent in Kombination mit einer Steuerzeit ohne Überschneidung der Spüleffekt nicht ausnutzen lässt und das Ziel-Drehmoment von 880 Nm nicht erreicht werden kann, führt diese Maßnahme dennoch zu einer Erhöhung des Drehmoments im unteren Drehzahlbereich. In einer von Porsche patentierten Lösung [5] kommt anstelle eines einheitlichen kurzen Auslassevents für alle Zylinder, nur an diejenigen Zylinder ein kurzes Auslassevent, die die 180°-Interferenz hervorrufen. Unter Berücksichtigung der erwähnten Porsche-Zündfolge sind die Auslasshubkurven der Zylindern 1–4 in Abb. 10 dargestellt, wobei hier die Benennung „2x2 Nockenwelle“ aus [6] übernommen wurde.

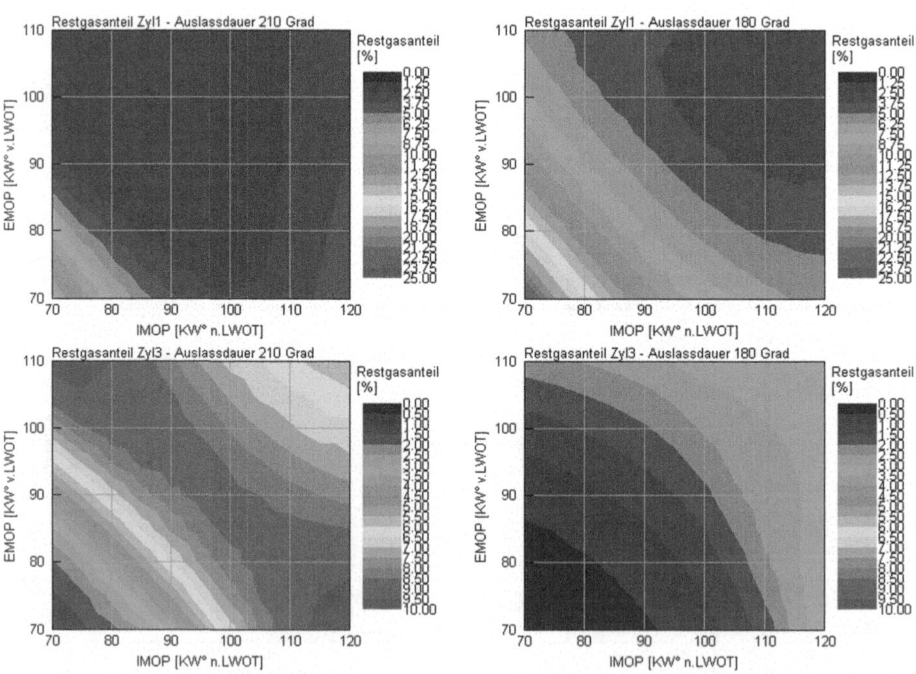

Abb. 9. Einfluss der Steuerzeiten auf den Restgasgehalt von Zylinder 1 für die Auslasseventlängen von 210° (oben links) und 180° (oben rechts) sowie von Zylinder 3 für Auslasseventlängen von 210° (unten links) und 180° (unten rechts)

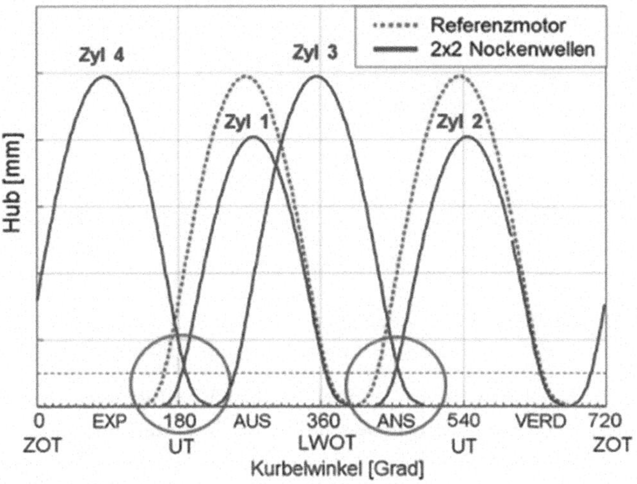

Abb. 10. Auslasshubkurven gemäß Porsche Patent [5] mit zwei kurzen Öffnungsdauern, um die 180°-Interferenz zwischen den Auslassphasen zu reduzieren

2.2 Twisted-Camshaft

In einem Crossplane-V8-Motor kommt es aufgrund des ungleichmäßigen Zündabstands gerade bei höherer Last zu sehr unterschiedlichen Bedingungen in den verschiedenen Brennräumen. Werden einheitliche Steuerzeiten verwendet, heißt das immer auch, dass der Ladungswechsel einiger Zylinder gegenüber denen der anderen bevorzugt wird.

Das Ziel der „twisted-camshafts" ist es, eine Lösung anzubieten, in der die Nocken der Ein- und Auslassnockenwelle unabhängig vom Winkelversatz zwischen den Zyklen positioniert sind und zwar so, dass alle Zylinder die für sie optimalen Steuerzeiten erhalten. Die „twisted-camshafts" sind in Abb. 11 in axialer Richtung dargestellt. Die dazugehörenden Hubkurven der Auslassventile werden in Abb. 12 gezeigt.

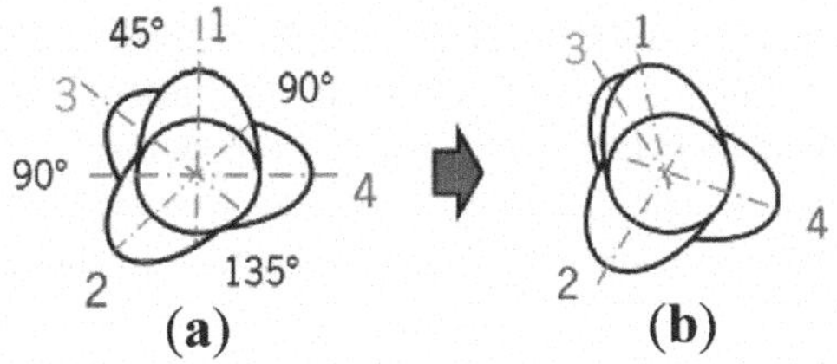

Abb. 11. Standard-Nockenwelle (**a**) vs. „twisted-camshaft" (**b**)

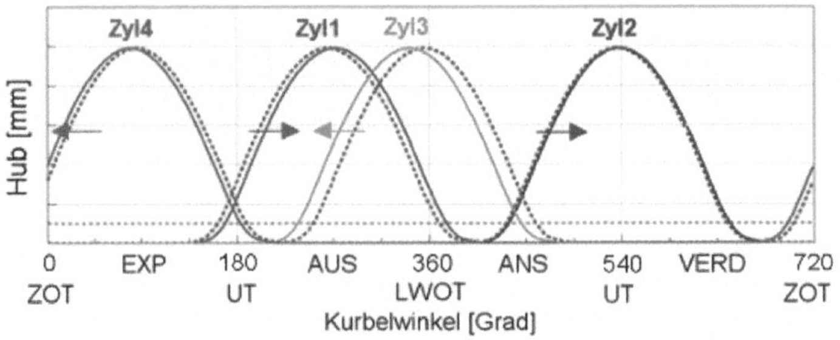

Abb. 12. Verschiebung der Auslasshubkurven relativ zur Standard Konfiguration

Wenn Standard-Nockenwellen mit einer Auslassöffnungsdauer von mehr als 180° verwendet werden, ergeben sich die optimalen Steuerzeiten aus einem Kompromiss aus möglichst geringem Restgasanteil in den Zylindern, die eine 180°-Interferenz aufweisen, und derjenigen, die eine 90°-Interferenz aufweisen. Die „twisted-camshafts“ erlauben hingegen längere Auslassevents und gleichzeitig eine geringere Interferenz zwischen den Auslassphasen, indem die optimalen Steuerzeiten für jeden einzelnen Zylinder individuell eingestellt werden können – unabhängig vom Winkelversatzes zwischen den Zyklen. Dies bedeutet im Gegenzug, dass einige Zylinder die Einlass- bzw. Auslassventile in Bezug auf den lokalen oberen Totpunkt des Ladungswechsels früher und andere Zylinder später öffnen bzw. schließen.

Unter der Berücksichtigung der Zündfolge 1-3-7-2-6-5-4-8 ist in Abb. 12 zu sehen, dass Zylinder 1 durch die 90°-Interferenz zu Zylinder 3 beeinträchtigt wird und gleichzeitig die 180°-Interferenz zu Zylinder 4 verursacht. Zylinder 2 indiziert die 180°-Interferenz mit Zylinder 3 und wird selbst, während des Schließens seiner Auslassventile, nicht durch andere Zylinder gestört. Zylinder 3 leidet also unter der 180°-Interferenz von Zylinder 2 und provoziert selbst eine 90°-Interferenz zu Zylinder 1. Zylinder 4 bewirkt hingegen keine Interferenzen, leidet jedoch unter der 180°-Interferenz mit Zylinder 1.

In der gewählten „twisted-camshaft“-Konfiguration werden die Ein- und Auslassevents der Zylinder 1 und 2 nach spät und die der Zylinder 3 und 4 nach früh verschoben. Die Einführung dieser Lösung, sowohl für die Ein- als auch die Auslassnockenwellen, bewirkt eine deutliche Verbesserung des Ladungswechsels:

- Die 180°-Interferenz wird stark reduziert: die Überschneidung zwischen den Ausschiebetakten von Zylindern 4 und 1 sowie den Zylindern 3 und 2 wird verringert. Um weiterhin im niedrigen Drehzahlbereich die gewünschte Überschneidung und damit den gewünschten Spüleffekt zu erhalten, werden analog zu den Auslassnocken auch die Einlassnocken der Zylinder 3 und 4 in die gleiche Richtung neu positioniert;
- Der Ladungswechsel der Zylinder, die durch die 90°-Interferenz beeinträchtigt werden, verbessert sich deutlich, da sich während der Ventilüberschneidung die Druckverteilung in den Ein- und Auslasskanälen vorteilhaft verändert: Das Auslassevent und damit das Ausströmen des Abgases aus Zylinder 3 wird nach vorne verschoben, während das Aus- und Einlassevent von Zylinder 1 nach hinten verlagert

wird. Dies bedeutet, dass sich die Zeit zwischen dem Öffnen des Auslassventils von Zylinder 3 und dem Öffnen des Einlassventils von Zylinder 1 vergrößert. Der Druck im Auslasskanal von Zylinder 1 hat somit mehr Zeit um unter den Druck im Einlasskanal zu fallen. Somit kann der Spüleffekt besser ausgenutzt werden und das Restgas ausgeschoben werden.

Die oben genannten Effekte sind in Abb. 13 und 14 nochmals dargestellt, wobei die Drücke in den Kanälen von Zylinder 1 und 3 und die Massenströme durch ihre Ventile sowohl für die Standard-Nockenwelle als auch die „twisted-camshaft" für ein Auslassevent von 210° aufgeführt sind.

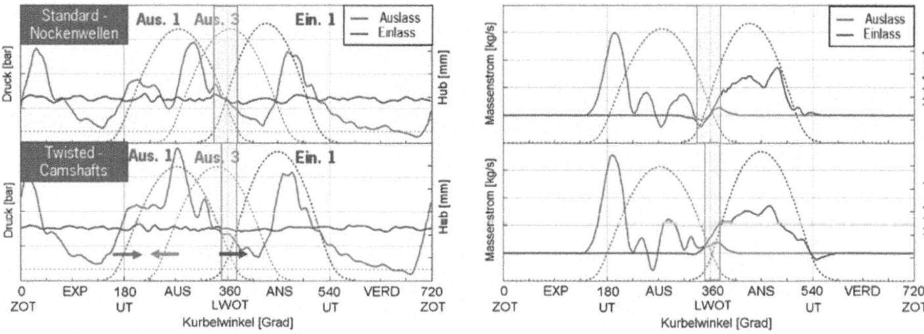

Abb. 13. Ventilhübe mit Druckniveau in den Kanälen (links) und Massenströme durch die Ventile (rechts) für Zylinder 1 mit Standard-Nockenwellen (oben) und „twisted-camshafts" (unten)

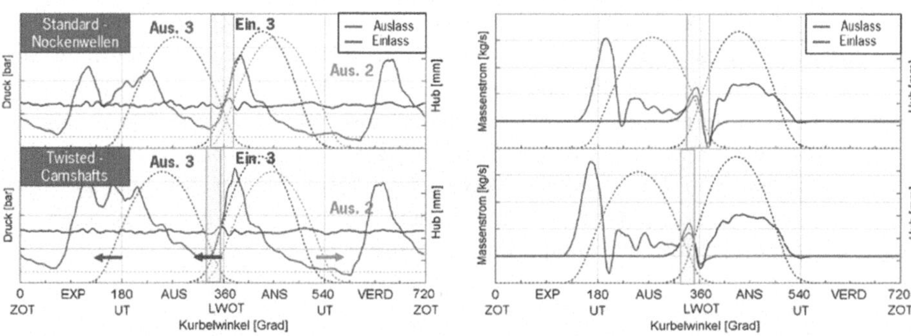

Abb. 14. Ventilhübe mit Druckniveau in den Kanälen (links) und Massenströme durch die Ventile (rechts) für Zylinder 3 mit Standard-Nockenwellen (oben) und „twisted-camshafts" (unten)

Der Vorteil der „twisted-camshafts" gegenüber den Standard-Nockenwellen auf die Leistungs- und Verbrauchskennwerte ist Abb. 15 dargestellt.

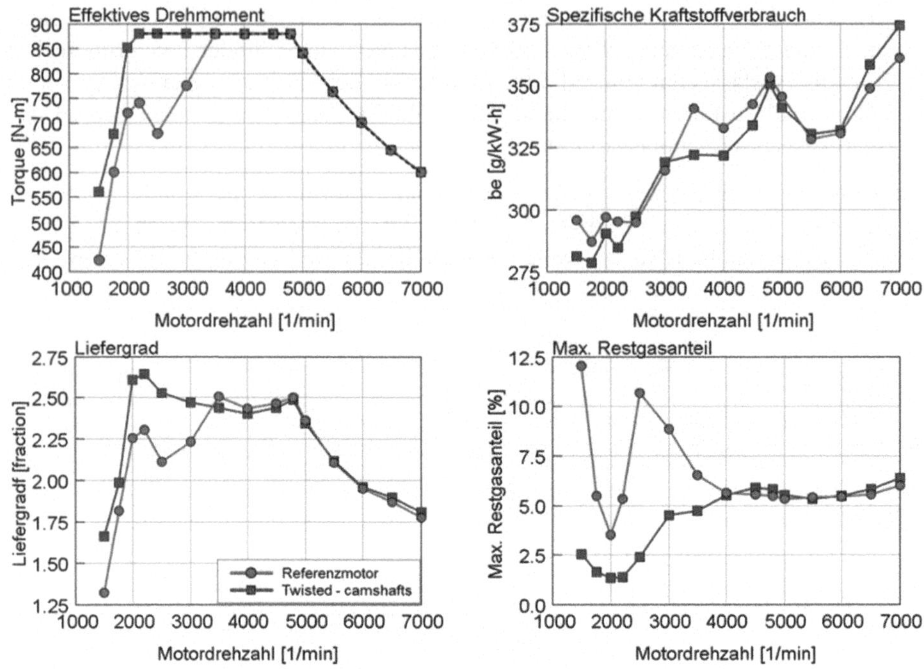

Abb. 15. Vergleich der Leistungs- und Verbrauchskennwerte zwischen Standard-Nockenwellen (rot) und „twisted-camshafts" (blau) (Farbig Online)

Die zylinderindividuellen Steuerzeiten der „twisted-camshafts" führen zu einer deutlichen Verbesserung des Ladungswechsels von hoch aufgeladenen Crossplane-V8-Motoren. Indem zunächst die Interferenz zwischen den Auslassphasen reduziert wird, kommt es in der Folge zu einem geringeren Restgasanteil im Brennraum, was zum einen den Liefergrad erhöht und zum anderen die Klopfneigung reduziert. In der Summe lässt sich durch die „twisted-camshafts" also eine deutliche Steigerung des Low-end-Torques erzielen. Mit dieser Konfiguration wird es, trotz eines relativ langen Auslassevents von 210° Kurbelwinkel möglich, Steuerzeiten mit einer gewissen Ventilüberschneidung zu fahren und damit den Turbolader in einem Bereich von hoher Effizienz sowie fern der Pumpgrenze zu betreiben.

3 Fazit

Ist in einem Fahrzeug ein V8 verbaut, steht dies für drei Eigenschaften: hohe Motorleistung, satter Motorsound und Laufruhe. Zur Erzielung dieser Laufruhe kommt bei V8-Ottomotoren dabei eine Crossplane-Kurbelwelle zum Einsatz, was aber gleichzeitig ungleichmäßige Zündabstände auf den jeweiligen Bänken des Motors bedeutet. Dies führt zu Interferenzen zwischen den Auslassphasen der Zylinder auf der jeweiligen Bank. Auf jeder einzelnen Bank liegen die Abstände zwischen zwei

Zündungen bei 90°-180°-270°-180° Kurbelwinkel. Die dadurch hervorgerufenen Druckschwingungen verursachen eine ungleichmäßige Rückspülung von Restgas in die Zylinder. Es kommt in der Folge zu einer deutlichen Beeinträchtigung des Ladungswechsels und damit zu einer Reduktion der Leistungskennwerte vor allem im unteren Drehzahlbereich.

Üblicherweise werden bei mehrzylindrigen Verbrennungsmotoren Nockenwellen verwendet, deren Steuerzeiten für jeden Zylinder den gleichen Abstand zum oberen Totpunkt aufweisen. Da bei V8-Ottomotoren zum Zeitpunkt des sich schließenden Ventils die Druckniveaus in den Ein- und Auslasskanälen, aufgrund des ungleichmäßigen Zündabstands, für jeden Zylinder unterschiedlich sind, sind für alle Zylinder einheitliche Steuerzeiten immer ein Kompromiss. Um die Steuerzeiten auf die jeweiligen Druckschwingungen abzustimmen und damit den Restgasgehalt zu reduzieren, wäre für Zylinder, die von einem 90° Zündabstand beeinträchtigt werden, eine Reduktion der Ventilüberschneidung von Vorteil. Für Zylinder, mit einem 180° Zündabstand, wäre eine Vergrößerung der Ventilüberschneidung von Vorteil. Einer der wichtigsten Parameter, um die Interferenz der Druckschwingungen im Abgastrakt zu reduzieren, sind deshalb die Öffnungs- und Schließzeitpunkte des Auslassventils. Eine geringere Ventilöffnungsdauer reduziert zwar die 180°-Interferenz und erlaubt es, Steuerzeiten mit geringer Ventilüberschneidung zu wählen, ohne dabei den Restgasgehalt dieser Zylinder zu verschlechtern. Diese geringere Öffnungsdauer des Auslassventils führt jedoch zu einer höheren Ladungswechselarbeit und schränkt damit den positiven Effekt des besseren Spülens auf das Drehmoment im unteren Drehzahlbereich ein.

Die Einführung der „twisted-camshafts" mit zylinderindividuellen Steuerzeiten ermöglicht es, den Ladungswechsel an jedem Zylinder individuell zu optimieren und damit die Druckschwingungen so zu steuern, dass der Restgasgehalt reduzieren wird. An jedem einzelnen Zylinder werden die Ein- und Auslassnocken in Relation zu ihrer Ausgangsposition so positioniert, dass der Überschneidungsbereich zwischen den geöffneten Ein- und Auslassventilen möglichst gut auf die Druckdifferenz zwischen Ein- und Auslasskanal abgestimmt ist. Dies ermöglicht es, eine relativ lange Auslassventilöffnungsdauer von 210° Kurbelwinkel mit entsprechender Ventilüberschneidung zu fahren, und damit die Leistungskennwerte im niedrigen Drehzahlbereich deutlich zu steigern.

Die „zylinderindividuellen Steuerzeiten" sind eine einfache und effektive Methode, um den Ladungswechsel eines V8-Motors mit Crossplane-Kurbelwelle zu optimieren.

Definitionen/Abkürzungen

90°-V8	Achtzylindermotor mit einer Zylinderanordnung in V-Form und einem Bankwinkel von 90°
VVT	Variabler Ventiltrieb
UT	Unterer Totpunkt
°KW n.ZOT	Grad Kurbelwellenwinkel nach dem oberem Totpunkt (Zündung)
°KW n.LWOT	Grad Kurbelwellenwinkel nach dem oberem Totpunkt (Ladungswechsel)

°KW v.LWOT	Grad Kurbelwellenwinkel vor dem oberem Totpunkt (Ladungswechsel)
BMEP	Effektiver Mitteldruck
BSFC	Effektiver spezifischer Kraftstoffverbrauch
PMEP	Mitteldruck der Ladungswechselarbeit
EMOP	Zeitpunkt bei dem das Auslassventil maximal geöffnet ist
IMOP	Zeitpunkt bei dem das Einlassventil maximal geöffnet ist
P50	Verbrennungsschwerpunktlage (Zeitpunkt, an dem 50 Massenprozent des Kraftstoffs verbrannt sind)
WG	Wastegate Ventil
AUS/EIN	Auslass/Einlass

Literatur

1. Dubbel, H., Grote, K.-H., Feldhusen, J.: Taschenbuch für den Maschinenbau. Springer, Berlin (2007)
2. Eirich, C.S.: V8 engine breathing revisited. In: GT-Suite Conference, Frankfurt, 2007
3. Penzel, M., Bevilacqua, V., Raab, T.: Eight. The V8 success story and its basics. Porsche Eng. Mag. **1**, 48–52 (2017)
4. Diez, R., Kornherr, H., Pirntke, F., Schmidt, J.: Higher efficiency with cylinder-bank comprehensive exhaust manifold. MTZ **71**(5), 40–44 (2010)
5. Rutschmann, E., Bruestle, C.: Multiple cylinder internal combustion engine. Patent US 6,397,802, June 2002
6. Agarwal, A., Jung, H., Byrd, K., Stein, R.A., Kassem, A., Whitaker, P., Spanner, C.: Blowdown interference on a V8 twin-turbocharged engine. In: SAE International (2011)

Status und Perspektiven von Dauerbremseinrichtungen bei Nutzfahrzeugen

Jörg Neugärtner[1(✉)] und Peter Holstein[2]

[1] REDLINE, Regensburg, Deutschland
joerg.neugaertner@online.de
[2] Steinbeis-Transferzentrum, Stuttgart, Deutschland

1 Ausgangssituation

Die Entwicklung der Dieselmotoren für den ON Road Nutzfahrzeugbereich ist eng verbunden mit der Forderung nach leistungsfähigen Dauerbremseinrichtungen.

Wesentliche Forderung ist, neben der gesetzlichen Anforderung zum Einsatz eine Dauerbremssystems bei Fahrzeugen >9 t Fahrzeuggesamtmasse, die Minimierung des Verschleißes der Betriebsbremse beim Einsatz z. B. auf Baustellen-Geländen oder im transalpinen Langstreckenverkehr. Zusätzlich kann die mit der Betriebsbremse verbundene Partikelemission signifikant reduziert werden.

Steigende mittlere Geschwindigkeiten auf Landstraßen und Autobahnen infolge der Höhermotorisierung bzw. die steigende Leistungsfähigkeit der Antriebsaggregate und leichtere Fahrzeuge, erfordern eine zuverlässige Regelung beim Erreichen der maximal zulässigen Fahrzeuggeschwindigkeit. Auch auf Gefällestrecken mit >2 % wird heutzutage eine Regelabweichung von ± 1 km/h oder $\pm 1{,}5$ km/h angestrebt.

Die technische Entwicklung der Fahrzeuge und damit verbunden u. a. die Reduktion der Fahrwiderstände (Roll- und Luftwiderstand) erhöhen den Bedarf an die maximal zur Verfügung stehende Dauerbremsleistung an einem stetige waschende Wegstreckenanteile je Fahrt. Dadurch wird zukünftig bereits bei geringem Gefälle (z. B. <2 %) und auf kurzen Distanzen (z. B. <150 m) der Einsatz der Dauerbremseinrichtung notwendig und wirtschaftlich sinnvoll.

Die Weitereinwicklung der Verbrennungsmotoren und insbesondere der Dieselmotoren, die mehr als 99 % aller Antriebsaggregate bei Nutzfahrzeugen für den Langstreckenbetrieb besitzen, stellt eine Herausforderung bzgl. der Bedienbarkeit der Dauerbremseinrichtung dar. Die NO_x- und CO_2-Emissionen der Fahrzeuge im Realbetrieb sind an die Leistungsfähigkeit der Motorbremseinrichtung (kurz: MBE) gekoppelt.

Insbesondere die Absenkung der typischen Motorarbeitsdrehzahl $n_{Arbeitsdrehzahl}$ (engl.: $n_{operation}$), ergibt neue Herausforderungen an die Bedienung bzw. automatisierte Regelung der Motorbremse. Fast immer werden hohe Dauerbremsmomente erst bei hohen Motordrehzahlen, die deutlich oberhalb der Nennleistungsdrehzahl n_{Nenn}

J. Liebl (Hrsg.): *Ladungswechsel und Emissionierung 2018*, Proceedings, S. 255–268, 2019.
https://doi.org/10.1007/978-3-658-24984-7_16

(engl.: $n_{performance}$) erreicht. Bei vielen Serienmotoren sogar erst bei der maximal zulässigen Motordrehzahl $n_{maximal}$(engl.: n_{max}). Somit nimmt die zu überwindende Drehzahlspreizung beim Aufbau eines Dauerbremsmomentes zu. Im dynamischen Fahrbetrieb ergibt dies die Forderung nach schnellen Schaltvorgängen (z. B. <500 ms) und Rückschaltvorgängen mit dem notwendigen Überspringen teils mehrerer Gangstufen.

Die Erhöhung der spezifischen Leistung der neuen Motoren geht typischerweise einher mit der Absenkung der geometrischen Verdichtung (Absenkung Epsilon) bzw. effektiven Verdichtung (z. B. durch Miller-Ventilsteuerzeiten). Dagegen wird die Leistungsfähigkeit der Aufladesysteme stetig verbessert, um das niedrige effektive Verdichtungsverhältnis durch eine Erhöhung des Ladedrucks zu kompensieren. Diese Maßnahme soll die Absenkung der Motorrohemissionen im Teillastbetrieb und eine Optimierung an der Volllast zusammen mit sogenannten Hoch-AGR Konzepten ermöglichen.

Mit sinkenden Verdichtungsverhältnissen reduziert sich das spezifisch erreichbare Dauerbremsmoment im nicht gefeuerten Betrieb. Diese muss z. B. durch einen gesteigerten Ladedruck im Motorbremsbetrieb kompensiert werden. Dauerhaft hohe AGR-Raten im Motorbetrieb von bis zu 40 % erfordern zudem präzise modellbasierte Regelungsalgorithmen beim schnellen Dauerbremsmomentaufbau und besonders bei der schnellen Umschaltung in den Motorbetrieb.

Gestiegene Anforderungen ergeben sich außerdem im realen Fahrbetrieb durch die Vorgaben zum zulässigen Kraftstoffverbrauch (z. B. GHG[1] Limitierungen der CO_2-Emissionen in den USA) und damit an die zu erreichende Regelgüte. Die realisierbare Regelabweichung, um die Sollgeschwindigkeit in Kombination mit der gegebenen Fahrwegtopologie einzuhalten, hat dabei einen unmittelbaren Einfluss auf den erreichbaren realen Kraftstoffverbrauch.

In diesem Zusammenhang ist die notwendige Überwachung der Wirksamkeit der Abgasnachbehandlung und des Kraftstoffverbrauchs im Fahrbetrieb zu nennen. Unter dem Stichwort PEM 2.0 sind Prüffahrten mit 10 bis 100 % Nutzlast gesetzlich vorgeschrieben. Der Einsatz der Motorbremsfunktion als integraler Bestandteil des Fahrzeugbremssystems ist somit zu berücksichtigen. Auch wenn u. a. die Streichung starker Lastgradienten oder Sprünge gesetzlich zulässig sind, gewinnen die Regelung der Übergangsbereiche zunehmend an Bedeutung für das Emissionsergebnis bei Realtestfahrten.

Gestiegene Anforderungen an die Regelung der MBE, sowie Chancen zur Optimierung, ergeben sich im Zusammenspiel mit Retarderbrems- oder elektrischen Rekuperationseinrichtung.

[1] GHG – Green House Gas Regulation der Vereinigten Staaten, Gesetzeswerk zur Regulierung des zulässigen Kohlendioxid und Methan etc. Ausstoßes von Mobilen Maschinen und Fahrzeugen.

2 Entwicklungsstatus von Motordauerbremseinrichtungen

Dauer- und Motorbremseinrichtung werden in unterschiedlichen Ausbaustufen in Serienfahrzeugen eingesetzt. Die Konzepte zur Realisierung der MBE unterscheiden sind dabei signifikant bezüglich der maximalen erreichbaren Bremsleistung bei n_{max} und bei der typischen $n_{Operation}$. Die nachfolgende Abb. 1 zeigt typische erreichbare Bremsleistungen ausgewählter Konzepte. Der Abbildung ist zu entnehmen, dass moderne MBE der letzten Modellgeneration sogar teils höhere Dauerbremsleistungen bei n_{max} verglichen mit der Antriebsleistung zur Verfügung darstellen können. Voraussetzung ist die Einhaltung von Betriebsrandbedingungen wie u. a. einer hohen Motordrehzahl und ausreichenden Motorkühlung. Durch den Einsatz einer thermodynamisch wirkenden Motorbremseinrichtung wird die spezifische Bremsleistung signifikant gesteigert.

Gegenüber dem Schließen einer Abgasdrossel (engl.: Exhaust-Throttle) wird mit einem stetig geöffneten Auslassventil (engl.: Bleeder Valve) die Verlustarbeit am Kolben gesteigert. Der Einsatz eines variablen Ventiltriebs mit zusätzlichen Ventilöffnungsevents zu Beginn der Verdichtung (engl. kurz: Re-Charge) und De-Kompressionsevent im Verdichtungs-OT (engl.-kurz: De-Comp) erhöhen die erreichbaren spezifischen Bremsleistungen weiter. Bei der typischen $n_{Operation}$ beträgt allerdings das maximal darstellbare Motorbremsmoment (statisch) bzw. die daraus resultierende Bremsleistung signifikant weniger als die Hälfte des möglichen Antriebsdrehmomentes bei $n_{Nenndrehzahl}$.

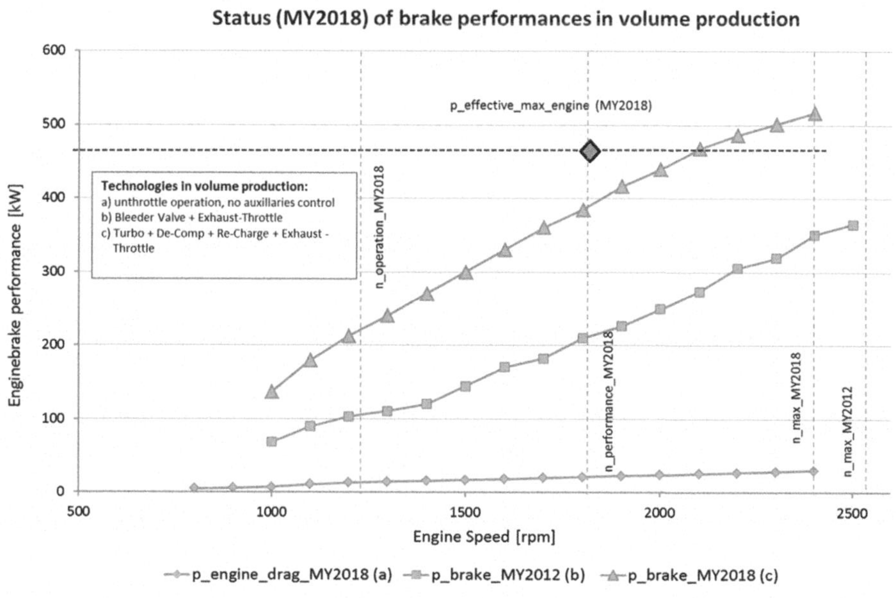

Abb. 1. Status und Überblick zur Leistungsfähigkeit unterschiedlicher Ausbau stufen von MBE (Status MY2018)

Der überwiegende Anteil der erzeugten Bremsmomente resultiert aus der gezielten Steuerung der Hubkolbenmaschine. Die eingesetzten Technologien und Konzepte basieren primär auf der Nutzung thermodynamischer Effekte im Arbeitsprozess des Hubkolbenmotors und werden nachfolgend dargestellt.

3 Dauerbremsleistung durch negative Arbeit am Kolben

Zur Erzeugung der Motorbremsmomente wird neben der Reibung und den Verlusten durch den Betrieb der Nebenaggregate gezielt die Arbeit am Kolben genutzt. Die mögliche Steigerung der negativen Arbeit am Kolben (thermodynamische Verluste) soll mittels der nachfolgend dargestellten p-V Diagramme erfolgen und einen Überblick zu den thermodynamischen Vorgängen geben. Die Darstellung ist stark vereinfacht und wird bezogen auf die bei Pischinger et al. [1] erklärten Annahmen zum vollkommen Motor durchgeführt.

In Teil a) der nachfolgenden Abb. 2 ist das pV-Diagramm des Motors im Schleppbetrieb dargestellt. Zur Steigerung der thermodynamischen Verluste ist im Teil b) in einem ersten Schritt die Erhöhung der Verlustarbeit im Ladungswechsel bei Erhöhung des Abgasgegendrucks dargestellt. Dabei ist ersichtlich, dass sich der Ladungswechselmitteldruck durch z. B. dem Anstellen einer Drossel im Abgasrohr oder der Reduktion der Querschnitte im VTG-Lader erhöhen lässt. Der Abb. 2 Teil c) ist zu entnehmen, dass sich durch das Öffnen eines oder beider Auslassventile im Verdichtungs-OT, die negative Arbeit für den Hochdruckprozess bei der für die Darstellungen gewählten Motordrehzahl signifikant weiter steigern lässt.

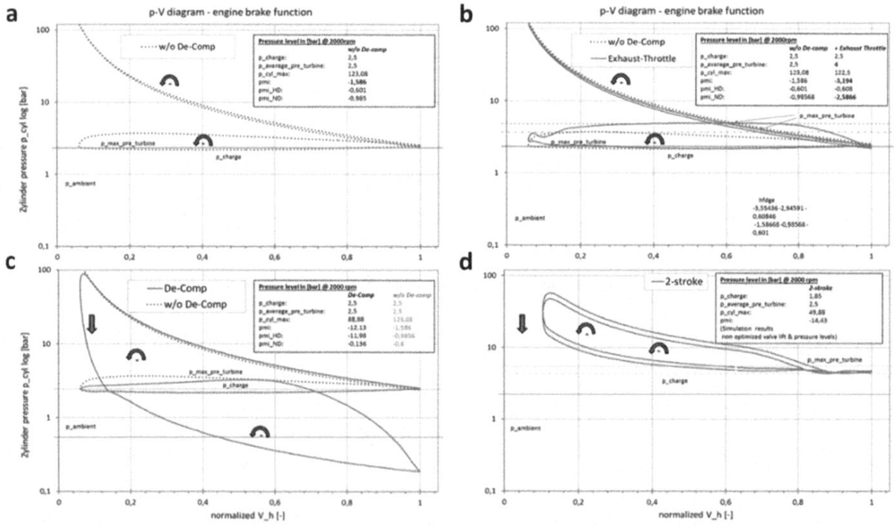

Abb. 2. Prinzipielle Möglichkeiten zur Generierung der Verlustarbeit am Kolben als Darstellung im p-V Diagramm

Die Kombination dieser Maßnahmen d. h. der Drosselung im Abgasrohr, dem Einsatz eines sogenannten De-Kompression und die Steuerung des Turbolader zur Steigerung des Ladedrucks erhöhen die indizierte Verlustarbeit. Damit lassen sich MBE mit spezifischen Dauerbremsleistungen bis zu 45 kW/l @ n_{max} realisieren.

4 Steigerung der Dauerbremsleistung

Um den indizierte negativen Mitteldruck weiter zu steigern, bietet sich dabei sich eine Erweiterung der Variabilität des Ventiltriebs an.

Bei Motoren mit mehr als vier Zylindern wird heute unter anderem ein zusätzliches Öffnen des Auslassventil zu Beginn des Verdichtungstaktes (engl.-kurz: Re-Charge Event) vorgesehen. So lassen sich z. B. bei hohen Motordrehzahlen gasdynamische Vorteile, wie Nachladeeffekte durch den Öffnungsstoß eines benachbarten Zylinders, nutzen.

Eine weitere Maßnahme ist die Erhöhung der effektiven Verdichtung. Bei vielen realisierten Nutzfahrzeugmotoren verfolgen das Konzept des frühen Einlass schließen d. h. −40° Kurbelwinkel (KW) vor dem unteren Totpunkt (UT) ist als Millerventilsteuerzeit bekannt oder seltener des späten Einlassventil schließt d. h. +35° KW UT [2]. Die dadurch abgesenkte effektive Verdichtung kann mittels eines variablen mechanischen Ventiltriebs bei Bedarf wieder erhöht werden. Wie in der nachfolgenden Abb. 3 dargestellt kann beim Einsatz eines Phasenstellers auf der Einlassseite der Schließzeitpunkt für den Motorbremsbetrieb optimal eingestellt werden.

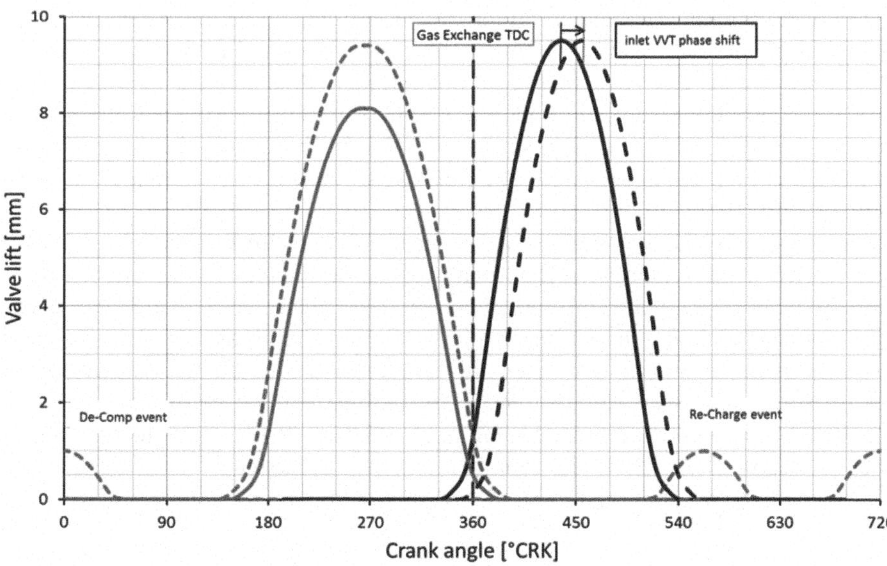

Abb. 3. Typische Ventilsteuerzeiten und Potentiale für den Motorbremsbetrieb mit hohen spezifischen Motorbremsleistungen

Die Kombination unterschiedlicher Ventilsteuerzeiten mit Maximierung des Ladedrucks erhöht die negative Arbeit am Kolben signifikant und damit die zur Verfügung stehende Dauerbremsmomente zu steigern. Zusätzlich

Um den Ladedruck auch bei kleinen Motordrehzahlen so hoch wie möglich bzw. optimal einstellen zu können, wird u. a. ein Turbolader mit variabler Turbinengeometrie verwendet (engl.-kurz: VTG) verwendet. Dadurch werden der Abgasgegendruck und gleichzeitig der Ladedruck gesteigert. Auch mehrstufige Aufladesysteme z. B. in der Ausführung als Registeraufladesystem zeigen Vorteile bei dem erreichbaren Ladedruck im Bereich niedriger Motordrehzahlen. Generell wird festgestellt, dass beim Schließen der Drossel im Abgasrohr der Massenstrom zur Turbine und die damit zur Verfügung stehende Energie zur Verdichtung der Ansaugluft bzw. zum Aufbau eines ausreichenden Ladedrucks reduziert werden.

Optimal ist auch die in etwa gleich große Verlustarbeit im Ladungswechsel und im Hochdruckprozess. Dies kann durch einen dem Zweitaktmotor angelehnten Arbeitsprozess beschrieben werden. Vgl. dazu die nachfolgende Abb. 2 im Teil d). Dabei wird bei <u>jeder</u> Motorumdrehung und je Zylinder ein Verdichtungs- und ggfs. auch De-Kompressions-Event realisiert. So erhöhen sich der Mitteldruck und zusätzlich der Massenstrom zum Turbolader. Oder anders ausgedrückt der Ladedruckbedarf ist geringer. Die für die Realisierung des De-Komp Hubs eingesetzten variablen Zusatzhübe werden dazu auf ein und Auslassseite benötigt. Die Steuerzeiten und realisierbaren Ventilerhebungskurven sind als kritisch zu bewerten, da eine Kollision mit dem Kolben vermieden und gleichzeitig bei kurzen Eventlängen ein großer Ventilhub notwendig wird. Dadurch entstehen hohe Beschleunigungen und Kompromisse bei der Auslegung bzgl. des optimierten Motordrehzahl Bereiches mindern den erreichbaren Mitteldruck.

Die dargestellten Maßnahmen führen zu einer Erhöhung der mittleren Temperatur der motorbauteile z. B. Kolben, Brennraumdach und Ventile. Der hohe Zylinderdruck und der teils reduzierte Abgasmassenstrom erfordern Maßnahmen zum Wärmeaustrag. Das Motorkühlsystem, die Ladeluftkühlung, Zwischenkreiskühler und ggfs. die Nutzung der AGR-Kühler werden genutzt um den Wärmeaustrag bei langen Einsatz der MBE sicherzustellen und muß ggfs. an die speziellen Anforderungen angepasst werden.

Somit ist die Nutzung thermodynamischer Effekte Hubkolbenmotor im Hochdruckbereich- und Ladungswechsel maßgeblich für den überwiegenden Teil des bereitzustellenden Motorbremsmomentes verantwortlich. Zwar wird das Dauerbremsmoment auch durch die mechanische Reibung und die Verluste durch die Nebenaggregate bestimmt. Die Reibung moderner Dieselmotoren steigt mit der Motordrehzahl um zirka den Faktor 2. Der Reibmitteldruck (p_{mr}) steigt z. B. von p_{mr} ~ 0,75 bar bei Leerlaufdrehzahl auf p_{mr} ~ 1,5 bar bei n_{max} (geschleppt) an. Die weiter Steigerung des Motorbremsmomentes durch steuerbare Nebenaggregate und Management von Verbrauchern z. B. Motorlüfter, Pumpen und Generatoren etc. bleibt an dieser Stelle bzw. Darstellung unberücksichtigt.

Zusammenfassend können folgende Kritikpunkte bei ausgeführten Seriensystemen mit hohen spezifischen Bremsleistungen identifiziert werden (priorisiert):

1. Durch die Reduktion des Abgasmassenstroms ist die Funktion der Abgasnachbehandlung nach dem wiedereinsetzen des motorischen Betriebs sicherzustellen. Die dazu notwendige Enthalpie des Abgasmassenstroms ist ggfs. durch Sekundärmaßnahmen z. B. elektrische Zusatzheizungen zu kompensieren.
2. Hohe Bauteiltemperaturen im Motor erfordern eine ausreichend Kühlleistung, die durch die am Fahrzeug zur Verfügung stehende Stirnfläche begrenzt wird. Die notwendige Ansteuerung des Motorlüfters oder gar Zusatzlüfter erhöhen die Geräuschemissionen.
3. Der steigende Differenzdruck beim Öffnen der Auslassventils führt zu hohen Geräuschemissionen und teils zur Überschreitung der zulässigen Fahrzeug-Geräuschemissionen beim Einsatz der MBE. Die eine hohe Motorbremsleistung notwendige hohe Motordrehzahlen erhöhen die Geräuschemissionen zusätzlich. Zusätzlich entstehen mit der steigenden Frequenz neue akustische Phänomene und neue Herausforderungen für die Entwicklung.

5 Dynamisches Verhalten

Die Regelung im Übergang zum Aufbau hoher Dauerbremsmomente ist heute zwangsweise mit einer schnellen Drehzahlsteigerung verbunden. Zur Wahl einer kürzeren Getriebeübersetzung sind Schaltvorgänge im Getriebe notwendig. Je nach Getriebetyp liegen die Schaltzeiten im Bereich von t_grearshift = 500 ms bis zu 1500 ms. Mit den üblichen eingesetzten automatisiert bzw. sequenziell schaltenden Getrieben wird zwar bereits heute eine hohe Schaltgeschwindigkeit erreicht. Dabei ist das Überspringen von Gängen bzw. Schalten direkt in die niedrigere Ganggruppe für einen schnellen Aufbau von hohen Motorbremsmomenten möglich. Doppelkupplungsgetriebe wie z. B. das Volvo ‚I-SHIFT' Getriebe bieten hierbei durch verkürzte Schaltzeiten zusätzliche Vorteile.

Durch Anpassung der Schaltstrategie unter Verwendung von Topografiedaten des vorausliegenden Fahrweges aus dem Navigationssystems kann eine rechtzeitige Gangauswahl getroffen und den zeitrichtige Aufbau des Motorbremsmomentes verbessern. Doch geschieht dies im realen Fahrbetrieb oft zulasten eines möglichst niedrigen Kraftstoffverbrauchs. Beim Einsatz auf Baustellen oder abseits kartierter Fahrwege, ist die Nutzung eines sogenannten ‚elektronischen Horizontes' ohnehin nicht möglich.

Zum schnellen Aufbau eines hohen negativen Motordrehmomentes bei geringer Drehzahländerung ist zu berücksichtigen, dass die beteiligten Klappen und Stellglieder bzw. Aktuatoren z. B. für die Drossel im Abgasrohr oder dem VTG-Steller einer Begrenzung der Stellgeschwindigkeiten aufweisen. Auch ist die Steigerung der Turboladerdrehzahl durch Anpassung der VTG infolge des reduzierten Massenstrom und der fehlenden Enthalpie des Gasstromes im Abgastrakt beim Viertaktverfahren limitiert.

Die in Serie ausgeführten Ventiltriebsmechanismen sind heute überwiegend als hydraulische Akutatorsysteme mit Zweipunkt Schaltstellungen. Einige Hersteller verwenden System die bereits die Möglichkeit einer kontinuierlichen Zustellung des De-Komp und Re-Charge Hubs besitzen. Doch bedingen diese Systeme infolge der hohen Kräfte im Ventiltrieb massiven Ausführungen der Stellaktuatoren und einen ausreichenden Öldruck der bei niedrigen Motordrehzahlen und hohen Öltemperaturen erzeugt werden muß, um eine ausreichende hohe Verstellgeschwindigkeit zu realisieren.

6 Akustisches Verhalten

Mit steigender Motordrehzahl steigen die Schalldruckpegel aus dem mechanischen Laufgeräusch und aus dem Ladungswechsel an. Die auftretenden Frequenzen steigen mit der Motordrehzahl an. Sogenannte typische Anregungsordnungen sind fest mit dem mechanischen Aufbau z. B. der Anzahl der Zylinder und der sich daraus ergebenden Anzahl von Ladungswechseln verbunden.

Beim Einsatz der De-Komp-Ventilsteuerzeiten ergibt sich zusätzlich eine Verdopplung der Anregungsfrequenz durch das je Zylinder zusätzliche auftretende Öffnen im Verdichtungs-OT. Eine weitere Ordnung mit doppelter Frequenz in der Auswertung der Geräuschemissionen ist die Folge.

Wie beschrieben wird die höchste spezifische Dauerbremsleistung der MBE bei hohen Drehzahlen erreicht. Durch schnelle Schaltvorgänge wird die Motordrehzahl angehoben. Bei modernen Motoren für den Langstreckenbetrieb ist die typische Arbeitsdrehzahl auf der ebenen Autobahn bei $v_{Fahrzeug} = 86$ km/h typischerweise bei zirka $n_{operation} = 1150$ 1/min bis 1400 1/min. Die maximale Bremsmomente werden aber bei z. B. $n_{brake\_max} = n_{max} \geq 2400$ 1/min erreicht. Dies wiederum entspricht auch einer Frequenzverdopplung und damit einem Otavensprung der durch das menschliche Ohr sehr gut wahrgenommen wird [3].

Zusätzlich ist zu berücksichtigen, dass die Schallintensität beim Ausschieben mit hohem Differenzdruck zwischen Brennraum und Abgasrohr auftritt. Der absolute Wert des Schalldrucks erhöht sich dabei mit wachsender Druckdifferenz bei der Ausbreitung der Abgase (z. B. im Abgassammler) als Funktion der Dichte des Mediums.

Die gemessene Erhöhung des Schalldrucks ist als Fläche wie in der nachfolgenden Abb. 4 markiert. Im Gegensatz zu den Schallemissionen die typisch als Motorordnungen d. h. an die Motordrehzahl gebunden die Frequenz verändern, ist das entstehende Geräusch vom Differenzdruck bzw. Druckrandbedingungen beim Öffnen des Auslassventils abhängig. Aufgrund der nahezu festen Frequenz scheint diese Schallimmission mittels Sekundärmaßnahmen z. B. Resonatoren im gesamten Kennfeldbereich beherrschbar. Das bei den gemessenen Frequenzen für das menschliche Ohr gut wahrnehmbare Zischgeräusch kann aufgrund seiner hohen Intensität und teils vorhandenen Variabilität (große Fläche) durch die motorischen Randbedingungen nicht immer vollständig gedämmt werden.

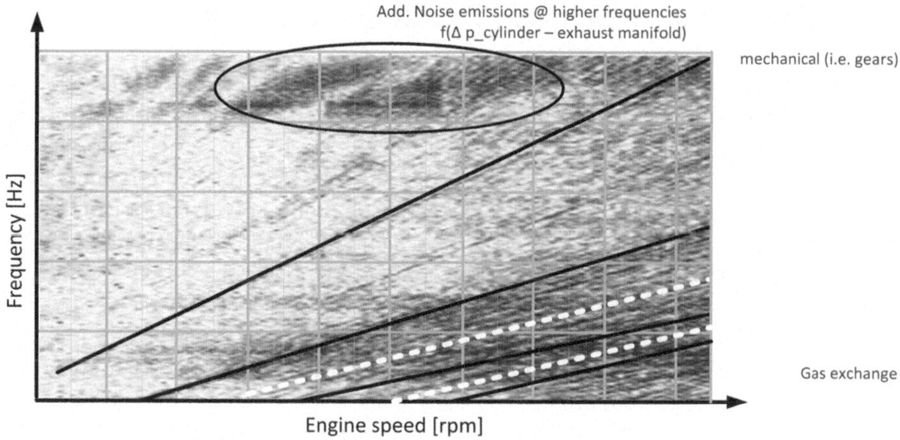

Abb. 4. Beispiel für ein Campbell Diagramm bei Variation der Motordrehzahl mit Motorbremsbetrieb

Weiterhin erhöht beim Einsatz der MBE zur Verbesserung der Kühlleistung der eingeschaltete Motorlüfter zusätzlich die Geräuschemissionen. Die nachfolgende Abb. 5 zeigt in der Zusammenfassung die Schallemissionen im Motorgeräusch bei unterschiedlichen Bedingungen beim Einsatz Motorbremsfunktion auf dem Prüfstand.

Die Abb. 5 zeigt beispielhaft den Einfluss des Differenzdrucks beim Öffnen der Auslassventile im Verdichtungs-OT als Vergleich zum Betrieb bei einer niedrigen Fahrzeuggeschwindigkeit.

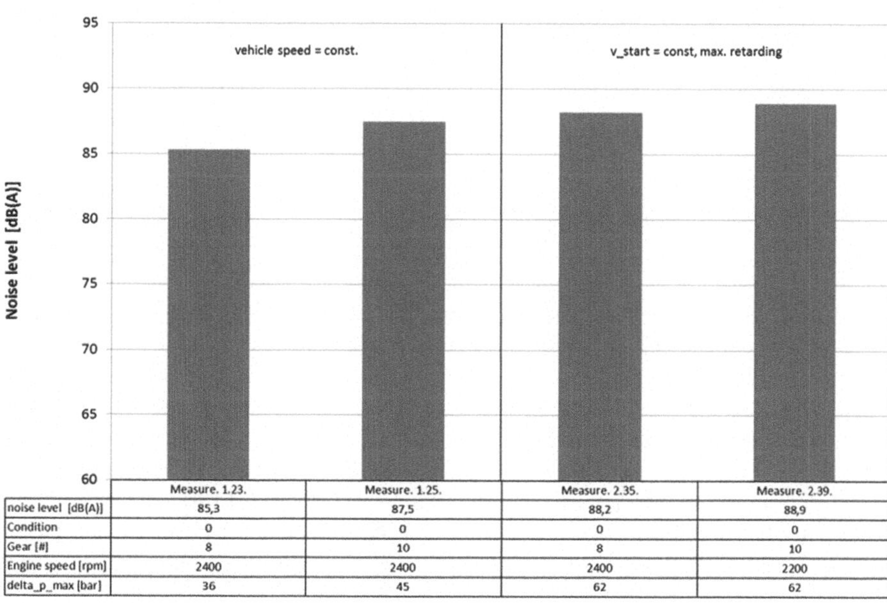

	Measure. 1.23.	Measure. 1.25.	Measure. 2.35.	Measure. 2.39.
noise level [dB(A)]	85,3	87,5	88,2	88,9
Condition	0	0	0	0
Gear [#]	8	10	8	10
Engine speed [rpm]	2400	2400	2400	2200
delta_p_max [bar]	36	45	62	62

Abb. 5. Schallemissionen unter ausgewählten Versuchsrandbedingungen im Vergleich

7 Zukünftige Entwicklungen, Trends und Chancen

Neben der Entwicklung einer angepassten Motor-Prozesssteuerung d. h. der Ausführung der notwendigen Ventilsteuerzeiten mit ausreichend Ventilhub bis hin zum Zweitaktprinzip, bieten die konventionellen bzw. bereits in Serienmotoren ausgeführten Systeme (basierend auf dem 4-Takt Prozess) ausreichend Potenzial die Motorbremsmomente weiter zu steigern. An dieser Stelle soll dabei beispielsweise auf die Möglichkeit verwiesen werden, die Nachteile einer Miller Ventilsteuerzeit beim Ansaugen bzw. Verdichten bei konventionell realisierten 4-Taktsystemen zu reduzieren. So ergibt sich dadurch neben der Steigerung der effektiven Verdichtung auch die Möglichkeit die Ladungswechselverluste durch eine Zwischenkompression im Gaswechsel-OT zu steigern. Dazu sind die Auswirkungen auf den Ladungswechselmitteldruck durch eine signifikant reduzierte Überschneidung, wie Sie beispielsweise mittels Phasenversteller umgesetzt werden kann, in der nachfolgenden Abb. 6 dargestellt.

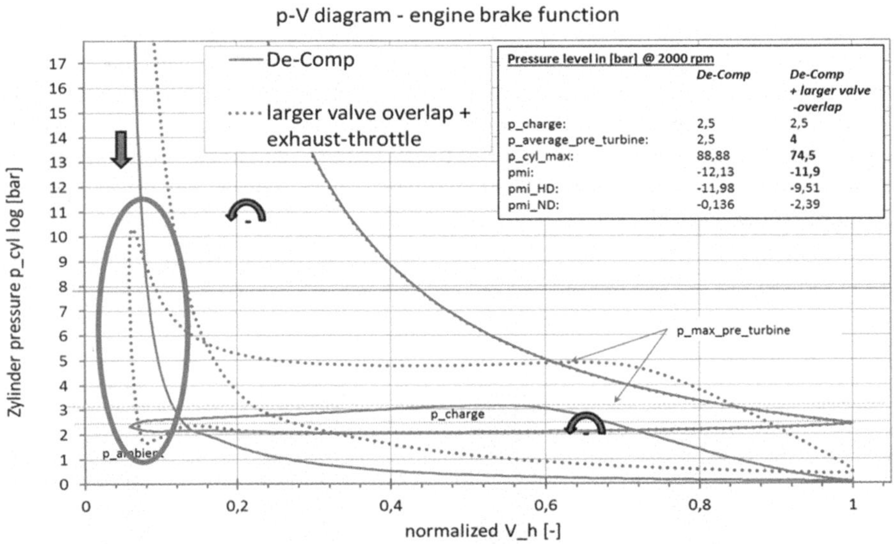

Abb. 6. Steigerung des Bremsmitteldrucks durch Zwischenkompression durch Änderung der Überschneidung mittels VVT auch Ein-und Auslassnockenwelle

Weiterhin besteht die Notwendigkeit zur Optimierung der effektiven Ventilerhebung besonders für das Öffnen des Auslassventils bei hohem Differenzdruck zwischen Brennraum und Abgasrohr im Verdichtungs-OT. Die nachfolgende Abb. 7 zeigt beispielhaft die Reduktion des effektiven Ventilhubs bei der Erhöhung der Druckdifferenz zwischen Zylinder und Abgasrohr in einem realen ausgeführten Ventiltrieb.

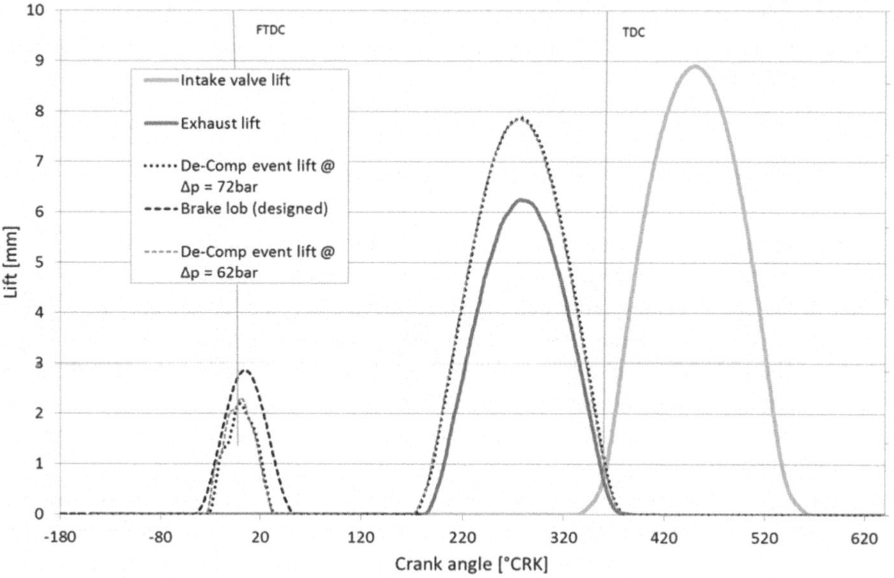

Abb. 7. Auswirkung des Differenzdrucks zwischen Brennraum und Abgasrohr auf den effektiv erreichbaren Ventilhub beim De-Comp Hub (Meßwerte)

Dabei hängt der maximale umsetzbare Ventilhub speziell beim De-Komp Hub von der Art der konstruktiven Ausführung der Ventiltriebes ab. Z. B. ergeben DOHC[2] Konfigurationen mit Kipphebeln höhere effektive Ventilhübe bei einem hohen Differenzdruck als SC[3] mit CIH[4]-Konfigurationen mit Kipphebeln und einer Ventilbrücke für je zwei Ventile. Bei der gezielten Optimierung der Ventilsteuerzeiten bezüglich der Motordrehzahl mit dem maximalen Bremsdrehmoment und der einzuhaltenden Ventilrampen zur Reduktion der Beschleunigungen muss oft ein Kompromiss gefunden werden. Bei den derzeitig in Serien befindlichen bzw. ausgeführten Nutzfahrzeugmotoren werden bei niedrigen bis mittleren Motordrehzahlen einen lediglich niedrigen Ladedruck erreicht. Daher werden zumeist die ausgelegten Steuerzeiten für den hohen oder gar Motorgrenzzahlbereich optimiert.

Zur Erhöhung des Ladedrucks bieten die zukünftig vorhandenen Hochleistungsbordnetze, z. B. als 48 V oder Hochspannungs-Bordnetz, die Möglichkeit einen elektrischen Zusatzverdichter für den Dauerbremsbetrieb einzusetzen. Da für die zurückgewonnene Bewegungsenergie (kinetische Energie des Fahrzeugs) gleichzeitig ein Bremsmoment ergibt, ist bei entsprechender Auslegung eine Entnahme von dauerhaft bis zu $p_{elektrisch} >= 30$ kW aus dem elektrischen Boardnetz möglich. Dies ist für den Antrieb einer oder mehrerer Verdichterstufen ausreichend, um den Ladedruck zur

[2] DOHC – Double OverHead CAM.

[3] SC – Singel CAM.

[4] CIH – CAM in Head.

Steigerung. Ziel ist es dabei die Regelung der Umschaltung zu optimieren und die thermodynamisch erzeugten Motorbremsmomente dauerhaft bei kleinen Motordrehzahlen anzuheben.

8 Anforderungen an zukünftige Systeme

Die Optimierung der Ventilsteuerzeiten und des Hubverlauf für den niedrigen Motordrehzahlbereich ist vorzusehen und ggfs. um eine variable Verstellung zur Anpassung für den Betrieb bei unterschiedlichen Motordrehzahlen zu ergänzen. Vollvariable Phasen und Hubstellsysteme ermöglichen Verbrauchspotenziale nicht nur für den Motorbremsbetrieb zu erschließen, sondern bieten auch Vorteile bei der Regelung. So ist eine kurzzeitige Verschlechterung des Motorwirkungsgrades zur Anpassung der Motormomente bei vollvariablen nur in geringerem Maße notwendig als bei System mit Zweipunktverstellung.

Die angestrebte Verbesserung der Motorbremsfunktion bedingt somit die Einführung und Weiterentwicklung der Ventiltriebsysteme. Die hohen Kräfte beim Öffnen des Auslassventils im Verdichtungs-OT als Folge eines hohen Lade- und damit Differenzdruck zwischen Brennraum und Abgasrohr, dürfen dabei die angestrebte bzw. geforderte Bauteil-Lebensdauer durch unzulässig hohe Flächenpressung nicht reduzieren.

Die hohen Schalldruckpegel können durch zwar durch eine Optimierung der Öffnungsquerschnitte d. h. der Ventilerhebung und der Steuerzeiten optimiert werden. Um die geforderten Grenzwerte einhalten zu können, werden allerdings Sekundärmaßnahmen (Dämpfungselemente wie z. B. Resonatoren) notwendig.

Eine Herausforderung stellt die synchrone Steuerung der beteiligten Teilsysteme z. B. des Zusatzverdichters oder der Verstell-Einrichtungen des Ventiltriebs dar. Zwar kann dies automatisiert und weitgehend ohne aktive Eingriffe des Fahrzeuglenkers erfolgen, doch sind Zustände wie das „change of mind“ oder ein schneller Wechsel der Anforderung von positiven und negativen Motordrehmomente ohne Fahrleistungs- und Komforteinbußen abzudecken.

Ein möglicher Ansatz ist hier die Aufteilung in schnelle und langsame Momentenpfad auf Fahrzeugebene. Analog zu Drehmomenten basierten Motorsteuerung werden die geforderten Momente durch den schnellen Eingriff der elektrischen Rekuperationsmaschine z. B. der BOSCH e-Achse [4] und die gestuft oder kontinuierlich wirkende MBE generiert. Hydraulische oder elektrische Retarder-Bremseinrichtungen können somit ebenfalls schnell und flexibel integriert werden.

9 Einordnung und Skalierbarkeit

Die Einführung von Motor- und Retarder-Dauerbremseinrichtungen wird durch Anforderungen aus den Kosten zu Nutzen Abschätzung bzw. Nutzen Bewertung bestimmt. Zusätzlich ist bei Nutzfahrzeugen der Einfluss auf Nutzlastfaktor zu betrachten.

Eine rein mechanisch am Ventiltrieb wirkenden Verbesserung des thermodynamisch wirkenden Motorbremsmomentes steht ein niedriger Ladedruck bei niedrigen Motordrehzahlen entgegen. Die Einführung elektrischer Komponenten in den Antriebsstrang mit der Motivation die CO_2-Emissionen durch Energierekuperation und elektrische Fahranteile z. B. im nicht stationären Motorbetrieb zu reduzieren, bietet die Möglichkeit auch die Motorbremsfunktion weiterzuentwickeln. Neben der Steigerung der möglichen Motorbremsmomente bei niedrigen Motordrehzahlen oder gar bei den typischen Motorarbeitsdrehzahlen ($n_{operation}$) ist gleichzeitig eine Verbesserung der Bedienung und Fahrbarkeit umsetzbar.

Die Skalierbarkeit der Lösung für unterschiedliche Fahrzeuge, Motorvarianten und Anwendungsbereiche ist mit einem Baukastensystem unterschiedlicher Funktionen am Ventiltrieb und einem Zusatzverdichter in zwei oder drei Leistungsstufen möglich.

Der variable Ventiltrieb zukünftiger Nutzfahrzeugmotoren wird somit eine Schlüsselrolle zur Optimierung des Kraftstoffverbrauchs durch z. B. ein variables Einlass schließt oder zum gezielten Temperaturmanagement der Abgastemperatur bzw. des Enthalpiemassenstroms durch Steuerung des Auslass öffnen Events einnehmen.

10 Zusammenfassung und Ausblick

Eine Steigerung der Dauerbremsmomente bei Nutzfahrzeugmotoren, insbesondere im niedrigen und mittleren Motordrehzahlbereich, ist vordringliches Entwicklungsziel der Motorenhersteller. Eine weitere Steigerung der heute bereits erreichten maximal möglichen spezifischen Dauerbremsleistungen bei Grenzdrehzahl erscheint, bis auf wenige Ausnahmen für Motoren die im extremen Schwerlastgüterverkehr Verwendung finden, nur bedingt notwendig. Mit dem Einsatz von variablen Ventiltrieben in Nutzfahrzeugmotoren in Kombination mit einem leistungsfähigen Aufladesystemen ist es bereits heute möglich eine spezifische Dauerbremsleistungen der MBE von >35 kW/l bis zu 45 kW/l darzustellen.

Der Entwicklungsschwerpunkt bei der Entwicklung zukünftiger Nutzfahrzeugmotorgenerationen ist eine gute Dosier- bzw. Regelbarkeit und ein schneller Bremsmomentaufbau bereits bei Arbeitsdrehzahl. Dadurch wird es möglich sein, die CO_2-Emissionen im realen Straßenbetrieb bei hohen Nutzlasten zu senken und die geforderten NO_x-Emissionsgrenzwerte einzuhalten.

Grundvoraussetzung ist die Variabilität im mechanischen Ventiltrieb, die stufig variable oder teils vollvariabel ausgeführt werden kann. Herausforderung sind hierbei die hohen Kräfte die durch hohe Druckdifferenzen beim Öffnen der Ventile nahe dem Verdichtungs-OT (De-Comp Hub) entstehen. Zusätzlich erfordern die mit dem Öffnungsvorgang verbunden hohen Strömungsgeschwindigkeiten und Druckgradienten Zusatzmaßnahmen zur Senkung der Schallemissionen. Die Absenkung der Motordrehzahl im Dauerbremsfall reduziert zwar die Schallintensität, aber durch die Verdopplung der Anregungsfrequenzen z. B. beim Zweitaktverfahren ist eine neue Motorordnung mit hoher Intensität unvermeidbar.

Die Optimierung der Ventiltriebe zur Darstellung unterschiedlicher und schnell einstellbarer Dauerbremsmomente bei Arbeitsdrehzahl kann vorteilhaft durch elektrische Zusatzverdichter oder in Kombination mit speziell angepassten mehrstufigen Aufladesystemen unterstützt und optimiert werden. Die Ergänzung bzw. Kombination aus elektrischem Rekuperationseinrichtung mit Zusatzverdichter für die MBE verbessert die Regelbarkeit und erschließt neues CO_2 Potenzial. Dabei können die Reduktion des für den Güterfernverkehr wichtigen Nutzlastfaktors und die Erhöhung der Systemkosten mit dem Zusatznutzen zur CO_2-Emissionssenkung kompensiert werden.

Literatur

1. Pischinger, R., Sams, T., Klell, M.: Thermodynamik der Verbrennungskraftmaschine. Springer, Wien (2002)
2. Kellermayr, G., Kraxner, T.: Kurbelriebs- und Ventiltriebs-Variabilitäten zur Effizienz- und Leistungssteigerung von Dieselmotoren. In: Ladungswechsel im Verbrennungsmotor, Stuttgart (2016)
3. Rossing, D.T.: Handbook of Acoutic. Springer, Wiesbaden (2007)
4. Schäfer, P.: Springer professional, Springerverlag, 29 August 2018. https://www.springer-professional.de/schwere-lkw/elektrofahrzeuge/bosch-elektrifiziert-die-achse-von-lkw-sattel-anhaengern/16077896. Zugegriffen: 2. Sept. 2018

Motorbremse in Nutzfahrzeugen mittels Schieberolle

Justus Himstedt[1](✉), Patrick Altherr[1], Sascha Naujoks[2], und Simon Schneider[2]

[1] MAHLE GmbH, Stuttgart, Deutschland
justus.himstedt@mahle.com
[2] MAHLE International GmbH, Stuttgart, Deutschland

1 Einleitung

Im Mai 2018 veröffentlichte die europäische Kommission ihre Vorschläge zur zukünftigen CO_2-Regulierung. Hinsichtlich der Regulierung des Nutzfahrzeugverkehrs liegt der Fokus auf den Fahrzeugkategorien Schwerlastverkehr für Langstrecken- und Verteilerbetrieb.

Die geäußerten Zielvorstellungen von −15 % CO_2-Ausstoß in 2025 bezogen auf 2019 sowie −30 % in 2030 verstärken die Suche der Nutzfahrzeughersteller nach effizienzsteigernden Technologien im Verbrennungsmotor.

In der Vergangenheit war der Haupttreiber für Effizienzsteigerungen die „Total cost of ownership" (TCO). Die geplanten CO_2-Regularien für schwere Nutzfahrzeuge der EU, intensivieren nun die Suche nach Lösungen zur Wirkungsgradsteigerung.

Mit Blick auf den Ventiltrieb eröffnet sich der Bedarf für schaltbare Systeme, die es erlauben betriebspunktspezifisch den Ladungswechsel anzupassen, um gezielt Emissionen, Verbrauch, Motordynamik oder Bremsleistung zu verbessern.

MAHLE entwickelt ein Schieberollensystem bei dem der Nockenabgriff [1]–[7] zwischen zwei Nocken geschaltet werden kann. Wie in [8] vorgestellt, eignet sich ein solches System für verschiedene Anwendungen. Dies könnten beispielsweise Miller/Atkinson-Steuerzeiten, frühes Auslass Öffnen oder auch eine Motorbremsfunktion sein.

Bei der Entwicklung des Systems konzentriert sich MAHLE auf den Anwendungsfall der Motorbremse, da diese die höchsten Anforderungen hinsichtlich der Schaltzeit und den auftretenden Kräften an ein schaltbares System stellt.

Im folgenden Beitrag werden die Designstufen vom ersten Konzept zur heutigen Stand sowie die Versuchsergebnisse aus Dauerlauferprobung und Performance- Untersuchungen an einem State-of-the-art 13L HD Motor vorgestellt.

J. Liebl (Hrsg.): *Ladungswechsel und Emissionierung 2018,* Proceedings, S. 269–284, 2019.
https://doi.org/10.1007/978-3-658-24984-7_17

2 Designentwicklung – von der Idee zur Generation 2

Startpunkt für die Entwicklung des Systems war die Suche nach einer Ventilbetätigung für Nutzfahrzeuge, welche die folgenden Anforderungen erfüllt:

- Passend für Rollenkipphebel und damit einsetzbar für OHC-Architektur
- Möglichst geringe bewegte Masse
- Sichere Schaltfunktion
- Robustheit
- Möglichst wenig Bauraumbedarf
- Einheitliches Grundkonzept einsetzbar für unterschiedliche Anwendungen.

Der Anforderungskatalog der Anwendungen zielt auf das Umschalten auf alternative Ventilerhebungskurven wie beispielsweise Miller/Atkinson-Steuerzeiten, interne Abgasrückführung, frühes Auslass Öffnen oder die interne Motorbremse ab.

Aus diesen Anforderungen entstand das Konzept, zum Wechsel zwischen den zwei Hubkurven, am Rollenkipphebel lediglich die Rolle mitsamt Bolzen zu verschieben (Abb. 1). Der restliche Hebel verbleibt an seiner Position. Dies minimiert die bewegten Massen signifikant.

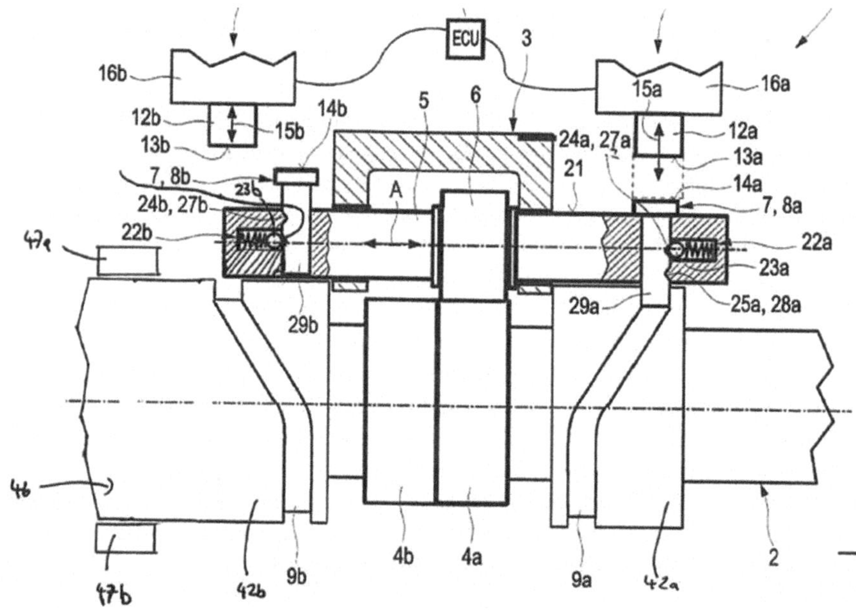

Abb. 1. Skizze des ersten Konzeptes, MAHLE 2015

Für das Verlagern der Rolle (den Schaltvorgang) wurde die Kombination von Kurvennut auf der Nockenwellenseite und eines beweglichen Stiftes auf der Nockenfolgerseite gewählt. Der Schaltvorgang wird durch den Aktuator ausgelöst und verläuft anschießend zwangsgesteuert, sodass immer ein vollständiges Umschalten sichergestellt ist. Eine Gefahr der Bauteilkollision oder unvollständigen Schaltens durch zeitfalsche Auslösung des Schaltvorganges besteht somit nicht.

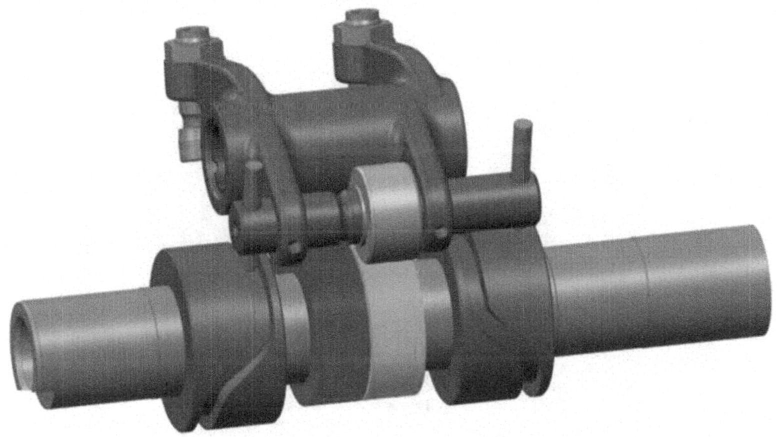

Abb. 2. Erste CAD-Ausdetaillierung des Systems, Einlassseite, MAHLE 2015

Die erste Ausdetaillierung des Konzeptes erfolgte für ein Miller/Atkinson-Verfahren am Beispiel eines Heavy-Duty-Motors mit zwei obenliegenden Nockenwellen (Abb. 2). Der hellblaue Nocken in Abb. 2 entspricht dem Standardhubverlauf, der dunkelblaue enthält einen Sattelnocken mit verlängerter Öffnungsdauer für spätes Einlass Schließen (SES). Rechts und links der Nocken befinden sich die Nutronden mit der Steuerkontur. Die pilzförmigen Schaltstifte am Bolzenende tauchen nach Aktivierung durch einen Aktuator in die Nut ein, folgen der Nut und verschieben somit die Rolle axial auf den anderen Nocken. Der Stift auf der linken Seite des Bolzens verschiebt die Rolle vom hellblauen auf den dunkelblauen Nocken, der Stift auf der rechten Seite wird für den umgekehrten Schaltvorgang (dunkelblau auf hellblau) aktiviert.

Die auftretenden Belastungen auf die Komponenten verändern sich für das SES-Profil gegenüber dem Standardprofil kaum. Die verfügbare Schaltzeit bzw. der verfügbare Winkelbereich in dem die Rolle von einem Nocken zum andern axial bewegt werden muss, ist infolge des großen gemeinsamen Grundkreisbereiches sehr groß und erfordert für diesen Anwendungsfall keinerlei besondere Anpassungen.

Anders sieht die Situation für den Anwendungsfall der Dekompressionsmotorbremse aus:

- Die Kräfte, welche im Bremsbetrieb auf die Rolle wirken, sind deutlich höher als bei Vollastbetrieb, weil das Auslassventil gegen einen deutlich höheren Zylinderdruck geöffnet werden muss. Trotz geringerer Krümmung der Nockenoberfläche bedeutet dies, dass die kritische Belastungsgröße – die Kontaktpressung – ansteigt. Die Rollenbreite und Rollenkontur müssen auf die maximal ertragbare Kontaktpressung abgestimmt werden. Die Belastungen im Bremsbetrieb bestimmen somit die Dimensionierung der Rolle maßgeblich.

- Die für einen Bremsbetrieb erforderlichen zusätzlichen Nockenhübe erfolgen zu anderen Steuerzeiten als dem Standardhub. Der gemeinsame Grundkreisbereich und damit der verfügbare Schaltwinkel ist sehr viel kleiner. Die Rollen-Bolzen-Baugruppe muss in kürzerer Zeit bewegt, also axial beschleunigt und abgebremst, werden.

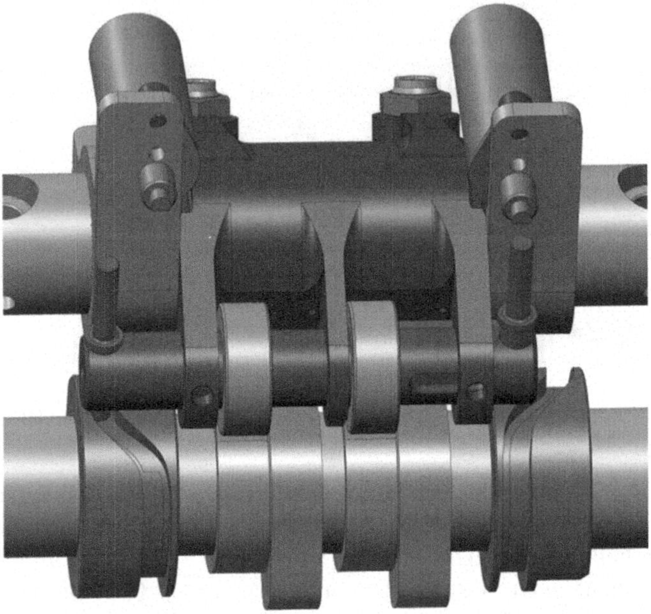

Abb. 3. Designstufe Generation 1, Ausführung für Prüfstandsaufbau der Motorbremsfunktion mit liegendem Aktuator, MAHLE 2016

Das Konzept wurde daher für die Anwendung als Motorbremse überarbeitet (Abb. 3). Die breite Rolle wurde in zwei schmale Rollen aufgeteilt. Der axiale Schaltweg halbiert sich somit, während die spezifische Pressung an den Kontaktflächen erhalten bleibt.

Die Anordnung der Aktuatoren quer liegend oberhalb der Kipphebelachse erlaubt es einen Aktuator mit niedriger Haltekraft einzusetzen. Die Befestigung der in Abb. 3 ersichtlichen Aktuatoren über Klemmen auf der Kipphebelachse ist eine prüfstandsoptimierte Ausführung, die es ermöglicht die Lage der Aktuatoren für Versuchszwecke frei einzustellen ohne Veränderungen an der Originalkipphebelachse vornehmen zu müssen.

Der Designstand der Generation 2 (Abb. 4) stellt ein serientaugliches Design dar.

Die Anzahl der Aktuatoren wurde halbiert, indem der gemeinsame Aktuator für beide Schaltpositionen nun parallel zur Kipphebelachse liegt und wahlweise den linken oder den rechten Schaltstift betätigt.

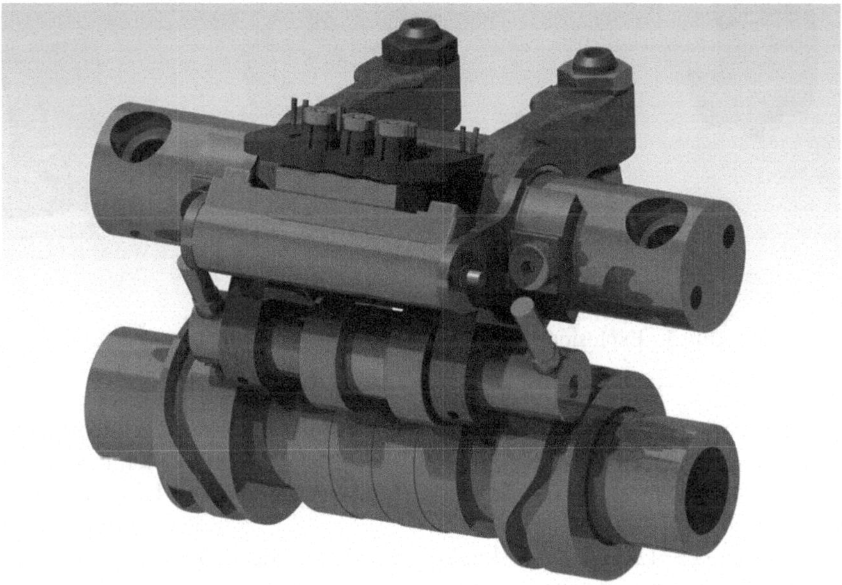

Abb. 4. Designstufe Generation 2, Ausführung für Motorbremsfunktion, bauraumoptimiert, MAHLE 2018

Die Rollenlagerung und der Bolzen wurden ebenfalls überarbeitet, der Mittelsteg zwischen den Rollen konnte entfallen und eine innenliegende Ölversorgung der Rollenlagerung implementiert werden.

Die Baugruppe passt mit diesen Anpassungen in den vorhandenen Bauraum des als Versuchsträger gewählten Motors der 13 l-Klasse.

Der Aktuator (Abb. 5) ist eine Weiterentwicklung eines bestehenden Produktes. Neu ist, dass der zentrale Bolzen an beiden Seiten aus dem Aktuator heraussteht und bei Betätigung wechselweise links oder rechts weiter austaucht. Gleichzeitig ist eine Fail-Safe-Funktion integriert: Der Aktuator nimmt im stromlosen Fall eine Vorzugsposition ein.

Bei einem Motorbremssystem wird dadurch sichergestellt, dass bei Versagen der elektrischen Betätigung z. B. infolge eines Kabelbruchs, der betroffene Hebel aus dem Bremsmodus in den Antriebsmodus zurückschaltet.

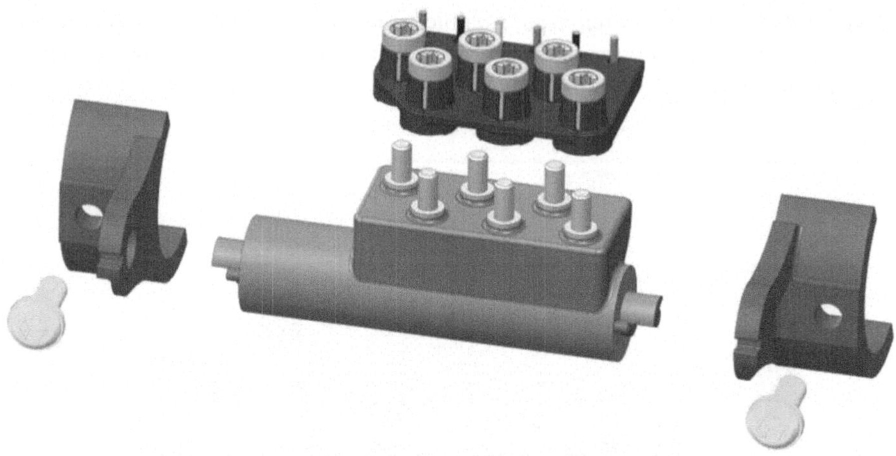

Abb. 5. Explosionsdarstellung Aktuatorbaugruppe mit Stecker

Optional ist vorgesehen Hallsensoren in das Aktuatorgehäuse zu integrieren. Bei Bedarf kann somit über die zusätzliche Sensorik die korrekte Position des Aktuators detektiert werden. Dies erlaubt eine erweiterte Überwachung und Diagnose des Systems.

Hinsichtlich der elektrischen Anbindung wurde ein Steckerkonzept (Abb. 5 oben) entwickelt. Ziele waren:

- Kleiner Bauraum
- Einfache Montage
- Robuste Anbindung
- Bewährte Konstruktion

Das Ergebnis ist ein Stecker, der gleichzeitig auf sechs M4-Gewinde aufgesteckt und mittels integrierter Muttern auf jedem Kontakt sicher verbunden wird. Diese Lösung ist von der Kontaktierung von Injektoren bekannt und gilt als robuste und bewährte Lösung für die Übertragung elektrischer Leistung im heißen Ölnebelbereich unter der Ventilhaube. Von den sechs Kontakten dienen drei der Bestromung der Betätigung. Die restlichen drei Kontakte sind für die Sensorik vorgesehen.

Die Stecker sind beweglich an den Kabelbaum mit einer Kunststofftragstruktur angebunden. Die Montage des Zylinderkopfes mitsamt Zylinderkopfhaube gestaltet sich durch die somit vorpositionierten Stecker einfach.

Die grundsätzliche Designentwicklung ist mit der Generation 2 abgeschlossen. Das Design der Generation 2 wurde umfangreich hinsichtlich Funktion, Bauraum und Kosten optimiert und steht für künftige Motorenserienprojekte bereit.

3 Validierung – Funktionsprüfung und Dauerlauf

Zum Nachweis der simulativen Auslegung wurde das System in drei Stufen untersucht:

- Funktionsprüfung und Feinabstimmung
- Dauerlauf und Systemzuverlässigkeit
- Befeuerter Motorenversuch inklusive Bremsbetrieb

Für die Funktionsprüfung und den Dauerlauf wurde der Zylinderkopf auf einem Komponentenprüfstand aufgebaut (Abb. 6).

Abb. 6. Applikation des Schieberollensystems im Zylinderkopf

3.1 Funktionsprüfung und Feinabstimmung auf dem Zylinderkopfprüfstand

Um die Funktion des Systems zu prüfen wurde auf Basis der Generation 1 ein Zylinderkopfprüfstand aufgebaut, mit dem Ziel, die grundsätzliche Funktion des Systems nachzuweisen und die Feinabstimmung der Messtechnik durchzuführen.

Um einen konkrete Visualisierung des Schaltvorgangs zu bekommen wurde dieser mit einer Hochgeschwindigkeitskamera aufgenommen.

Für die Ansteuerung der Aktuatoren wurde eine Zeitbasierte Steuerungseinheit mittels Mikrocontroller aufgebaut.

Unter anderem wurden folgende Messdaten erfasst:

- Drehzahl Motor n_1
- Ventilhub über Grad Nockenwelle L_1
- Hallgebersignal Nockenwellen-Winkelposition D_1
- Stromaufnahme Aktuatoren
- Kontaktkräfte am Aktuator

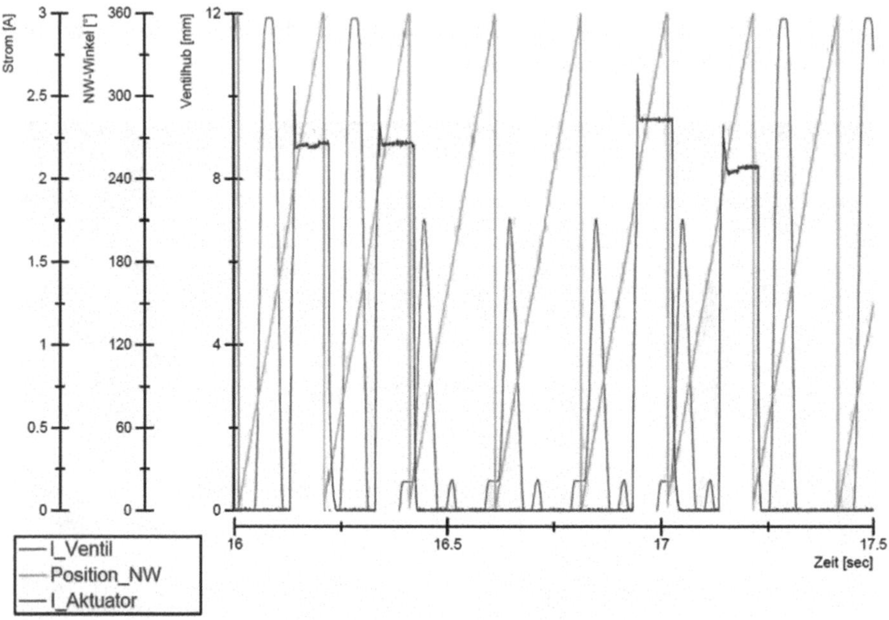

Abb. 7. Umschalten des befeuerten Ventilhubes (braun) zum kleineren Bremsventilhub und zurück (Farbig Online)

Die Funktion des Systems konnte gut im Messschrieb (Abb. 7) nachgewiesen werden: gut zu erkennen ist das Umschalten des befeuerten Ventilhubes (braun) zum kleineren Bremsventilhub bei ca. 16,25 s und zurück auf den großen Hub bei ca. 17,25 s.

Die Bestromung (blau) steht so lange an bis der Aktuator seine Endposition erreicht hat. Die jeweils zweite Bestromung dient der Rückstellung des entsprechenden Aktuators in seine Grundstellung. Es wird jeweils eine andere Spule angesteuert, weswegen das Niveau der Stromstärken bei diesem Prototyp noch unterschiedlich hoch ausfällt.

Dies wurde in einem Drehzahlband von 200 bis 2400 U/min Motordrehzahl mit insgesamt 20.000 Schaltzyklen validiert. Damit ist die grundsätzliche Funktion des Systems nachgewiesen.

Eine schwer zu simulierende aber lebensdauerentscheidende Größe ist die Kontaktkraft die durch den Impuls beim Auftreffen des Schaltstiftes auf den Aktuator entsteht. An dieser Stelle gibt es eine Vielzahl an Randbedingungen die nur schwer hinreichend genau abzuschätzen sind, insbesondere die Elastizität des Systems. Zur Validierung wurde ein Aktuator mit einem DMS bestückt, kalibriert und anschließend so die Kontaktkraft während der Funktionsprüfung gemessen.

Die Messungen bestätigten die getroffenen Annahmen der Simulation. Für zukünftige Konstruktionen kann mit diesen Ergebnissen präziser ausgelegt werden.

3.2 Dauerlauf und Systemzuverlässigkeit auf dem Zylinderkopfprüfstand

Nach erfolgreicher Funktionsprüfung und positiven Ergebnissen aus dem Motorenlauf, konnte schon auf der frühen Designbasis der Generation1 ein Dauerlauf gestartet werden. Ziel war es die Systemrobustheit nachzuweisen, hierzu wurden 700.000 Bremszyklen auf Fahrzeuglebensdauer angenommen (Abb. 8).

Abb. 8. Nockenwelle und Hebel nach ca. 50 h im Motorenversuch (Bremsbetrieb) mit gleichmäßigem Tragbild. Im Bremsbetrieb werden die maximalen Kontaktkräfte zwischen Rollen und Nocken erreicht

Um die geforderten Schaltzyklen in möglichst kurzer Laufzeit zu erreichen, wurden die Aktuatoren auf „Ausgefahren" positioniert und in dieser Position fixiert. Dadurch fand bei jeder Nockenwellenumdrehung ein Schaltvorgang statt. So war es möglich die 700.000 Schaltzyklen in nur 73 h zu erreichen. Das Drehzahlband wurde zwischen 500 und 2400 U/min Motordrehzahl variiert, jedoch überwiegend im Bereich größer 1500 U/min.

Um den axialen Verstellweg zu reduzieren wurde bereits bei der Generation 1 die notwendige Rollenbreite auf zwei schmalere Rollen aufgeteilt. Die Breite der Rolle bzw. der Rollen wird im Wesentlichen vom Zylinderdruck, der dem Gegendruck beim Öffnen der Ventile entspricht, bestimmt. Wie auch schon in der Simulation ermittelt, verteilen sich die Kontaktkräfte aufgrund der Spiele und der Elastizitäten sehr gleichmäßig auf beide Rollen, dies zeigt sich auch am gleichmäßigen Tragbild der Rollen und Nocken.

Es traten im Dauerlauf keine kritischen Verschleißmerkmale auf. Besonderes Augenmerk lag auf dem Kontaktbereich zwischen Schaltstift und Steuernut. Hier zeigten beide Kontaktpartner nur gering Laufspuren, somit kann von einer Robustheit auch bei deutlich höheren Laufzeiten und Schaltzyklen ausgegangen werden.

4 Ergebnisse Motorversuche und Optimierung

Die Designstufe Generation 1 der MAHLE Motorbremse wurde in Vollmotorversuchen erprobt und mittels 1D-Simulation modelliert und weiter optimiert. Für die Funktion war das Ziel, eine vergleichbare Bremsleistung wie die des Serienbremssystems des Forschungsmotors aufzuzeigen. Eine schematische Darstellung der MAHLE-Ventilhubkurven für den Bremsbetrieb ist in Abb. 9 dargestellt.

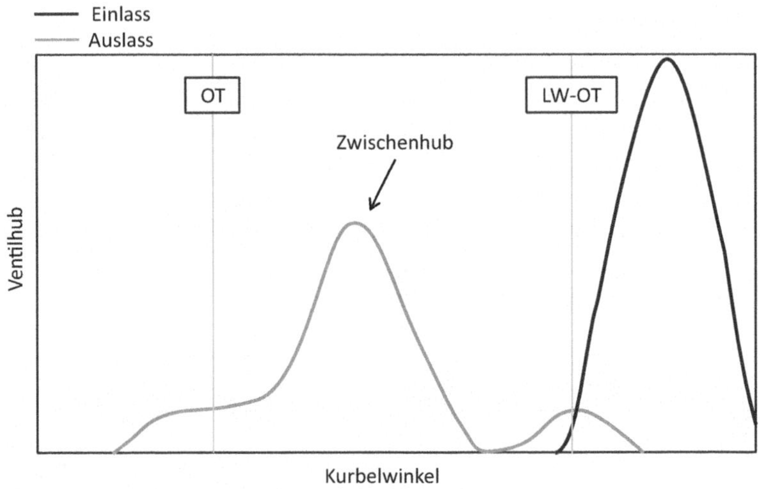

Abb. 9. Schematische Ventilhubkurven im Bremsbetrieb

In Abb. 10 ist die Bremsleistung und die Luftmasse über der Motordrehzahl gegenüber der Serienbremse dargestellt. Das Ziel der gleichen Bremsleistung wurde somit am Prüfstand bestätigt. Bei kleinen Motordrehzahlen weist die MAHLE Motorbremse eine etwas höhere Bremsleistung auf. Bei vergleichbarer Performance wird bei höheren Drehzahlen weniger Luftmassenstrom benötigt. Mit der Grundauslegung der MAHLE Motorbremse weist die Turboladerdrehzahl Potenzial auf, die Bremsleistung weiter bis zur zulässigen Grenze der Laderdrehzahl steigern zu können. Die Serienbremse nutzt bereits ein höheres Drehzahlniveau und hat an dieser Stelle keine weiteren Potenziale (Abb. 11).

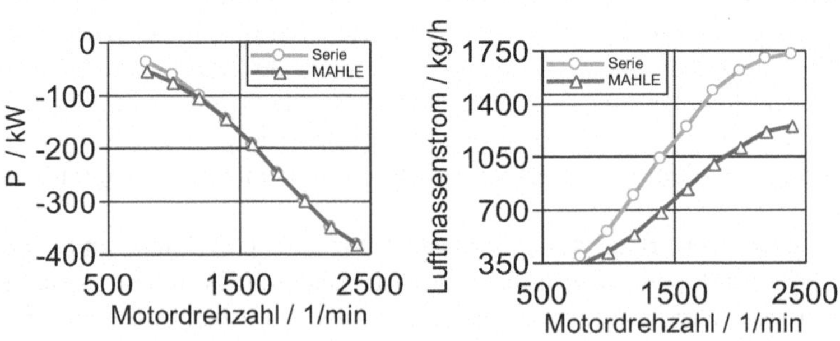

Abb. 10. Ergebnisse Motorversuch – Bremsleistung und Luftmassenstrom

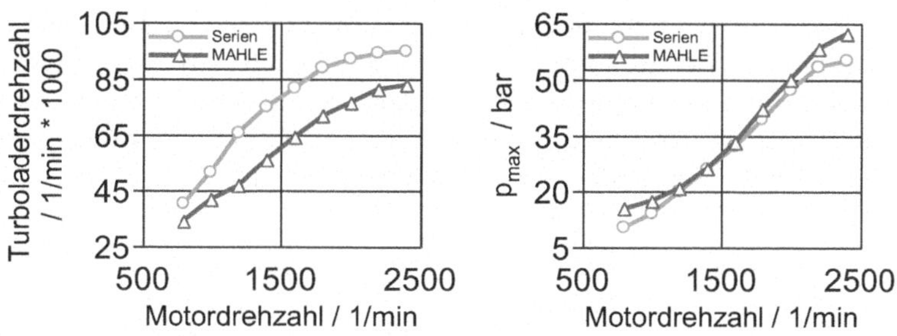

Abb. 11. Ergebnisse Motorversuch – Turboladerdrehzahl und Zylinderspitzendruck im Bremsbetrieb

Die Zylinderspitzendrücke sind vergleichbar zur Serienbremse (Abb. 13), lediglich bei höchsten Motordrehzahlen ist der Spitzendruck um bis zu 7 bar erhöht. In Abb. 12 ist der Zylinderdruckverlauf der MAHLE Motorbremse beispielhaft für 2000 U/min dargestellt.

Die Bremsleistung wird über Dekompressionen in der „Hochdruck"-Phase und im Ladungswechsel-Takt erzeugt. Die Verteilung der Bremsleistung hat bei der Serienbremse den Fokus auf der „Hochdruck"-Phase, im Ladungswechsel-Takt wird hingegen nur bis zu maximal 27 % der Bremsleistung erzeugt.

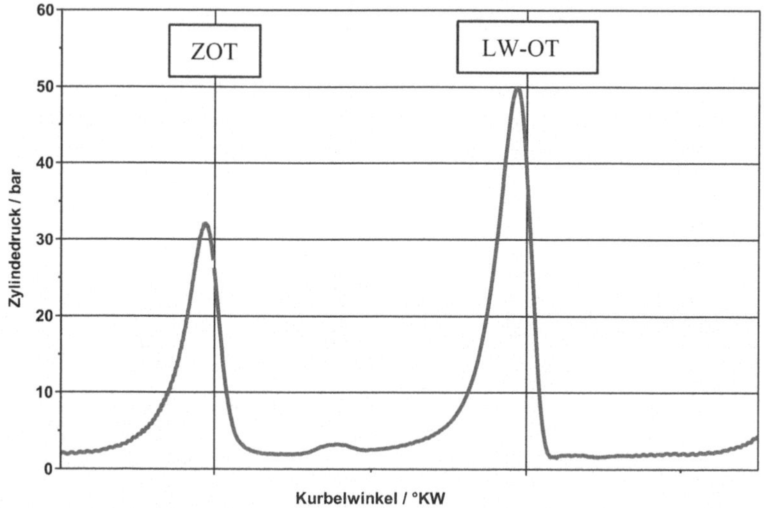

Abb. 12. Ergebnisse Motorversuch – Zylinderdruckverlauf MAHLE Motorbremse @ 2000 U/min

Bei der MAHLE Motorbremse beträgt der Anteil der Hochdruckphase bis zu ca. 43 %. Der Ladungswechsel trägt mit ca. 57 % deutlich stärker zur Bremsleistung bei im Vergleich zur Serienbremse (Abb. 13). Dies ist ein deutlicher funktionaler Vorteil, weil die Belastung der Zylinderkomponenten (Auslassventile, Kolben) gleichmäßiger auf beide Umdrehungen des Arbeitsspiels verteilt wird.

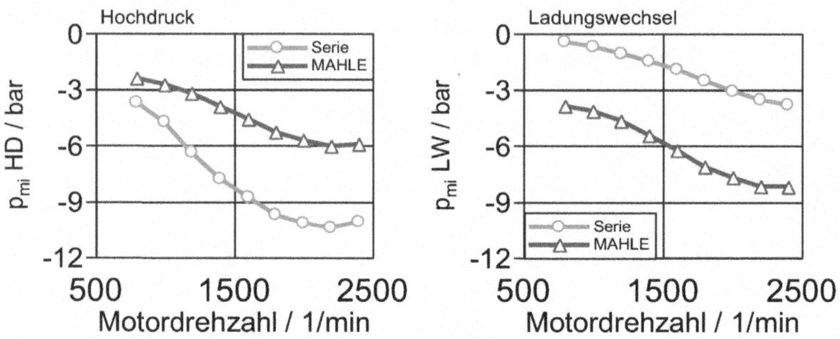

Abb. 13. Ergebnisse Motorversuch – Aufteilung der Bremsmitteldrücke im Bremsbetrieb

Die Abgastemperatur vor Turbine ist mit der MAHLE Motorbremse drehzahlabhängig zwischen 50 bis 125 K höher als bei der Serienbremse (Abb. 14), nach Turbine verbleibt ein Delta von bis zu ca. 70 K. Dies trägt im Fall der MAHLE Motorbremse dazu bei, dass die Abgasnachbehandlung im Bremsbetrieb weniger auskühlt.

Der zusätzliche Wärmestrom im Abgas entspricht unabhängig von der Mechanik des Bremssystems weitgehend der Bremsleistung, sodass die Abgastemperaturen unmittelbar invers an den angewendeten Luftmassenstrom gekoppelt sind.

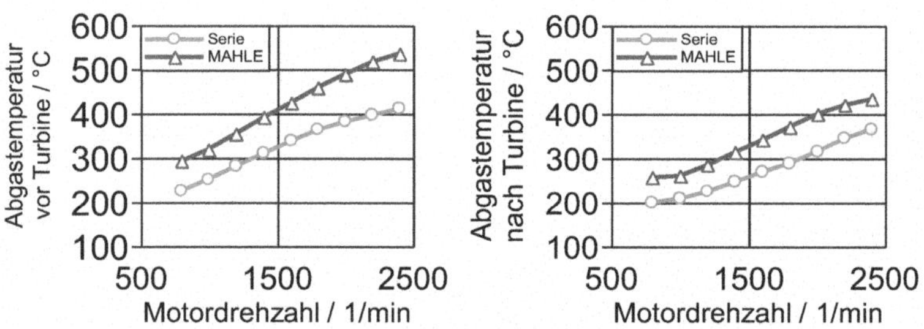

Abb. 14. Ergebnisse Motorversuch – Abgastemperaturen vor und nach Turbine im Bremsbetrieb

Die Versuchsergebnisse der Grundauslegung der Motorbremse zeigen ein höheres Niveau an Gas- und Bauteiltemperaturen gegenüber der Serienbremse, ebenfalls bedingt durch die Balance zwischen Luftmasse und Abgastemperatur bei einer festen Bremsleistung.

Je nach Auslegung des Motors kann dies gewünscht sein oder bereits Belastungsgrenzen von Bauteilen überschreiten.

4.1 Optimierung der Ventilhubstrategie

Ausgehend von der motorisch untersuchten Basiskonfiguration (Designstufe Generation 1) wurden simulativ Optimierungsmaßnahmen an einem abgeglichenen 1D-Modell des Systems durchgeführt. Dies wird am Betriebspunkt mit max. Bremsleistung bei einer Motordrehzahl von 2400 U/min betrachtet. Ziel ist u. a. die Anpassung des Temperaturniveaus. Einige dieser Schritte werden im Folgenden gezeigt.

4.2 Einfluss der Höhe und Dauer des Zwischenhubes

Eine Reduzierung der maximalen Höhe des Ventilhubs des Auslassventils beim Bremsen kann die durchschnittliche Gastemperatur im Zylinder bereits um ca. 50 K reduzieren (Abb. 15).

Durch die Verkürzung der Öffnungsdauer wird eine weitere Absenkung auf bis zu 125 K erreicht. Gleichzeitig muss das Wastegate-Ventil weiter geschlossen werden, um die gewünschte Bremsleistung konstant zu halten, dadurch steigt die Turboladerdrehzahl an. Durch eine zu starke Reduzierung der Öffnungsdauer wird die Turboladerdrehzahlgrenze erreicht und infolgedessen kann die Bremsleistung nicht mehr konstant gehalten werden. Dies markiert die kürzest zulässige Öffnungsdauer.

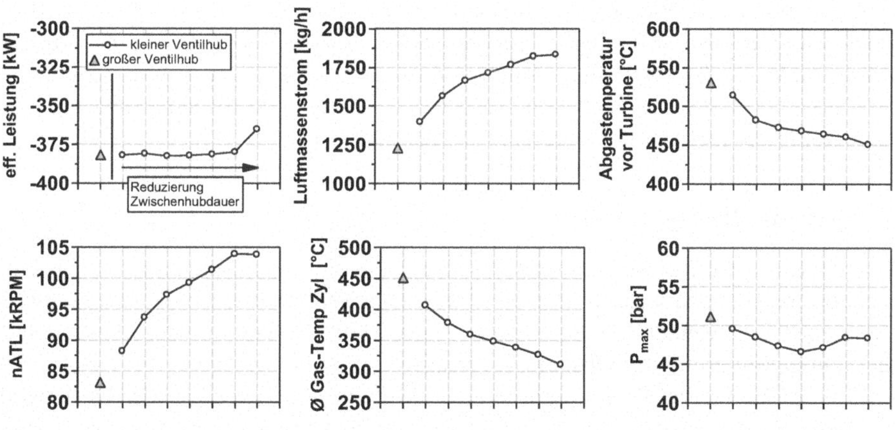

Abb. 15. Simulation – Variation der Zwischenhubdauer

Der Einfluss der Öffnungsdauer ist ein Trade-Off zwischen Absenkung der Zylindertemperatur und dem Anstieg der Turboladerdrehzahl bei konstanter Bremsleistung.

4.3 Einfluss des Steuerzeit „Auslass öffnet" (AÖ) im zweiten Takt

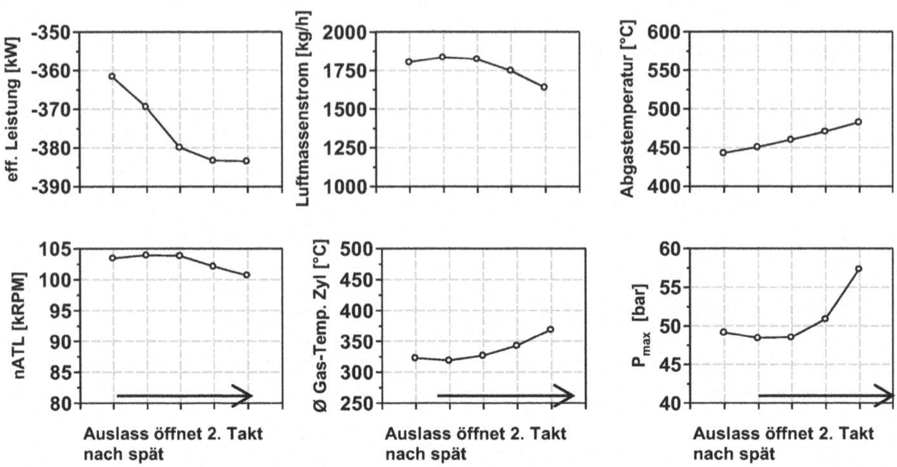

Abb. 16. Simulation – Einfluss der Steuerzeit „Auslass öffnet" (AÖ)

Der Einfluss des Öffnungszeitpunkts der Auslassventile hat direkten Einfluss auf den Zylinderspitzendruck, je später der Dekompressionsvorgang stattfindet, desto höher ist der maximale Zylinderdruck. Aufgrund der mechanischen Belastung während des Öffnens ist eine späte Öffnungszeit zudem nur begrenzt umsetzbar. Bei einer früheren Öffnung sinkt die Bremsleistung deutlich ab und kann nicht mehr mittels Schließen des Wastegate-Ventils ausgeglichen werden. Das Temperaturniveau kann somit mit dieser Stellgröße nicht weiter abgesenkt werden (Abb. 16).

4.4 Ergebnis der Optimierung

Aus den Einzelvariationen konnten Rückschlüsse auf die Gestaltung des Bremsnockenprofils gezogen werden. Bei der optimierten Version wurden die beschriebenen Maßnahmen angewendet: Verringerung des max. Hubs, Verkürzung der Zwischenhubdauer und Optimierung des Öffnungszeitpunkts.

Im Ergebnis wurde für die optimierte Bremshubkurbe gegenüber der Designstufe Gen. 1 eine deutliche Absenkung des thermischen Niveaus bei gleicher Bremsleistung für den Betriebspunkt mit max. Belastung bei 2400 1/min erreicht (siehe Abb. 17).

Unter Ausnutzung der Turboladerdrehzahlreserve konnte die Luftmasse gesteigert werden und damit die mittleren Zylindertemperaturen, die für die Bauteilbelastungen maßgeblich sind, um etwa 100 K reduziert werden (Abb. 17 unten rechts). Die Belastung durch den Zylinderspitzendruck bleibt dabei auf dem Niveau der Designstufe Gen. 1. Im Vergleich zur Serienausführung an diesem Motor ist der Luftmassenstrom der optimierten Variante ca. 100 kg/h geringer und die Turboladerdrehzahl ca. 3000 1/min niedriger. Der max. Zylinderdruck ist unverändert ca. 5 bar höher, die durchschnittliche Zylindertemperatur ist identisch zum Basismotor. Die optimierte Variante bietet also bei gleicher Bremsleistung und Temperaturbelastung noch ca. 5 % Potenzial zur Bremsleistungserhöhung gegenüber der Serie.

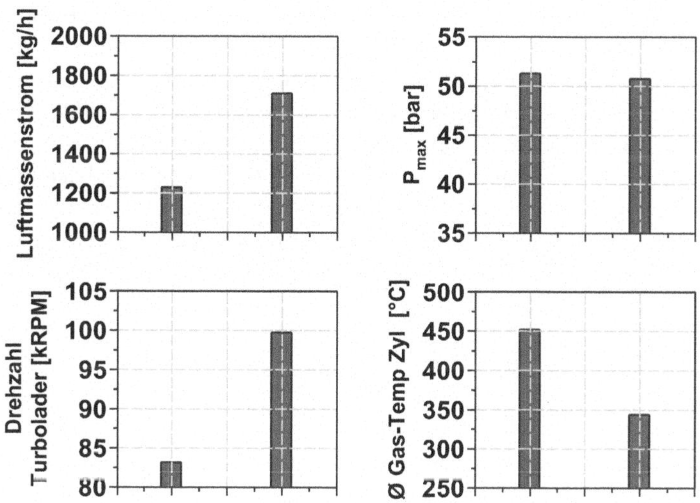

Abb. 17. Simulation – Ergebnisse der optimierten Bremsventilhubkurve (rechts) im Vergleich zur Basis (links) bei 2400 1/min und jeweils 380 kW Bremsleistung

Die Bremshubkurve bietet viele Freiheitsgrade, die entsprechend eine Optimierung auf unterschiedliche Ziele ermöglichen. Eine weitere denkbare Optimierungsrichtung, ausgehend von der Basisvariante, ist eine Steigerung der Bremsleistung. Dieser Ansatz wird weiter simulativ untersucht.

5 Zusammenfassung

MAHLE hat ein schaltbares Ventilbetätigungssystem für Nutzfahrzeuge in der Ausführung einer verschiebbaren Rolle des Nockenfolgers entwickelt. Auf dem Weg vom ersten Konzept hin zum letzten Designstand der Generation 2 wurde ein kompaktes und serientaugliches Design dargestellt.

Die Erprobungsergebnisse auf dem Zylinderkopfprüfstand als auch im Vollmotor bestätigen die sichere Funktion und Robustheit des Systems für den kritischen Anwendungsfall der Motorbremsfunktion.

Die erste Auslegung des Bremssystems auf die Bremsleistung des Seriensystems (−300 kW bei 2000 U/min) zeigt ein höheres Niveau an Gas- und Bauteiltemperaturen gegenüber der Serienbremse. Je nach Auslegung des Motors und Zielsetzung kann dies gewünscht sein oder bereits Belastungsgrenzen von Bauteilen überschreiten.

Die Simulationen anhand eines abgeglichenen 1D-Modells zeigen, über welche Ansätze die Bauteiltemperaturen und Belastungen unter Beibehaltung der Bremsleistung in gewünschter Richtung beeinflusst werden können.

So bietet das Modell eine die Möglichkeit gezielt Turboladerdrehzahl, Zylindertemperatur, Zylinderdruck und Motorbremsleistung aufeinander abzustimmen.

Das Zweitaktprinzip der Motorbremse ermöglicht ggü. dem Seriensystem eine größere Bremsleistung im unteren. Das Druckniveau im Zylinder ist niedriger und lässt sich so verteilen, dass eine gleichmäßige niedrige Bauteilbelastung eingestellt ist.

Darüber hinaus bietet das System eine zylinderselektive Ansteuerung, welche weitere Freiheitsgrade in der Applikation und Dosierbarkeit der Bremsleistung bietet.

Die Integration des Systems in den Referenzmotor gelang ohne zusätzlichen Bauraumbedarf und bietet damit eine flexible Basis für weitere innermotorische Optimierungen, welche im Hinblick auf zukünftige gesetzgeberische Vorgaben notwendig werden.

Literatur

1. Deppenkemper, K.: Potential of valve train variabilities on diesel engines II, FVV report 1109-2016 (2016)
2. Wannhoff, J., Brehmer, T., Schwaderlapp, M.: Fuel-saving measures on off road diesel applications. In: 25th Aachen Colloquium Automobile and Engine Technology (2016)
3. Schneider, S., Naujoks, S.: Variable valve timing of intake valves of a heavy duty Diesel engine as way to improve fuel consumption. In: 16. Internationales Stuttgarter Symposium (2016)
4. Gehrke, S., Kovács, D.: Downsizing durch Luftpfadvariabilität am Nfz-Motor, FVV Heft 1060 – 2015
5. Diezemann, M., Pohlke, R., Brauer, M., Severin, C.: Increasing exhaust gas temperature in the diesel engine using a variable valve train. MTZ **74**(4), 32–38 (2013)
6. Schneider, S., Genieser, P., Birke, S., Bücker, C.: Potential of valve train variability in passenger car diesel engines. MTZ **73**(3), 10–17 (2012)
7. VDI Wissensforum. „Next generation of valve train technology for engine braking and more“ Jacobs 1,5Takt Limitierung der Bremsleistung (2017)
8. Himstedt, J., Altherr, P., Ihne, T., Schneider, S.: Variable valve actuation in commercial engines using a lift switching rocker arm. In: MTZ Heavy Duty On- and Off- Highway Conference (2017)

Spezifika der Komponentenauslegung des Ladungswechsels und der Emissionierung für die Fahrzeugintegration

Eric Brée(✉) und Hermann Middendorf

Volkswagen AG, Wolfsburg, Deutschland
eric.bree@volkswagen.de

1 Einleitung: Aufgaben des Packaging

Das Packaging heutiger Fahrzeuge, insbesondere im Bereich des Motorraums und der Abgasanlage, ist eine komplexe Aufgabe. Das Maßkonzept ist abhängig von Aufbauform, Antriebsart, Aggregateumfang und Randbedingungen wie zum Beispiel Fahrkomfort oder Fahr- und Bediensicherheit. Jedes Bauteil muss seine vorgegebenen räumlichen Grenzen einhalten, um Konflikte mit angrenzenden Bauteilen zu vermeiden. Dies sicherzustellen und die notwendigen Abstimmungen mit den bauteilverantwortlichen Konstrukteuren, der Produktion im Hinblick auf Montierbarkeit und dem Kundendienst für den Service vorzunehmen, ist die Hauptaufgabe des Zonenmanagements der jeweiligen Fachbereiche.

Für die endgültige Festlegung von Maßen geht man von den Pedalen aus. Selbst der variable Modulare Querbaukasten MQB von Volkswagen legt den Abstand von hier zur Mitte der Vorderräder als einzige nicht variable Konstante fest. Von dort aus lassen sich die weiteren Maße entwickeln. Hierbei gilt es jedoch weitere Zusammenhänge zu beachten: Flache Autos zum Beispiel erfordern viel Länge, bieten aber dennoch meist einen relativ kleinen Gepäckraum.

In der Modellentwicklung von Volkswagen wird der gesamte Vorderwagen zunehmend kompakter. Das Design wünscht kurze Überhänge, also „wenig" Auto vor den Vorderrädern. Um den Crashanforderungen gerecht zu werden, braucht man hingegen eine freie Crashlänge, das heißt, der Vorderwagen muss größer sein als die darin befindlichen nicht deformierbaren Bauteile. Diese Raumdifferenz ist der „Bremsweg" im Fall eines Unfalls und bestimmt damit maßgeblich das Verhalten der Vorderwagenstruktur und der auf die Insassen wirkenden Beschleunigungen. Ist dieses Maß zu gering, steigen in der Regel die Intrusionen im Innenraum und damit steigt auch die Belastung der Insassen.

J. Liebl (Hrsg.): *Ladungswechsel und Emissionierung 2018*, Proceedings, S. 285–296, 2019.
https://doi.org/10.1007/978-3-658-24984-7_18

2 Blick zurück

In den vergangenen 40 Jahren hat das Package der Komponenten im Motorraum und im Abgasstrang eine erhebliche Entwicklung vollzogen und wurde im Verlauf der Jahre aus Entwicklungssicht kontinuierlich anspruchsvoller. Als Beispiel für einen früheren, „entspannten" Technikstand soll der Motorraum eines Golf 1 dienen.

Die damals größten 13″-Räder beanspruchten viel weniger Raum als die heute vorgehaltenen Maximalbereifungen, Scheinwerfer waren ein Vielfaches kleiner als heute, ebenso die Batterien und Generatoren. Einen Katalysator mit im Vergleich zu heute jedoch deutlich kleinerem Volumen gab es erst mit dem Golf 2, ebenso waren Designabdeckungen, Haubendämmungen und Unterbodenverkleidungen noch lange nicht vorhanden. Die seinerzeit eingesetzten Saugmotoren beanspruchten deutlich weniger Bauraum, insbesondere unter Berücksichtigung der Kühlung – allerdings endete beim Golf 1 die Leistungsspanne der Aggregate ungefähr dort, wo sie beim heutigen Golf beginnt (Abb. 1).

Abb. 1. Package und Technikumfang Golf 1

3 Heutige Einflüsse durch Bauteile und Anforderungen

Heute unterliegt das Packaging deutlich gestiegenen Anforderungen. Denn während die gesamten Fahrzeugabmessungen deutlich gestiegen sind, ist das Raumangebot im Vorderwagen im Vergleich von Golf 1 zu Golf 7 nicht entsprechend stark gewachsen (Abb. 2 und 3).

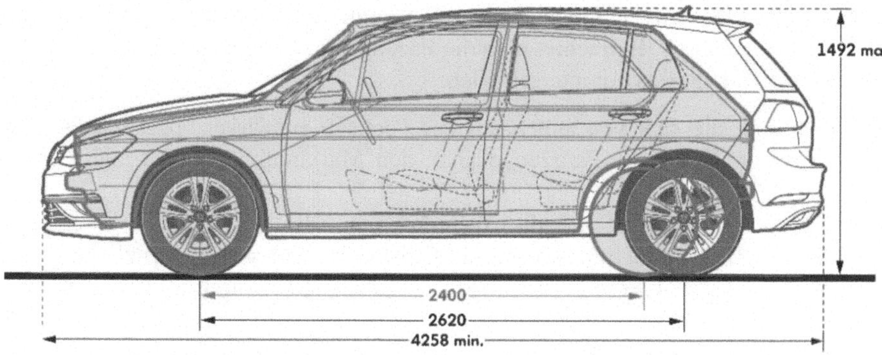

Abb. 2. Vergleich der Silhouetten Golf 1 vs. Golf 7

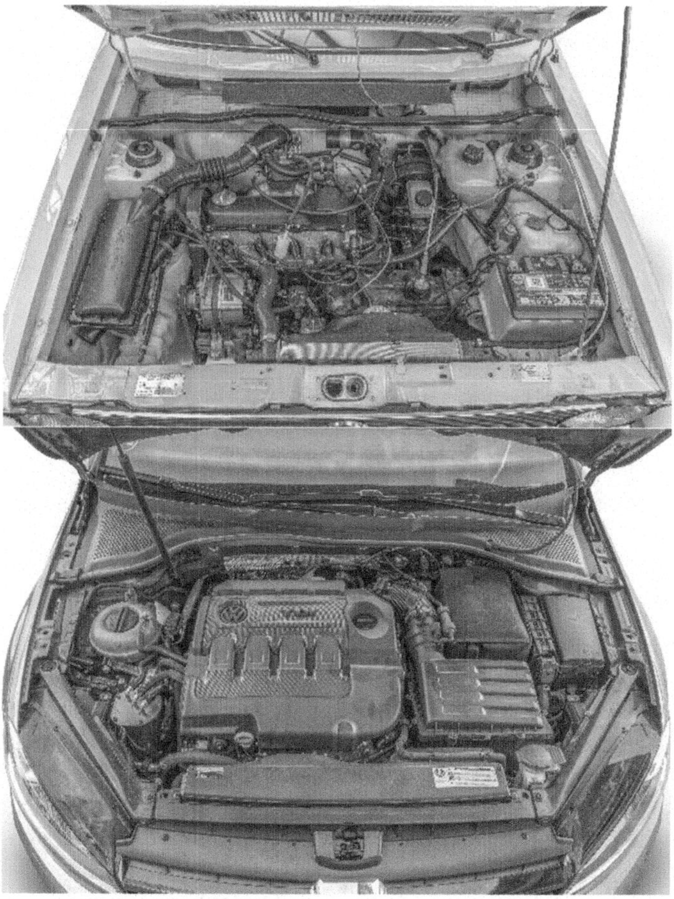

Abb. 3. Vergleich Motorraum Golf 1 vs. Golf 7

Dennoch hat hier die Dichte an Aggregaten, Funktionen und Leitungen eine deutliche Zunahme erfahren. Betrachtet man die Packagesituation, so gilt es hauptsächlich zwischen zwei Kategorien zu unterscheiden:

1. Die Faktoren, die sich von außen auf das Package auswirken, bestehen in erster Linie aus den Trends im Fahrzeugdesign, den Marktanforderungen und Kundenwünschen.
2. Auf der anderen Seite stehen die Anforderungen, die sich aus den gesetzlichen Vorgaben in Bezug auf Emissionen und Crashsicherheit sowie zusätzlichen Komponenten in der Vorderwagenarchitektur ergeben, also die Einflüsse von innen (Abb. 4).

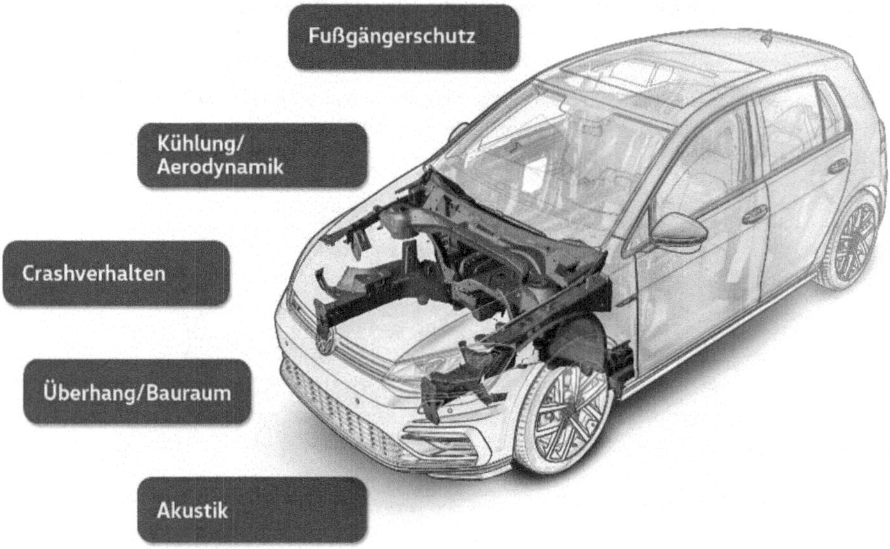

Abb. 4. Zielkonflikte bei der Auslegung des Vorderwagenpackage

3.1 Einflüsse auf das Packaging von außen

3.1.1 Exterieurdesign. Unter den äußeren Faktoren, die sich auf das Package auswirken, steht das Exterieurdesign an erster Stelle. Einher mit dem Wunsch nach immer flacheren Motorhauben und kurzen Überhängen geht der Trend hin zu immer größeren Raddurchmessern. Der aktuelle Golf versteckt serienmäßig bis zu 19″ große Räder mit einer Breite von bis zu 235 mm in seinen Radkästen. Die großen Hüllkurven der Räder erzwingen eine, im Vergleich zur Fahrzeugbreite, schmale Längsträgerspur, die eine reduzierte Motorraumbreite mit sich bringt. Das Vorderwagenpackage verkleinert sich dadurch.

Ein weiterer großer Einflussfaktor aus dem Designbereich sind die Scheinwerfer. Im Gegensatz zum reinen Frontscheinwerfer, der damals ein schlichtes, funktionales Design hatte, werden heutige Lichtsysteme immer mehr zur Schnittstelle zwischen ästhetischem Design und smarter Technik. Ihre Leuchtkraft ist um ein Vielfaches stärker geworden und die Reichweite entsprechend größer. Gleichzeitig sind zahlreiche Funktionen wie dynamisches Kurvenlicht, Abbiegelicht oder Dauerfernlicht als Komfort- und Sicherheitsgewinn hinzugekommen (Abb. 5).

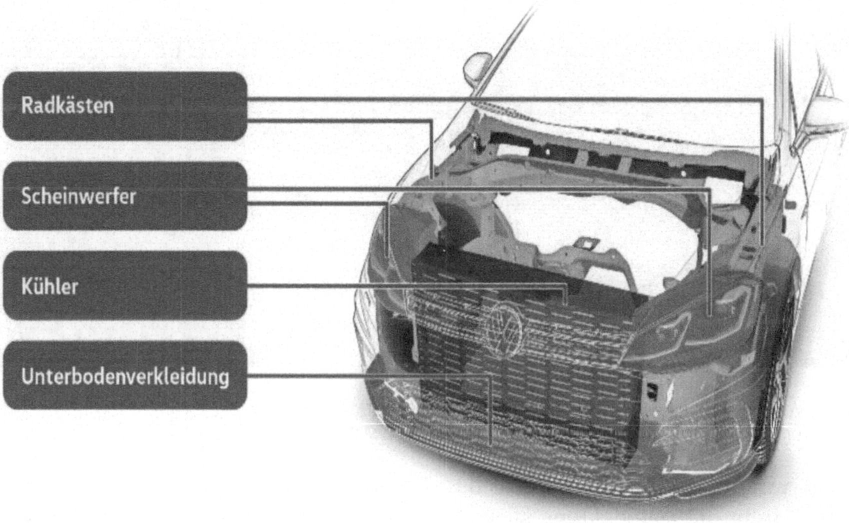

Abb. 5. Äußere Einflüsse auf das Package

Für jedes Fahrzeugkonzept werden individuelle Lichtsignaturen kreiert, die hinsichtlich des Volumens, das sie im Vorderwagen beanspruchen, im Vergleich zu früheren Technikständen immer weiter wachsen (Abb. 6 und 7).

Abb. 6. Vergleich Scheinwerferdimensionierung Golf 1 vs. Golf 7

Abb. 7. Vergleich Lichtreichweite: Halogen-Abblendlicht (oben) vs. LED-Abblendlicht (unten)

Eine weitere Einflussgröße auf das Fahrzeugpackage stellt die Aerodynamik dar. Hier strebt die Entwicklung stets nach einer möglichst geringen Stirnfläche, der genannten flachen Motorhaube und einem Frontend, in dem möglichst kleine Lufteintrittsöffnungen die Verwirbelungen minimieren. Um die Strömung auch unter dem Fahrzeugboden verlustarm zu leiten, schließt eine Abdeckung den Motorraum ab. Aufgrund ihrer dämmenden Eigenschaften weist sie eine Dicke auf, mit der sie den Bauraum der Aggregate nach unten hin spürbar beschneidet. Ein Aerodynamikthema für die nahe Zukunft sind schaltbare Kühlerjalousien, die ebenfalls zusätzlichen Bauraum im vorderen Bereich des Motorraums beanspruchen.

Mit den Rädern, die seitlich „drücken", der Haube, die von oben durch Design/Aerodynamik und Anforderungen des Fußgängerschutzes nach unten rückt, der nach oben bauenden Unterbodenkapsel und dem Streben nach kurzen Vorderwagen wird der Bauraum im Motorraum somit in allen Achsen eingeschränkt.

3.2 Einflüsse auf das Package von innen

3.2.1 Digitalisierung. Ein weiterer Trend im Automobilsektor, der einen wesentlichen Einfluss auf das Package hat, besteht in der Digitalisierung und dem zunehmenden Grad an Automatisierung. Beispiel hierfür ist die größer werdende Anzahl von Assistenzsystemen. Auf dem Weg zum autonomen Fahren bedarf es einer exakten Erkennung der Umwelt durch das Fahrzeug und der dafür notwendigen Integration der Sensorik. Bereits heute muss speziell der Radarsensor ins Frontendpackage integriert werden und benötigt entsprechend dimensionierten Bauraum. In den nächsten Jahren werden weitere voluminöse Sensoren, zusätzliche

Steuergeräte und Aktuatoren hinzukommen, und es ist davon auszugehen, dass der Stromverbrauch insgesamt weiter steigt. Dies wiederum bedingt zusätzlichen Bauraum für größere Generatoren und Batterien (Abb. 8 und 9).

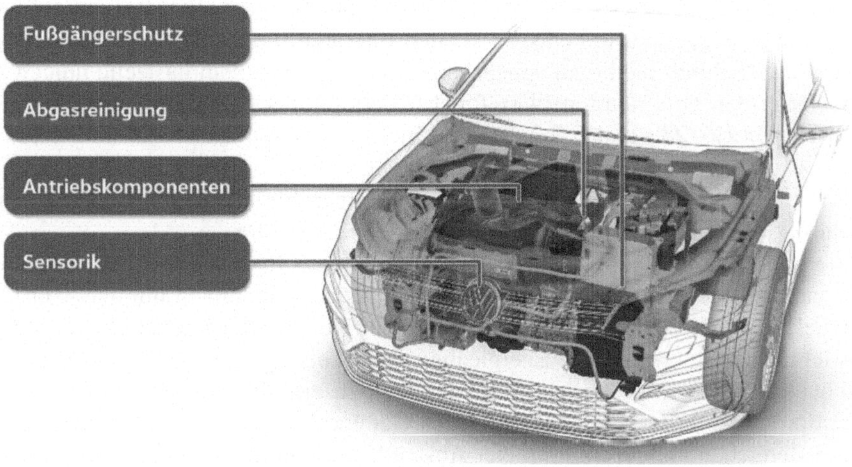

Abb. 8. Innere Einflüsse auf das Package

Abb. 9. Umfelderkennung mit Radar-, Kamera- und Ultraschallsensorik

3.2.2 Neue Fahrzeugfunktionen und Anforderungen infolge von Gesetzgebung. Viele Einflüsse auf das Packaging resultieren aus gesetzlichen Anforderungen und neuen Antriebstechnologien. Die Erfüllung kommender Abgasnormen auf den Weltmärkten mit Vorgaben, die an der Nachweisgrenze heutiger Messverfahren liegen, wird die Anzahl der Bauteile zur Optimierung der Rohemissionen und in der Abgasnachbehandlung sowie deren Volumen weiter wachsen lassen.

Zusätzliche Anforderungen im Hinblick auf CO_2-Emissionen bedeuten einen steigenden Grad der Elektrifizierung mit entsprechendem Bauraumanspruch.

Im Modularen Querbaukasten (MQB), auf dem die meisten Volkswagen-Modelle basieren, ist der Motor gegenüber den Vorgängerplattformen (PQ) um einige Zentimeter nach vorn gerückt, um entsprechenden Bauraum für die Abgasnachbehandlung zu schaffen. Dadurch bleibt auf seiner heißen Seite, die zur Fahrgastzelle hingewandt ist, auch bei den Ottomotoren Platz für den Partikelfilter. Bei den Dieselaggregaten der Baureihen EA 288 und EA 288evo ist hier ein komplettes Modul untergebracht, das aus Oxidationskatalysator, Partikelfilter und SCR-Katalysator besteht. Im weiteren Verlauf der Abgasstrecke befindet sich bei einigen Modellen zum weiteren Abbau der Stickoxide im Hinterwagen ein weiterer SCR-Katalysator.

Die kontinuierlich steigenden Crashanforderungen führen dazu, dass bestimmte Deformationszonen, die für den Insassenschutz wichtig sind, nicht mit massiven Bauteilen belegt werden dürfen. Die Crashstruktur im Vorderwagen benötigt in Fahrzeuglängsrichtung freien Weg zum Energieabbau und entsprechenden Bauraum, um den Crashbauteilen die vorgesehenen Verformungen zu ermöglichen. Um beispielsweise den Anforderungen des Fußgängerschutzes Genüge zu tun, müssen die harten Teile in allen Bereichen mehrere Zentimeter Abstand zur Motorhaube einhalten. Die Alternative würde bedeuten, die Haube anzuheben, was sich jedoch wiederum auf Stirnfläche, Designproportionen etc. auswirken würde.

3.2.3 Elektrifizierung des Antriebsstranges. Infolge der weltweiten CO_2-Flottengesetzgebungen ist ein Angebotsmix von konventionellen und elektrifizierten Antriebssträngen im identischen Package derzeit unabdingbar. Hier kommen zahlreiche neue Komponenten wie zum Beispiel E-Maschine, Leistungselektronik, Kühlsystem und weitere Hochvoltkomponenten an Bord, die es ebenfalls im Vorderwagen zu integrieren gilt. Die erste Stufe dazu sind bei Volkswagen die künftigen Mild-Hybridisierungen auf 48-V-Basis. Die hierfür erforderliche zusätzliche Batterie in Lithium-Ionen-Technik kann unter dem Fahrersitz eingebaut werden. Im Motorraum ersetzt ein Riemen-Startergenerator den konventionellen Generator, aufgrund seines zusätzlichen Regelsystems baut er etwas größer.

Die zweite Stufe der Elektrifizierung bilden die Plug-in-Hybridmodelle von Volkswagen mit dem Kürzel GTE. Bei ihnen wurde das TSI-Aggregat im Motorraum in Fahrtrichtung nach rechts versetzt, um Platz für die scheibenförmige E-Maschine und die Trennkupplung zu schaffen, die in das Doppelkupplungsgetriebe integriert sind. Das intern als DQ400E bezeichnete Getriebe verfügt im Gegensatz zu seinen modernen Geschwistern nur über sechs anstelle von sieben Gängen und baut dadurch noch einmal kompakter. In Summe bedeutet dies eine einzigartige Leistungsdichte mit 80 kW E-Maschine, 110 kW Verbrennungsmotor, Leistungselektronik und Ladegerät auf engstem Bauraum. Die unterschiedlichen optimalen Arbeitstemperaturen von Ottomotor, Ladeluftkühlung und Leistungselektronik führten zu einem komplexen Thermomanagement mit zwei komplett getrennten Kreisläufen. Die Hochvolt-Lithium-Ionen-Batterie ist vor der Hinterachse platziert. Auch im Hinterwagen kommt es dadurch zu maximalen Packageanforderungen (Abb. 10).

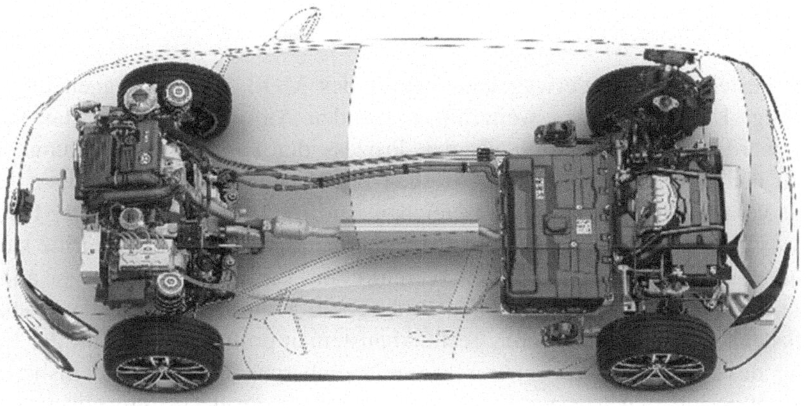

Abb. 10. Fahrzeugarchitektur Golf GTE

3.2.4 Neue Technologien beim Verbrennungsmotor. Bei der weiteren Entwicklung der Verbrennungsmotoren stehen mehr denn je der CO_2-Ausstoß und das Emissionsverhalten im Vordergrund. Auf der Suche nach Potenzialen für die Senkung der CO_2-Emissionen zählt schon lange „jedes Gramm". Im Fokus stehen daher auch Entdrosselungsmaßnahmen, die Ladungswechselverluste reduzieren und es damit dem Motor leichter machen „zu atmen". Auf diese Weise lässt sich der motorische Wirkungsgrad zum Teil erheblich steigern. Auch hier treffen Entwicklungsfortschritt der Aggregate und des Package aufeinander – denn verlustarme Strömungswege bedeuten größere Radien und Querschnitte der Luft- und Abgasführung. Und die wiederum stehen in klarem Widerspruch zur Packagedichte und zu dem Raumbedarf im Vorderwagen. Auch aktuelle Trends zur weiteren Absenkung des Verbrauchs führen zu diesem Zielkonflikt. Will man zum Beispiel die heutigen, spezifisch hochbelasteten Downsizing-Motoren auch bei höheren Lasten mit Lambda 1 betreiben, so wäre zum Beispiel die Wassereinspritzung eine mögliche Technik, die es ermöglicht, dies darzustellen. Ihre Umsetzung ließe sich mit verschiedenen Konzepten darstellen, doch in jedem Fall würden der Tank und das Dosiermodul erheblichen Raum im Motorraum respektive im Fahrzeug beanspruchen.

Ähnliche Konsequenzen ergeben sich aus der Entdrosselung des Turboladers. Um die Verbrennungstemperaturen abzusenken, ohne das Gemisch anzufetten, muss in größeren Kennfeldbereichen mit höheren Raten an rückgeführtem Abgas gefahren werden. Das bedingt höhere Mengen an Frischluft und damit größere Querschnitte im Turbolader, wodurch auch hier der Bauraumbedarf steigt. Das Einhalten von Abgasgrenzwerten auch in der Volllast wird zudem neue, hochtemperaturfestere Abgasturbolader, Katalysatoren oder Abgasanlagen hervorbringen.

Jedoch ist das derzeitige Package nicht immer nur durch die notwendigen statischen und dynamischen Abstände begrenzt, oft ist es lediglich der notwendige Abstand heißer Bauteile von hitzeempfindlichen „Nachbarn" im Motorraum.

4 Ausblick

Mit der bestehenden Vorderwagenarchitektur des MQB ist Volkswagen auf einem guten Weg. Um jedoch den weiterhin steigenden Anforderungen an das Package gerecht werden zu können, gilt es, den Prozess der Fahrzeugentwicklung organisatorisch neu zu denken. Zukünftig werden bei Volkswagen die jeweiligen für das Package Verantwortlichen aus den Bereichen Antrieb, Elektrik/Elektronik, Fahrwerk und Karosserie zu einem Projektteam zusammengefasst. Weitere Fortschritte sind von den Werkzeugen zu erwarten, die hier verstärkt zum Einsatz kommen – vor allem die virtuelle Erprobung und die virtuellen Prototypen. Mittelfristig wird das Packaging bei Volkswagen auch von weiteren Technikbausteinen profitieren, die mit der Elektrifizierung des Antriebs und weiterer Systeme einhergehen. Hier sind insbesondere Brake-by-wire und Steer-by-wire zu nennen die aus Sicht der Aggregateentwicklung idealerweise neue Freiheitsgrade bezüglich deren Anordnung ermöglichen.

Mit den rein elektrisch angetriebenen Modellen der I.D.-Familie zündet Volkswagen zudem in Kürze die nächste Stufe der Elektrifizierung. Im Gegensatz zu den heutigen BEV-Modellen e-up! und e-Golf basieren sie auf einem völlig neuen Fahrzeugkonzept, dem Modularen Elektrobaukasten (MEB) (Abb. 11).

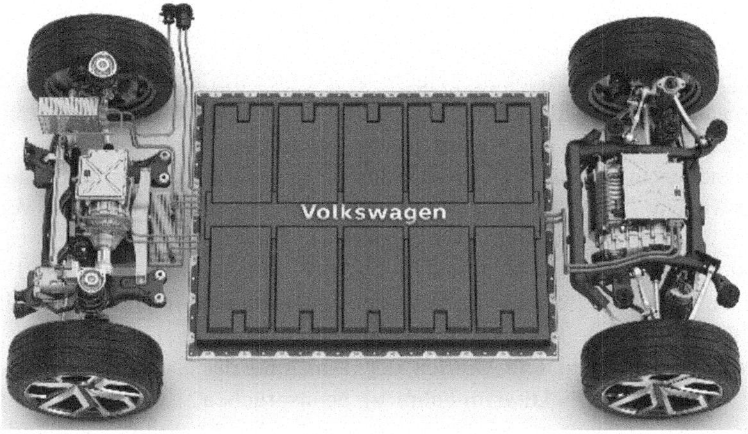

Abb. 11. Der Modulare Elektrobaukasten MEB

Im MEB ist der Vorderwagen gegenüber den heutigen Modellen stark verkürzt, der entsprechend verlängerte Radstand führt zu einer völlig neuartigen Raumeffizienz. Der kurze Vorderwagen bringt ein neues Packaging mit sich sowie hohe Anforderungen an das Crashkonzept: Er nimmt die Ladegeräte und den Kühler sowie bei einigen Modellen die zweite E-Maschine inklusive ihrer Leistungselektronik auf. Den Mitteltunnel im Boden gibt es dort nicht. Die Traktionsbatterie liegt als geschlossener Block unter der Fahrgastzelle zwischen den Achsen, als standardmäßiger Antrieb dient eine E-Maschine an der Hinterachse. Die Räder weisen große Durchmesser auf, bleiben jedoch vergleichsweise schmal.

Mit dem MEB sind die Karten in Sachen Fahrzeugpackage völlig neu gemischt. Er bietet Raum für neue Ansätze, stellt jedoch auch neue Ansprüche. Denn neue Funktionen infolge der Digitalisierung und des zukünftigen autonomen Fahrbetriebs werden zweifelsohne Auswirkungen auf das Package haben.

Autorenverzeichnis

J. Liebl (Hrsg.): *Ladungswechsel und Emissionierung 2018,* Proceedings, S. 297–298, 2019.
https://doi.org/10.1007/978-3-658-24984-7